大学物理实验

主　　编　高永伟　俞艳蓉
参编人员（按字母排序）
边吉荣　杜全忠　苏　琨　王　超
杨秉雄　杨利利　杨有贞　曾建成
张卫红　赵艳秋　赵永成

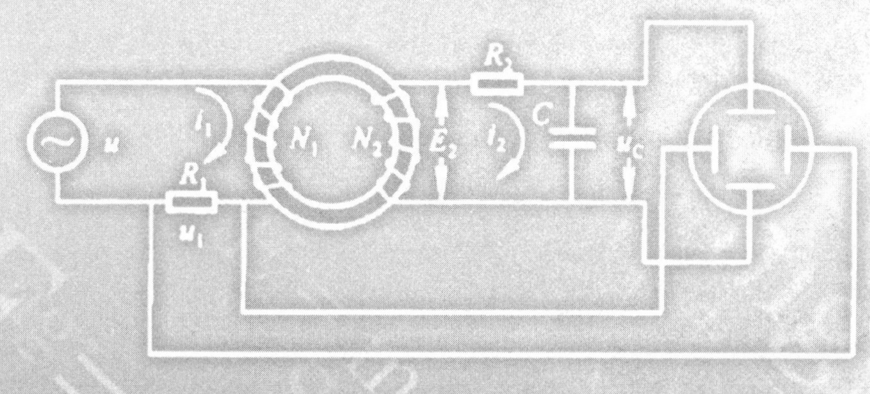

西安交通大学出版社
XI'AN JIAOTONG UNIVERSITY PRESS

内容简介

本书依照《理工科类大学物理实验课程教学基本要求》(2010 年版)，系统介绍了误差分析、不确定度评价、数据处理方法与手段、实验操作规程等物理实验基础知识，实验项目包括力学、热学、电磁学、光学及部分近代物理实验内容，分为基础性、综合性和设计与研究性三大类。考虑到理工科专业对实验要求并不相同，一些实验项目分为“必做”和“选做”两部分。

本书可作为高等学校理工科各专业大学物理实验课程的教材或参考书。

图书在版编目(CIP)数据

大学物理实验/高永伟，俞艳蓉主编. —西安：西安交通大学出版社，2018.1
ISBN 978-7-5693-0398-8

Ⅰ. ①大… Ⅱ. ①高…②俞… Ⅲ. ①物理学-实验-高等学校-教材 Ⅳ. ①04-33

中国版本图书馆 CIP 数据核字(2018)第 018309 号

书　　名 大学物理实验
主　　编 高永伟　俞艳蓉
责任编辑 魏照民

出版发行 西安交通大学出版社
(西安市兴庆南路 10 号　邮政编码 710049)
网　　址 http://www.xjtupress.com
电　　话 (029)82668357　82667874(发行中心)
(029)82668315(总编办)
传　　真 (029)82668280
印　　刷 陕西日报社

开　　本 787mm×1092mm　1/16　**印张** 16.75　**字数** 402 千字
版次印次 2018 年 2 月第 1 版　2018 年 2 月第 1 次印刷
书　　号 ISBN 978-7-5693-0398-8
定　　价 36.00 元

读者购书、书店添货、如发现印装质量问题，请与本社发行中心联系、调换。
订购热线：(029)82665248　(029)82665249
投稿热线：(029)82668133
读者信箱：xj_rwjg@126.com

前　言

基础物理实验是高等院校理、工、农、医各学科的基础课，是培养学生的创新和实践能力，帮助学生打下扎实基础并提高他们科学素养的重要环节。本教材依照《理工科大学物理实验课程教学基本要求》(2010 年版)，结合“十三五”高等教育改革发展需要和人才培养的理念，以及宁夏大学专业设置特点和实验设备的具体情况，在基础物理实验中心十几位教师多年教学实践的基础上编写而成。

本书精选了 29 个基础性实验、17 个综合性实验和 25 个设计与研究性实验，内容涵盖力学、热学、电磁学、光学及部分近代物理各领域物理实验及教学方法与技术。全书分为 5 章，第 1 章是绪论；第 2 章系统地介绍了物理实验相关基础知识；第 3 章至第 5 章分别为力热学、电磁学及光学实验。实验项目的选择主要参照《新世纪高等教育教改工程》(教高〔2000〕1 号)文件、《基础课实验教学示范中心建设标准》和《高等工业学校物理实验课程教学基本要求》等。

本教材是在宁夏大学曾建成、杨有贞及杜全忠主编的《大学物理实验教程》基础上，吸收了我校十几年来基础物理实验教学改革的成果编写而成的。高永伟和俞艳蓉对全书进行了编写、统稿和核校。参加编写工作的还有边吉荣、杜全忠、苏琨、王超、杨秉雄、杨利利、杨有贞、曾建成、张卫红、赵永成、赵艳秋老师，蔡力勇、江友于、梁元春、严群英老师对教材的编写也给予了很多帮助。在教材编写过程中，还参阅了许多兄弟院校出版的教材，以及国内外物理实验教学杂志上的一些优秀文章，尤其是一些图片经多次转载已找不到原出处，在此特别向本教材引用的所有资料的原作者表示衷心的感谢，对各位编写人员致以诚挚的谢意，也特别感谢杭州大华、西安超凡、复旦天欣、天津港东、浙江光学及南京浪博等实验仪器厂家给予的诸多帮助。

由于编者水平有限，本教材不妥之处在所难免，恳请读者和同行专家们批评指正。

编　者

2017 年 9 月

目　录

选课说明

《大学物理实验》课程的教学管理模式为网上选课，为了使学生能够顺利完成该课程的学习，在选课与学习过程中必须注意以下事项：

1. 在仔细阅读选课说明后，学生必须登录到宁夏大学教务平台（宁夏大学主页→教务处→教务平台→实验选课）进行选课。

2. 具体的选课时间见教务处网上选课通知。

3. 网上选课说明

(1) 登录网上选课系统，输入学生学号，密码为本人的身份证号码。

(2) 每位学生一周最多可选做四个实验项目，一级实验项目共选 12 个，二级实验项目共选 10 个。当选定要做的实验项目后，学生必须将所选实验项目认真填写在《大学物理实验教程》的网上选课实验项目登记表中，以作为上课依据及备忘事宜。

(3) 每一时段的实验项目均有限额，当该时段实验项目选做人数满额后，他人将无法进行选择，学生须另找其他时段进行选课。

(4) 当网络选课系统关闭后，系统会根据所选人数的多少、选课时间是否冲突等因素优化选课结果，自动挡掉不满足条件的学生。为此，系统关闭后，学生必须再次上网，认真核查自己的选课情况，发现自己的某次选课无效时，必须在选课系统再次打开后及时补选，直到选够实验项目为止。

(5) 选上实验项目而无故不做实验者，该实验项目成绩为零，且不予补做，如有特殊原因须提前请假，再另选时间补做。

4. 为了防止选课被系统挡掉，学生在选课时务必关注选课人数的变化，尽量选择人数较多的时段。

网上选课实验项目登记表

一级实验选课记录

序号	实验项目名称	周次	星期	节次	任课教师签章
1					
2					
3					
4					
5					
6					
7					
8					
9					
10					
11					
12					

二级实验选课记录

序号	实验项目名称	周次	星期	节次	任课教师签章
1					
2					
3					
4					
5					
6					
7					
8					
9					
10					

第 1 章

绪　论

1.1　物理实验的重要性

物理学是一门以实验为基础的科学. 在物理学的发展过程中,实验起到了决定性作用. 实验是人们根据研究目的,采用科学仪器,人为地进行控制、创造或纯化某种自然过程,使之按预期的进程发展,同时在尽可能减少干扰的情况下进行定性或定量的观测,以探求该自然过程变化规律的一种科学活动. 寻找物理规律,发现物理现象,证实理论猜想等都只能依靠实验. 物理实验是大学生系统接受实验技能训练的开始,也是培养大学生创新思维与创新能力的重要课堂.

力学和运动学中的许多基本定律,比如自由落体定律、惯性定律等,都是由 16 世纪伟大的实验物理学家伽利略(Galileo Galilei,1564—1642,意大利数学家、物理学家、天文学家)通过实验发现和总结出来的. 牛顿(Sir Isaac Newton,1643—1727,英国物理学家)提出的万有引力定律,被海王星的发现和哈雷彗星的精确观测等实验所证明,同时,也通过卡文迪许(Henry Cavendish,1731—1810,英国化学家、物理学家)扭矩实验测量得到万有引力常量. 地球自转的事实也是被著名的傅科(Jean-Bernard-Léon Foucault,1819—1868,法国物理学家)摆实验首次证实. 电磁学的研究是从库仑发明扭秤并用来测量电荷之间的作用力开始的. 通过精密设计,密立根(Robert Andrews Millikan,1868—1953,美国实验物理学家)首次测量得到单电荷的电量. 1888 年德国物理学家赫兹(Heinrich Rudolf Hertz,1857—1894,德国物理学家)通过实验证实了 1865 年麦克斯韦(James Clerk Maxwell,1831—1879,英国物理学家、数学家)对电磁波的预言. 在牛顿的手里,三棱镜首次成为光谱仪,将白光变成了五彩斑斓的彩色光,让我们重新认识了光。托马斯杨(Thomas Young,1773—1829,英国医生、物理学家)和菲涅尔(Augustin-Jean Fresnel 1788—1827,法国土木工程师、物理学家)是光的波动说的奠基人之一,其分别设计的双缝干涉实验与圆孔衍射实验有力地证实了光的波动说,使我们对光的认识又前进了一步.

19 世纪末,经典物理学已经发展到了相当完善的地步,人们普遍认为,物理学已经发展到顶峰了. 然而,物理学上空飘着的“两朵乌云”,即黑体辐射和迈克尔孙－莫雷实验,以及“三大发现”,即 X 射线、放射性及电子揭开了近代物理发展的序幕. 爱因斯坦虽为理论物理学家,他提出的质能方程、时钟变慢效应、时空弯曲等理论,只有被实验证实后才被人们普遍接受. 而其获得诺贝尔奖的原因是由于他正确解释了光电效应,并非他提出的相对论. 1900 年普朗克提出了量子论,成为物理学领域一个非常重要的分支,由此发展而来的量子计算及量子通信,均是通过实验一步步走向成熟,走向完善,越来越接近实用. 当前,不论是对于微观世界,还是对宇宙空间的探索,实验在其中起着举足轻重的作用.

物理实验不仅对于物理学的发展起着重要推动作用，而且对于物理学在其他学科领域的应用也十分重要. 科技的进步，社会的发展，离不开物理学的快速发展，而这些改变正是物理学在各行各业中广泛应用的结果. 麦克斯韦电磁波及电磁场理论在电子信息科学领域有着极为广泛和深入的应用；各种显微镜，如光学显微镜、电子显微镜、X 光显微镜及原子力显微镜，在生物、医学、化学等众多领域发挥着重要的作用；大家熟知的 B 超诊断、CT 诊断、X 光诊断、核磁共振等医学名词，都是建立在物理实验或物理发现基础上，进一步完善并用于商业，为人类服务. 显然，实验正是从物理基础理论到其他应用学科的桥梁. 只有真正掌握了物理实验的原理、操作及要求，才能顺利地把物理思想或原理应用到其他学科而产生科学到技术的转变.

在物理学工作者中，从事实验的超过 90%，在诺贝尔奖获得者中，因为实验获奖的人数占将近 70%. 我国著名的物理学家、教育家叶企孙(1898—1977)曾对诺贝尔奖获得者李政道(1926 至今)作过规定，“理论课可以免上，只参加考试，但实验不能免，每个必做”. 美籍华裔物理学家丁肇中(1936 年至今)在荣获诺贝尔物理学奖时特意用中文发表了一封信. 他写道：“得到诺贝尔奖，是一个科学家最大的荣誉. 我是在旧中国长大的，因此，想借这个机会向发展中国家的青年们强调实验工作的重要性. 中国有句古话：‘劳心者治人，劳力者治于人.’这种落后的思想，对发展中国家的青年们有很大的害处. 由于这种思想，好多发展中国家的学生都倾向于理论的研究，而避免实验工作. 事实上，自然科学理论不能离开实验的基础，特别是物理学更是从实验中产生的. 我希望由于我这次得奖，能够唤起发展中国家的学生们的兴趣，而注意实验工作的重要性.”

综上所述，物理实验在物理学自身发展过程中，以及物理学原理向其他学科领域转化过程中均起到了举足轻重的作用. 只有重视物理实验，大学生才能掌握最基本的实验技能和最基本的科学素养；只有重视物理实验，才能造就一代高素质的有创新思维和创新能力的新人，使我国基础科学落后的局面得到改善，使中华民族能够真正屹立于世界民族之林.

1.2 物理实验的任务和要求

1.2.1 物理实验的任务

(1)培养学生的物理思想、提高学生的实验能力.

阅读实验教材并掌握实验原理；了解实验仪器或装置的构造，掌握其使用方法；有效记录测量数据，完成实验内容所有要求；学会各种处理实验数据的方法并会分析实验结果.

(2)培养学生的创新思维、提高学生的创新能力.

在具备一定实验能力的基础上，通过开设设计性、研究性及综合性实验，激发学生的学习兴趣、培养学生的创新思维、提高学生的创新能力和解决实际问题的能力.

(3)培养学生的科学素养、培育学生的科研能力.

通过严格的要求、严谨的作风、务实的态度，培养学生最基本的科学素养，使学生具有实事求是的科学作风，初步具有一定的科研能力.

1.2.2 物理实验的基本要求

(1)掌握测量误差与不确定度的相关知识，会用不确定度评定测量结果，掌握一些处理数据的方法，如作图法、最小二乘法等.

(2)掌握常用的物理实验方法，如比较法、放大法、补偿法、转换法及干涉法等.

(3)掌握常用仪器的操作规程，如长度测量仪器、温度测量仪器、电压、电流测量仪器、光学测量仪器以及激光技术及传感器技术等.

(4)掌握常用的实验操作技术，如零位调节、光路等高共轴调节、视差消除调节及逐次逼近调节等.

(5)实验前要充分预习实验，撰写预习报告.

(6)实验过程中，应严格遵守实验仪器操作规程，自觉爱护仪器设备，应注意安全，未经教师许可不要擅自接通电源. 光学仪器的玻璃加工面不要用手去触摸，不允许擅自擦拭.

(7)保持室内安静，严禁喧哗、嬉戏，禁止吸烟，禁止随地吐痰，维持良好的实验环境.

(8)实验结束后应整理好实验仪器，关闭电源，方可离开实验室.

(9)认真测量并如实记录原始数据. 原始数据应经教师审阅签字，并连同实验报告及数据处理结果一起在实验完成后三日内提交.

(10)因故不能按时上课的学生，须提前向任课教师请假，经准许后携带请假条安排补作实验. 无故不到者，一律按零分处理.

1.2.3 基础性与综合性实验的要求

1)课前预习与准备

学生须在课前预习，并撰写预习实验报告，了解实验原理、实验仪器、实验步骤、待测量量，以及欲验证的物理规律或得出什么结论等.

2)实验测量与记录

实验开始前，应熟悉实验仪器或装置的操作规程，应非常熟悉实验操作步骤，做到事半功倍；尽量避免因不熟悉仪器操作及操作步骤导致的前功尽弃；实验时应注意观察实验现象，以确定进行的实验过程是否正常，对实验过程中出现的异常或故障要学会排除；实验时还应注意记录实验室条件，如温度、湿度、大气压等参数；实验测量结果应真实有效，原始数据应由任课教师审核签字后方认为有效；实验结束后，应整理好实验仪器，方可离开实验室.

3)数据处理与分析

在测得原始数据后，应根据原始数据特征及该实验项目的具体要求，采用不同的方法进行处理，并最终得出结论，并采用有效合理的方式给出计算结果.

4)撰写并提交报告

实验报告是对某一实验项目的全面总结，包括：①实验名称；②实验目的；③实验仪器；④实验原理；⑤实验内容；⑥实验步骤；⑦实验测量数据与处理；⑧问题讨论.

1.2.4 设计与研究性实验的要求

常规实验教学的基本方式是：学生在教师指导下一个接一个地做已经安排好的实验. 一般来说，这些实验是经过长期教学实践的考验，无论在原理、方法、内容与仪器配置等方面均比较成熟. 学生做这类实验从本质上说是继承和接受前人的知识与技能，重复前人的工作范畴. 尽管学生从中获取的实验知识和技能比较有限，但这是科学实验入门的基础训练，显得非常重要.

实验教学的根本目的是:开发学生智能,培养与提高学生科学实验能力和素养. 可见,在对学生经过一定数量的基础实验训练后,开展具有科学全过程训练性质的设计性实验教学是十分必要的. 设计性实验既不同于以掌握科学实验基本知识、基本方法和基本技能为基础的常规教学实验;又不同于在工程实践中以解决生产、科研中的具体问题为目的的实验设计. 与常规实验教学相比,设计性实验偏重于实验知识、方法和技能的灵活应用;注重调动学生的学习主动性和积极性,开拓学生智力,培养学生分析问题和解决问题的能力,激发学生的创新设计才能,以培养学生对物理实验的兴趣为主,使学生了解科学实验全过程的实验教学环节. 这类实验课题和研究项目一般都是由实验室提出,带有一定的综合应用性质或部分设计性任务. 做设计性实验时,要求学生自行推证有关理论,确定实验方法,选择配套仪器设备,进行实验实践,最后完成比较翔实的实验报告或实验小论文.

设计性实验的程序一般包括提出经济、可行的实验测量方案,建立物理模型,选择实验方法与测量手段,选择合适的仪器与装置,选择最佳的实验条件,数据测量与记录,数据处理与分析及撰写设计性实验报告. 下面就设计性实验各个环节作简单说明.

1)提出最优的实验方案

(1)实验方案的提出要遵循最优化原则. 该原则是指根据研究对象,建立合适的物理模型,按照实验对测量仪器的不同要求,选择正确的实验方法. 这并不意味着要求实验测量结果的精度或者仪器测量的精度愈高愈好,而是应遵循“经济性”“适应性”和“可行性”原则.

最佳的实验测量方案,一般是在考虑以下诸多因素后提出的:

①根据研究对象,考虑各种可能的实验原理及测量依据的理论公式,并分析比较各种测量实验原理及理论测量公式的适用条件、优缺点和局限性;

②结合提供的实验仪器与装置,分析采用各种物理模型的可行性,即能否进行直接或间接的测量,估算误差可能达到的精度;

③根据设计性实验的要求,兼顾实验结果的精度,以及实验完成的可行性及经济性,最终确定最优的实验方案.

(2)一份翔实的实验测量方案应包括:课题名称、相关理论(自查材料)、自己设计方案(流程结构图)、实验方法(原理、方法、操作步骤、数据方法记录表及处理方法)、仪器设备(要求学生提供一份仪器设备清单)、实验原始数据记录表清单.

2)建立合理的物理模型

物理模型的建立,就是根据研究对象的物理性质与实验的相关要求,研究与对象有关的物理过程的原理,以及各物理量之间的关系并推证物理模型. 一般情况下,物理模型都是在某些理想条件下建立起来的. 比如,物理学中的质点、刚体、连续、均匀、无摩擦、光滑等概念,只有在理想条件下才能成立,这些条件在实验室里是无法严格实现的. 所以,物理模型往往是在一定的假设及有效的近似基础上建立起来的. 对于同一个物理量的测量,通常情况下可以给出若干模型供选择. 比如,测量某一地区的重力加速度,既可以采用自由落体法测量,也可采用单摆法测量. 每一种方法都可以建立一个物理模型,即重力加速度的数学表达式. 具体采用哪个模型,就需要从实验室的条件、仪器装置、测量的精度等多方面去权衡考虑. 假设所有的实验均可以开展,那么,此时主要考虑的就是测量的精度. 若采用自由落体法测量重力加速度,假设物体下落的距离是2m,那么下落的时间只有0.6s多,由于该实验只能测量单程的时间和位移,这就对测量的水平提出了很高要求. 而单摆法则不同,它可以测量若干个周期来计算平均周期,这一方案容易操作,并且测量结果比较准确,当然会选择单摆法中的模型进行重力加速度的测量.

3)选择正确的实验方法

实验方法选择的原则是误差最小. 对实验中可能的误差来源、性质、大小作出初步的估算,针对不同性质的误差及其来源,选定适当的测量方法,力求测量误差最小.

(1)对于随机误差,主要是采用等精度的重复测量方法来尽量减小其影响. 而对于一些等间隔、线性变化的连续实验序列数据的处理,则可采用"逐差法""最小二乘法"等.

(2)对于系统误差,则应针对性地运用各种基本测量方法予以发现和消除(或减小).要发现系统误差,必须仔细考察与研究对测量原理和方法的推演过程;检验或校准每一件仪器;分析每一个实验条件;考虑每一步调整和测量,注意每一种因素对实验的影响等.常用的发现并消除系统误差的方法有:对比法、理论分析法和数据分析法.

对比法是指用不同方法测同一个物理量,看结果是否一致.若在随机误差所允许的范围内不一致,则说明存在有系统误差;利用精度不同或精度相同的同类仪器,在相同的实验条件下进行测量对比;改变测量条件;或者把物理量逐次加大的递增过程,换成使物理量逐次递减的减过程;或将电路、光路中某个元件的位置或方向改变一下,看测量结果是否一致;改变测量点取值的大小、顺序,看一看测量结果有无单调或规律性的变化,则可以确定有无某种和测量点取值有关的系统误差;不同观测者之间的对比观测可以发现个人误差.

理论分析法是指从分析实验理论和测量公式所要求的条件入手,或从分析所用实验仪器所需要的条件是否达到、有无偏离去判断.数据分析法是指当进行了大量的、等精度的反复实验后,就可以分析测量结果是否遵从随机误差的统计分布规律.若不遵从,则说明存在系统误差.

4)选用恰当的仪器装置

选用仪器装置时要遵循误差均分原则. 通常需要考虑以下4个因素:

(1)分辨率——该测量仪器所能测量的最小值;

(2)精确度——常用仪器最大误差$\Delta_{仪}$的标准差$\sigma_{仪}=\Delta_{仪}/\sqrt{3}$及各自的相对误差表征;

(3)经济性;

(4)有效性(实用).

由于后两种因素受到各种情况和条件的影响较大,在《大学物理实验》中主要讨论前两种因素.而对一种比较成熟的科学仪器来说,仪器的分辨率与精确度是相互关联的. 从这个意义上讲,在选择测量仪器时,主要考虑仪器精度的选择和分配.

对于一个比较复杂的实验来说,会涉及多个物理量的测量,用到多种测量仪器.对某一种仪器来说,问题是选择精度高还是精度低的仪器;对多种仪器来说,则需考虑不同仪器如何配套使用这样的问题.从总体角度出发考虑,就必须用系统优化的观点对各仪器的误差进行合理分配.

假设待测物理量y的测量函数形式是由k个独立的直接测量自变量$x_1,x_2,x_3,\cdots$构成,即

$$y = f(x_1, x_2, x_3, \cdots)$$

$$\sigma_y = \sqrt{\left(\frac{\partial f}{\partial x_1}\right)^2 \sigma_{x_1}^2 + \left(\frac{\partial f}{\partial x_2}\right)^2 \sigma_{x_2}^2 + \cdots}$$

仪器配套时误差的分配采用“误差均分原则”，即各直接测量量 $x_1, x_2, x_3, \cdots$ 的误差对间接测量量的总误差影响相同，即

$$\sigma_y = \sqrt{n}\left(\frac{\partial f}{\partial x_1}\right)\sigma_{x_1} = \sqrt{n}\left(\frac{\partial f}{\partial x_2}\right)\sigma_{x_2} = \cdots$$

由此，可根据被测量量 y 的标准误差 σ_y 和相对误差 E_y 的要求，计算出各直接测量量的标准误差和相对误差为

$$\sigma_{x_1} = \frac{\sigma_y}{\sqrt{n}(\partial f/\partial x_1)}, \sigma_{x_2} = \frac{\sigma_y}{\sqrt{n}(\partial f/\partial x_2)}, \cdots$$

或

$$E_{x_1} = E_y/\sqrt{n}, E_{x_2} = E_y/\sqrt{n}, \cdots$$

5)采用最佳的测量条件

在测量方案、测量方法及仪器装置已被确定的情况下，有时还需确定测量的最有利条件，这就是确定在什么条件下进行测量，能使函数关系引起的总体误差最小. 一般情况下测量条件选择的依据是采用最有利原则. 从数学上说，也就是求函数误差(σ_y/y)对于各自变量(x_1, x_2, x_3, $\cdots$)的极值. 这种情况常用在测量结果的误差大小与测量点的选择有关的时候. 比如要测量空气中气溶胶粒子浓度时，必须等到气体达到平衡状态时方可测量.

6)测量有效的实验数据

测量数据的真实性和有效性，对于分析得出正确结论有着非常重要的作用. 在可能知道某些物理量满足某一关系时，测量数据就会有一定的导向性，不能盲目地为了满足这一关系去改数据、造数据，这种做法是不可取的. 在发现测量数据可能存在问题时，要及时地去寻找可能产生的原因，只有通过这种方式才可以真正地通过学习得到进一步提高，才能够确保测量数据的真实性和有效性.

7)进行精确的数据处理

数据处理的方法和手段较多，在得到原始测量数据基础上，要进行深层次地分析数据特征，要依据它们可能满足的关系、测量仪器的精度、是否制图，以及是否需要采用不确定度评定测量结果等来选择数据处理的方法.

8)撰写规范的实验报告

一份完整的设计性实验报告，应包括选题意义、实验方案、研究内容、数据处理、实验总结等内容. 设计性实验介于基础实验与科学实验之间，但是对设计性实验报告的要求是以科学实验的标准来要求，提交一份完整的、规范的设计性实验报告是必要的.

学生可任选一个课题独立或合作完成. 如果学生对实验室所给出的课题不感兴趣，也可自选课题. 但自选课题必须科学可行.

(1)要求学生必须通过查找相关资料，按时提交一份实验测量方案；

(2)实验测量方案须经指导教师审核同意后，方可实施测量；

(3)在实验过程中，要求学生按自设方案独立或合作完成，确保实验数据的真实有效性；

(4)所有的实验数据处理过程必须用计算机完成；

(5)研究结论须以论文或综合性报告的形式提交,同时要求学生提交一份独立完成的实验总结.

在撰写综合性实验报告或实验论文时,文章的格式、图、表都必须按照正规文章的格式要求,可参考学校毕业论文的格式要求,且为电子稿. 实验总结是指在实验过程中的收获、感想、创新点等,全文不超过 1000 字.

能按进度及要求完成实验项目,能以论文的形式提交作业,并且结论正确的成绩为优;能按进度及要求完成实验项目,以报告形式提交作业,并且结论正确的成绩为良;基本能按进度及要求完成实验项目,无论以什么形式提交作业,并且结论正确的成绩为及格;不能按进度及要求完成实验项目,或不能提交完整作业,或在实验过程中不认真导致结论不正确,或抄其他同学的数据,或两份作业完全相同者,成绩均为不及格.

第2章

物理实验基础知识

本章介绍测量与误差、误差处理、有效数字、测量结果的不确定度评定、实验测量方法与实验操作技能及方法等基本知识，这些知识在本课程的实验中要经常用到，而且也是今后从事科学实验工作所必须了解和掌握的.

2.1 测量与有效数字

2.1.1 测量及其分类

所谓测量，一般是指以确定被测对象量值为目的的全部操作过程，在此过程中，直接或间接地将待测量与预先选定的计量标准之间进行相互比较. 测量值一般指由一个数乘以计量单位所表示的特定量的大小. 简而言之，测量是指为确定被测对象的量值而进行的一组操作.

按照测量值获得方法的不同，测量分为直接测量和间接测量两种. 直接从仪器或量具上读出待测量的大小，称为直接测量. 例如，用游标卡尺或米尺测量物体的长度，用秒表计量时间间隔，用天平测量物体的质量等都是直接测量，相应的被测物理量称为直接测量量. 若待测量由若干个直接测量量经一定的函数运算后获得，则称为间接测量. 例如，先直接测出铜圆柱体的直径 D、质量 m 和高度 h，再依据函数关系式 $\rho=4m/\pi D^2 h$ 计算得到铜的密度 ρ，这就为间接测量，密度 ρ 称为间接测量量.

按照测量条件的不同，测量又可分为等精度测量和不等精度测量. 在相同的测量条件下进行的一系列测量属于等精度测量. 例如，同一个人，使用同一台仪器，采用相同的方法，对同一个物理量连续进行多次测量，此时应该认为每次测量的可靠程度均相同，故称之为等精度测量，该组测量值称为一个测量列. 在不同条件下进行一系列测量，称这样的测量为不等精度测量. 例如，不同的人员，使用不同的仪器，采用不同方法进行测量，则每次测量结果其可靠程度也不相同. 处理不等精度测量数据时，须根据每个测量值的“权重”，进行“加权平均”，因此在一般物理实验中很少采用.

按照被测量是否随时间变化来划分，还可将测量分为静态测量和动态测量.

由于测量局限性或近似性、测量方法的不完善、测量仪器精度限制、测量环境的不理想以及测量者的实验技能等诸多因素的影响，所有测量都只能做到相对准确. 随着科学技术的不断发展，人们的实验知识、手段、经验和技巧不断提高，测量误差被控制得越来越小，但是绝对不可能使误差降为零. 因此，作为一个测量结果，不仅应该给出被测对象的量值和单位，而且还必须对测量值的可靠性作出评价，一个没有误差评定的测量结果是没有价值的.

2.1.2　有效数字的概念

1)有效数字的组成

能够正确、有效地表示被测量实际情况的全部数字称为有效数字,它由可靠数字和可疑数字组成.图2-1-1所示为用米尺测量一个物体长度示意图.

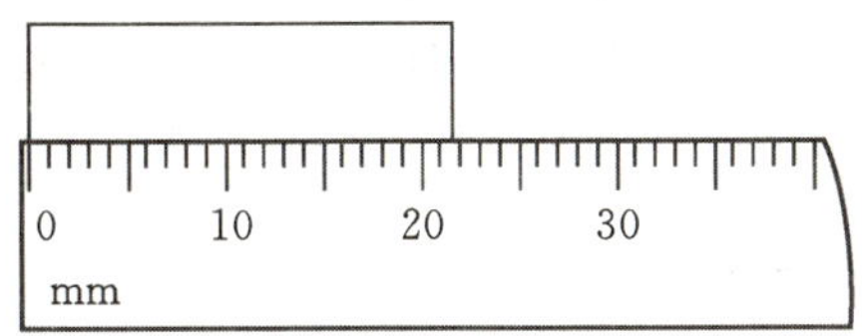

图2-1-1　有效数字的组成

由图2-1-1可知,测量结果记为21.5mm、21.6mm、21.7mm都可以.换不同的测量者进行测量,前两位数保持不变,称之为准确数字,但最后一位数字可能存在差异,称此数字为可疑数字.尽管最后这位数字不准确,但是记上它能客观地反映出待测物比21mm长、比22mm短的事实.将测量结果中准确数字加上一位可疑数字,统称为测量结果的有效数字.这一定义,适用于直接测量量和间接测量量.值得一提的是,一个物理量的测量值和数学上的一个数有着不同的意义.在数学上,21.5mm和21.50mm没有区别,但从物理量的测量角度看,21.5mm表示十分位上的"5"是可疑数字,而21.50mm表示十分位上的"5"是准确数字,而百分位上的"0"属于可疑数字.由于有效数字只有最后一位是可疑数字,因此,一般来说,有效数字的位数越多,相对误差就越小.当测量结果有两位有效数字时,相对误差数量级介于10^{-1}至10^{-2}之间,当有三位有效数字时,相对误差数量级介于10^{-2}至10^{-3}之间.

2)有效数字的位数

对没有小数位且以若干个零结尾的数值,从非零数字最左一位向右数得到的位数;对其他十进位的数,从非零数字最左一位向右数而得到的位数就是有效位数.在表示物理量的测量结果时,为了更方便地反映有效数字的位数,应尽量采用科学记数法.科学记数法的形式为$a\times10^n$,其中,$1\leqslant|a|<10$,n为整数,数字$a\times10^n$的有效位数看数字a的有效位数即可.例如,120000m可以表示为1.2×10^5m,科学计数法表示的该数其有效位数为2位,若将其记录为120000m,不仅烦琐,而且人为将精度提高了4个数量级,造成有效数字的位数错误.

2.1.3　有效数字尾数的舍取法则

关于有效数字尾数的舍取法则,目前普遍采用的是:

四舍,若数字的最高位为4或4以下的数,则舍去,如3.32749→3.327;

六入,若数字的最高位为6或6以上的数,则进一,如3.32761→3.328;

五凑偶,若数字的最高位为5时,前一位为奇数,则进一;为偶数,则舍去,如3.32850→3.328.

2.1.4　直接测量量的有效数字

对物理量进行直接测量时,要用到各种各样的仪器和量具.从仪器和量具上直接读数,必须正确读取有效数字，它是进一步估算误差和数据处理的基础．一般而言，仪器的分度值是考虑到仪器误差所存在的位来划分的．由于仪器多种多样，读数规则也略有区别．正确读取有效数字的方法大致为：

(1)对于一般米尺类仪器，应读到最小分度值以下，即最小分度所在的位加上一位估读数；

(2)对于分度值为 0.2、0.5 的仪器，有效数字的位数取该仪器的最小分度值；

(3)对于有游标结构的仪器，在读数时，有效位数为游标尺最小分度值所在的位；

(4)数字式仪器及步进读数仪器，不需要估读，仪器显示的末位就是可疑的一位；

(5)在读取数据时，如果测量值恰巧为整数，则必须补“0”，一直补到可疑位为止．

2.1.5　间接测量量的有效数字

间接测量量的有效数字，应由测量不确定度的所在位来决定．但是在计算不确定度之前，间接测量量需要经过一系列的运算，参加运算的各物理量的有效位数各不相同，为了简化运算过程，一般可按以下规则运算：

(1)几个数进行加减运算时，其和或差的数在小数点后所应保留的位数与诸数中小数点后位数最少的一个相同，如

$$253.4 + 112.25 = 365.65 = 365.6\ ,\ 60.36 - 58.108 = 2.252 = 2.25$$

(2)几个数进行乘除运算时，其结果的有效数字位数与参加运算的各数中有效位数最少的那个相同，称为“位数取齐”，如

$$1.005 \times 25.1 = 25.2\ ,\ 45632 \div 210 = 217$$

(3)一个数进行乘方或开方运算时，有效数字与其底的有效数字相同，如

$$15.05^2 = 226.5\ ,\ \sqrt{15.05} = 3.879$$

(4)自然对数的有效数字位数与真数有效数字位数相同，以 10 为底的对数，其运算结果尾数(小数点后面的位数)与真数的有效位数相同，如

$$\ln 33.259 = 3.5043\ ,\ \lg 33.259 = 1.52191$$

(5)指数运算后的有效数字位数与指数小数点后的位数相同，如

$$10^{1.25} = 17.78\ ,\ 10^{0.0125} = 1.334$$

(6)一般函数的运算，是将函数的自变量末位变化一个单位，运算结果产生差异的最高位就是应该保留的有效数字的最后一位，如 $\sin 30°2' = 0.500503748$，$\sin 30°3' = 0.500755559$，两者差异出现在第 4 位上，故 $\sin 30°2' = 0.5005$．

(7)在运算过程中的中间结果的有效数字的位数应多保留一位，以避免多次取舍而造成的累积效应．

2.1.6　其他注意事项

(1)常数，如 π、e 及分数(1/3,4/3)等有效数字位数可以认为是无限的，计算时需要几位就取几位，但一般应取运算各数中有效数字位数最多的还多一位；

(2)有效数字的位数与测量方法有关．若采用最小分度为 0.1s 的秒表测量单摆的一个周期，其值为 $T = 1.8\text{s}$，如果连续测量 100 个周期，则可得 $100T = 178.8\text{s}$，则周期 $T = 1.788\text{s}$，有效位数增加了，测量精度也随之提高；

(3)单位换算时有效位数应保持不变．如将圆的直径 $D = 15.32\text{cm}$ 写为 $D = 0.1532\text{m}$ 或 $D = 1.532 \times 10^{-4}\text{km}$，均保持四位有效数字不变．

2.2 测量误差

2.2.1 误差与偏差

1) 真值与误差

根据《JJF1059—1999》,真值的定义为:与给定的特定量定义一致的值. 任何一个物理量,在一定的条件下,都具有确定的量值,这个客观存在的量值称为该物理量的真值. 测量的目的就是力求得到被测量量的真值. 将测量值与真值之间的差别称为测量的绝对误差.

设被测量的真值为 x_0,测量值为 x,则绝对误差 ε 为

$$\varepsilon = x - x_0 \tag{2-2-1}$$

由式(2-2-1)可以看出,借用微分符号来表示误差,其目的就是为了强调误差是小量,它可正可负,并且,间接测量误差的传递公式完全等同于全微分的代数和公式. 事实上,真值只是一个理想概念,只有通过不断地改进测量方法、提高测量精度,才有可能获得. 因此,由于误差不可避免,一般情况下无法得到被测量的真值,绝对误差的概念只有理论价值.

2)最佳值与偏差

实际测量时,为了减小误差,提高测量精度,常常需要对某一物理量 X 进行多次等精度测量,得到一系列测量值 $x_1, x_2, \cdots, x_n$,则测量结果的算术平均值为

$$\overline{x} = \frac{x_1 + x_2 + \cdots + x_n}{n} = \frac{1}{n}\sum_{i=1}^{n} x_i \tag{2-2-2}$$

算术平均值并非真值,但它比任何一次测量值的可靠性都要高. 当不考虑系统误差时算术平均值被认为是最佳值,称为近真值. 把测量值与算术平均值之差称为偏差(或残差):

$$\nu_i = x_i - \overline{x} \tag{2-2-3}$$

2.2.2 误差的分类与来源

正常测量的误差,按其产生的原因和性质可以分为系统误差和随机误差两类,它们对测量结果的影响不同,对这两类误差处理的方法也不同.

1)系统误差

在相同条件下,对同一物理量进行多次测量,其误差的大小和符号保持不变或随着测量条件的变化而有规律地变化,这类误差称为系统误差. 系统误差具有确定性,其来源有以下几个方面:

(1)仪器因素:由于仪器本身的固有缺陷或没有按规定的条件、环境调整到位而引起的误差. 例如,仪器标尺的刻度不准确,零点没有调准,仪器机械结构的空程,等臂天平臂长不相等,天平砝码不准确,仪器没有放置水平,偏心、定向不准等.

(2)人员因素:由于测量人员的主观因素和操作技术而引起的误差. 例如,使用秒表计时,有的人总是操之过急,计时比真值短;有的人反应迟缓,计时总是比真值长;再如,有的人对准目标时,总爱偏左或偏右,致使读数偏大或偏小. 对于实验者来说,系统误差的规律及其产生的

原因，可能知道，也可能不知道. 系统误差的特征具有确定性，已被确切掌握其大小和符号的系统误差称为可定系统误差；对于大小和符号不能确切掌握的系统误差称为不可定系统误差. 前者一般可能在测量过程中采取措施予以消除，或在测量结果中进行修正. 而后者一般难以作出修正，只能估计其取值范围.

(3)理论或条件因素：由于测量所依据的理论本身近似性或实验条件不能达到理论公式所规定的要求而引起的误差. 例如，称物体质量时没有考虑空气浮力的影响，用单摆测重力加速度时要求摆角 $\theta \to 0$，而实际中难以满足该条件.

2)随机误差

在相同条件下，多次测量同一物理量时，即使已经精心排除了系统误差的影响之后，也会发现每次测量结果不一样. 测量误差时大时小、时正时负，完全是随机的. 在测量次数少时，显得毫无规律，但当测量次数足够多时，可以发现误差的大小以及正负都服从统计规律. 这种误差称为随机误差. 随机误差具有不确定性，它是由测量过程中一些随机的或不确定因素引起的. 随机误差可能是由于人的感觉(视觉、听觉、触觉)灵敏度和仪器稳定性有限，或者实验环境中的温度、湿度、气流变化，电源电压的起伏，微小振动以及杂散电磁场等.

除系统误差和随机误差外，还有异常误差(过失误差). 异常误差是由于实验者操作不当或粗心大意造成的. 例如，看错刻度、读数错误、记错单位或计算错误等. 含有异常误差的测量值称为“高度异常值”(或“坏值”)，被判定为高度异常值的测量值应剔除不用. 实验中的异常误差不属于正常测量的范畴，应该避免出现.

3)精密度、正确度、准确度

评价测量结果，常用到精密度、正确度和准确度这三个概念. 这三者的含义不同，使用时应该注意加以区别.

精密度是反映随机误差大小的程度，是对测量结果重复性的评价. 精密度高，则表明测量的重复性好，各次测量值的分布比较密集，随机误差小，但精密度不能确定系统误差大小. 正确度反映系统误差大小的程度. 正确度高，则意味着测量数据的算术平均值偏离真值较少，测量的系统误差小. 但是，正确度不能确定数据分散的情况，不能反映随机误差的大小. 准确度是反映系统误差与随机误差综合大小的程度. 准确度高是指测量结果既精密又正确，即随机误差与系统误差均小. 图2-2-1所示为射击打靶的弹着点分布图，可以形象说明以上三个术语的意义.

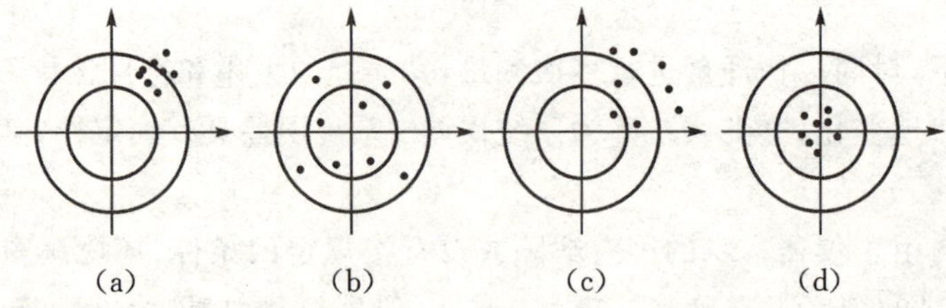

图 2-2-1 关于精密度、正确度与准确度描述的示意图

图 2-2-1(a)属于随机误差小、系统误差大的情况，可以说成精密度高但正确度低；图(b)属于系统误差小、随机误差大的情况，可以说成精密度低但正确度高；图(c)属于随机误差与系

统误差均大的情况，可以说成精密度与正确度均低；图(d)则属于随机误差与系统误差均小的情况，可以说成是精密度与正确度都高，对应的准确度也高.

2.2.3　处理系统误差的常用方法

1)发现系统误差的方法

系统误差一般难于发现，并且不能通过多次测量来消除. 人们通过长期实践和理论研究，总结出一些发现系统误差的方法，常用的有：

(1)理论分析法：包括分析实验所依据的理论和实验方法是否有不完善的地方；检查理论公式所要求的条件是否得到了满足；量具和仪器是否存在缺陷；实验环境能否使仪器正常工作以及实验人员心理和技术素质是否存在造成系统误差的因素等.

(2)实验比对法：对同一待测量可以采用不同的实验方法，使用不同的实验仪器以及由不同的测量人员进行测量. 对比、研究测量值变化情况，可以发现系统误差.

(3)数据分析法：因为随机误差是遵从统计分布规律的，所以若测量结果不服从统计规律，则说明存在系统误差. 可以按照测量列的先后次序，把偏差列表或作图，观察其数值变化的规律. 比如前后偏差大小是递增或递减的；偏差的数值和符号有规律地交替变化；在某些测量条件下，偏差均为正号(或负号)，条件变化以后偏差又都变化为负号(或正号)等情况，都可以判断存在系统误差.

2)消除系统误差的方法

知道了系统误差的来源，也就为减小和消除系统误差提供了依据. 对实验可能产生误差的因素尽可能予以处理. 比如采用更符合实际的理论公式，保证仪器装置良好，满足仪器规定的使用条件等. 同时，也可利用实验技巧，改进测量方法来消除系统误差.

对于定值系统误差的消除，可以采用如下一些技巧和方法：

(1)交换法：根据误差产生的原因，在一次测量之后，把某些测量条件交换一下再次测量. 例如，用天平测量物体质量时，把被测物和砝码交换位置进行两次测量. 设 m_1 和 m_2 分别为两次测量的质量，取物体的质量为 $m=\sqrt{m_1\cdot m_2}$，就可以消除由于天平不等臂而产生的系统误差.

(2)替代法：在测量条件不变的情况下，先测得未知量，然后再用一已知标准量取代被测量，而不引起指示值的改变，于是被测量就等于这个标准量. 例如，用惠斯通电桥测电阻时，先接入被测电阻，使电桥平衡，然后再用标准电阻替代测量，使电桥仍然达到平衡，则被测电阻值等于标准电阻值. 这样可以消除桥臂电阻不准确而造成的系统误差.

(3)异号法：改变测量中的某些条件，进行两次测量，使两次测量中的误差符号相反，再取两次测量结果的平均值作为测量结果. 例如用霍尔元件测量磁场实验中，分别改变磁场和工作电流方向，依次为$(+B,+I)$、$(+B,-I)$、$(-B,+I)$、$(-B,-I)$，在四种条件下测量电势差 U_H，再取其平均值，可以减小或消除不等位电势、温差电势等附加效应所产生的系统误差.

此外，用“等距对称观测法”可消除按线性规律变化的变值系统误差；用“半周期偶数测量法”可以消除按周期性变化的变值系统误差等. 在采取消除系统误差的措施后，还应对其他的已定系统误差进行分析，给出修正值，用修正公式或修正曲线对测量结果进行修正. 例如，千分尺的零点读数就是一种修正值；标准电池的电动势随温度变化可以给出修正公式；电表校准后可以给出校准曲线等. 对于无法忽略又无法消除或修正的未定系统误差，可用估计差极限值的方法进行估算.

以上仅就系统误差的发现及消除方法作了一般性介绍.在实际问题中,系统误差的处理是一件复杂而困难的工作,它不仅涉及许多知识,还需要有丰富的经验,这需要在长期的实践中不断积累,不断提高.

2.2.4　随机误差及其分布

随机误差的产生不可避免、不可消除.但是,其值可以根据随机误差理论估算得到.为了简化起见,假设系统误差已经减小到可以忽略,在此基础上介绍几种随机误差理论.

1)标准偏差

采用算术平均值作为测量结果可以削弱随机误差,但是算术平均值只是真值的估计值,不能反映每一次测量值的分散程度.采用标准偏差来评价测量值的分布程度既方便又可靠.假设对物理量 x 进行 n 次测量,则其标准误(偏)差定义为

$$\sigma(x)=\lim_{n\to\infty}\sqrt{\frac{1}{n}\sum_{i=1}^{n}(x_i-x_0)^2} \tag{2-2-4}$$

在实际测量中,测量次数 n 总是有限的,而且真值也不可知.因此标准误(偏)差只有理论上的价值.对标准误(偏)差 $\sigma(x)$ 的实际处理只能进行估算.估算标准(偏)差的方法很多,最常用的是贝塞尔法,它用实验标准偏差 $S(x)$ 近似代替标准(偏)差 $\sigma(x)$.实验标准差定义为

$$S(x)=\sqrt{\frac{1}{n}\sum_{i=1}^{n}(x_i-\overline{x})^2} \tag{2-2-5}$$

如上所述,在我们进行了有限次测量后,可得到的算术平均值也是一个随机变量.在完全相同的条件下,多次进行重复测量,每次得到的算术平均值也不完全相同,算数平均值本身也具有离散性.由误差理论可知,算术平均值的实验标准差为

$$S(\overline{x})=\frac{S(x)}{\sqrt{n-1}}=\sqrt{\frac{1}{n(n-1)}\sum_{i=1}^{n}(x_i-\overline{x})^2} \tag{2-2-6}$$

由上式可知,平均值的实验标准差比任一次测量的实验标准差小.增加测量次数,可以减少平均值的实验标准差,提高测量的精确度.但是,单纯凭借增加测量次数来提高精确度的作用是有限的.图 2-2-2 所示为算术平均值的实验标准差随测量次数的变化曲线.

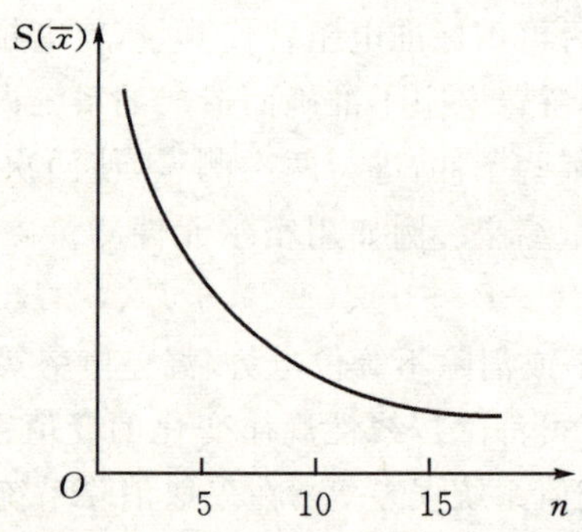

图 2-2-2　算术平均值的实验标准差随测量次数的变化曲线

由图 2-2-2 可知，当 $n>10$ 以后，随着测量次数的增加，算数平均值的实验标准差 $S(\bar{x})$ 减小得很缓慢. 所以，在科学研究中测量次数一般取 10～20 次，在大学物理实验中一般取 6～10 次.

2)统计规律

通过实验发现，随机误差的分布服从统计规律. 下面，用一组测量数据来形象地说明这一点. 例如，用数字毫秒计测量单摆周期，重复 60 次($n=60$)测量结果如表 2-2-1 所示.

表 2-2-1　测量单摆周期数据表

时间区间/s	出现次数 Δn	相对频数 $\Delta n/n$	时间区间/s	出现次数 Δn	相对频数 $\Delta n/n$
2.146—2.150	1	2	2.166—2.170	15	25
2.153—2.155	3	5	2.173—2.175	9	15
2.156—2.160	9	15	2.176—2.180	5	8
2.163—2.165	16	27	2.183—2.185	2	3

以时间 T 为横坐标，相对频数 $\Delta n/n$ 为纵坐标，用直方图将统计结果表示，如图 2-2-3 所示.

如果再进行一组测量($n=100$)，作出相应的直方图，仍可得到轮廓相似的图形. 随着测量次数的增加，曲线的形状基本不变，但对称性越来越明显，曲线也趋向光滑. 当 $n\to\infty$时，曲线趋向于光滑，这表示测量值 T 与频数$\Delta n/n$ 的对应关系呈连续变化的函数关系. 频数与 T 的取值有关，连续分布时它们之间的关系可以表示为

$$\frac{\mathrm{d}n}{n}=f(T)\mathrm{d}T$$

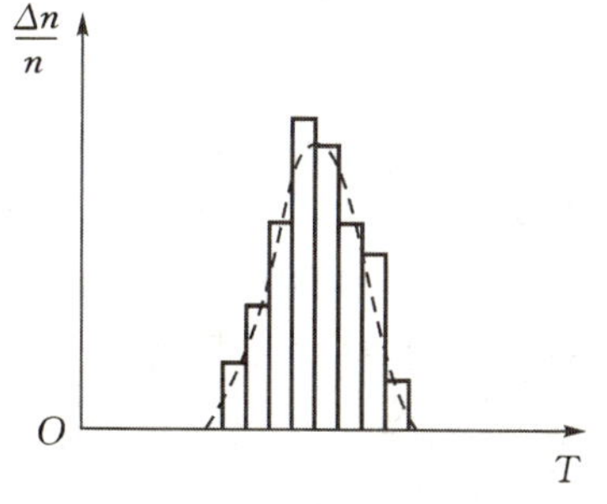

图 2-2-3　统计直方图

函数 $f(T)=\frac{\mathrm{d}n}{n\mathrm{d}T}$ 称为概率密度函数，其含义是在测量值 T 附近、单位时间间隔内测量值出现的概率.

当测量次数足够大时，其误差分布将服从统计规律. 许多物理测量中，当 $n\to\infty$时随机误差服从正态分布(或称为高斯分布). 其正态分布概率密度函数的表达式为

$$f(\varepsilon)=\frac{1}{\sqrt{2\pi}\sigma}\mathrm{e}^{-\frac{\varepsilon^2}{2\sigma^2}} \tag{2-2-7}$$

如图 2-2-4 所示为正态分布曲线. 该曲线的横坐标为误差，纵坐标 $f(\varepsilon)$ 为误差分布的概率密度函数. $f(\varepsilon)$ 的物理意义是：在误差附近，单位误差间隔内，误差出现的概率. 曲线下阴影的面积 $f(\varepsilon)\mathrm{d}\varepsilon$ 表示误差出现在 $(\varepsilon,\varepsilon+\mathrm{d}\varepsilon)$ 区间的概率. 按照概率理论，误差出现在 $(-\infty,+\infty)$ 范围内是必然的，即图中曲线与横轴所包围的面积恒等于 1

$$\int_{-\infty}^{\infty}f(\varepsilon)\mathrm{d}\varepsilon\equiv 1 \tag{2-2-8}$$

下面讨论 s 的物理意义：

由式(2-2-7)可以看出，当 $\varepsilon=0$ 时，$f(0)=\frac{1}{\sqrt{2\pi}\sigma}$. 因此，$\sigma$ 值越小，$f(0)$ 的值越大. 由于曲线与横坐标轴包围的面积恒等于 1，所以曲线峰值越高，两侧下降就越快. 这就说明测

量值的离散性小，测量的精密度高. 相反，如果 σ 值越大，$f(0)$ 就越小，误差分布的范围就大，测量的精密度低. 这两种情况分别如图 2-2-5 中 1、2 两条正态分布曲线所示.

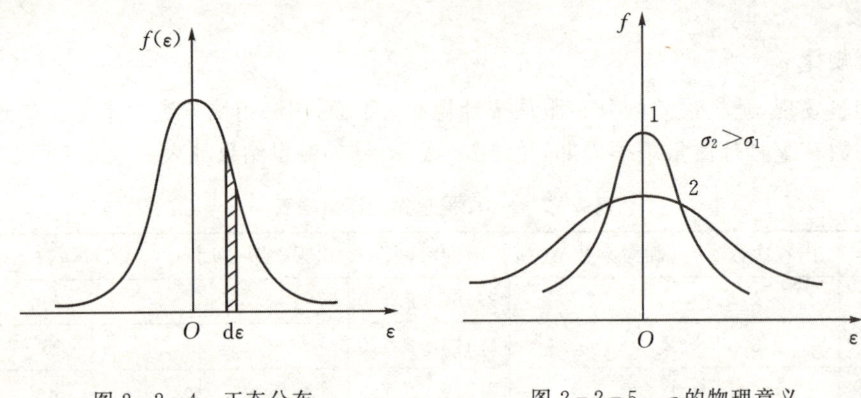

图 2-2-4 正态分布　　图 2-2-5 σ 的物理意义

3)置信区间和置信概率

σ 的物理意义还可从另外一个角度来理解. 测量结果分布在 $[-\sigma, +\sigma]$ 之间的概率可表达为

$$p_1 = \int_{-\sigma}^{\sigma} f(\varepsilon)\mathrm{d}\varepsilon = 0.683 = 68.3\% \qquad (2-2-9)$$

式(2-2-9)表明，在所测量的一组数据中，平均有 68.3%的数据值或 68.3%的概率，其误差落在区间 $[-\sigma, +\sigma]$. 把 p_1 称为置信概率，$[-\sigma, +\sigma]$ 是 68.3%的置信概率所对应的置信区间. 显然，扩大置信区间，置信概率就会提高. 如果置信区间分别为 $[-2\sigma, +2\sigma]$，$[-3\sigma, +3\sigma]$，则相应的置信概率为

$$p_2 = \int_{-2\sigma}^{2\sigma} f(\varepsilon)\mathrm{d}\varepsilon = 0.955 = 95.5\% \qquad (2-2-10)$$

$$p_3 = \int_{-3\sigma}^{3\sigma} f(\varepsilon)\mathrm{d}\varepsilon = 0.997 = 99.7\% \qquad (2-2-11)$$

通常情况下，置信区间可用 $[-k\sigma, +k\sigma]$ 表示，k 称为包含因子. 对于一个测量结果，只要给出置信区间和相应的置信概率就表达了测量结果的精密度. 对于置信区间 $[-3\sigma, +3\sigma]$，其置信概率为 99.7%，就表示在 1000 次的重复测量中，随机误差超出该区间的平均只有 3 次. 对于一组多次测量的数据来说，测量值误差超出这一区间的可能性非常小. 因此常将 $\pm 3\sigma$ 称为极限误差.

4) t 分布

根据误差理论，当测量次数很少时，测量列的误差分布将明显偏离正态分布. 这时测量值的随机误差将遵从 t 分布. 该分布是 1908 年由戈塞特(William Sealey Gosset，1876—1937，英国数学家)首次提出，由于发表时使用了笔名“student”，故也称为“学生分布”. t 分布曲线与正态分布曲线类似，两者的主要区别是 t 分布的峰值低于正态分布，且上部较窄、下部较宽. 于是，在有限多次测量的情况下，就要将随机误差的估算值取大一些，包含因子 k 应换成 t_P，t_P 值与测量次数有关，也与置信概率有关，表 2-2-2 给出了 t_P 与测量次数 n、置信概率 p 的对应关系. 由表2-2-2可知，当置信概率 $p = 68.3\%$时，t_P 学生因子随测量次数增加而逐渐趋于1. 当 $n > 6$ 以后，t_P 与 1 的偏差并不大，因此，在进行误差估算时，当 $n \geqslant 6$ 时置信概率取 p

$=68.3\%$，包含因子可以不加修正.

表 2-2-2　t_P 与测量次数 n、置信概率 p 对应关系

$p/\%$	n											
	2	3	4	5	6	7	8	9	10	20	…	∞
0.683	1.84	1.32	1.20	1.14	1.11	1.09	1.08	1.07	1.06	1.03	…	1.00
0.955	12.71	4.30	3.18	2.78	2.57	2.45	2.36	2.31	2.26	2.09	…	1.96
0.997	63.66	9.92	5.84	4.60	4.03	3.71	3.50	3.36	3.26	2.86	…	2.56

5）坏值的剔除

在一系列测量值中，有时会出现偏差很大的“可疑值”，该值可能是坏值，会影响测量结果，应该将其剔除，但是，若该组测量值分散性比较大时，尽管该值出现的概率很小，其也有可能只是偏差较大的正常值，若人为将其剔除，也不对. 因此，对于一个测量值是否合理可用，应该有一个合理的判断准则，在大学物理实验中，一般采用肖维涅准则.

肖维涅准则考虑了测量次数对偏差的影响. 假设重复测量次数为 n，任一次测量值的标准差为 $S(x)$，该准则认为，若测量值 x_i 满足 $|x_i-\overline{x}|>C(n)S(x)$，则认为该值为坏值，应予以剔除. 其中，系数 $C(n)$ 称为肖维涅系数，该值与测量次数有关. 表 2-2-3 给出了不同测量次数对应的 $C(n)$ 值，测量次数越多，该值越大，当 $n>100$ 时，$C(n)$ 值接近于 3，但若测量次数小于 4 次，则该准则无效.

表 2-2-3　肖维涅系数

n	$C(n)$	n	$C(n)$	n	$C(n)$
5	1.65	14	2.10	23	2.30
6	1.73	15	2.13	24	2.31
7	1.80	16	2.15	25	2.33
8	1.86	17	2.17	30	2.29
9	1.92	18	2.20	40	2.49
10	1.96	19	2.22	50	2.58
11	2.00	20	2.24	75	2.71
12	2.03	21	2.26	100	2.81
13	2.07	22	2.28	200	3.02

2.2.5　仪器误差

测量仪器的误差来源很多，人们最关心的是仪器提供的测量结果与真值的一致程度，即测量结果中各仪器的系统误差与随机误差的综合估计指标. 大多数仪器是根据国家技术标准制造，经过厂商或有关鉴定机构检验并符合标准，一般情况下，该标准以仪器的“最大允许误差（MPE）$\Delta_{仪}$”形式给出，它表示在正确使用仪器的条件下，仪器示值与被测量真值之间可能产生的最大误差的绝对值. 仪器的最大允许误差一般都写在仪器的标牌或说明书中. 有的仪器直接给出了仪器的准确度等级指标.各类仪器的最大允许误差与其准确度等级指标之间都存在着一定的关系.一般由仪器的量程和准确度等级指标可以求出仪器示值误差的大小.不同的仪器、量具,其示值误差有不同的规定.例如,游标卡尺不分精度等级,测量值范围在300mm以下的示值误差一律取游标的分度值.而螺旋测微计分零级和一级,通常在实验室使用的为一级,其示值误差随着测量范围的不同而不同,量程在0~25mm及25~50mm的一级千分尺的最大允许误差均为$\Delta_{仪}=0.004$mm.有的将最大允许误差用示值误差限或基本误差限表示.如果测量仪器是数字式仪表,则取其末位数最小分度值单位为示值误差.在不能确定仪器示值或准确度等级指标的情况下,也可取其分度值的一半作为示值误差,如天平的示值误差计算.又如电阻箱、电桥的误差用基本误差表示,其值需用专用公式来计算,一般电表的示值误差可根据量程和准确度等级的乘积进行计算.若测量仪器是数字式仪表,则取其末位数最小分度单位为示值误差.仪器误差提供的是误差绝对值的极限值,而不是测量的真实误差,也无法确定其符号.

在对测量结果的误差评定中,随机误差是用标准差来估算的.相应地,也需要知道仪器的标准误差.仪器的标准偏差用$\sigma_{仪}$表示,它实际上是一个等价标准误差.下面讨论如何确定仪器的标准偏差,以及它与仪器基本误差$\Delta_{仪}$之间的关系.

根据标准偏差的定义,仪器的标准偏差$\sigma_{仪}$与仪器基本误差$\Delta_{仪}$的关系为

$$\sigma_{仪}=\frac{\Delta_{仪}}{c} \tag{2-2-12}$$

式中,$\Delta_{仪}$可以是仪器的示值误差、基本误差或仪器的灵敏阈.仪器的灵敏阈是指足以引起仪器示值可察觉变化的被测量的最小变化值,即当被测量值小于这个阈值时,仪器将没有反应.例如,数字式仪表最末一位数所代表的量就是数字式仪表的灵敏阈.对指针式仪表,由于人眼能察觉到的指针改变量一般为0.2分度值,于是可以把0.2分度值所代表的量作为指针式仪表的灵敏阈.灵敏阈越小,说明仪器的灵敏度越高.通常情况下,测量仪器的灵敏阈应小于示值误差,而示值误差应小于最小分度值.但是,也有一些仪器,特别是实验室中频频使用的仪器,准确度等级可能降低了或灵敏阈变大了,因而使用这样的仪器前,应检查其灵敏阈.当仪器灵敏阈超过仪器示值误差时,仪器示值误差便应由仪器的灵敏阈来代替,这点不难理解.常数因子c与仪器误差的分布规律有关.若仪器误差服从均匀分布规律,则$c=\sqrt{3}$;若服从正态分布,则$c=3$;在不能确定其分布规律的情况下,本着不确定度取偏大值的原则,也取$c=\sqrt{3}$.本课程一律取$c=\sqrt{3}$,即

$$\sigma_{仪}=\frac{\Delta_{仪}}{c}=\frac{\Delta_{仪}}{\sqrt{3}} \tag{2-2-13}$$

仪器标准偏差的物理意义与标准偏差类似.

2.3 测量结果的不确定度评定

2.3.1 不确定度评定的意义

由前面关于测量与误差的介绍已知,即使采用了正确的测量方法,但由于实验仪器及测量人员可能出现的问题,导致测量结果仍存在较大的不确定性.以往采用误差来评价实验测量

结果，但由于被测量的真值不知道，它是以一定的概率出现在某个区间，不可能用指出误差的方法去说明可信赖程度，这就使得误差本身就具有不确定因素. 实际上，测量结果的不确定性，是可以通过一种公认的、比较科学合理的方式来表征，这即为测量结果的不确定度评定. 只要测量方法正确，测量结果的不确定度越小，则表示测量结果越可靠；不确定度越大，则测量结果越不可靠. 对于实验测量结果必须要给出正确的不确定度评定. 如果评价得过大，在实验中就会怀疑结果的正确性导致不能果断地作出判断；如果评价得过小，在实验中可能就会得出错误的结论. 因此，不确定度表示的意义是给出被测物理量在一定置信概率下的误差限值，反映了可能存在的误差分布范围.

2.3.2　不确定度的基本概念及分类

测量结果不确定度，也称实验不确定度或不确定度. 它是与测量结果相联系的参数，其表征合理地赋予被测量之值的分散性. "相联系"有两层含义，一是给出测量结果时，应同时给出其不确定度，二是测量结果只有与不确定度一起才能给出其可能出现的量值区间. "合理""赋予"是指被测量的值是通过正确测量而得到的测量结果，因而具有分散性. 如前所述，测量值 x 与真值 X_0 之差的绝对值以一定概率分布在一个区间 $[-u, +u]$ 内，即

$$|x - X_0| \leqslant u \tag{2-3-1}$$

式中，u 值可以通过一定的方法进行估算，即为不确定度. 从词义上理解，它意味着对测量结果有效性或准确性的可疑程度；从传统上理解，它是被测量真值所处范围的分布特征值，或者它是测量误差所处范围的分布特征值. 1993 年，国际标准化组织(ISO)和国际理论与应用物理联合会(IUPAP)等七个国际权威组织联合发布了《测量不确定度表示指南》，其对实验的测量不确定度有十分严格且详尽的阐述，作为大学物理实验教学，只要求对上述关于不确定度的一些基本概念了解即可.

"标准不确定度"是指以"标准偏差"表示的测量不确定度估计值，分为 A 类标准不确定度 u_A 和 B 类标准不确定度 u_B.

1)A 类标准不确定度

某个物理量的多次重复测量，即使已经精心排除了仪器、操作人员、理论近似等系统误差的影响，仍然会出现测量结果的不同，即随机误差是不可避免的，可根据其满足的正态分布规律进行估计，即测量结果的 A 类标准不确定度计算. 通常，直接测量量的 A 类标准不确定度分量用平均值的实验标准偏差表示，即

$$u_A = S(\overline{x}) \tag{2-3-2}$$

2)B 类标准不确定度

对于系统引入的误差部分的估计可用 B 类标准不确定度进行估算. 尽管在实验中有人员、理论、仪器等多方面因素影响，但在本实验课程中一般仅考虑仪器所引入的系统误差这一主要因素，即

$$u_B = \frac{\Delta_{仪}}{c} = \frac{\Delta_{仪}}{\sqrt{3}} \tag{2-3-3}$$

2.3.3 直接测量量的不确定度评定

1)不确定度的合成

在不确定度分量相互独立的情况下,将两类不确定度分量按“方和根”的方法合成,构成合成不确定度,即

$$u_c = \sqrt{u_A^2 + u_B^2} \tag{2-3-4}$$

在很多情况下,需要采用95.5%或99.7%等较高的置信概率.这时,可以在合成不确定度前乘以一个包含因子 k 来求扩展不确定度 U_c .待测量的不确定度服从正态分布时,对应于置信概率 $p=68.3\%$、95.5%及99.7%,k 近似分别取1、2及3. 本实验课程如无特别说明外,置信概率 p 均取68.3%.

2)测量结果的表示

按照国际标准化组织《测量不确定度表达指南》和我国国家技术监督局《JJG1059－1999测量不确定度评定与表示》等计量技术规范,直接测量量 x 的测量结果可表示为

$$x = \bar{x} \pm u_c \text{(单位)}(p = \cdots) \tag{2-3-5}$$

同时,还可用相对不确定度表示:

$$E_x = \frac{u_c}{\bar{x}} \times 100\% \tag{2-3-6}$$

3)直接测量量测量结果不确定度评定的步骤

假设某直接测量量为 x,其不确定度评定的步骤归纳如下:

(1)修正测量数据中的可定系数误差;

(2)计算测量列的算术平均值,作为测量结果的最佳值;

(3)计算测量列任一次测量值的实验标准偏差 $S(x)$;

(4)审查各测量值,如有坏值应予以剔除,剔除后重复步骤(2)、(3);

(5)计算平均值的实验标准偏差 $S(\bar{x})$ 作为A类标准不确定度 u_A;

(6)计算B类标准不确定度 $u_B = \frac{\Delta_{仪}}{c} = \frac{\Delta_{仪}}{\sqrt{3}}$;

(7)计算合成不确定度 $u_c = \sqrt{u_A^2 + u_B^2}$ 及扩展不确定度 $U_c = ku_c$ (k=1,2或3);

(8)表示实验测量结果

$$\begin{cases} x = \bar{x} \pm u_c \\ E_x = \dfrac{u_c}{\bar{x}} \times 100\% \end{cases} \text{(单位,} p = \cdots\text{)}$$

2.3.4 间接测量量的不确定度评定

1)间接测量量的最佳值

设间接测量量 y 与直接测量量 $x_1, x_2, \cdots, x_n$ 的函数关系为

$$y = f(x_1, x_2, \cdots, x_n) \tag{2-3-7}$$

由于 $x_1,x_2,\cdots,x_n$ 具有不确定度 $u(x_1),u(x_2),\ldots,u(x_n)$，$y$ 也必然具有不确定度 $u(y)$，所以对间接测量量 y 的结果也需要采用不确定度评定. 在直接测量中，我们以算术平均值 $\overline{x}_1,\overline{x}_2,\cdots,\overline{x}_n$ 作为最佳值. 在间接测量中，可以证明 $\overline{y}=f(\overline{x}_1,\overline{x}_2,\cdots,\overline{x}_n)$ 为间接测量量的最佳值，即间接测量量的最佳值由各直接测量量的算术平均值代入函数关系式而求得. 但是，由于直接测量量具有不确定度，从而导致间接测量量也具有不确定度.

2）间接测量量不确定度评定

一般情况下，对式(2-3-7)两边直接微分，得

$$\mathrm{d}y=\frac{\partial f}{\partial x_1}\mathrm{d}x_1+\frac{\partial f}{\partial x_2}\mathrm{d}x_2+\cdots \tag{2-3-8}$$

若间接测量的函数式为积商形式（或含和差的积商形式）时，则对式(2-3-8)两边先取自然对数，再进行微分，得

$$\frac{dy}{y}=\frac{\partial \ln f}{\partial x_1}\mathrm{d}x_1+\frac{\partial \ln f}{\partial x_2}\mathrm{d}x_2+\cdots \tag{2-3-9}$$

其中，$\mathrm{d}y$ 对应于 $u(y)$，$\mathrm{d}x_1,\mathrm{d}x_2,\cdots,\mathrm{d}x_n$ 对应于 $u(x_1),u(x_2),\cdots,u(x_n)$，式(2-3-9)中右边各求和项称为不确定度项，各直接测量量不确定度前面的系数 $\frac{\partial \ln f}{\partial x_1}\mathrm{d}x_1,\frac{\partial \ln f}{\partial x_2}\mathrm{d}x_2,\cdots$ 称为不确定度传递系数.

当直接测量量 $x_1,x_2,\cdots,x_n$ 彼此独立时，间接测量量 y 的不确定度为各分量的均方根，不确定度和相对不确定度分别表示为

$$u(y)=\sqrt{\left[\frac{\partial f}{\partial x_1}u(x_1)\right]^2+\left[\frac{\partial f}{\partial x_2}u(x_2)\right]^2+\cdots} \tag{2-3-10}$$

$$E(y)=\frac{u(y)}{\overline{y}}\sqrt{\left[\frac{\partial \ln f}{\partial x_1}u(x_1)\right]^2+\left[\frac{\partial \ln f}{\partial x_2}u(x_2)\right]^2+\cdots} \tag{2-3-11}$$

对于加减运算为主的函数，应用式(2-3-10)计算其不确定度，再计算其不确定度比较简单；而对以乘除运算为主的函数，先对函数两边进行取对数运算后，运用(2-3-11)计算其相对不确定度，再计算其不确定度，较为简便.

3）间接测量结果的不确定度评定步骤

(1)按照直接测量量不确定度评定步骤，计算得出各直接测量量的不确定度 $u(x_i)$；

(2)计算得出间接测量量的最佳值 $\overline{y}=f(\overline{x}_1,\overline{x}_2,\cdots,\overline{x}_n)$；

(3)根据不确定度合成公式(2-3-10)或(2-3-11)分别求出 y 的不确定度 $u(y)$ 或相对不确定度 $E(y)$；

(4)最后的结果表示

$$\begin{cases} y=\overline{y}\pm u(y) \\ E(y)=\dfrac{u(y)}{\overline{y}}\times 100\% \end{cases} \quad (p=\cdots)$$

4)常用函数的不确定度传递公式(见表2-3-1)

表2-3-1 常用函数不确定度传递公式

函数关系式	不确定度传递公式
$y=ax_1\pm bx_2\pm cx_3$	$u(y)=\sqrt{a^2u(x_1)^2+b^2u(x_2)^2+c^2u(x_3)^2}$
$y=x_1^{\pm a}x_2^{\pm b}x_3^{\pm c}$	$\frac{u(y)}{\overline{y}}=\sqrt{a^2\left(\frac{u(x_1)}{\overline{x}_1}\right)^2+b^2\left(\frac{u(x_2)}{\overline{x}_2}\right)^2+c^2\left(\frac{u(x_3)}{\overline{x}_3}\right)^2}$
$y=\sin x$	$u(y)=\lvert\cos x\rvert u(x)$
$y=\ln x$	$u(y)=\frac{u(x)}{\overline{x}}$

5)例题

用游标卡尺测量并计算圆柱体的体积,用不确定度评定测量结果.其中,游标卡尺的零点读数为0,数据记录如表2-3-2所示,处理数据并写出结果表示.

表2-3-2 圆柱体高度与底面直径测量数据

圆柱体高度 H/mm	40.00	40.02	40.00	39.98	40.02
圆柱体底面直径 D/mm	20.00	20.00	20.02	20.02	20.02

注:仪器最小分度值及零示值均为0.02mm.

解:1. 直接测量值的标准不确定度评定

(1)修正游标卡尺的零点误差.因其零点读数为0,所以修正值等于测量值.

(2)计算直接测量值的算术平均值作为最佳值.

$$\overline{H}=\frac{1}{n}\sum_{i=1}^{n}H_i=\frac{1}{5}(40.00+40.02+40.00+39.98+40.02)=40.004(\text{mm})$$

$$\overline{D}=\frac{1}{n}\sum_{i=1}^{n}D_i=\frac{1}{5}(20.00+20.00+20.02+20.02+20.02)=20.012(\text{mm})$$

(3)计算测量列的标准差

$$u_{Hs}=\frac{S_H}{\sqrt{n-1}}=\sqrt{\frac{\sum_{i=1}^{n}(H_i-\overline{H})^2}{n(n-1)}}=\sqrt{\frac{(40.004-40.00)^2+(40.004-40.02)^2+\cdots}{5\times(5-1)}}$$

$$=0.007(\text{mm})$$

同理可得 $u_{Ds}=0.005(\text{mm})$

(4)按照肖维涅准则检查数据,经检查,无坏数据.

(5)A类标准不确定度.

测量次数 $n=5$,经查表得 t_p 因子为 $1.14(p=0.683)$

$u_{HA}=t_p\cdot u_{Hs}=1.14\times0.007=0.00798=0.008(\text{mm})$

$u_{DA}=t_p\cdot u_{Ds}=1.14\times0.005=0.0057=0.006(\text{mm})$

(6)B类标准不确定度,按照国家计量标准,取游标卡尺的最小分度值为其仪器的误差限,则

$u_{HB}=\frac{0.02}{\sqrt{3}}=0.01(\text{mm})$;$u_{DB}=\frac{0.02}{\sqrt{3}}=0.01(\text{mm})$

(7)合成不确定度为

$u_H=\sqrt{u_{HA}^2+u_{HB}^2}=\sqrt{0.008^2+0.01^2}=0.01(\text{mm})\quad(p=68.3\%)$

$u_D=\sqrt{u_{DA}^2+u_{DB}^2}=\sqrt{0.006^2+0.01^2}=0.01(\text{mm})\quad(p=68.3\%)$

(8)直接测量结果的表示

$H=\overline{H}\pm u(H)=(40.02\pm0.01)\text{mm}\quad(p=68.3\%)$

$D=\overline{D}\pm u(D)=(20.01\pm0.01)\text{mm}\quad(p=68.3\%)$

2.间接测量值的标准不确定度评定

(1)间接测量最佳值 $V=\frac{\pi}{4}\overline{H}\,\overline{D}^2=\frac{3.14}{4}\times40.004\times20.012^2=1257.5076\,(\text{mm})^3$

(2)间接测量值的不确定度.

首先,对公式取对数 $\ln V=\ln\frac{\pi}{4}+\ln H+2\ln D$

其次,求全微分得 $\frac{\mathrm{d}V}{V}=\frac{\mathrm{d}H}{H}+2\frac{\mathrm{d}D}{D}$

最后,用不确定度替代微分符号,再求方和根

$$E(V)=\frac{u_V}{\overline{V}}=\sqrt{\left(\frac{u_H}{\overline{H}}\right)^2+\left(2\frac{u_D}{\overline{D}}\right)^2}=0.000447$$

$$u_V=E(V)\times\overline{V}=0.000447\times1257.5076=0.5621$$

(3)测量结果总不确定度(扩展不确定度).

总不确定度为 $U_V=k\cdot u_V$,按一般国际惯例,$k=2$,则

$$U_V=2\times u_V=2\times0.5621=1.124\,(\text{mm})^3\approx1(\text{mm})^3$$

(4)测量结果的不确定度表示为

$$V=\overline{V}\pm U_V=(1257\pm1)\,(\text{mm})^3\quad(p=0.955)$$

2.4　基本测量方法

随着科学技术的进步,测量方法日益丰富,测量精度不断提高.例如对时间的测量,远古时代,人们利用太阳东升西落,周而复始,逐渐产生了日的概念;从月亮圆缺产生了月的概念;当人们知道太阳是颗恒星时,地球绕太阳的运动周期便成了计量时间的科学标准;人类曾发明了日晷、滴漏和各种各样的计时器来测量时间;随着物理学的发展,人们学会把单摆吊在时钟上,做出了摆钟,计时精度提高了约 3 个数量级;随后人们用石英晶体振荡牵引时钟钟面,做出了石英钟,将计时精度又提高了近 6 个数量级;1949 年,美国国家标准局首先利用氨分子跃迁做出了氨分子钟,1955 年英国皇家物理实验室终于把铯原子用在了时钟上,做成了世界上第一架铯原子钟(量子频标),测时精度达到 10^{-9}s,到了 1975 年,铯原子钟的测量精度已达 10^{-13}s,其他类型的原子钟也相继问世,其中主要的有氢原子钟和铷原子钟等.

由此可见,在物理学发展过程中,测量方法和手段得到了极大丰富,测量的精度也随之迅速提高.同一物理量,在量值的不同范围,测量方法不同;即使在同一范围,精度要求不同也可以有多种测量方法;选用方法的条件是要看待测物理量在哪个范围和对测量精度的要求.例如长度的测量,覆盖了整个物理学研究的尺度范围——小到微观粒子,大到宇宙空间.在微观领

域，人们利用高分辨率电子显微镜和扫描隧穿显微镜或原子力显微镜已经可测量原子的直径和原子的间隔，其分辨率达到了 10^{-11} m；在宇观领域，苏联哈尔科夫的射电望远镜已可探测约 2.6×10^{26} m 的距离. 而宏观领域，一般采用力、电磁和光的放大方法进行测量. 例如，在物理实验中经常用到的直尺、游标卡尺、螺旋测微计、电感和电容式测微仪、线位移光栅、光学显微镜、阿贝比长仪和激光干涉仪等. 随着人类对物质世界更深入的了解，待测物理量的内容越来越广泛，随着科学技术的飞速发展，测量方法和手段也越来越丰富，越来越先进，本节概括性地介绍物理实验中常用的几种基本测量方法.

2.4.1 比较法

比较法是最基本和最重要的测量方法之一. 比较法可分为直接比较和间接比较. 直接比较测量法是把待测物理量 X 与已知的同类物理量或标准量 S 直接比较，这种比较通常要借助于仪器或标准量具. 通常有均衡法、补偿法或示零法，即把标准值 S 选择或调节到与待测物理量 X 值相等，用于抵消（或补偿）待测物理量的作用，使系统处于平衡（或补偿）状态，处于平稳状态的测量系统，待测物理量 X 与标准量 S 具有确定的关系，这种测量方法称为均衡法（或补偿法）. 均衡法（或补偿法）的特点是测量系统中包含有标准量具和平衡器（或示零器）. 在测量过程中，待测物理量 X 与标准量 S 直接比较，调整标准量 S，使 S 与 X 之差为零（故也称为示零法）. 测量过程就是调节平衡（或补偿）的过程，其优点是可以免去一些附加的系统误差，当系统具有高精度的标准量具和平衡指示器时，可获得较高的分辨率、灵敏度及测量的精确度. 匈牙利物理学家厄缶设计的扭摆实验就是利用均衡测量法的原理. 扭摆实验如图 2-4-1(a)所示，用悬丝吊起的物体 A 只受三个力，即指向地心的引力 F_g、指向地球自转轴的惯性离心力 F_w 和悬丝的张力 F_t. 在实验中，按图 2-4-1(b)吊起的两个物体 A 和 B 达到平衡，厄缶比较了具有相同质量不同材质的物体. 即保持物体 A 的材质不变，物体 B 分别用不同的材质做成，结果看不出固定于悬丝 S 上的反射镜 M 有任何偏转，从而证明引力质量与惯性质量相等，与物质的材料无关. 在物理实验的测量操作中，均衡法的运用非常广泛. 例如等臂天平称物体的质量、惠斯通电桥在 1∶1 时测电阻、电位差计测电压、卡文迪什扭秤法测万有引力，以及各种平衡电桥的调节等. 还有比率测量法，将一个未知量 X 与一个已知量 S 的某分数或倍数进行比较，$X=KS$（K 为比例系数，可由实验定出）. 例如用于测量装置和模拟计算机中的线电位差计，将标准电位差 V_s 加到电阻的两端，这电阻通常是一根均匀的长导线（或均匀的线绕滑行电阻器），我们可移动触点，选取某一确定的长度 L_X，若 $L_X/L_0=K$（L_0 为长导线或滑行电阻器的总长），则 K 也是电位差的比值（即 $V_X/V_S=K$）. 惠斯通电桥的倍率旋钮挡的设计，就是利用了比率测量法的原理，即利用 $R_1/R_2=K$（K=0.001，0.01，0.1，1，10，100，1000）来达到改变量程的目的. 小差值测量法认为，如果差值 $X-S=\delta$ 已测定，那么 $X=S+\delta$（δ 可正可负）. 若 δ 很小，则 δ 的相对误差较大，但并不给 X 的测量值带来很大误差. 例如，考虑用一个 1.27cm 的块规作为标准量(S)和一个供测量 δ 用的差数指示器来测量一段略大于 S 的长度. 假定：$S=(1.270000\pm0.000013)$cm，先用块规 S，将千分表调节到计数为 0，再用 X 代替 S，并且假定千分表读出的差值 $\delta=(2.49\pm0.05)\times10^{-4}$cm，此时，$X$ 的测量值为 $X=1.270249$cm，δ 的相对误差为 $\pm2\%$，显然，它对 X 的测量误差产生的影响小于标准值 S 自身容许的偏差 0.000013cm. 当一些物理量难以用直接比较法测量时，可以利用物理量之间的函数关系将待测物理量与同类标准量进行间接比较测量得出. 图 2-4-2 给出了一个利用均衡法间接比较测量电阻的示意图.

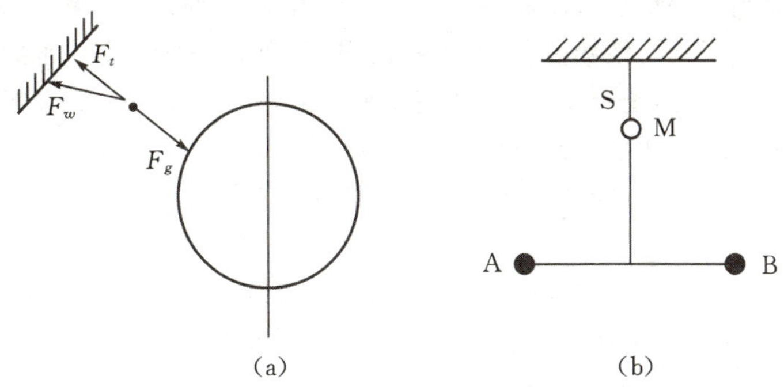

图 2-4-1　厄缶的扭摆实验示意图

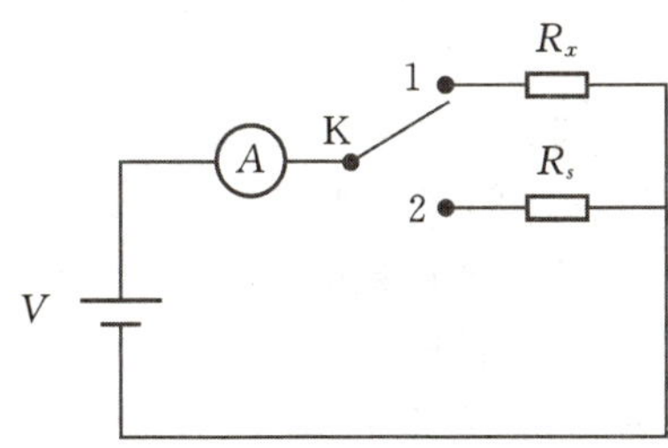

图 2-4-2　间接比较法测电阻示意图

将一个可调节的标准电阻与待测量电阻相连接,保持稳压电源的输出电压 V 不变,调节标准电阻 R_S的阻值,使开关 K 在"1"和"2"两个位置时,电流指示值不变,则 $R_X = R_S = V/I$.

2.4.2　转换测量法

当各物理量之间的相互关系确定时,就可将一些不易测量的物理量转化为可以(或易于)测量的物理量来进行测量,这是物理实验中常用的方法之一.具体的步骤是:

首先是寻求物理量之间的相互关系,可以分为定性和定量描述两类.定性描述以实验观察为主,宗旨在于了解各相关物理量间相互依赖、相互转化的物理现象或变化规律等;定量描述则是在此基础上,精确测量各物理量之间的变化,经过数学逻辑推理,用数学公式表达,使之具有普遍性.在定量描述中,又可分为直接和间接寻求两类.直接寻求理论指出,探求两物理量之间关系时,可以直接改变其中某一物理量,测量另一物理量随前一物理量的变化值.探求多个物理量之间关系时,可以先固定某个或某些物理量,而求出两个主要变化量之间的关系,也可以先固定某个或某些物理量,两两地求出相互关系,再综合分析,或者先找出影响各物理量变化的主要物理量.改变这一物理量,同时测量多个变量,然后用某种方法进行处理,并找出各物理量之间的关系.间接寻求理论认为,在设计和安排实验时,有的物理量有时不能直接测量或求出,因而需要在设计和安排实验时,当预先估算不能达到要求时,就需另辟新径,把一些不可测量的物理量转换成可测量的物理量,如质子衰变实验.长期以来,物理学家们都没有观察到质子的衰变,故认为它是一种稳定的粒子,其寿命约为 10^{38} s,即大约为 10^{31} a (a 表示一年).10^{31} a 是一个多么漫长的时期,简直是一个无法测量的时间.因为地球的年龄才大约为 10^{9} a ,

谁也无法预料 10^{31} a 内,世界上会发生什么样的变化.因此,在很长一段时间,人们无法揭示质子寿命的奥秘.但是当人们把思考的着眼点变换一个角度,把时间的测量转换为空间概率的测量时,整个事件就发生了戏剧性的变化.假如我们观察 10^{33} 个质子(每吨水约有 10^{29} 个质子),则一年之内可能有 100 个质子衰变.这样就使原来根本无法观察和测量的事情,变成可以测量了.把测不准的量转换成可测准的量也是一种变量转换方法,由于有时某些物理量虽然可以测定,但要精确测量并不容易,可能是所要求的条件苛刻或所需要的测量仪器复杂、昂贵等,但是换个途径,事情就变得简单多了,而且能够较精确地测量.在实际测量工作中,可以改变的条件很多,我们可以在一定范围内找出那些易于测准的量,而绕开不易测准的量,实行变量代换.最为经典的例子就是利用阿基米德原理测不规则物体的体积或密度.亦可用测量物理量的改变量代替测量物理量,这也是一种行之有效的实验方法.例如,用拉伸法测杨氏模量,就是把直接测量量 ΔL 变为分别测量 L_0 和 L ($\Delta L = L - L_0$),并用光杠杆把变化量放大来测量.当然还可以把单个测量点的计算方法,改变为多个测量点的作图法或回归法.把不易测的物理量放在截距上,而把要测量的物理量放在斜率中去解决(如自由落体法测量重力加速度).

其次,随着各种新型功能材料,如压敏、气敏、热敏、光敏、磁敏、湿敏等材料的不断涌现,以及性能的不断提高,各种各样的敏感器件和传感器也就应运而生,为科学实验和物性测量方法的改进提供了很好条件. 考虑到电学参量具有测量方便、快速,以及电学仪表易生产且具有通用性等特点,所以许多能量转换法都是使待测物理量通过各种传感器或敏感器件转换成电学参量来进行测量,出现了传感器转换法,实现把某些不易测量的物理量转换成易于测量的物理量,这也是物理实验惯用的手法. 最常见的方法有光电转换,它是利用光敏元件将光信号转换成电信号进行测量.例如在弱电流放大的实验中,把激光(或其他光,如日光、灯光等)照射在硒光电池上直接将光信号转换成为电信号,再进行放大.在物理实验中常用的光电元件还有光敏三极管、光电倍增管、光电管等.常见的还有热电转换、压电转换、磁电转换等. 热电转换利用热敏元件(如半导体热敏元件、热电偶等),将温度的测量转换成电压或电阻的测量.压电转换利用压敏元件或压敏材料(如压电陶瓷、石英晶体等)的压电效应,将压力转换成电信号进行测量.反过来,也可以用某一特定频率的电信号去激励压敏材料使之产生共振,来进行其他物理量的测量.磁电转换是最典型的磁敏元件,如霍尔元件、磁记录元件(读、写磁头,磁带,磁盘)、巨磁阻元件等,利用磁敏元件(或电磁感应组件)将磁学参量转换成电压、电流或电阻的测量.还有一种转换测量,是利用电学元件或参量(电阻、电容、电感等)对几何变化量敏感的特性,来进行对长度、厚度或微小位移等几何量的测量,称为几何变化量与电学参量的转换.

2.4.3 放大法

在实验测量中,往往将测量的微小物理量或把待测物理量进行选择,积累或放大有用的部分,相对压低不需要的部分,来提高测量的分辨率和灵敏度,这是物理实验中最常用的方法之一.在物理实验中,常常受到如仪器精度的限制,或存在很大的本底噪音或受人的反应时间限制,导致单次测量的误差很大或无法测量出待测量的有用信息. 采用累积放大法进行测量,就可能减小测量误差、降低本底噪音和获得有用的信息.例如,在最简单的单摆实验中关于周期的测量,假定单摆周期 T 为 1.50s,人开启和关闭秒表的平均反应时间为 $\Delta T = 0.2$s,则单次测量周期的相对误差为 $\Delta T/T = 30\%$,若增加测量次数至 50 个周期,则将由人员误差降低至 $\Delta T/(50T) = 0.6\%$.机械放大法是最直观的一种放大方法.游标尺和螺旋测微原理就是利用机械放大原理来实现对长度的测量. 原来分度值为 Y 的主尺,加上一个 n 等分的游标后,组成的游标尺的分度值$\Delta Y = Y/n$,即对 Y 细分了 n 倍,这对直游标和角游标均适用;将螺距(螺旋进一圈的推进距离)通过螺母上的圆周来进行放大,放大率 $\beta = \pi D/d$,其中,d 是螺距,D 是螺母连接在一起的微分套筒的直径.各种不等臂的秤杆则是通过机械杠杆把力和位移放大或细分,而机械连动杆或丝杠,连动滑轮或齿轮等则是通过滑轮把力和位移细分.另外,交、直流电信号的放大可以是电压放大、电流放大或功率放大.随着微电子技术和电子器件的发展,各种电信号的放大都很容易实现,因而也是用得最广泛、最普遍的.例如,三极管是在任何电路中都可能遇到的常用作放大器的元件.现在各种新型的高集成度的运算放大器不断出现,把弱电信号放大几个至十几个数量级已不再是难事.因此,常常把其他物理量转换成电信号放大以后再转换回去(如压电转换、光电转换、磁电转换等).把电学量放大,在提高物理量本身量值的同时,还必须注意减小本底信号,提高所测物理量的信噪比和灵敏度,降低电信号的噪声.光学放大的仪器有放大镜、显微镜和望远镜.这类仪器只是在观察中放大视角,并不是实际尺寸的变化,所以并不增加误差.因而许多精密仪器都是在最后的读数装置上加一个视角放大装置以提高测量精度.微小变化的放大原理常用于检流计、光杠杆等装置.光杠杆镜尺法就是通过放大测量物理量(微小长度变化).

2.4.4　模拟法

模拟法是以相似性原理为基础,是指不直接研究自然现象或过程本身,而用与这些自然现象或过程相似的模型来进行研究物质或事物物理属性或变化规律的实验方法.在探求物质的运动规律和自然奥妙,或解决工程技术或军事问题时,常常会遇到一些特殊的、难以对研究对象进行直接测量的情况.例如,被研究的对象非常庞大或非常渺小,如同步辐射加速器、巨大的原子能反应堆、航天飞机、宇宙飞船、物质的微观结构、原子和分子的运动等,或者非常危险,如地震、火山爆发、发射原子弹等,又或者是研究对象变化非常缓慢,如天体的演变、地球的进化等.根据相似性原理,可人为地制造一个类似于被研究对象或运动过程的模型进行实验.

模拟法可以按其性质和特点分成两大类:物理模拟和计算机虚拟方法.

物理模拟可以分为三类:动力相似模拟、几何模拟、替代或类比模拟(包括电路模拟).动力相似模拟基于物理系统常常是不具有标度不变性的.在工程技术中作模拟实验时,如何保证缩小的模型与实物在物理上保持相似性是个关键问题,为了达到模型与原型在物理性质或规律上的相似或等同性,模型的外形往往不是原形的缩型. 例如,1943 年美国波音飞机公司用于试验的模型飞机其外表根本就不像一架飞机,然而风速对它翼部的压力却与风速对原型机翼的压力相似.又如,在航空研究中,人们不得不建造压缩空气作高速循环的密封型风洞作为模型试验的条件,使试验条件更符合实际自然状态的形式;几何模拟是将实物按比例放大或缩小,对其物理性能及功能进行试验.如流体力学实验室常采用水泥造出河流的落差、弯道、河床的形状,还有一些不同形状的挡水物,用来模拟河水流向、泥沙的沉积、沙洲、水坝对河流运动的影响,或用“沙堆”研究泥石的变化规律.再如,研究建筑材料及结构的承受能力,可将原材料或建筑群体设计,按比例缩小几倍到几十倍,进行实验模拟.替代或类比模拟是利用物质材料的相似性或类比性进行实验模拟,它可以用其他物质、材料或其他物理过程,来模拟所研究的材料或物理过程.例如在模拟静电场的实验中,就是用电流场模拟静电场. 在地震模拟实验中,用超声波替代地震波,用岩石、塑料、有机玻璃等做成各种模型.更进一步的物理之间的替代,就导致了原型试验和工作方式的改变,形成一种特殊的模拟方法.应用最广的就是电路模拟.因为在实际工作中,要改变一些力学量不如改变电阻、电容、电感来得更容易.

计算机虚拟方法是基于虚拟实验的概念发展起来的,而虚拟实验是近几年从虚拟现实的概念中衍生出来的.虚拟现实对应的英文一词为 Virtual Reality(简称 VR),它是 VPL Research 公司的奠基人 Jaron Lanier 于 1989 年提出的.从本质上讲,VR 系统是对现实环境的仿真,具有沉浸感(Immersion)、交互性(Interaction)和自由想象性(Imagination)的特点.因此,仿真技术无论对于虚拟现实和虚拟实验都是关键性的技术.为此,我们常称虚拟实验为仿真实验.而仿真一词对应的英文通常为 Simulation,有时也被翻译为模拟.1961 年,摩根赫特(G. W. Morgenthater)首次对仿真一词作了技术性的解释,他认为,仿真是指在实际系统尚不存在的情况下,对于系统或其活动本质的复现.近几十年来,由于电子计算机的出现,并以惊人的速度发展,仿真方法和技术也已得到迅猛发展.仿真技术的发展使人的认识与概念得以深化.今天,比较流行于科学工程技术界的技术定义是:仿真是通过系统模型的实验去研究一个存在的或设计中的系统.这里所指的系统是由相互制约的各个部分组成的具有一定功能的整体,它包括了静态与动态、数学与物理、连续与离散等模型.同时,这里还强调了仿真技术实验的性质,以区别于数值计算的求解方法.

物理学是科学技术的基础,物理的概念和理论又是在实验的基础上形成的,现在教学中的很多物理实验是当时科技发展的突破性成果.有的实验对物理概念的深化发展、规律总结和对规律本质的解释,作出了历史性的巨大贡献;有些实验成果的取得为科技发展开辟了新的研究课题,派生出很多研究方向;还有些实验则产生了一个新的科学领域.因此,从科学发展、人才科学素质形成的角度来思考物理实验教学,它在培养学生对科学的探索和创造能力,以及理论与实践相结合的思维形成上起着不可替代的基础作用.要提高物理实验教学的质量,关键是激发学生的学习热情.但是,实验室和课时数的限制是长期困扰实验教学质量提高的难题.学生课前通过教材预习,对实验设备和实验中所遇到的各种现象很难建立起认识.在规定的学时内学生不能掌握仪器的原理和使用方法,不能对实验及时消化,有些实验存在严重的“走过场”的现象.在物理实验教学中,往往由于实验仪器的复杂、精密和昂贵,无法对实验仪器的结构、设计思想、方法进行剖析;学生不能充分自行设计实验参数,反复调整、观察实验现象,分析实验结果;一些实验装置,师生不能同时观察实验现象,进行交流、分析和讨论.物理实验必须现代化和社会化,而对于一些科技含量高的、现代化程度较高的设备,学生往往面对的是“黑盒子”,无法知道其内部的运转机理,抑制了学生的设计思想和创造能力的发挥.我们正处在计算机高速发展的时代,利用计算机来丰富教学思想、方法和手段,改革传统的实验教学模式,使实验教学与高新技术协调发展,提高实验教学的水平,就是计算机虚拟物理实验的设计思想和目标.而计算机虚拟物理实验的出现打破了教与学、理论与实验、课内与课外的界限,在研究物理实验的设计思想、实验方法、培养学生创新能力方面发挥着不可替代的重要作用.

计算机虚拟物理实验系统动用了人工智能、控制理论和教师专家系统对物理实验和物理仪器建立内在模型,用计算机可操作的仿真方式实现了物理实验的各个环节.其系统的结构设计如图 2-4-3 所示.

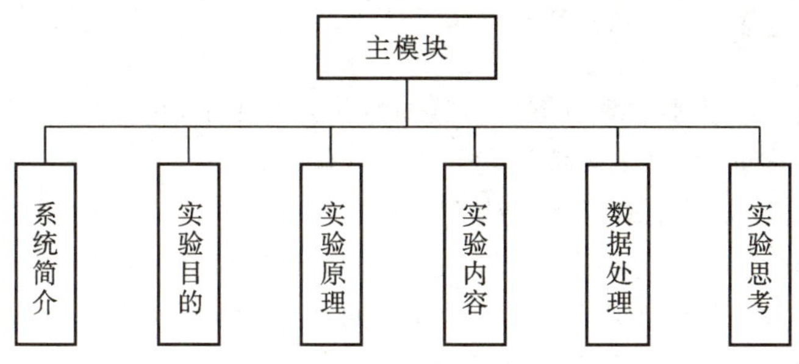

图 2-4-3　虚拟实验模块设计

在主模块下由系统简介、实验目的、实验原理、实验内容、数据处理、实验思考等六个模块组成.每个模块在主模块后调用.通过解剖教学过程,使用键盘和鼠标控制仿真仪器画面动作来模拟真实实验仪器,完成各模块中相应的内容.在软件设计上把完成各模块中的内容看作是问题空间到目标空间的一系列变化,从此变化中找到一条达到目标的求解途径,从而完成仿真实验过程.在此过程中,利用丰富教学经验编制而成的教师指导系统可对学生进行启发引导,系统可按知识处理的过程对模块进行设计,其设计过程如图 2-4-4 所示.

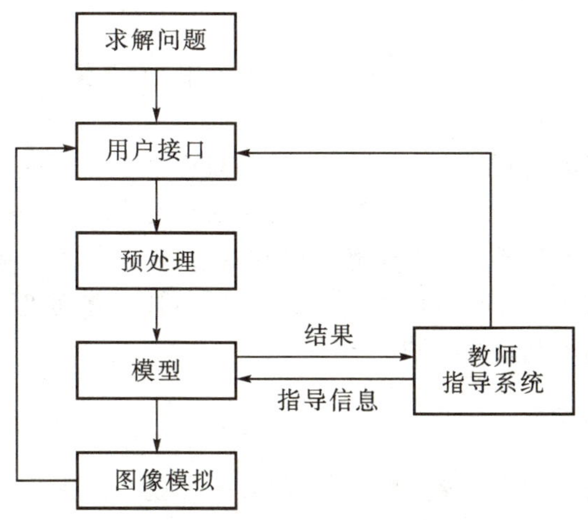

图 2-4-4　虚拟实验设计原理

本节主要介绍了几种常用的物理实验测量的基本方法,而物理实验方法是非常丰富多彩的,并且随着科技的进步,物理实验的思想方法也是在不断发展和完善的.同时,我们还应清楚地认识到在实际的学习和科学实验中,遇到的问题往往是复杂和多变的,不是哪一种方法都能奏效.因而需要实验者较深刻地理解各种实验方法的特点及局限性,并在实践中自觉体会运用,通过长期实验工作的经验积累,使自己的实验能力不断提高.

2.5　基本调节方法及操作技术

实验中的调节和操作技术十分重要,正确的调节和操作不仅可将系统误差减小至最低限度,而且对提高实验结果的准确度有直接影响.下面介绍一些基本的、普遍性的调整技术.

2.5.1 零位调整

对于初学者来说,往往不注意仪器或量具的零位是否正确,总以为它们在出厂时都已校准好.但实际情况不完全如此,由于环境的变化或经常使用而引起磨损等原因,它们的零位往往已发生了变化.因此,在实验前总是需要检查和校准仪器的零位,否则将人为地引入误差.零位校准的方法一般有两种:一种是测量仪器有零位校准,如电表等,则应调整校准器,使仪器在测量前处于零位;另一种是仪器不能进行零位校准,如端点磨损的米尺或螺旋测微计等,则应在测量前先记下初始读数,以便在测量结果中加以修正.

2.5.2 水平、垂直调整

有些仪器和实验装置必须在水平或垂直的状态下才能正常地进行实验,如天平、气垫导轨、三线摆等.因此,在实验中经常遇到要对仪器进行水平、垂直的调整,这种调整常借助于水准仪或悬锤进行.凡是要作水平、垂直调整的仪器或装置,在其底座上大多数设置有三个底脚螺丝(或一个固定,两个可调节),通过调节底脚螺丝,借助于水准仪或悬锤,可将仪器装置调整到水平或垂直状态.

2.5.3 光路共轴调整

在由两个或两个以上的光学元件组成的光学系统中,为了获得好的像质,满足近轴光线的条件,必须进行共轴调整.一般分为粗调和细调.

粗调:一般多采用目测法判断.将各光学元件和光源的中心调成等高,并且使各元件所在平面基本上相互平行且垂直.这样,各光学元件的光轴已大致接近重合.

细调:利用光学系统本身或者借助于光学仪器,依据光学的基本规律来进行调整.如依据透镜成像规律,由自准直法和二次成像法来调整光学仪器时,移动光学元件,使像没有上下左右移动.常用此方法来进行光路的共轴调节.

2.5.4 逐次逼近法

在物理实验中,仪器的调节大多不能一步到位.例如电桥达到平衡状态、电势差计达到补偿状态、灵敏电流计零点的调节、分光计中望远镜光轴的调节等,都必须经过反复多次调节才能完成.依据一定的判断标准,逐次缩小调整范围,较快地获得所需要的状态的方法称为逐次逼近调节法.判断标准在不同的仪器中是不同的.例如,天平是其指针在标度前来回摆动,观察左右两边的振幅是否相等;平衡电桥是看检流计的指针是否指向零刻度.逐次逼近调节法除了在天平、电桥、电势差计等仪器的平衡调节中用到外,在光路的共轴调节、分光计的调节中也要用到,它是一种经常使用的调节方法.

2.5.5 先定性、后定量的原则

在测量某一物理量随另一物理量变化关系时,为了避免测量的盲目性,应采用"先定性后定量的原则"进行测量.即在定量测量前,先对实验的全过程进行定性观察和分析,在对实验数据的变化规律有了初步了解的基础上,然后进行定量测量.比如,在研究晶体二极管的伏安特性时,对于电流随电压变化的情况先进行定性观察,然后在分配测量间隔时,采用不等间距测

量，即在电压增量相等的两点之间，若电流变化较大，就应多测量几个点. 通过这种方式测量所得数据作图就比较合理.

2.5.6　回路接线法

在电磁学实验中，经常遇到按电路图接线的问题. 一张电路图可分解为若干个闭合回路，接线时，应从回路Ⅰ的始点(往往为高电势点或低电势点)出发，依次首尾相连，最后回到始点，再依次连接回路Ⅱ、Ⅲ…，这样接线方法称为回路接线法. 按此方法接线和查线，可确保电路连接的正确.

2.5.7　避免空程误差

在丝杠和螺母构成的传动与读数机构中，由于螺母与丝杠之间有螺纹间隙，往往在测量刚开始或反向转动时，丝杠需要转过一定角度(可能达到几十度)才能与螺母啮合. 结果与丝杠连接在一起的鼓轮已有读数改变，而螺母的传动机构尚未产生位移，造成虚假计数而产生空程误差. 为避免产生空程误差，使用这类仪器时，必须待丝杠与螺母啮合后，才能进行测量. 一般在这类仪器使用时，多采用的是单向旋转操作.

2.5.8　消除视差调节

在实验测量中，经常会遇到读数标准(如指针、叉丝等)和标尺平面不重合的情况. 例如电表的指针和标度尺面总是离开一定距离，因此，当眼睛在不同位置观察时，读数的指示值就会有差异，这就是视差. 有无视差可根据观测时人眼睛稍稍移动，标线与标尺刻度是否有相对运动来判断. 为了消除测量读数时的视差，应做到正面垂直测量读数.

在用光学仪器进行非接触式测量时，常用到带有叉丝的测微目镜、望远镜或读数显微镜. 望远镜和读数显微镜基本光路图如图 2－5－1 所示.

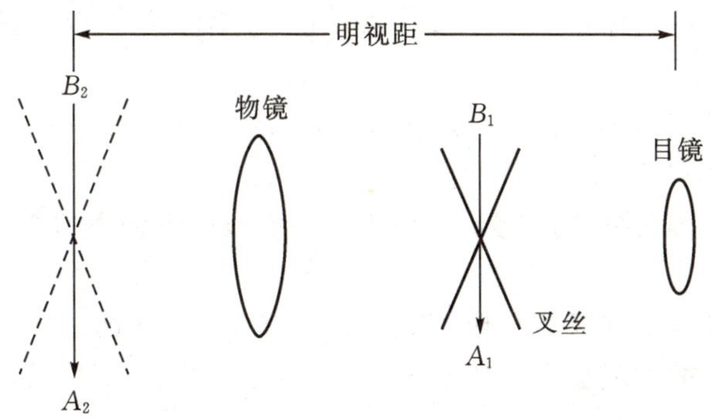

图 2－5－1　光路示意图

它们共同点是在目镜焦平面 F_2 内侧附近装有一个十字叉丝(或带有刻度的玻璃分划板)，若观察物经物镜后成像 A_1B_1 落在叉丝位置处，人眼经目镜看到叉丝与物体的最后虚像 A_2B_2 都在明视距离的同一平面上，这样便无视差.

在消除视差时，只要仔细调节目镜(连同叉丝)与物镜之间的距离，使被观察物体经物镜后成像在叉丝所在的平面内. 一般是一边仔细调节一边稍稍移动人眼，看看两者是否有相对运动，直至基本上无相对运动为止.

2.6 常用实验数据处理方法

进行物理实验的目的是为了找出物理量之间的内在规律，或验证某种理论模型是否正确等. 因此，对实验中所得到的大量数据必须进行正确的处理分析. 数据处理是物理实验中不可分割的一部分. 它是以一定的理论模型为基础，以一定的物理条件为依据，其贯穿于整个物理实验的全过程，包括数据记录、整理、计算、作图、分析等方面.

在实验中，通常把一种物理量当成自变量 x，测量不同的自变量 x_i 所对应的另一种物理量 y_i 的值. 这样就得到了两列测量值：$x_1, x_2, \cdots, x_n$ 和 $y_1, y_2, \cdots, y_n$，n 是测量次数，也可以说得到了 n 组测量值. 如何处理这些数据，以便找出 x、y 之间存在的关系就是本节的任务.

2.6.1 列表法

在记录和处理数据时，常常将数据列成表格. 数据列表可以简单且明确地表示出相关物理量之间的对应关系，便于随时检查测量数据的规律，及时发现问题和分析问题，有助于找出相关物理量之间的规律性联系等. 列表记录、数据处理是一种良好的科学工作习惯，对于初学者来说，要设计出一个栏目清楚、行列分明的表格虽不是很难办到的事，但也不是一件容易的事情，需要不断地训练，逐渐形成一个良好的习惯.

1)列表法处理数据的要求

(1)尊重实验结果，如实记录原始数据.

(2)在列表中各栏目的顺序应充分注意数据间的联系和计算的程序，力求简单明了. 一般把作为自变量的数据列在上方，把作为因变量的数据对应列在下方，便于反映出物理量之间的内在关联.

(3)各栏目必须标明名称和单位，必要时加以说明. 单位要写在标题栏中，不要重复地记录在各个数据上.

(4)对于多次等精度测量，应标出测量序号，表后留出平均值、标准差和 A 类不确定度的空位，以便进一步作数据处理.

(5)对于动态测量等情况，则应按自变量由小到大或由大到小的顺序排列，并注意函数关系的对应.

(6)如果在一个实验中有两个以上的数据表，则应在每个表的上方标记名称.

(7)对于一次测量的物理量应按 B 类不确定度表示，并写在表格的下方.

2)列表法处理数据例题

例 2－6－1 在测量并计算圆柱体的体积实验中，将 6 次测量的数据列表.

解：圆柱底面直径 D 与圆柱高度 H 的原始数据如表 2－6－1 所示，n 为测量次数；在物理量名称后的斜线下注明的是单位；$\overline{x}$、S、u_A 分别为测量列平均值、标准偏差和 A 类不确定度.

表 2-6-1 圆柱底面直径 D 与圆柱高度 H 原始数据记录表

n	1	2	3	4	5	6	$\overline{x}$	S	u_A
D/mm	0.832	0.829	0.830	0.835	0.828	0.828	0.8303	0.0027	0.0011
H/mm	3.24	3.26	3.22	3.20	3.24	3.22	3.238	0.015	0.006

注意：多次等精度测量的平均值 $\overline{x}$ 的有效数字，可与一次测量时按仪器读数规则得到的有效数字不同. $\overline{x}$ 的末位与 u_A 的末位对齐，而 u_A 取一位或两位有效数字.

在大部分实验中，列表内容只是反映被测量量之间是否存在某种关系.

例 2-6-2 若已知半导体热敏电阻与温度的关系为 $R = R_0\exp(B/T)$，R_0 和 B 为待定参数，T 为热力学温度，测量得 R 和 t 的原始数据如表 2-6-2 所示.

表 2-6-2 半导体热敏电阻的电阻与温度的关系

温度 t/℃	20.0	25.0	30.0	35.0	40.0	45.0	50.0	55.0	60.0	65.0	70.0
电阻 R/Ω	2198	1869	1530	1267	1034	890.0	737.0	631.0	536.0	462.0	399.0
T/K	293.2	298.2	303.2	308.2	313.2	318.2	323.2	328.2	333.2	338.2	343.2
$(1\times10^{-3}/T)$ /(1/K)	3.411 $\times10^{-6}$	3.353 $\times10^{-6}$	3.298 $\times10^{-6}$	3.245 $\times10^{-6}$	3.193 $\times10^{-6}$	3.143 $\times10^{-6}$	3.094 $\times10^{-6}$	3.047 $\times10^{-6}$	3.001 $\times10^{-6}$	2.957 $\times10^{-6}$	2.914 $\times10^{-6}$
$\ln R$	7.695	7.533	7.333	7.144	6.941	6.791	6.603	6.447	6.284	6.136	5.989

2.6.2 逐差法

当自变量等间隔变化，而两物理量之间又呈线性关系时，可以采用逐差法处理数据. 比如弹性模量测量中，在金属丝弹性限度内，每次加载质量相等的砝码，测得光杠杆标尺读数 l_i；然后再逐次减砝码，对应地测量标尺读数 l_i'，取平均值 $\overline{l_i}$. 若求每加(减)一个砝码引起读数变化的平均值 $\overline{L}$，则有

$$\overline{L} = \frac{1}{n}\sum(\bar{l}_{i+1} - \bar{l}_i) = \frac{1}{n}[(\bar{l}_2 - \bar{l}_1) + (\bar{l}_3 - \bar{l}_2) + \cdots + (\bar{l}_n - \bar{l}_{n-1})] = \frac{1}{n}(\bar{l}_n - \bar{l}_1)$$

上式表明，只有首末两次读数对结果有贡献，失去了多次测量的好处. 这两次读数误差将对测量结果的准确度有很大影响.

为了避免这种情况，平等地运用各次测量值，可把它们按顺序分成相等数量的两组 $(l_1\cdots l_k)$ 和 $(l_{k+1}\cdots l_{2k})$，取两组对应项之差，即 $\bar{l}_j = (\bar{l}_{k+j} - \bar{l}_j)$，$j = 1,2,\cdots,k$，再求平均，即

$$\overline{L} = \frac{1}{k}\sum_{j=1}^{k}\bar{l}_j = \frac{1}{k}[(\bar{l}_{k+1} - \bar{l}_1) + \cdots + (\bar{l}_{2k} - \bar{l}_k)]$$

相应地，它们对应砝码质量为 $m_{k+j} - m_j$，$j = 1,2,\cdots,k$. 这样处理保持了多次测量的优越性.

注意：逐差法要求自变量等间隔变化且函数关系为线性，并且测量次数 n 尽量为偶数.

例 2-6-3 弹性模量实验数据如表 2-6-3 所示. 已知每次加减砝码质量 $\Delta m = (0.500 \pm 0.005)$kg. 标尺刻度不确定度为 $\Delta_l = \pm 0.3$mm. 求标尺读数与砝码质量之间的线性比例系数 a.

表 2-6-3　弹性模量原始数据

m/kg	m_0	0.500	1.000	1.500	2.000	2.500	3.000	3.500
l_i /mm	90.0	101.5	112.5	124.5	135.3	146.0	158.0	170.0
l_i' /mm	88.4	100.0	111.0	122.8	134.0	147.6	158.4	170.0
$\bar{l}_i$ /mm	89.2	100.8	111.8	123.4	134.6	146.8	158.2	170.0
$\Delta l = (\bar{l}_{i+4} - \bar{l}_i)$ /mm	45.4	46.0	46.4	46.6				

解:将测量得到的 8 组数据分成两组,$j = 0,1,2,\cdots$,线性比例系数为

$$a = \frac{\bar{l}}{\bar{m}} = \frac{\sum (\bar{l}_{j+4} - \bar{l}_j)}{\sum (m_{j+4} - m_j)}$$

由表 2-6-3 数据可知

$$\overline{\Delta m} = 2.000\text{kg},\ \overline{\Delta l} = 46.1\text{mm},\ \sigma_{\overline{\Delta l}} = 0.53\text{mm},\ a = \frac{\overline{\Delta l}}{\overline{\Delta m}} = 0.2274$$

则有

$$u_A(\Delta l) = t_p u_A = t_p \frac{\sigma_{\overline{\Delta l}}}{\sqrt{n}} = 1.2 \times \frac{0.53}{\sqrt{4}} = 0.32(\text{mm}) \qquad (p = 0.68)$$

$$u_B(\Delta m) = \frac{\Delta m}{C} = \frac{0.005}{\sqrt{3}} = 0.0029(\text{kg}) \qquad (p = 0.68)$$

$$\left(\frac{u_{(a)}}{a}\right)^2 = \frac{u_A^2(\Delta l)}{\overline{\Delta l}^2} + \frac{u_B^2(m)}{\overline{\Delta m}^2} = 0.000050$$

$u_{(a)} = 0.000050 \times a = 0.0016$　$(p = 0.68)$ 或 $U_{(a)} = k \cdot u_{(a)} = 2 \times 0.0016 = 0.0032$　$(p = 0.95)$

$a = (0.2274 \pm 0.0016)$　$(p = 0.68)$ 或 $a = (0.227 \pm 0.0032)$　$(p = 0.95)$

2.6.3　最小二乘法

从一组实验数据出发,找到一条最佳的拟合直线(或曲线),最小二乘法是常用的方法之一.得到的变量之间的函数关系称为回归方程.用最小二乘法线性拟合也称为最小二乘法线性回归.最小二乘法的原理是:若能找到一条最佳的拟合直线(或曲线),那么这条拟合直线(或曲线)上各相应点的值与测量值之差的平方和在所有拟合线(或曲线)中应是最小.

方程的回归问题首先是要确定函数的形式.函数形式的确定一般是根据理论的推断或者从实验数据的变化趋势推测出来.例如,推断函数之间为线性关系,则把函数形式写成 $y = a + bx$;如果推断是指数关系则写成 $y = c_1 e^{c_2 x} + c_3$ 等等.函数关系实在不清楚时,常用多项式表示,如下所示

$$y = a_0 + a_1 x + a_2 x^2 + a_3 x^3 + \cdots + a_n x^n$$

式中,$a_1, a_2, \cdots, a_n$ 均为常数.线性回归问题实际上是由实验数据来确定直线方程 $y = a + bx$ 中的系数 a 和 b 的问题.

1)回归系数

假设所得数据满足如下函数关系

$$y = a + bx \qquad (2-6-1)$$

自变量只有一个，故称为一元线性回归.

通过实验测量得到的数据是当 $x = x_1, x_2, x_3, \cdots, x_n$ 时，对应的 $y = y_1, y_2, y_3, \cdots, y_n$. 既然方程(2-6-1)是物理量 y 和 x 之间满足的函数关系式，也即意味着当常数 a、b 确定以后，如果实验没有误差，把数据点 $(x_1, y_1), (x_2, y_2), \cdots, (x_n, y_n)$ 代入式(2-6-1)后，方程的左右两边应该相等. 实际上，测量总伴随着误差出现. 将这些测量误差归结为因变量 y 的测量偏差，并记为 $\varepsilon_1, \varepsilon_2, \cdots, \varepsilon_n$. 于是，将实验数据 $(x_1, y_1), (x_2, y_2), \cdots, (x_n, y_n)$ 代入式(2-6-1)后，得

$$y_1 - a - bx_1 = \varepsilon_1; y_2 - a - bx_2 = \varepsilon_2; \cdots; y_n - a - bx_n = \varepsilon_n \tag{2-6-2}$$

数据处理的目的是利用方程组(2-6-2)来确定常数 a 和 b. 比较合理的 a 和 b 是使 $\varepsilon_1, \varepsilon_2, \cdots, \varepsilon_n$ 在数值上最小. 尽管每次测量的误差并不一样，反映在 $\varepsilon_1, \varepsilon_2, \cdots, \varepsilon_n$ 大小不一，而且符号也不尽相同，但是根据最小二乘法的原则，要求总的偏差 $\sum_{i=1}^{n} \varepsilon_i{}^2$ 最小，则有

$$\sum_{i=1}^{n} \varepsilon_i^2 = \sum_{i=1}^{n} (y_i - a - bx_i)^2 \tag{2-6-3}$$

为了得到 $\sum_{i=1}^{n} \varepsilon_i{}^2$ 的最小值，将式(2-6-3)对 a 和 b 分别求偏微商得

$$\partial\left(\sum_{i=1}^{n} \varepsilon_i^2\right) \Big/ \partial a = -2\sum_{i=1}^{n} (y_i - a - bx_i);\ \partial\left(\sum_{i=1}^{n} \varepsilon_i^2\right) \Big/ \partial b = -2\sum_{i=1}^{n} [(y_i - a - bx_i)(x_i) \tag{2-6-4}$$

极值法要求式(2-6-4)中两个式子均等于零，即

$$\sum_{i=1}^{n} y_i - na - b\sum_{i=1}^{n} x_i = 0; \quad \sum_{i=1}^{n} (y_i x_i) - a\sum_{i=1}^{n} x_i - b\sum_{i=1}^{n} x_i^2 = 0 \tag{2-6-5}$$

用 $\overline{x}$，$\overline{y}$，$\overline{x_i^2}$，$\overline{xy}$ 分别表示 x，y，x^2 的 xy 平均值，则

$$n\overline{x} = \sum_{i=1}^{n} x_i,\ n\overline{y} = \sum_{i=1}^{n} y_i,\ n\overline{x_i^2} = \sum_{i=1}^{n} x_i^2,\ n\overline{xy} = \sum_{i=1}^{n} (x_i y_i)$$

将以上各式代入式(2-6-5)，得

$$\overline{y} - a - b\overline{x} = 0; \qquad \overline{xy} - a\overline{x} - b\overline{x^2} = 0 \tag{2-6-6}$$

求解方程(2-6-6)得 a、b 为

$$b = \frac{\overline{x} \cdot \overline{y} - \overline{xy}}{\overline{x}^2 - \overline{x^2}} = \frac{\sum x_i \sum y_i - n\sum (x_i y_i)}{(\sum x_i)^2 - n\sum x_i^2} \tag{2-6-7}$$

$$a = \frac{\sum (x_i y_i) \sum x_i - \sum y_i \sum x_i^2}{(\sum x_i)^2 - n\sum x_i^2} = \overline{y} - b\overline{x} \tag{2-6-8}$$

2) 相关系数 r

为了检验线性拟合的好坏，定义相关系数

$$r = \frac{\overline{xy} - \overline{x} \cdot \overline{y}}{\sqrt{(\overline{x^2} - \overline{x}^2)(\overline{y^2} - \overline{y}^2)}} \tag{2-6-9}$$

可以证明 $-1 \leqslant r \leqslant 1$. 当 x 与 y 完全不相关时，$r=0$；当 x_i，y_i 全都在回归直线上时，$|r| = 1$. $|r|$ 值越接近于 1，说明实验数据能密集分布在求得的直线的近旁，这时用线性回归

比较合理;若 $|r|$ 值远小于 1 而接近零,说明实验数据对求得的直线很分散,即用线性回归不妥,必须用其他函数重新试探.

3) y_i 与常数 a、b 的不确定度评定

测量值 y 的标准偏差为

$$s_y = \sqrt{\frac{\sum [y_i - (a + bx_i)]^2}{n-2}} \tag{2-6-10}$$

回归系数 b、a 的标准偏差分别为

$$s_b = s_y \sqrt{\frac{n}{n\sum x_i^2 - (\sum x_i)^2}} \text{ 或 } s_b = b\sqrt{\left(\frac{1}{r^2} - 1\right)/(n-2)} \tag{2-6-11}$$

$$s_a = s_y \sqrt{\frac{\sum x_i^2}{n\sum x_i^2 - (\sum x_i)^2}} \text{ 或 } s_a = s_b \sqrt{\overline{x^2}} \tag{2-6-12}$$

例 2-6-4 测定某种金属的电阻温度系数实验数据如表 2-6-4 所示,线性回归并采用不确定度评定.

表 2-6-4 电阻值与温度原始数据

t/℃	18.8±0.3	30.4±0.3	38.3±0.3	52.3±0.3	62.2±0.3
R/Ω	32.55±0.10	34.40±0.10	35.25±0.10	37.15±0.10	39.00±0.10

解:用计算器求得

$$b = 0.144\Omega/℃, a = 29.85\Omega, r = 0.997299494, s_b = 0.005\Omega/℃, s_a = 0.22\Omega$$

于是

$$b = (0.144 \pm 0.005)\Omega/°C \quad (p = 0.68);\ a = (29.9 \pm 0.2)\Omega \quad (p = 0.68)$$

注意:计算器上显示出相关系数 r 后,不要四舍五入,而直接计算 s_b,否则误差会很大.通过简单操作计算器会显示出 a、b、$\sum x_i^2$ 的数值.对于指数函数、对数函数和幂函数的最小二乘法拟合,可通过变量替换,使之成为线性关系,再进行拟合;也可用计算器进行相应的回归操作,直接求解方程,得到有关参数及其误差.

2.6.4 作图法

所谓作图就是把实验数据用自变量和因变量的关系拟合成直线或曲线图,以便反映它们之间的变化规律或函数关系.

1)作图法的作用和特点

(1)可以把一系列数据之间的关系或其变化规律,用图像直观地表示出来.作图法是研究物理量之间的变化规律、找出对应的函数关系、得到经验公式的最常用的方法之一.

(2)由于图线是依据许多测量数据点描出的平滑曲线,则作图法具有多次测量取其平均效果的作用.

(3)能够方便地从图线中求出实验需要的某些结果.如果得到的是直线,则可从图线中求出斜率、截距等;若为曲线,则可从其中得到最大值、最小值、极值等.

(4)由于图线具有延伸性,而受实验环境的限制测量点是有限的,我们可以通过图线的延

伸性得到测量数据以外的点(外推法),也可以直接读出没有进行测量的对应在图线上的某点,并且我们还可以根据图线的变化趋势对实验结果有所了解.

(5)图线可以帮助发现实验中个别的测量错误,并可通过图线对系统误差进行分析.在数据计算过程中,也常利用一些计算图表,可以大大提高效率.

(6)可以通过变量代换,将复杂的函数关系用直线表示,即一种曲线改直的方法,是十分有效的作图处理数据的一种方法.因为当函数关系为非线性时,不仅求值困难,而且也很难从图中判断结果是否正确,所以通常采用变量置换处理. 比如,$pV=C$,可将图 2-6-1 的 $p-V$ 图线改为图 2-6-2 所示的 $p-1/V$ 图线,就变为直线了.

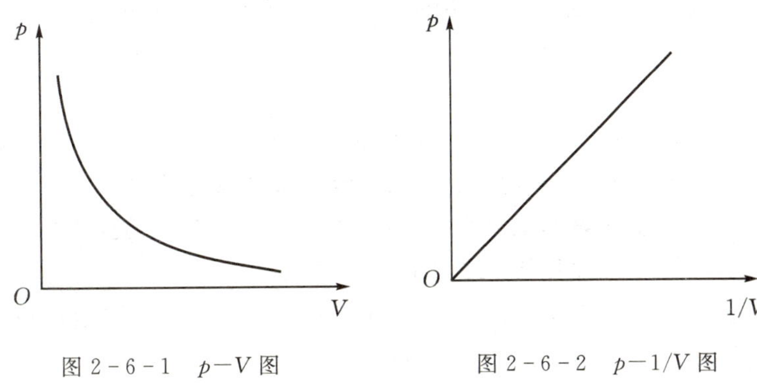

图 2-6-1　$p-V$ 图　　图 2-6-2　$p-1/V$ 图

2)常用的作图方式

(1)手工作图.

①作标纸的选择.

手工作图一定要用坐标纸.当决定了作图的参量以后,根据情况选用直角坐标纸、双对数坐标纸、单对数坐标纸、极坐标纸或其他坐标纸等.

一般坐标纸的选择:直角坐标纸 $y=a+bx$ 或 $y=a+b/x$;单对数坐标纸 $y=a\exp(bx)$ 或 $\ln y=\ln a+bx$;双对数坐标纸 $y=ax^b$ 或 $\ln y=\ln a+b\ln x$;极坐标纸 $y=f(\theta)$. 如果只有直角坐标纸,则应进行适当的变换得到线性关系.

坐标纸面积为 25cm×20cm.一般应用整张纸作图,至少用半张纸.如果实验数据很精确,而坐标纸很小,作图的误差就远远超出了实验误差.

②坐标的分度值.

坐标的分度值要能反映误差存在的一位,即和有效数字有关.图中的估计值应与读数一致.坐标轴的最小分度值应表示为被测量值的最后一位的一个单位、二个单位或五个单位,要避免用一小格表示三、七或九单位.因为那样不仅标点和计数都不方便,也容易出现错误.纵、横坐标的比例要合适,布局要合理,起始位置不一定从零点开始,要使得图线占满坐标纸.一般情况下,横轴代表自变量,纵轴代表因变量.坐标轴端可画箭头,在箭头外标明该轴所代表的物理量名称及单位.

③测量点的标记.

测量点的标记表示:× 或⊙;测量点位置:标记“×”的交点或标记“⊙”的圆心是测量值的坐标点;标记“×”的长短或标记“⊙”的半径的大小表示测量点误差的范围;在同一个图中不同的曲线要用不同的标记表示;各测量数据点到所拟合的曲线(沿纵轴方向)的距离之和应为最小.

④图解法求实验方程.

通过图线进行定量求解，一般是指对线性方程 $y=a+bx$ 求斜率、截距以得到参数及完整的方程，并说明其物理意义.

A. 两点法选点：

由于实验测量点具有特定性，不具有普遍性，故一般不用实验测量点. 所选两点之间的间距要大一些，不能取超出实验数据范围以外的点.

B. 求斜率：$b=\frac{y_2-y_1}{x_2-x_1}$（单位）.

C. 求截距：坐标起点为零时，直接延长曲线与 y 轴或 x 轴交点即可；坐标起点不为零时，$a=y_2-bx_2$（单位）.

⑤曲线改直.

对一些不是线性关系的物理规律，拟合曲线时有一点麻烦. 另外，由曲线求解实验方程的参数也比较困难. 有时可以通过坐标变换，把曲线改成直线，就容易处理了.

A. 幂函数 $y=ax^b$：方程两边取对数得 $\lg y=\lg a+b\lg x$. 在直角坐标纸上作 $\lg y-\lg x$ 图，或在双对数坐标纸上作 $y-x$ 图，其直线斜率为 b，截距为 $\lg a$.

B. 指数函数 $y=ae^{bx}$：取自然对数得 $\ln y=\ln a+bx$，在直角坐标纸上作 $\ln y-x$ 图，斜率为 b，若用半对数坐标纸，因坐标刻度是常用对数，等效于 $\lg y=\lg a+\lg e\cdot bx=\lg a+0.43bx$，斜率为 $0.43b$.

C. 双曲线 $xy=a$，$y-a/x$ 图为直线，斜率为 a.

D. 匀变速运动中位移时间关系式 $s=v_0t+\frac{1}{2}at^2$，将其改成 $\frac{s}{t}=v_0+\frac{1}{2}at$，则 $\frac{s}{t}-t$ 为一直线，斜率为 $a/2$，截距为 v_0.

⑥作图的注解说明.

在坐标纸中要标明图线的名称、作者、日期，要将作好的图纸贴在实验报告上.

(2)Excel.

办公软件 office 中的 Excel 模块，在分析处理数据方面有着非常强大的功能，采用 Excel 可以快速有效地得到测量点的拟合曲线，并可以详细地给出曲线所代表的函数关系式以及曲线拟合的相关性，对于处理数据有着很好的帮助. 下面将介绍怎么用 Excel 来快速地进行曲线拟合，包括线性、指数、幂、多项式及对数各种曲线拟合.

打开 Excel，将自变量和因变量实验数据分别输入至左右两列，选中所有数据，在菜单栏中点“插入”，然后选择“散点图”下拉菜单中的数据点图.

单击选择一个数据点，会选中所有数据，然后点击右键，在弹出的菜单中选择“添加趋势线”，此时需根据曲线特点，选择不同的函数类型，同时勾选“显示公式”及“显示 R 平方值”（相关系数，此值越接近 1，说明拟合的效果越好）.

生成图形后还应添加坐标轴、刻度及名称. 具体做法是：打开菜单中的设计，点图标布局中的下拉菜单，选择自己想要的类型，更改坐标轴名称，添加图像名称，右键选择坐标轴可更改坐标轴信息.

(3)Origin.

Origin 是一个专业的制图软件，下面就如何利用 Origin 画图作一简单说明，以 Origin 8.5

为例.

打开 Origin 8.5，将自变量频率比与因变量振幅对应的数据分别输入至 A(X) 与 B(Y) 列.

如果只是给出测量数据点的信息，则只需要选择数据，右键点击“plot”选择画线图(line)、点图(symbol)或点线图(line+symbol)即可.

画好图后，可双击坐标轴对坐标轴相关信息进行设置，点击坐标名称右键选择“Properties”可对其字体信息进行更改，在坐标以外空白区域右键选择“Properties”可对图片大小、尺寸进行设置.

如果要对数据进行拟合分析处理，则选择数据后，点击菜单栏中的“Analysis”(分析)进入“Fitting”(拟合)，进入“Nonlinear Curve Fit”选择“Open Diolog”，在出现的画面上选择“Category”，下拉菜单给出了各种拟合类型供选择，选择类型后在“Function”中可选择具体的函数形式.

仍以多项式拟合为例进行简单说明. 选择拟合类型为多项式(polynomial)，具体函数形式选 4 阶(poly4)，拟合好的曲线在图的左下角可以预览. 点击“Fit”会给出拟合曲线的详细信息.

拟合曲线中包括多项式的几个常数、相关系数等信息，有兴趣的读者可以详细了解.

3)图示法处理实验数据例题

例 2-6-5　在验证 $U=U_0e^{-ad}$ 关系并求 a 值的实验中，得到如表 2-6-5 所示的数据. U 为直流电压，d 为厚度，ΔU 为测量值的误差. 按数字万用表说明书，$\Delta U=0.04\times$读数+末位的 10 个单位.

表 2-6-5　实验数据记录表

d/μm	25	50	75	100	125	150	175
U/V	44.26	37.71	31.19	25.79	20.90	18.36	15.00
ΔU/V	1.9	1.6	1.3	1.1	0.9	0.8	0.6

$U-d$ 关系曲线如图 2-6-3 所示. 可见，电压 U 与厚度 d 满足指数关系，且拟合出 a 的值为 0.00726.

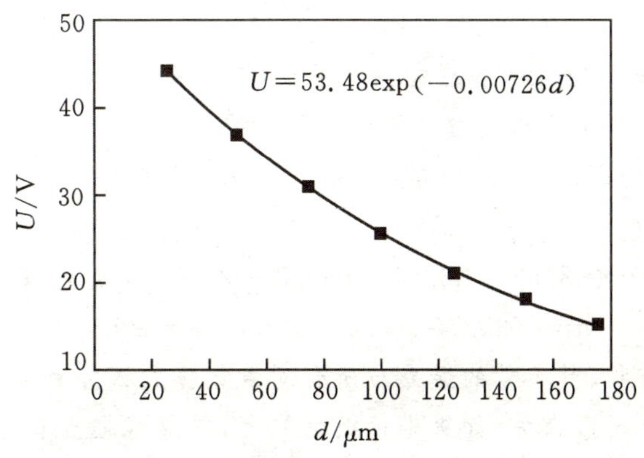

图 2-6-3　$U-d$ 关系曲线

通过作图法求例 2-6-4 拟合直线的斜率及截距，原始数据如表 2-6-6 所示.

表 2-6-6 电阻阻值与温度原始数据

t/℃	18.8±0.3	30.4±0.3	38.3±0.3	52.3±0.3	62.2±0.3
R/Ω	32.55±0.10	34.40±0.10	35.25±0.10	37.15±0.10	39.00±0.10

解:下面分别采用电脑制图与手工制图介绍求解过程.

通过计算机与手工绘制的关于 $R-t$ 拟合曲线分别如图 2-6-4(a)与(b)所示.

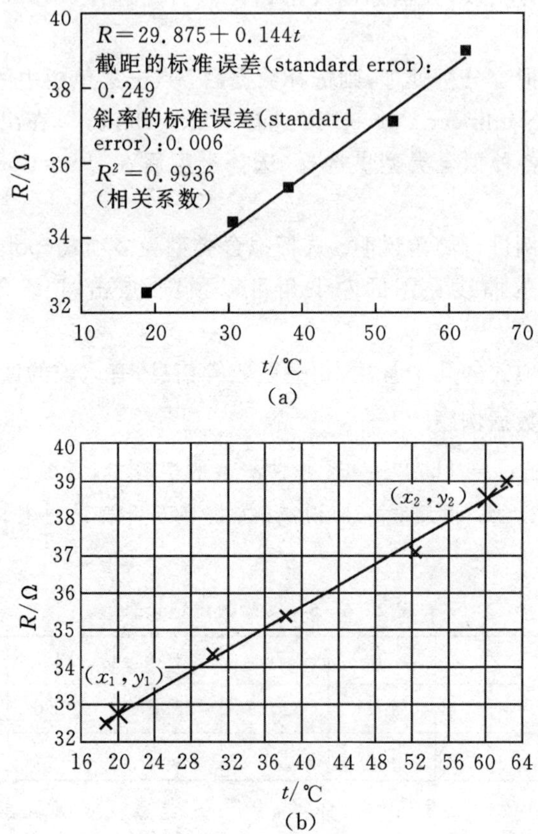

图 2-6-4 拟合曲线

图 2-6-4(a)为采用 Origin 拟合的线性曲线,图中给出了截距、斜率、标准误差及相关系数. 图 2-6-4(b)是模拟坐标纸通过电脑绘制而成的曲线. 在直线上选取两个相距较远的点 (x_1, y_1) 和 (x_2, y_2),如(20.0,32.67)和(60.0,38.55),根据 $b=(y_2-y_1)/(x_2-x_1)$,$a=y_2-bx_2$,可得

$$b=(38.55-32.67)/(60.0-20.0)=0.144\Omega/^\circ\mathrm{C}$$

$$a=(38.70-0.144\times 63.0)=29.73\Omega$$

图解法求解实验方程,其参数的误差与所有测量数据的误差都有关,也与坐标纸的种类、大小以及作图者自身的因素有关.如果坐标纸足够大,并忽略描点和作图的误差,则由仪器公差引起的方程参数的不确定度可由下列公式求得:

$$\frac{\Delta b}{b}=\sqrt{\frac{2\,\overline{(\Delta x)^2}}{(x_2-x_1)^2}+\frac{2\,\overline{(\Delta y)^2}}{(y_2-y_1)^2}} \text{ 和 } \Delta a=\Delta b\sqrt{(x_2^2+x_1^2)/2}$$

其中，$\overline{(\Delta x)^2} = \frac{1}{n}\sum(\Delta x_i)^2$，$\overline{(\Delta y)^2} = \frac{1}{n}\sum(\Delta y_i)^2$.

因此，此例中的电阻温度系数的相对误差 $\Delta b/b = 0.024$，$\Delta b = 0.003(\Omega/^\circ\mathrm{C})$，$\Delta a = 0.14\Omega$. 则系数的不确定度表示为

$b = (0.144 \pm 0.003)\Omega/^\circ\mathrm{C}$　　$p = 0.68$

$a = (29.7 \pm 0.1)\Omega$　　$p = 0.68$

思考与练习

1. 对某物理量作 10 次等精度的测量，数据如下：1.58、1.57、1.55、1.56、1.59、1.56、1.54、1.57、1.57、1.56，设所用仪器的最大允差为 $\Delta_{仪} = 0.02$. 求测量列的标准不确定度表示.

2. 位移法测凸透镜焦距所用的公式为

$$f = \frac{L^2 - l^2}{4L}$$

求测量结果标准差和最大不确定度.

3. 金属丝长度与温度关系为 $L = L_0(1 + \alpha t)$. α 为线胀系数，测量数据如表2-6-7所示.

表 2-6-7　线胀系数测量数据表

$t/(^\circ\mathrm{C})$	1.0	15.0	20.0	25.0	30.0	35.0	40.0	45.0
$L/(\mathrm{mm})$	1003	1005	1008	1010	1014	1016	1018	1021

试分别用逐差法、最小二乘法和作图法求出线胀系数，并采用不确定度评定.

第 3 章

基础性实验

实验 3-1　杨氏模量的测量——光杠杆镜尺法

【实验目的】

1. 掌握利用光杠杆测定微小伸长量的方法；

2. 要求掌握用逐差法处理实验数据的方法.

【实验原理】

1. 杨氏模量

材料受力后发生形变，在弹性限度内，材料的胁强与胁变(即相对形变)之比为一常数，叫弹性模量. 条形物体(如钢丝)沿纵向的弹性模量叫杨氏模量. 测量杨氏模量有拉伸法、梁弯曲法、振动法、内耗法等，本实验采用拉伸法测定杨氏模量.

任何物体(或材料)在外力的作用下都会发生形变. 当形变不超过某一限度时，这一极限称为弹性极限. 超过弹性极限，就会产生永久性形变(亦称塑性形变)，即撤除外力后形变仍然存在，为不可逆过程. 当外力进一步增大到某一点时，会突然发生很大的形变，该点称为屈服点. 当达到屈服点以后，材料就会发生断裂，在断裂点被拉断.

人们在研究材料的弹性性质时，希望有这样一些物理量，它们与样品的尺寸、形状和外加的力无关. 于是提出了应力 F/S(力与力所作用的面积之比)和应变 $\Delta L/L$(长度或尺寸的变化与原来的长度或尺寸之比)之比的概念. 在胡克定律成立的范围内，应力和应变之比是一个常数，即

$$E = (F/S)/(\Delta L/L) = FL/S\Delta L \tag{3-1-1}$$

E 被称为材料的杨氏模量，它是表征材料性质的一个物理量，仅与材料的结构、化学成分及其加工制造方法有关. 某种材料发生一定应变所需要的力大，该材料的杨氏模量也就大. 杨氏模量的大小标志了材料的刚性.

通过式(3-1-1)，在样品截面积 S 上的作用应力为 F，测量引起的相对伸长量为 $\Delta L/L$，即可计算出材料的杨氏模量 E. 由于伸长量 ΔL 很小，不易测准，因此，测定杨氏模量的装置都是围绕如何测准微小伸长量而设计的. 拉伸法就是根据光学放大法，利用一个光杠杆装置将其放大.

2. 实验方法——光学放大法(光杠杆镜尺法)

图 3-1-1 所示为光杠杆示意图.

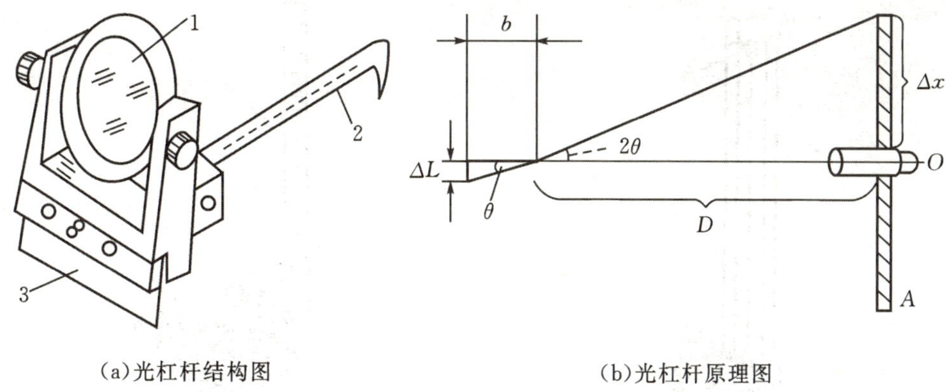

(a)光杠杆结构图　　(b)光杠杆原理图

图 3-1-1　光杠杆示意图

1—平面镜;2—平面镜;3—前足

光杠杆是一个带有可旋转的平面镜的支架,平面镜的镜面与三个足尖决定的平面垂直,其后足,即杠杆的支脚与被测物接触,当光杠杆支脚随被测物上升或下降微小距离 ΔL 时,镜面法线转过一个 θ 角,而入射到望远镜的光线转过 2θ 角,如图 3-1-1(b)所示。当 θ 很小时 ($\Delta L \ll L$),

$$\theta \approx \tan\theta = \Delta L / b \tag{3-1-2}$$

式中 b 为光杠杆前后足的垂直距离。根据反射定律,反射角和入射角相等,故当镜面转动 θ 角时,反射光线转动 2θ,则有

$$2\theta \approx \tan 2\theta = \frac{\Delta x}{D} \tag{3-1-3}$$

式中:D 为镜面到标尺的距离;Δx 为从望远镜中观察到的标尺移动的距离.

由式(3-1-2)及式(3-1-3)两式可得

$$\frac{\Delta L}{b} = \frac{\Delta x}{2D} \tag{3-1-4}$$

合并式(3-1-1)和式(3-1-4)两式得

$$E = \frac{2DLF}{Sb\Delta x} \text{或} E = \frac{8mgDL}{\pi d^2 b \Delta \overline{x}_i} \tag{3-1-5}$$

式中,$2D/b$ 叫作光杠杆的放大倍数. 只要测量出 L、D、b 和 d ($S = \pi d^2/4$) 及一系列的 F 与 x 之后,就可以由式(3-1-5)确定金属丝的杨氏模量 E.

【实验内容】

1. 熟练掌握仪器的调节及使用

杨氏模量仪包括光杠杆、砝码、望远镜和标尺等,如图 3-1-2 所示. 实验前,先要熟悉实验用的仪器,了解仪器的结构、仪器上各个部件的用途和调节方法以及实验中要注意的事项,这样就能熟练掌握仪器的操作,顺利地进行实验. 仪器具体的调节及操作方法见实验室提供的说明书.

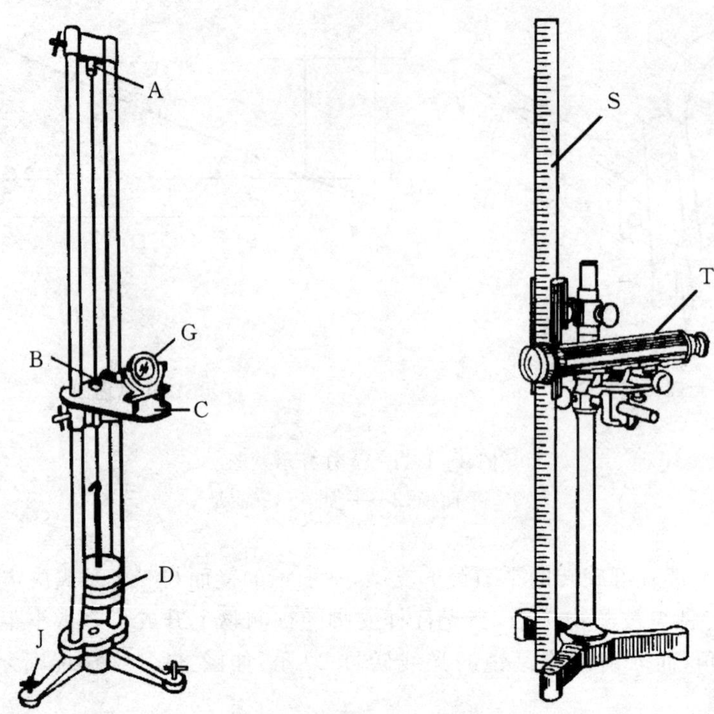

图 3-1-2 杨氏模量测量仪

A、B—金属丝两端螺丝夹；C—平台；D—砝码；G—光杠杆；J—仪器调节螺丝；T—望远镜；S—标尺

2. 测量

(1)当仪器调节好后，开始实验时，应记录初始状态的数据：砝码的质量 m_0 及望远镜中标尺的读数 x_0.

(2)再依次增加等值砝码 2kg($n = 5$)，观察记录每增加 2kg 砝码时望远镜中标尺的读数 x_i，然后再将砝码逐次减去 2kg，记录下与 x_i 对应的读数 x'_i，取两组对应数据的平均值 $\overline{x}_i$.

(3)用米尺测量金属丝的长度 L 及平面镜与标尺之间的距离 D；用游标卡尺测量光杠杆前后足的垂直距离 b；用螺旋测微器分别在金属丝的不同部位测量金属丝的直径 d_i（各量测量三次）.

(4)自制表格记录实验数据.

3. 数据处理——多项间隔逐差法

将 $\overline{x}_i$ 每隔三项相减($x_n - x_{n-3}$)，得到相当于每次加 6kg 的三组测量数据，并求此三组数据的平均值($\overline{\Delta x_i}$). 再将测得的各个量平均值分别视为直接测量值代入式(3-1-5)计算出 E.

实验 3-2 杨氏模量的测量——传感器法

物体在外力作用下都要或多或少地发生形变. 当形变不超过某一限度时，撤走外力之后，形变能随之消失，这种形变称为弹性形变. 金属材料的弹性模量是反映材料形变与内应力联系的物理量，也是工程技术中常用的参量. 本实验用梁的弯曲法测量金属材料的杨氏模量，对于梁的微小变化（驰垂度）用霍尔位置传感器进行测量.

本实验对经典实验装置和方法进行了改进，不仅保留了原有实验的内容，还增加了霍尔位置传感器的结构、原理、特性及使用方法的了解，将先进科技成果应用到教学实验中，扩大了学生的知识面，是经典实验教学现代化的一个范例. 弯曲法测金属杨氏模量实验仪的特点是待测金属薄板只需受较小的力 F，便可产生较大的形变 ΔZ，而且本仪器体积小、重量轻、测量结果准确度高，本仪器杨氏模量实际测量误差小于 3%.

【实验目的】

1. 熟悉霍尔位置传感器的特性；
2. 弯曲法测量黄铜的杨氏模量；
3. 测黄铜杨氏模量的同时，对霍尔位置传感器定标；
4. 用霍尔位置传感器测量可锻铸铁的杨氏模量.

【实验原理】

1. 霍尔位置传感器

霍尔元件置于磁感应强度为 B 的磁场中，在垂直于磁场方向通以电流 I，则与这二者相垂直的方向上将产生霍尔电势差 U_H：

$$U_H = KIB \tag{3-2-1}$$

式中，K 为元件的霍尔灵敏度. 如果保持霍尔元件的电流 I 不变，而使其在一个均匀梯度的磁场中移动时，则输出的霍尔电势差变化量为：

$$\Delta U_H = KI\frac{\mathrm{d}B}{\mathrm{d}Z}\Delta Z \tag{3-2-2}$$

式中，ΔZ 为位移量. 式（3-2-2）表明，若 $\mathrm{d}B/\mathrm{d}Z$ 为常数，则 ΔU_H 与 ΔZ 成正比.

如图 3-2-1 所示为霍尔传感器测均匀梯度分布磁场示意图.

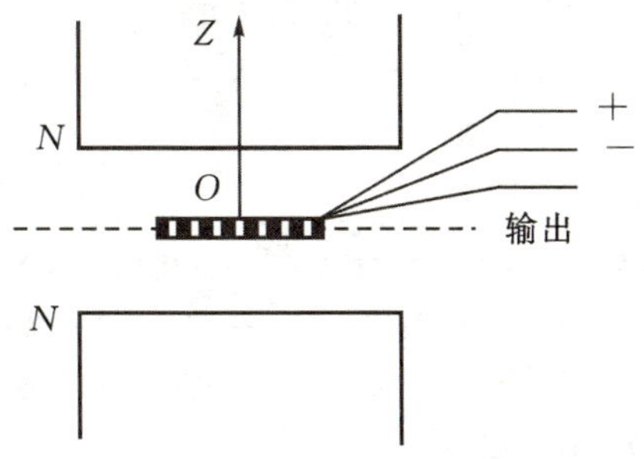

图 3-2-1　霍尔传感器测均匀梯度分布磁场示意图

两块相同的磁铁（磁铁截面积及表面磁感应强度相同）相对放置，即 N 极与 N 极相对，两磁铁之间留一等间距间隙，霍尔元件平行于磁铁放在该间隙的中轴上，间隙大小要根据测量范围和测量灵敏度要求而定，间隙越小，磁场梯度就越大，灵敏度就越高. 磁铁截面要远大于霍尔元件，以尽可能地减小边缘效应影响，提高测量精确度.

磁铁间隙内中心截面 O 处的磁感应强度为零，故霍尔元件处于该处时，输出的霍尔电势差应为零.当霍尔元件偏离中心沿 Z 轴发生位移时,由于磁感应强度不再为零,霍尔元件也就产生相应的电势差输出,其大小可以用数字电压表测量.由此可以将霍尔电势差为零时元件所处的位置作为位移参考零点.

霍尔电势差与位移量之间存在一一对应关系,当位移量较小($<2\text{mm}$),这一对应关系具有良好的线性.

2. 杨氏模量

杨氏模量测定仪主体装置如图 3-2-2 所示,在横梁弯曲的情况下,杨氏模量 Y 可以用下式表示:

$$Y=\frac{d^3 Mg}{4a^3 b\Delta Z} \tag{3-2-3}$$

式中:d 为两刀口之间的距离;M 为所加砝码的质量;a 为梁的厚度;b 为梁的宽度;ΔZ 为梁中心由于外力作用而下降的距离;g 为重力加速度.

上面公式的具体推导见附录.

【实验仪器】

1. 霍尔位置传感器测杨氏模量装置一台(FD-HY-1 杨氏模量实验仪),包括底座固定箱、读数显微镜、95 型集成霍尔位置传感器、磁铁两块等;

2. 霍尔位置传感器输出信号测量仪一台,包括直流数字电压表.

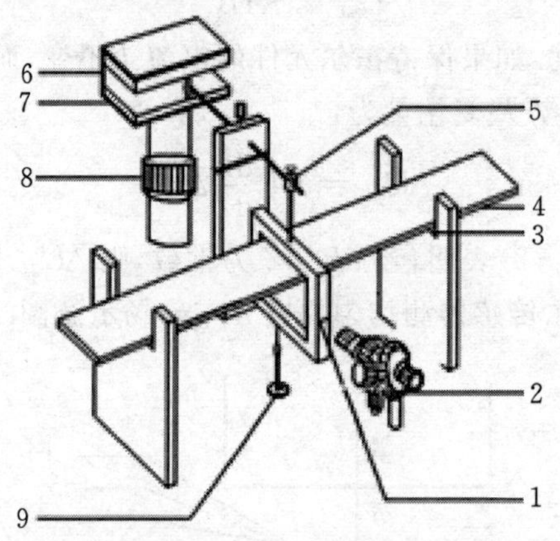

图 3-2-2　霍尔传感器测杨氏模量装置

1—铜刀口上的基线;2—读数显微镜;3—刀口;4—横梁;5—铜杠杆(顶端装有 95A 型集成霍尔传感器);6—磁铁盒;7—磁铁(N 极相对放置);8—调节架;9—砝码

【实验内容及步骤】

1. 基本内容:测量黄铜样品的杨氏模量和霍尔位置传感器的定标.

(1)调节三维调节架的调节螺丝,使集成霍尔位置传感器探测元件处于磁铁中间的位置.

(2)用水准器观察磁铁是否在水平位置,若偏离时可以用底座螺丝调节.

(3)调节霍尔位置传感器的毫伏表.磁铁盒下的调节螺丝可以使磁铁上下移动,当毫伏表数值很小时,停止调节固定螺丝,最后调节调零电位器使毫伏表读数为零.

(4)调节读数显微镜,使眼睛观察十字线、分划板刻度线和数字清晰.然后移动读数显微镜前后距离,使能够清晰看到铜架上的基线.转动读数显微镜的鼓轮使刀口架的基线与读数显微镜内十字刻度线吻合,记下初始读数值.

(5)逐次增加砝码 M_i (每次增加 10g 砝码),从读数显微镜上读出相对应的梁的弯曲位移 ΔZ_i 及数字电压表读数值 U_i (单位 mV),以便于计算杨氏模量和对霍尔位置传感器进行定标.

(6)测量横梁两刀口间的长度 d 及测量不同位置(多次测量取平均)横梁宽度 b 和梁厚度 a.

(7)用逐差法按照公式(3-2-3)进行计算,求得黄铜材料的杨氏模量及霍尔位置传感器的灵敏度 $\Delta U_i/\Delta Z_i$,并把测量值与公认值进行比较.

2.选做内容:用霍尔位置传感器测量可锻铸铁的杨氏模量.

【实验测量与数据处理】

1.霍尔位置传感器的定标

在进行测量之前,要求符合上述安装要求,检查杠杆的水平、刀口的垂直,以及挂砝码的刀口要处于梁中间,并且要防止气流的影响,杠杆安放在磁铁的中间,注意不要与金属外壳接触,一切正常后加砝码,使梁弯曲产生位移 ΔZ ;精确测量传感器信号输出端的数值与固定砝码架的位置 Z 的关系,也就是用读数显微镜对传感器输出量进行定标,测量数据如表 3-2-1 所示.

表 3-2-1　霍尔位置传感器静态特性测量

M/g						
Z/mm						
U/mV						

2.杨氏模量的测量

用直尺测量横梁的长度 d,游标卡尺测其宽度 b,千分尺测其厚度 a.利用已经标定的数值,测出黄铜样品在重物作用下的位移,测量数据见表 3-2-2.

表 3-2-2　黄铜样品的位移测量

M/g						
Z/mm						

用逐差法对表 3-2-2 的数据进行处理,计算得出样品在 $M=60.00$g 的作用下产生的位移量 ΔZ .

计算黄铜的杨氏模量 $E_{黄铜}$,并与公认值比较,估算误差,确定霍尔位置传感器的灵敏度.

【注意事项】

1.梁的厚度必须测量准确.在用千分尺测量黄铜厚度 a 时,旋转千分尺,当将要与金属接触时,必须用微调轮,当听到答答答三声时,停止旋转.有个别学生实验误差较大,其原因是千分尺使用不当,将黄铜梁厚度测得偏小.

2.读数显微镜的准丝对准铜挂件(有刀口)的标志刻度线时,注意要区别是黄铜梁的边沿,还是标志线.

3. 霍尔位置传感器定标前，应先将霍尔传感器调整到零输出位置，这时可调节电磁铁盒下的升降杆上的旋钮，达到零输出的目的. 另外，应使霍尔位置传感器的探头处于两块磁铁的正中间稍偏下的位置，这样测量数据更可靠一些.

4. 加砝码时，应该轻拿轻放，尽量减小砝码架的晃动，这样可以使电压值在较短的时间内达到稳定，节省了实验时间.

【思考题】

1. 采用弯曲法测定杨氏模量实验，主要测量误差有哪些?

2. 如何调节读数显微镜? 用霍尔位置传感器测量微位移的方法和优点是什么?

3. 本实验中哪一个量的不确定度对结果影响最大，如何改进?

4. 本实验中用逐差法处理数据的优点是什么?

弯曲法测量杨氏模量公式的推导

固体、液体及气体在受外力作用时，形状与体积会发生或大或小的改变，这统称为形变. 外力不太大，因而引起的形变也不太大时，撤掉外力，形变就会消失，这种形变称之为弹性形变. 弹性形变分为长变、切变和体变三种.

一段固体棒，在其两端沿轴方向施加大小相等、方向相反的外力 F，其长度 l 发生改变 Δl，以 S 表示横截面面积，称 F/S 为应力，相对长变 $\Delta l/l$ 为应变. 在弹性限度内，根据胡克定律有：

$$\frac{F}{S}=Y\frac{\Delta l}{l}$$

Y 称为杨氏模量，其数值与材料性质有关. 以下具体推导杨氏模型的表达式：$Y=\frac{d^3Mg}{4a^3b\Delta Z}$.

在横梁发生微小弯曲时，梁中存在一个中性面，面上部分发生压缩，面下部分发生拉伸，所以整体说来，可以理解横梁发生长变，即可以用杨氏模量来描写材料的性质.

如图 3-2-3 所示，虚线表示弯曲梁的中性面，易知其既不拉伸也不压缩，取弯曲梁长为 dx 的一小段：

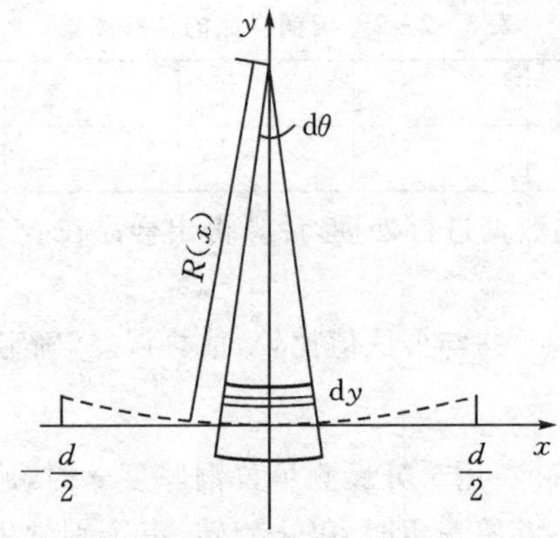

图 3-2-3 弯曲梁的中性面

设其曲率半径为 $R(x)$，所对应的张角为 $d\theta$，再取中性面上部距离为 y 厚为 dy 的一层面

为研究对象，那么，梁弯曲后其长变为 $[R(x)-y]\mathrm{d}\theta$，所以，变化量为

$$[R(x)-y]\mathrm{d}\theta-\mathrm{d}x=[R(x)-y]\frac{\mathrm{d}x}{R(x)}-\mathrm{d}x=-\frac{y}{R(x)}\mathrm{d}x$$

可见，应变为

$$\varepsilon=-\frac{y}{R(x)}$$

由胡克定律得

$$\frac{\mathrm{d}F}{\mathrm{d}S}=-Y\frac{y}{R(x)}\text{，且 }\mathrm{d}S=b\mathrm{d}y\text{，}$$

则

$$\mathrm{d}F(x)=-\frac{Yby}{R(x)}\mathrm{d}y$$

对中性面的转矩为

$$\mathrm{d}\mu(x)=|\mathrm{d}F|y=\frac{Yb}{R(x)}y^2\mathrm{d}y$$

对上式两边积分，得

$$\mu(x)=\int_{-\frac{a}{2}}^{\frac{a}{2}}\frac{Yb}{R(x)}y^2\mathrm{d}y=\frac{Yba^3}{12R(x)} \tag{3-2-4}$$

对梁上各点，有：$\dfrac{1}{R(x)}=\dfrac{y''(x)}{[1+y'(x)^2]^{\frac{3}{2}}}$，且因梁的弯曲微小：$y'(x)=0$，于是可得

$$R(x)=\frac{1}{y''(x)} \tag{3-2-5}$$

梁平衡时，梁在 x 处的转矩应与梁右端支撑力 $\dfrac{Mg}{2}$ 对 x 处的力矩平衡，则有

$$\mu(x)=\frac{Mg}{2}\left(\frac{d}{2}-x\right) \tag{3-2-6}$$

联合式(3-2-4)、(3-2-5)、(3-2-6)可得

$$y''(x)=\frac{6Mg}{Yba^3}\left(\frac{d}{2}-x\right) \tag{3-2-7}$$

该问题的定解条件为：$y(0)=0$，$y'(0)=0$

求解定解条件约束下的微分方程(3-2-7)，可得

$$y(x)=\frac{3Mg}{Yba^3}\left(\frac{d}{2}x^2-\frac{1}{3}x^3\right) \tag{3-2-8}$$

将 $x=d/2$，$y=\Delta Z$ 代入式(3-2-8)，得杨氏模量为

$$Y=\frac{d^3Mg}{4a^3b\Delta Z}$$

实验 3-3　三线摆法测量物体的转动惯量

转动惯量是物体转动惯性的量度. 物体对某轴的转动惯量越大，则绕该轴转动时，角速度就越难改变，物体对某轴的转动惯量的大小，取决于物体的质量、形状和回转轴的位置. 对于质量分布均匀、外形不复杂的物体可以从外形尺寸及其质量求出其转动惯量，而对外形复杂、质量分布又不均

匀的物体只能从回转运动中通过测量得到. 而利用三线摆测量仪可完成此测量任务. 此测量在多种工程技术中得到广泛的应用.

【实验目的】

1. 加深对转动惯量概念和平行轴定理等的理解；

2. 了解用三线摆测转动惯量的原理和方法；

3. 掌握周期等物理量的测量方法.

【实验原理】

图 3-3-1 为三线摆测转动惯量的示意图. 它是将半径不同的两个圆盘，用三条等长的线连接而成. 将上盘吊起，当两圆盘面成水平时，两圆盘圆心在同一垂直线 O_1O_2 上. 下圆盘 P 可绕中心轴线 O_1O_2 扭转，其扭转周期 T 和下盘 P 的质量分布有关. 当改变下圆盘的质量及质量分布时，扭转周期将发生变化. 三线摆就是通过测量它的扭转周期去求出任一质量已知物体的转动惯量.

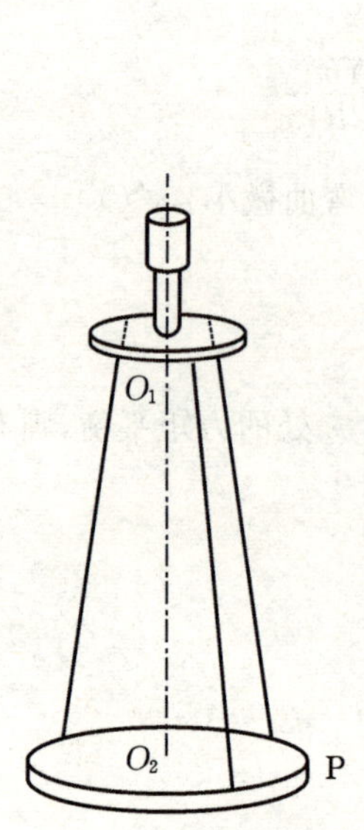

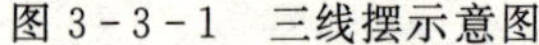

图 3-3-1　三线摆示意图

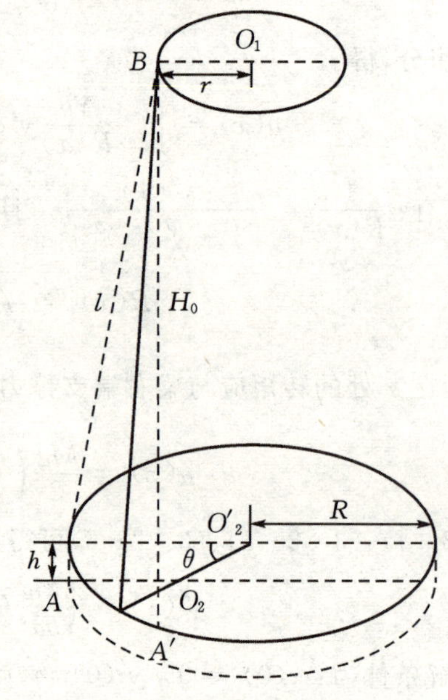

图 3-3-2　几何关系示意图

图 3-3-2 为三线摆法测量刚体转动惯量原理图. 设下圆盘 P 的质量为 m_0，当它绕 O_1O_2 作小角度 θ 的扭转时，下圆盘的位置升高 h，它的势能增加量为 E_p，则

$$E_p = m_0 gh \tag{3-3-1}$$

式中，g 为重力加速度. 这时下圆盘的角速度为 $\frac{\mathrm{d}\theta}{\mathrm{d}t}$，它所具有的动能 E_k 等于

$$E_k = \frac{1}{2} I_0 \left(\frac{\mathrm{d}\theta}{\mathrm{d}t}\right)^2 \tag{3-3-2}$$

式中，I_0 为下圆盘对 O_1O_2 轴的转动惯量. 如果不考虑空气阻力的影响，此时由于运动系统只受重力的作用，故机械能守恒，则

$$\frac{1}{2} I_0 \left(\frac{\mathrm{d}\theta}{\mathrm{d}t}\right)^2 + m_0 gh = 常量 \tag{3-3-3}$$

如果圆盘的转角很小，圆盘的扭转运动可看作简谐振动，则

$$\omega = \frac{\mathrm{d}\theta}{\mathrm{d}t} = \frac{2\pi}{T}\theta_0 \cos\left(\frac{2\pi}{T}t\right) \tag{3-3-4}$$

联合式(3－3－3)和(3－3－4)，并结合图 3－3－2 所示意的几何关系，可以得到下圆盘的转动惯量为

$$I_0 = \frac{m_0 g R_r}{4\pi^2 H_0} T_0^2 = \frac{\sqrt{3} m_0 g a d}{24\pi^2 H_0} T_0^2 \tag{3-3-5}$$

式中：H_0 为上下圆盘的垂直距离；T_0 为扭转周期；a 为下圆盘悬线悬点间的距离；d 为上圆盘的直径；m_0 为下圆盘的质量.

若要测量其他物体的转动惯量，则只需要在下圆盘放上被测物体(相对 O_1O_2 轴对称). 设被测物体的质量为 m，下圆盘的扭转周期为 T，则有

$$I + I_0 = \frac{(m + m_0) g R_r}{4\pi^2 H_0} T^2 = \frac{\sqrt{3} g a d (m + m_0)}{24\pi^2 H_0} T^2 \tag{3-3-6}$$

将式(3－3－6)与式(3－3－5)作差，则得被测物体的转动惯量为

$$I = \frac{g R_r}{4\pi^2 H_0}\left[(m + m_0) T^2 - m_0 T_0^2\right] = \frac{\sqrt{3} g a d}{24\pi^2 H_0}\left[(m + m_0) T^2 - m_0 T_0^2\right] \tag{3-3-7}$$

【实验内容】

1. 组装、调节仪器为可测量状态

(1)在实验教师的指导下，自己完成仪器的组装.

(2)通过仪器底座的调节螺母，先将三线摆仪上圆盘调节为水平状态.

(3)再通过调节仪器的三根弦线，使仪器的下圆盘也为水平状态.

2. 测量数据

(1)通过转动上圆盘使下圆盘产生一个很小角度的扭转振动(在这个过程中，要求下圆盘对于 O_1O_2 只有转动，而没有任何水平方向上的摆动)，测出 10 次全振动所需的时间 t，计算出扭动一个周期的时间 T_0(重复测量 3 次).

(2)将被测物体(圆环、圆柱)放在下圆盘上，并且要求与下圆盘同心. 重复(1)的测量.

(3)测量下圆盘悬线悬点间的距离 a(三次测量)；直接测量上下圆盘之间的垂直高度 H_0；读取圆盘、圆环和圆柱的质量 m_0 、m_1 和 m_2 .

(4)测量下圆盘的直径 D_0、圆环的内径 D_1 和外经 D_2、圆柱的直径 D_3.

3. 数据处理

(1)将测量数据填入表格中.

(2)根据式(3－3－5)、(3－3－6)和(3－3－7)分别求出圆盘、圆环和圆柱的转动惯量 I_0、I_1、I_2.

(3)求出圆盘、圆环和圆柱转动惯量的理论值 $I'_0 = \frac{1}{8} m_0 D_0^2$、$I'_1 = \frac{1}{8} m_1 (D_1^2 + D_2^2)$ 和 $I'_2 = \frac{1}{8} m_2 D_3^2$. 计算相对误差，并分析误差产生的原因.

4. 数据记录

表 3-3-1 圆盘测量数据记录表

<table>
<tr><td>次数</td><td>a/cm</td><td>t/s</td><td>D_0/cm</td><td>H_0/cm</td><td rowspan="5">$m_0=$______ kg
$T_0=$______ s</td></tr>
<tr><td>1</td><td></td><td></td><td></td><td></td></tr>
<tr><td>2</td><td></td><td></td><td></td><td></td></tr>
<tr><td>3</td><td></td><td></td><td></td><td></td></tr>
<tr><td>平均</td><td></td><td></td><td></td><td></td></tr>
<tr><td colspan="3">$I_0=$______ kg m^2</td><td colspan="3">$I'_0=$______ kg m^2</td></tr>
<tr><td colspan="3">绝对误差：</td><td colspan="3">相对误差：</td></tr>
</table>

表 3-3-2 圆环测量数据记录表

<table>
<tr><td>次数</td><td>t/s</td><td>D_1/cm</td><td>D_2/cm</td><td rowspan="5">$m_1=$______ kg
$T_1=$______ s</td></tr>
<tr><td>1</td><td></td><td></td><td></td></tr>
<tr><td>2</td><td></td><td></td><td></td></tr>
<tr><td>3</td><td></td><td></td><td></td></tr>
<tr><td>平均</td><td></td><td></td><td></td></tr>
<tr><td colspan="3">$I_1=$______ kg m^2</td><td colspan="2">$I'_1=$______ kg m^2</td></tr>
<tr><td colspan="3">绝对误差：</td><td colspan="2">相对误差：</td></tr>
</table>

表 3-3-3 圆柱测量数据参考记录表

<table>
<tr><td>次数</td><td>t/s</td><td>D_3/cm</td><td rowspan="5">$m_2=$______ kg
$T_2=$______ s</td></tr>
<tr><td>1</td><td></td><td></td></tr>
<tr><td>2</td><td></td><td></td></tr>
<tr><td>3</td><td></td><td></td></tr>
<tr><td>平均</td><td></td><td></td></tr>
<tr><td colspan="3">$I_2=$______ kg m^2</td><td>$I'_2=$______ kg m^2</td></tr>
<tr><td colspan="3">绝对误差：</td><td>相对误差：</td></tr>
</table>

【思考题】

1. 三线摆在摆动过程中要受到空气的阻尼，振幅会越来越小，它的周期是否会随时间而变？

2. 在三线摆下圆盘上加上待测物体后的摆动周期是否一定比不加时的周期大？试根据式(3-3-5)和式(3-3-6)分析说明之.

3. 证明三线摆的机械能为 $\frac{1}{2}I_0\dot{\theta}^2+\frac{1}{2}\frac{m_0gRr}{H_0}\theta^2$，并求出运动微分方程，从而导出式(3-3-5).

附：

原始数据测量记录表

被测物理量名称 \ 测量次数		1	2	3	平均值
下圆盘扭摆时间及周期(s)	t_0				
	T_0				
圆环扭摆时间及周期(s)	t_1				
	T_1				
圆柱扭摆时间及周期(s)	t_2				
	T_2				
上下圆盘间的距离 H_0(cm)					
下圆盘弦线间的距离 a(cm)					
下圆盘的直径 D_0(cm)					
圆环的内径 D_1(cm)					
圆环的外径 D_2(cm)					
圆柱的直径 D_3(cm)					
读取数据		下圆盘的质量 m_0	圆环的质量 m_1	圆柱的质量 m_2	

注：上圆盘直径 $d = 8.8\text{cm}$.

实验 3－4　惯性秤

质量是物理学中的基本概念，根据采用的不同测量方法，可将其分为惯性质量与引力质量. 利用万有引力定律计算得到的质量称为引力质量. 物体都是引力场的源泉，它们拥有产生引力场和受引力场作用的本领，也叫作两物体各自的“引力质量”. 所以用测得引力的方法，可以借助把一待测物体的引力质量与一标准体的引力质量加以比较的途径来测量引力质量. 这就是通常用天平来测物体质量的办法. 可见，用天平测出的是引力质量大小. 利用牛顿第二定律计算得到的质量称为惯性质量，它是物体惯性大小的量度. 由于牛顿第二定律仅适用于可抽象为质点的物体，而作平动的物体可被看作质点. 可见，惯性质量是物体作平动时惯性大小的量度. 由于物体的平动惯性是物体的固有属性，所以，不论物体是否在作平动，讨论它的惯性质量都有意义. 本实验中，采用惯性秤称衡的质量即为物体的惯性质量.

【实验目的】

1. 熟悉惯性秤结构并掌握用惯性秤测定物体惯性质量的原理及方法；
2. 掌握惯性秤的定标及使用方法；
3. 研究重力对周期测量的影响.

【实验仪器】

惯性秤、周期测定仪、定标用标准质量块(共 10 块)及待测圆柱体.

图 3－4－1 所示为惯性秤结构图.

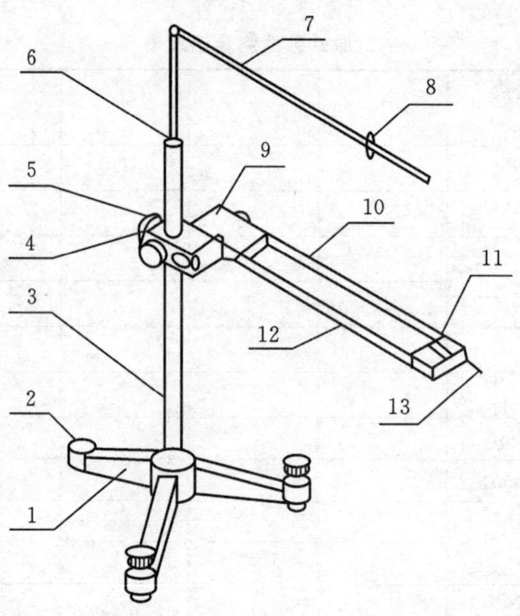

图 3-4-1　惯性秤结构图

1—三脚架；2—水平螺栓；3—立柱；4—固定座；5—旋钮；6—滚花扁螺母；7—吊杆；8—挂钩；9—平台；10—球形手柄；11—秤台；12—振动体；13—挡光片

这是一套利用振动法来测定物体惯性质量的装置. 两根由弹性钢片连成的一个悬臂振动体 12 将秤台 11 与平台 9 相连，定标时可将标准质量块插入秤台的槽内. 通过固定或放松旋钮 5，可使 12 固定在 4 上，或绕其转动. 4 可在立柱 3 上沿竖直方向移动，挡光片 13 用于测量周期. 光电门和周期测定仪用导线相连. 立柱顶上的挂钩 8 用于悬挂待测物，以研究重力对惯性秤振动周期的影响.

【实验原理】

当惯性秤沿水平方向固定后，将秤台沿水平方向稍稍拉离平衡位置约 1cm 后释放，则惯性秤的秤台及其上的负载在秤臂的弹性回复力作用下，将在水平方向作微小往复振动. 由于重力与运动方向垂直，对水平方向的运动影响几乎可以忽略. 决定物体加速度的只有秤臂的弹性力. 在秤台负载不大且秤台位移较小情况下，可以把秤台水平方向的振动看作简谐振动. 设弹性回复力为 F，秤台质心偏离平衡位置的位移为 x，则

$$F = -kx \tag{3-4-1}$$

根据牛顿第二定律，其运动学方程可表达为

$$(m_0 + m_i)\frac{d^2x}{dt^2} = -kx \tag{3-4-2}$$

式中：m_0 为秤台的有效质量；m_i 为负载(砝码或待测物体)的质量；k 为悬臂振动体的弹性系数. 方程(3-4-2)的解为

$$x = A\cos(\omega t + \varphi_0) \tag{3-4-3}$$

式中：A 为秤台的振幅；φ_0 为初相位；其圆频率 $\omega = \sqrt{\dfrac{k}{m_0 + m_i}}$，则周期可表达为

$$T=\frac{2\pi}{\omega}=2\pi\sqrt{\frac{m_0+m_i}{k}} \tag{3-4-4}$$

式(3－4－4)两侧平方并改写,得

$$T^2=\frac{4\pi^2}{k}m_0+\frac{4\pi^2}{k}m_i \tag{3-4-5}$$

设惯性秤空载周期为 T_0,加载负载 m_1 时周期为 T_1,加载负载 m_2 时周期为 T_2,由式(3－4－5)可得

$$T_0^2=\frac{4\pi^2}{k}m_0\text{ , }T_1^2=\frac{4\pi^2}{k}(m_0+m_1)\text{ , }T_2^2=\frac{4\pi^2}{k}(m_0+m_2) \tag{3-4-6}$$

从式(3－4－6)消去 m_0、k,得

$$\frac{T_1^2-T_0^2}{T_2^2-T_0^2}=\frac{m_1}{m_2} \tag{3-4-7}$$

于是,当 m_1 已知且测得 T_0、T_1 及 T_2 情况下,便可由式(3－4－7)计算得到 m_2. 这就是使用惯性秤测定物体质量的原理与方法. 这种方法是以牛顿第二定律为基础推导得出,其并不依赖于重力,因此,以这种方式测量并计算得到的质量即为物体的惯性质量.

由式(3－4－5)还可看出,惯性秤水平振动周期平方,即 T^2 和附加质量 m_i 满足线性关系. 于是,可以通过测量各已知标准质量块 m_i 所对应的周期值 T_i,作 T^2-m 直线图,如图 3－4－2 所示,这即为该惯性秤的定标曲线. 当欲测定某负载的质量时,只要将该负载置于惯性秤的秤台 B 上,测出周期 T_j,并计算得到周期平方,就可从定标曲线上查出其对应的质量 m_j,即为被测物体的质量.

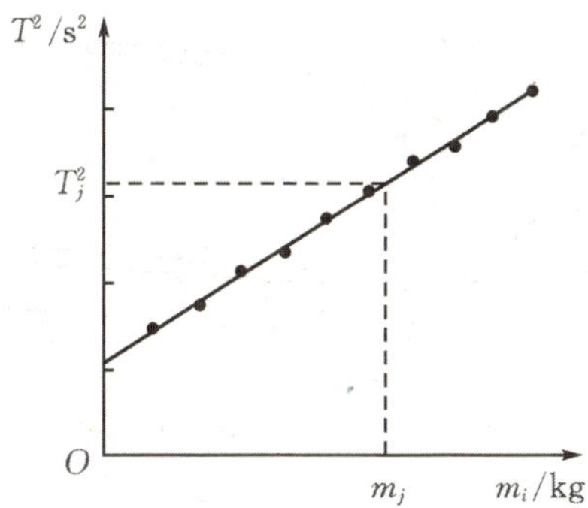

图 3－4－2　惯性秤的定标曲线

可见,利用惯性秤测定质量,是基于牛顿第二定律,并通过测量物体对应的周期进而计算得到其质量值;而利用天平称衡质量,则是基于万有引力定律,并通过比较重力进而求得质量. 需要特别说明的是:在失重状态下,无法用天平称衡质量,而惯性秤可照样使用,这是惯性秤的特点,也是其优势.

【实验内容】

1. 惯性秤的定标

惯性秤的定标就是测量各已知标准质量块 m_i 置于秤台上时其对应的周期值 T_i,作定标线 T^2-m,或通过求出得到线性拟合式 $T^2=a+bm$ 中的参数 a、b 值. 利用定标曲线或此拟

合式，就可利用测量得到的周期进而求出物体的质量.

(1)开始测量前，利用水平仪将平台 C 调成水平，调试周期测定仪，检查其是否工作正常.

(2)逐一将标准质量块置于秤台上测定其摆动 20 个周期对应的时间 t，计算其平均值作为周期 T. 如果各质量块的周期测定值的平均值相差不超过 1%，就认为每个标准质量块的质量是相等的，并且取标准质量块质量的平均值作为此实验的质量单位.

(3)以质量 m_i 和周期的平方 T^2 分别作横、纵坐标，在坐标纸或采用电脑制图画出惯性秤的定标曲线.(数据记录表格自拟)

2. 测定待测物体质量

将待测物体置于秤台上，测量其振动周期 T_j，由定标曲线或拟合式计算其质量.

3. 研究重力对惯性秤的影响

(1)秤臂水平安装.

通过长约 50cm 的细线将待测物体，即圆柱体铅直悬挂在秤的圆孔中，如图3-4-3所示. 此时圆柱体的重量由吊线承担，圆柱体随秤台一起振动，测量其振动周期. 将此周期与前面测量值进行比较，试说明两者为何不同?

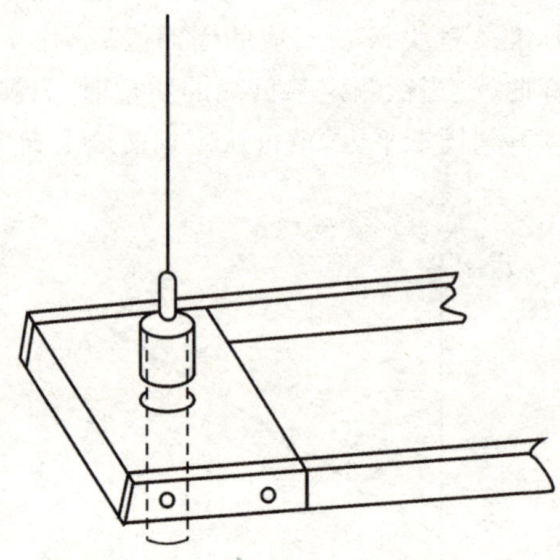

图 3-4-3 水平放置惯性秤

(2)秤臂铅直安装.

使秤在竖直平面内左右振动，再插入标准质量块测量其对应的周期. 并与惯性秤在水平放置时的周期值进行比较，试说明周期变小的原因.

4. 研究惯性秤的线性测量范围

惯性秤的线性测量范围定义为：T^2 与 m 保持线性关系所对应的质量变化区域. 由式(3-4-5)可以看出，只有在悬臂水平方向的弹性系数保持不变时线性关系才能成立. 当惯性秤上所加质量太大时，悬臂将发生弯曲，弹性系数 k 也将随之发生明显变化，周期平方 T^2 与质量 m 将不再满足线性关系.

按照以上分析，通过测量可以确定所用惯性秤的线性测量范围.

【注意事项】

1. 要严格调节使惯性秤水平放置，以消除重力对振动产生的影响；

2. 实验过程中，必须保证标准质量块或待测物体的质心通过秤台圆孔中心垂直线，以保证测量时惯性秤的臂长不变；

3. 秤台振动时的摆角最好不超过 5°，每次秤台的水平位移不超过 1 至 2cm，并要保证每次测量时一致.

【思考题】

1. 能否设想出其他简单易行的测量惯性质量的方案？

2. 重力对惯性秤的周期有怎样的影响？

3. 分析惯性秤的测量灵敏度，即 $\mathrm{d}(T^2)/\mathrm{d}m$ 与哪些因素有关？根据所用周期测定仪的时间测量的分辨率，判断此惯性秤所能达到的质量测量灵敏度为多少？（不考虑其他误差）

实验 3-5　弦振动的研究

驻波在声学、无线电子学和光学中都很重要. 驻波可用于测定波长，也可用于测定振动系统所能激发的振动频率.

【实验目的】

1. 通过对弦振动频率 ν 与弦线的张力 F、弦线的线密度 ρ、线长 L 和弦线上横波的传播速度 v 的相互关系的研究，加深对驻波振动形式特点及规律的了解；

2. 测量音叉的频率及弦线上横波的传播速度.

【实验仪器】

细弦线、电动音叉、滑轮及砝码

【实验原理】

1. 弦线上横波的传播速度

图 3-5-1 所示为弦线上横波传播示意图.

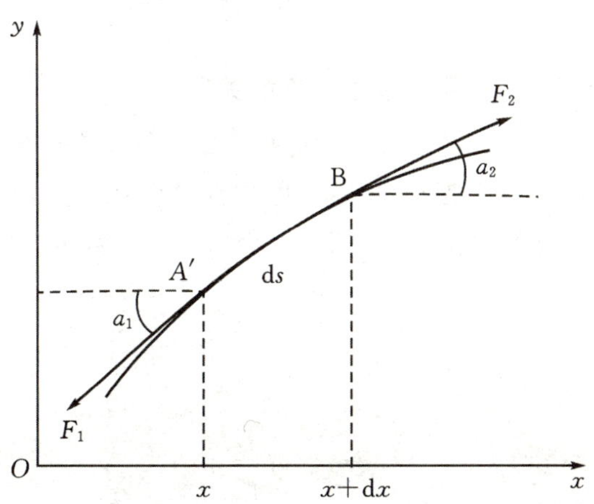

图 3-5-1　弦线上横波传播示意图

在拉紧的弦线上，波沿 x 轴方向传播，为求波的传播速度，我们取弦上一微线元 $\mathrm{d}s$ 进行讨论. 设弦线的线密度为 ρ，在 ds 两端 A、B 处受到相邻线元的张力分别为 F_1、F_2，方向沿弦线的切线方向. 在弦线上传播的横波在 x 方向运动，由牛顿第二定律有

$$F_2\cos\alpha_2 - F_1\cos\alpha_1 = 0 \tag{3-5-1}$$

$$F_2\sin\alpha_2 - F_1\sin\alpha_1 = \rho\mathrm{d}s\,\frac{\mathrm{d}^2 y}{\mathrm{d}t^2} \tag{3-5-2}$$

对于微线元，$\mathrm{d}s\approx\mathrm{d}x$，$\alpha_1$、$\alpha_2$ 趋近于零，因此 $\cos\alpha_1\approx\cos\alpha_2\approx 1$，$\sin\alpha_1\approx\tan\alpha_1$，$\sin\alpha_2\approx\tan\alpha_2$. 而 $\tan\alpha_1=\left(\frac{\mathrm{d}y}{\mathrm{d}x}\right)_x$，$\tan\alpha_2=\left(\frac{\mathrm{d}y}{\mathrm{d}x}\right)_{x+\mathrm{d}x}$. 将以上关系代入式(3-5-1)、(3-5-2)得

$$F_2 - F_1 = 0 \Rightarrow F_1 = F_2 = F \tag{3-5-3}$$

$$F\left(\frac{\mathrm{d}y}{\mathrm{d}x}\right)_{x+dx} - F\left(\frac{\mathrm{d}y}{\mathrm{d}x}\right)_x = \rho\mathrm{d}x\,\frac{\mathrm{d}^2 y}{\mathrm{d}t^2} \tag{3-5-4}$$

将式(3-5-4)中第一项按泰勒式展开并略去二级无穷小量，得

$$\left(\frac{\mathrm{d}y}{\mathrm{d}x}\right)_{x+\mathrm{d}x} = \left(\frac{\mathrm{d}y}{\mathrm{d}x}\right)_x + \left(\frac{\mathrm{d}^2 y}{\mathrm{d}x}\right)_x \mathrm{d}x \tag{3-5-5}$$

由式(3-5-4)及(3-5-5)可得

$$\frac{\mathrm{d}^2 y}{\mathrm{d}t^2} = \frac{F}{\rho}\,\frac{\mathrm{d}^2 y}{\mathrm{d}x^2} \tag{3-5-6}$$

由简谐波的波动方程 $\frac{\mathrm{d}^2 y}{\mathrm{d}t^2} = v^2\,\frac{\mathrm{d}^2 y}{\mathrm{d}x^2}$，可得

$$v = \sqrt{\frac{F}{\rho}} \tag{3-5-7}$$

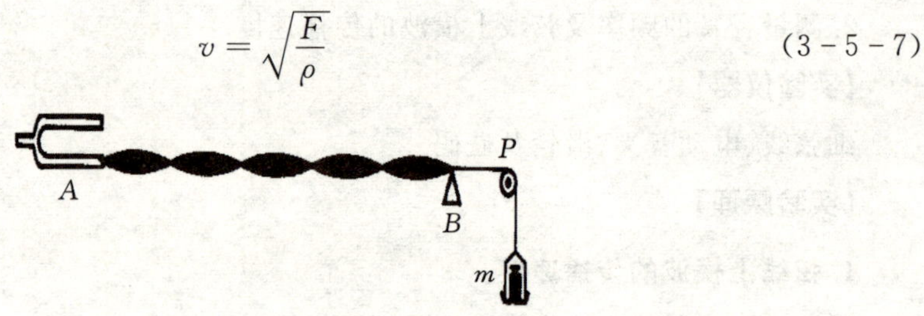

图 3-5-2　驻波实验示意图

2. 振动频率与横波波长、弦线张力及线密度的关系

如图 3-5-2 所示，将细弦线的一端固定在电动音叉上，另一端绕过滑轮悬挂砝码. 当音叉振动时，弦线也在音叉的带动下振动，即音叉的振动沿弦线传播，弦线振动频率和音叉的振动频率 ν 相等. 选择适当的砝码重量，可在弦线上形成稳定的驻波. 驻波波长为 λ，则弦线上横波的传播速度为

$$v = \nu\lambda \tag{3-5-8}$$

将式(3-5-8)代入式(3-5-7)得

$$\nu\lambda = \sqrt{\frac{F}{\rho}} \tag{3-5-9}$$

设弦线长为 L，形成稳定驻波时，弦线上的半波数为 n，则 $\frac{L}{n}=\frac{\lambda}{2}$，即

$$\lambda = \frac{2L}{n} \tag{3-5-10}$$

将式(3-5-10)代入式(3-5-9)得

$$\nu = \frac{n}{2L}\sqrt{\frac{F}{\rho}} = \frac{n}{2L}\sqrt{\frac{mg}{\rho}} \tag{3-5-11}$$

式(3-5-11)表明线密度、弦长和张力的关系.

3. 驻波的形成和特点

振动沿弦线的传播形成了横波，当在传播方向上遇到障碍后，波被反射并沿相反方向传播，反射波与入射波的振动频率相同，振幅相同，故它们是一对相干波，当入射波与反射波的相位差为π时，在弦线上产生了稳定的驻波，并在反射处形成波节.

设向右传播的波和向左传播的波在原点的相位相同，则它们的波动方程分别为

$$y_1 = A\cos 2\pi\left(\frac{t}{T} - \frac{x}{\lambda}\right) \tag{3-5-12}$$

$$y_2 = A\cos 2\pi\left(\frac{t}{T} - \frac{x}{\lambda}\right) \tag{3-5-13}$$

两列波合成得

$$y = y_1 + y_2 = \left(2A\cos\frac{2\pi}{\lambda}x\right)\cos\frac{2\pi}{T}t \tag{3-5-14}$$

由上式可以看出，当 x 一定，即考察平衡位置位于 x 处的质点时，后面的时间因子表明该质点作简谐运动；考察不同 x 处的所有质点，均在作同周期的简谐运动，而振幅等于 $\left|2A\cos\frac{2\pi x}{\lambda}\right|$，即随着与原点距离 x 的不同，各点的振幅也不同，而质点振动的相位决定 $\left(2A\cos\frac{2\pi x}{\lambda}\right)$ 的正负，凡是使 $2A\cos\frac{2\pi x}{\lambda}$ 为正的各 x 处的相位都相同；凡是使 $2A\cos\frac{2\pi x}{\lambda}$ 为负的各点的相位也都相同.

由式(3-5-14)可知，当

$$x = (2k+1)\frac{\lambda}{4} \qquad (k = 0, \pm 1, \pm 2, \cdots) \tag{3-5-15}$$

时，振幅 $\left|2A\cos\frac{2\pi x}{\lambda}\right|$ 等于零，这些点称为波节. 而当

$$x = k\frac{\lambda}{2} \qquad (k = 0, \pm 1, \pm 2, \cdots) \tag{3-5-16}$$

时，振幅 $\left|2A\cos\frac{2\pi x}{\lambda}\right| = 2A$，为最大值，这些点叫波腹. 相邻两个波节或相邻两个波腹之间的距离都是半个波长 $\frac{\lambda}{2}$.

如图 3-5-3 为驻波分段振动示意图.

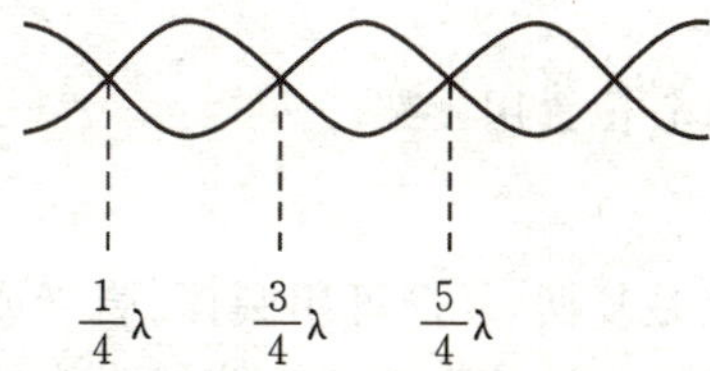

图 3-5-3　驻波分段振动示意图

考察两个波节之间所有各点的振动，如从 $x=\frac{\lambda}{4}$ 到 $x=\frac{3}{4}\lambda$，这一段内各点都具有相同的符号，亦即这一段内的所有各点都作振幅不同、相位相同的振动，即各点的振动同时达到最大和最小，对于与之相邻的分段，如从 $x=\frac{3}{4}\lambda$ 到 $x=\frac{5}{4}\lambda$，相位则相反，在这种分段振动中各个分段各自独立地振动，没有什么“跑动”的波形，也没有能量传播.

实际上，在一段有限长的弦线中，沿长度方向传播的入射波和反射波的振幅是很难完全相等的. 在弦线的端点，入射波的能量将有一部分变成透入空气中的透射波的能量，所以反射波的能量比入射波的小，反射波的振幅也比入射波小，但这种相向行进的两个振幅不同的相干波叠加，也称驻波.

【实验内容与步骤】

研究弦线上驻波的形成过程并测量音叉的频率.

1. 按图 3-5-2 将实验装置调节好，砝码盘中加一定砝码，检查滑轮是否转动自如.

2. 接通电源，使音叉振动，通过移动音叉改变弦线长度 L，使弦线上出现稳定的振幅最大的驻波.

3. 改变砝码的质量，微调弦长，使弦线产生稳定的驻波，此时有 $L=n\lambda/2$. 改变 F(5 次)，在对应的每一个固定力 F 的作用下，重复测量 L 数次(至少 3 次)，每次微调弦长，再重新调节稳定的驻波，然后测量，要求自设表格记录实验数据.

4. 自测弦密度，根据公式(3-5-11)计算音叉的频率及标准不确定度，并与实际音叉频率进行比较评价.

5. 分别用式(3-5-7)和式(3-5-8)计算出弦线上波的传播速度，并对结果进行比较，说明其原因.

【思考题】

1. 驻波有什么特点？在驻波中波节能否移动，弦线有无能量传播？

2. 如砝码有摆动，会对测量结果带来什么影响？

3. 根据实验数据，用作图法求音叉振动频率.

实验 3-6 复摆振动的研究

【实验目的】

1. 研究复摆振动周期与质心到支点距离的关系；

2. 测量得出重力加速度、回转半径和转动惯量.

【实验仪器】

复摆、天平、米尺、停表、测重心位置用支架.

【实验原理】

一个围绕定轴摆动的刚体就是复摆，复摆可用圆棒、圆管或扁平棒制作，可以钻一系列圆洞，挂在刀口上摆动；也可以用穿一细针的木塞插入圆洞中为轴；也可以在摆的两侧打一系列小坑，用固定的针为轴，如图 3-6-1 所示.

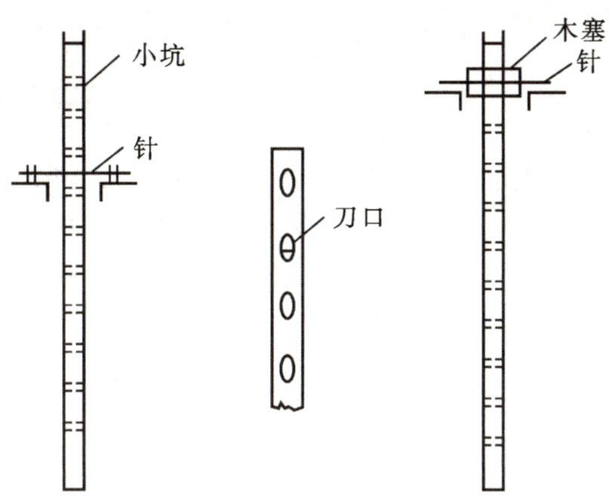

图 3-6-1　各种复摆

当摆动的振幅甚小时，其振动周期 T 为

$$T = 2\pi\sqrt{\frac{I}{mgh}} \tag{3-6-1}$$

式中：I 为复摆对回转轴 O 的转动惯量；m 为复摆的质量；g 为当地的重力加速度；h 为摆的支点到摆的质心的距离，如图 3-6-2 所示.

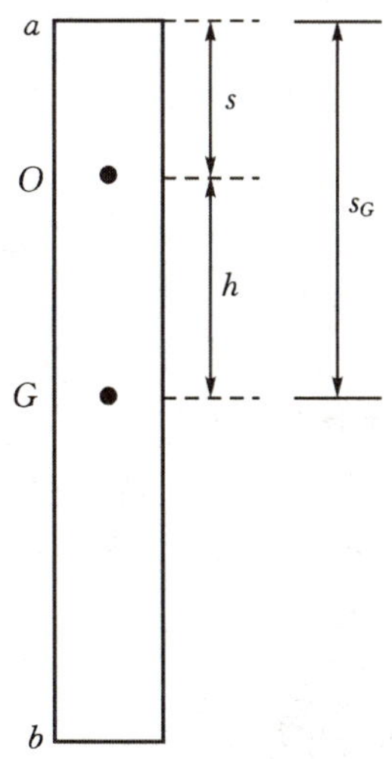

图 3-6-2　复摆各参量示意图

设复摆对通过质心 G 且平行于 O 轴的转轴的转动惯量为 I_G，则

$$I = I_G + mh^2 = mk^2 + mh^2 \tag{3-6-2}$$

式中，k 为复摆对 G 轴的回转半径，由此可将式(3-6-1)改写为

$$T = 2\pi\sqrt{\frac{k^2 + h^2}{gh}} \tag{3-6-3}$$

将式(3-6-3)改写为

$$y = -k^2 + \frac{g}{4\pi^2}x \tag{3-6-4}$$

式中：$y = h^2$，$x = hT^2$.

【实验内容】

1.测量不同支点的周期.

支点位置用 O 表示，其与摆的一端 a 之间的距离表示为 s. 将支点由靠近 a 端开始，逐渐移向 b 端并测相应的周期 T，摆角小于 5°. 改变支点 10～20 次，如图3-6-2所示.

要求测得的周期 T 的相对误差小于 0.5%.

2.测定重心 G 的位置 s_G.

将复摆水平放置于支架的刀刃上，如图 3-6-3 所示，利用杠杆原理寻找 G 点的位置. 要求 s_G 的误差在 1mm 以内.

3. 求出各 s 值对应的 h 值(h 均取正值)，作 $T-h$ 曲线，如图 3-6-4 所示.

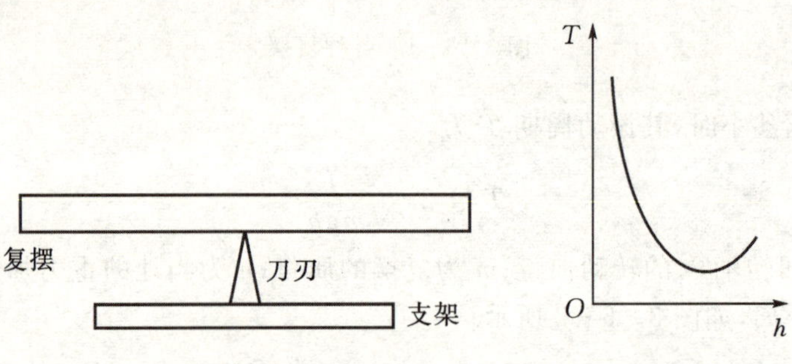

图 3-6-3　重心位置寻找示意图　　图 3-6-4　T-h 曲线

4.通过测量可得 n 组(x, y)值，用最小二乘法拟合直线 $y = A + Bx$ 中的常数 A 与 B，进而利用关系式 $A = -k^2$ 和 $B = \frac{g}{4\pi^2}$，计算得出重力加速度 g，并计算其不确定度，最后求出 I_G 值.

【思考题】

1.思考并分析 T 值取极小的条件是什么？

2. 用一块均匀的平板，切割下如图 3-6-5 所示的不规则图形. 如何用实验的方法求出该形状板在其重心(位置未知)周围的转动惯量(轴与板面垂直)？

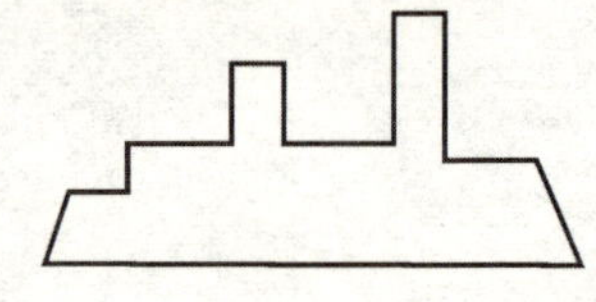

图 3-6-5　不规则刚体模型

实验 3-7　用落球法测定液体的动力学黏度

将流动着的液体看作许多相互平行移动的液体层，各层速度不尽相同，形成速度梯度，这即为流动的基本特征. 由于速度梯度的存在，流动较慢的液体层阻滞较快液体层的流动，因此，液体产生运动阻力，这即为液体的黏滞性. 对液体黏滞性的研究在物理学、力学、化学、生物学、医学及流体动力学等领域有着广泛的应用. 描述液体的黏滞性有两种参数，即动力学黏度及运动学黏度，动力学黏度也被称为黏滞系数. 动力学黏度与液体密度的比值即为运动学黏度. 本实验利用落球法测定甘油的动力学黏度.

【实验目的】

采用落球法测定甘油的动力学黏度，学习并掌握测量原理及方法.

【实验仪器】

量桶、千分尺、游标卡尺、直尺、钢珠、秒表.

【实验原理】

当液体相对于其他固体或气体运动,又或是同种液体内各液体单元之间有相对运动时,接触面之间存在摩擦力.这种性质称为液体的黏滞性.黏滞力的方向与接触面平行,且使速度较快的液体单元减速,其大小与接触面面积及接触面处的速度梯度成正比,比例系数称为黏滞系数,记为 μ,也称作动力学黏度.与动力学黏度 μ 相对应的还有运动学黏度 ν,其值等于动力学黏度 μ 与液体密度 ρ_0 的比值,即 $\nu=\mu/\rho_0$.

测量液体的黏滞系数有多种方法,如毛细管法,该方法是通过测定液体在恒定压强差的作用下,流经一毛细管的流量来计算得到;转筒法,是在两同轴圆筒间充以待测液体,让外筒作匀速转动,测量内筒受到的黏滞力矩,进而计算黏滞系数;阻尼法是根据测定扭摆或弹簧振子等在液体中运动周期或振幅的改变以测定黏滞系数;落球法,则是通过测量刚球在液体中下落的运动状态进行计算.本实验,我们选用落球法测定甘油的动力学黏度.在静止液体中缓慢下落的小球将同时受到三个力的作用:重力、浮力与黏滞阻力.黏滞阻力是液体密度、温度及运动状态的函数.若小球在液体中下落速度很小,相对量筒直径,球的半径也很小,并且,液体可看作各向均无限广阔,则著名的斯托克斯公式可表达为

$$F=6\pi\mu vr \tag{3-7-1}$$

式中:F 是小球受到液体的黏滞阻力;v 是小球下落速度;r 为小球半径;μ 是液体的动力学黏度.在 SI 制中,μ 的单位是 Pa·s.

如图 3-7-1 所示为采用落球法测定液体动力学黏度的示意图.

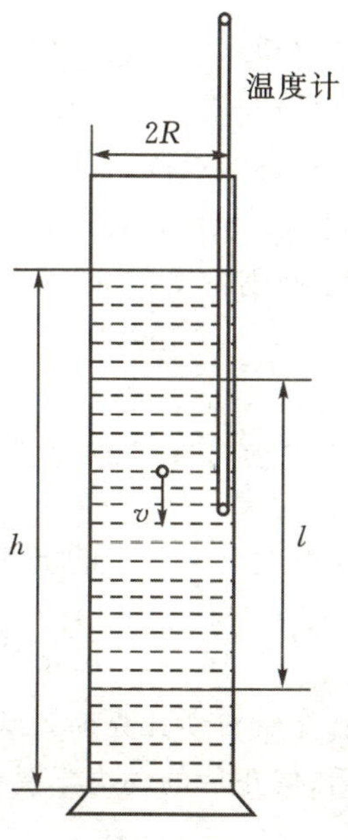

图 3-7-1　落球法测定液体动力学黏度示意图

一质量为 m 的小球落入液体后受到三个力的作用,即重力 mg、浮力 $\rho_0 Vg$(ρ_0 为液体的密

度,V 为小球体积,g 为重力加速度)及液体的黏滞阻力 F.在小球刚进入液体时,由于重力大于黏滞阻力与浮力之和,所以小球作加速运动.随着小球运动速度的增加,黏滞阻力也随之增加,当速度增加到 v_0时,小球受到的合外力为零,此时有

$$mg = 6\pi\mu r v_0 + \rho_0 V g \tag{3-7-2}$$

之后,小球以速度 v_0匀速下降,此速度称为收尾速度.于是,液体的沾滞系数可表达为

$$\mu = \frac{mg - \rho_0 V g}{6\pi r v_0} \tag{3-7-3}$$

式(3-7-3)是在理想状态下,即小球在无限广阔的液体中运动时的情况.实际上,小球被限制在量筒内的液体中下降,故必须考虑容器壁对小球运动状态的影响.

一般情况下,小球在半径为 R 的圆筒内且高度为 h 的液体内下落,液体在各个方向均为无限广阔的这一假设并不成立.现已得出,实际测量得到的小球下落速度与理想状态时小球下落之间存在如下关系

$$v_0 = v\left(1 + 2.4\frac{r}{R}\right)\left(1 + 3.3\frac{r}{h}\right) \tag{3-7-4}$$

于是,考虑修正公式(3-7-4),式(3-7-3)变为

$$\mu = \frac{\left(m - \frac{4}{3}\pi r^3 \rho_0\right)g}{6\pi r v\left(1 + 2.4\frac{r}{R}\right)\left(1 + 3.3\frac{r}{h}\right)} = \frac{1}{18}\frac{(\rho - \rho_0)gd^2}{v\left(1 + 2.4\frac{d}{2R}\right)\left(1 + 3.3\frac{d}{2h}\right)} \tag{3-7-5}$$

式中:ρ 与 ρ_0分别表示钢球与液体的密度;d 表示钢球的直径;v 为小球实际下落速度;$2R$ 为容器内直径;h 为液面高度.事实上,斯托克斯公式是在假设流体无涡流的条件下推导得出的,而小球下落时流体的状态并非如此理想,因此还需要考虑进一步修正,以得出相对精确的黏度计算公式.若液体各层间相对运动速度较小时,则会呈现稳定的运动状态.如果给不同层内的液体着色,则会看到一层层颜色不同的液体互不干扰地流动,该运动状态称为层流.若各层间相对运动较快,这种层流会被破坏,流动将逐渐过渡到湍流,以至于出现旋涡.定义一个无量纲的参数——雷诺数 Re 来表征液体运动状态.设液体在截面为圆形的管中流速为 v,动力学黏度为 μ,圆管的直径为 $2R$,小球的半径为 r,则雷诺数 Re 采用以下定义

$$\mathrm{Re} = \frac{2v\rho_0 R}{\mu} \tag{3-7-6}$$

若 Re<2000,则液体处于层流状态;若 Re>3000,则液体处于湍流状态;若 Re 为介于2000~3000,则液体为层流与湍流过渡阶段.

液体运动状态对斯托克斯公式的影响可由以下的奥西思—果尔斯公式给出

$$F = 6\pi\mu v r\left(1 + \frac{3}{16}\mathrm{Re} - \frac{19}{1080}\mathrm{Re}^2 + \cdots\right) \tag{3-7-7}$$

方程右边的第二项与第三项可分别看作是对斯托克斯公式的第一和第二级修正项.于是,考虑圆筒壁及雷诺数对运动状态的影响后,修正后的动力学黏度可表达为

$$\mu_0 = \mu\left(1 + \frac{3}{16}\mathrm{Re} - \frac{19}{1080}\mathrm{Re}^2 + \cdots\right)^{-1} \tag{3-7-8}$$

可见,数据处理时,首先应采用式(3-7-5)计算得到动力学黏度近似值,然后采用式(3-7-6)计算雷诺数,最后再代入式(3-7-8)计算得到相对精确的动力学黏度.

【实验内容与步骤】

本实验为利用落球法测定圆筒内甘油的动力学黏度.

测试架调整(新仪器)

(1) 将线锤装在支撑横梁中间部位,调整黏滞系数测定仪测试架上的三个水平调节螺钉,使线锤对准底盘中心圆点.

(2) 将光电门按仪器使用说明书上的方法连接. 接通测试仪电源,此时可以看到两光电门的发射端发出红光线束. 调节上下两个光电门发射端,使两端光束刚好照在线锤的线上.

(3) 收回线锤,将装有测试液体的量筒放置于底盘上,并移动量筒使其位于底盘中央位置;将落球导管安放于横梁中心,两光电门接收端调整至正对发射光(可参照测试仪使用说明校准两光电门). 待液体静止后,将小球用镊子放入导管中,观察能否挡住两光电门光束(挡住两光束时会有时间值显示),若不能,适当调整光电门的位置.

1. 设计寻找小球匀速下降区域的方法,并测出其长度 l,用于得出小球匀速下降的速度.

通常的做法是,在圆筒内甘油面下方大约 10cm 和筒底上方大约 10cm 处,分别作标记,测量两点间距离,记为 l;也可通过理论计算,相对精确地确定小球匀速下降的区间;由于智能手机的普及,也可直接通过手机连拍或者录制视频,根据连拍照片的时间间隔或视频的帧数所用时间,以及圆筒外壁最小刻度值,即可计算得到小球匀速下降的速度.

2. 用乙醚与酒精混合液将实验用钢球洗净并擦干,用千分尺测量 10 个小球的直径 d,取平均值并计算小球直径的误差. 测量结束后将其浸在甘油中待用.

3. 用镊子取一个小球,将其在量筒中心轴线液面处轻轻放下,尽量使其进入液面时初速度为零,测出小球通过匀速下降区域的时间 t,重复 10 次,取平均值,然后求出小球匀速下降的速度.

4. 采用游标卡尺与直尺分别测量量筒内直径 $2R$ 与液面高度 h 各三次,计算平均值;测得甘油温度 T(应在实验开始前与结束后均测量,然后取平均值),查找附录资料获取钢球密度 ρ 与液体密度 ρ_0,应用式(3-7-5)计算 μ.

5. 计算雷诺数 Re,再采用式(3-7-8)计算修正后的动力学黏度.

6. 选用至少三种不同直径的小球重复以上实验,计算结果并进行不确定度分析.

【思考题】

1. 容器内匀速下降区对材料相同但直径不同的小球,该区间一样吗?

2. 如果投入的小球偏离了量筒中心轴线,将会对实验结果产生什么影响?

3. 如果放入的小球初速度较大,又会对实验产生什么影响?

实验 3-8　用自由落体法测定重力加速度

测量重力加速度的方法很多,有滴水法、弹簧秤法、单摆法、圆锥摆法以及打点计时器等方法. 其标准值通常取为 $9.8\mathrm{ms}^{-2}$. 本实验是用小钢珠自由下落测量当地重力加速度. 通过选择多个测量点的方法得到小钢珠经过两个光电门的时间,用作图法或线性回归法可间接求得当地重力加速度.

【实验目的】

1. 掌握用落球法测定重力加速度的方法;

2. 掌握对组合测量进行数据处理的方法；

3. 学会光电控制计时仪的使用.

【实验仪器】

自由落体实验仪

【实验原理】

物体在只受重力的作用下，作匀加速度直线运动，其运动方程为

$$s = v_0 t + \frac{1}{2}gt^2 \tag{3-8-1}$$

式中：s 为物体在 t 时间内下落的距离；v_0 为物体下落时的初速度；t 为物体下落所用的时间；g 为重力加速度.

采用式(3－8－1)测量并计算得到重力加速度，可采用以下两种方式实现：

1. 作图法

式(3－8－1)两边同除以时间 t，则有

$$\frac{s}{t} = v_0 + \frac{1}{2}gt \tag{3-8-2}$$

由式(3－8－2)可见，变量 s/t 与 t 满足线性关系，v_0 为直线的截距 a，而 $0.5g$ 为其斜率 b. 通过多次测量，并根据实验数据作出线性变化关系图，则可通过计算直线的斜率进而得到重力加速度 g.

2. 解析法

图 3－8－1 所示为物体自由下落示意图.

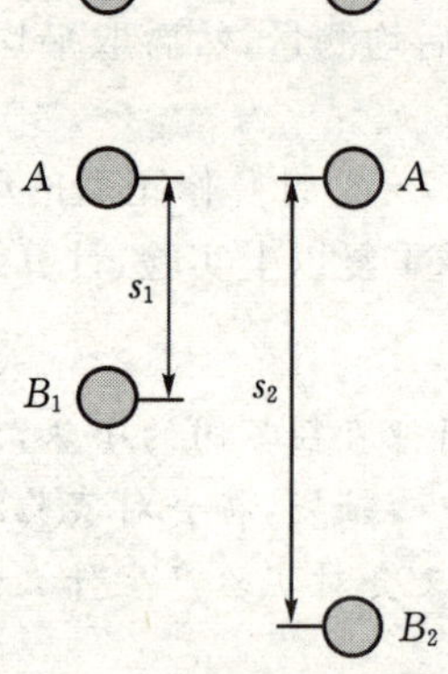

图 3－8－1　物体自由下落示意图

小球自初始位置 O 点开始下落，设其到达点 A 的速度为 v_1，从 A 点起，经时间 t_1 后到达点 B_1，设 A、B_1 间距离为 s_1，则有

$$s_1 = v_1 t_1 + \frac{1}{2}gt_1^2 \tag{3-8-3}$$

若保持 O、A 之间距离不变，从 A 点起经时间 t_2 后到达点 B_2，假设 A、B_2 间距离为 s_2，则有

$$s_2 = v_1 t_2 + \frac{1}{2}gt_2^2 \tag{3-8-4}$$

式(3-8-3)与式(3-8-4)两边分别乘以 t_2 与 t_1 后再相减,整理后得

$$g=\frac{2(s_2/t_2-s_1/t_1)}{t_2-t_1} \tag{3-8-5}$$

由式(3-8-5)可见,只要保证第一个测量点不变,更改第二个测量点的位置,即可分别测量得到两次实验中两光电门之间的距离 s_1 与 s_2,以及对应的时间 t_2 与 t_1,就可以根据式(3-8-5)计算得到重力加速度.

【实验仪器】

自由落体实验仪如图 3-8-2 所示.

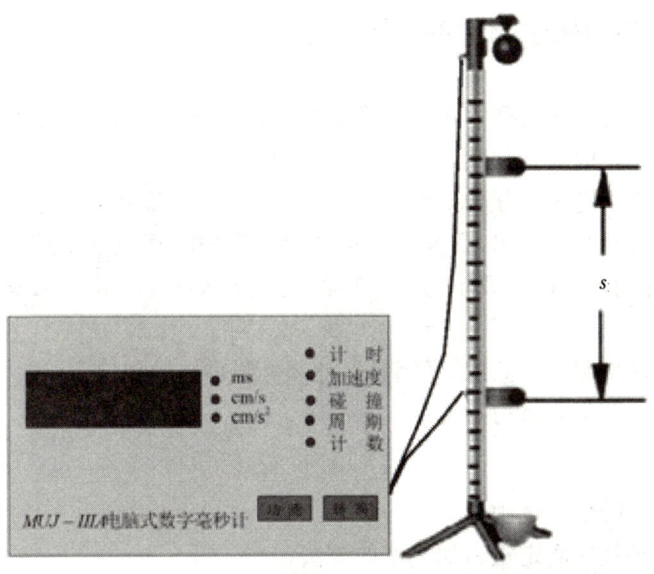

图 3-8-2　自由落体实验仪

实验仪器包括重力加速度测试仪和多用数字毫秒计. 重力加速度测试仪由直立钢管、电磁吸球装置、三脚支架、两个光电门以及接球网罩构成. 在直立钢管的上端安装有一个电磁铁,电源打开时,电磁铁可以吸住小球,而当电源关闭时,小球开始以初速度为零自由下落. 为了测量小球下落时间,在钢管上装有两个可以上下移动的光电门,当小球以初速度为零自由下落通过第一个光电门时,数字毫秒计开始计时,当小球通过第二个光电门时,数字毫秒计停止计时.

【实验内容】

1. 根据仪器使用说明,将仪器连好并调节至可测量状态.

2. 调节光电门的位置,即取不同的距离 s(可取 5 至 10 个测量点),测量其对应的时间 t,即可得到不同的测量数据.

要求:每个测量点需重复 3 次,自拟表格记录实验数据. 拟合 t 与 s/t 变化曲线,并求出斜率进而计算得到重力加速度 g.

3. 计算各组测量的时间 t 和比值 s/t,用最小二乘法拟合斜率 b 及其标准不确定度(A 类不确定度).

4. 采用解析法得到的公式(3-8-5)计算重力加速度 g 及其标准不确定度.

5. 对三种数据处理方法进行比较评价. [提示：$u(g) = 2u(b)$，$u(b)$为斜率 b 的标准不确定度]

【思考题】

1. 若用一个体积相同而质量不同的铝球代替钢球，则实验测量所得 g 值是否相同？
2. 是否可以设计一种只用一个光电门即可完成此实验的方案？
3. 请说出三种以上测量重力加速度的方法及原理？
4. 在本实验中，误差的来源有哪些，应怎样避免？

实验 3-9 用气垫导轨法测定重力加速度

由于运动物体与支承面之间直接接触产生的摩擦力很难克服，严重地限制了力学实验结果的准确度. 气垫导轨的广泛使用，解决了这一难题，在很大程度上，提高了测量结果的准确度. 气垫导轨是一种现代化的力学实验仪器. 它利用小型气源将压缩空气送入导轨内腔. 空气再由导轨表面上的小孔中喷出，在导轨表面与滑行器内表面之间形成很薄的气垫层. 相比固体间的摩擦，气体内部的摩擦要小得多. 于是，这就大大减小了由于摩擦损耗给实验带来的影响.

将气垫导轨一端支起一定高度，可测量并计算得到物体的加速度，进而再根据加速度与重力加速度的关系可计算得到重力加速度.

【实验目的】

1. 熟悉气垫导轨的使用规则；
2. 掌握用气垫导轨法测定重力加速度的方法；
3. 分析和校正实验中的系统误差.

【实验仪器和用具】

气垫导轨、数字毫秒计(digital timer scaler)、滑块、游标卡尺、垫块.

图 3-9-1 所示为气垫导轨. 气轨是一种摩擦很小的运动实验装置，它由导轨、滑块及光电门组成.

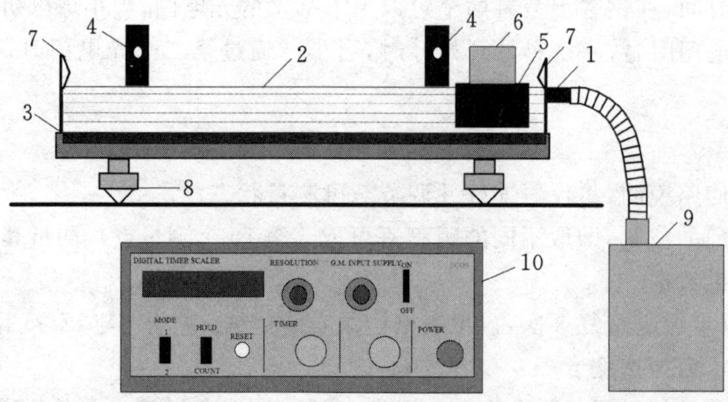

图 3-9-1 气垫导轨实验装置

1—进气口；2—导轨；3—标尺；4—光电门；5—滑块；6—挡光片；7—弹簧；
8—底座调节螺丝；9—气泵；10—数字毫秒计

导轨是由长约 1.5～2.0m 的三角形中空铝材制成. 轨面上两侧各有两排直径为 0.4 ～ 0.6mm 的喷气孔. 导轨一端装有进气嘴,当压缩空气进入管腔后,就从小孔喷出,在轨面与轨上滑块之间形成很薄的空气膜,即所谓气垫,将滑块从导轨面上托起约 0.15mm. 从而把滑块与导轨之间接触的滑动摩擦变成为空气层之间的气体内摩擦,极大地减小了摩擦力的影响. 导轨两端有缓冲弹簧,一端安装有滑轮,整个导轨安装在钢梁上,其下有三个用以调节导轨水平的底脚螺丝.

滑块用角形铝材制成,其两侧内表面和导轨面精密吻合. 滑块两端装有缓冲器,其上面可安置挡光片或附加重物.

光电门由聚光灯泡和光电管组成,安装在导轨的一侧,其与数字毫秒计相连接. 当有光照到光电管上时,电路导通,此时若挡住光路,则光电管为断路状态,通过数字毫秒计的门控电路,会输出一个脉冲使得数字毫秒计开始或停止计时. 滑块上的挡光片在光电门中通过一次,数字毫秒计会显示从开始计时到停止计时之间的时间间隔 t. 挡光板由金属片制作而成. 使用 d 小的挡光片可以使测出的平均速度接近瞬时速度,将会减小系统误差,然而当 d 较小时,相应的时间间隔 t 也将变小,此时 t 的相对误差将会变大. 所以测量速度时,不宜选用 d 很小的挡光片. 若相应的挡光片宽度为 d,则滑块通过光电门的平均速度 $\overline{v}$ 为

$$\overline{v} = d/t$$

【实验原理】

1. 倾斜导轨上的加速度 a 与重力加速度 g 的关系

设导轨倾斜角为 θ,滑块质量为 m,则

$$ma = mg\sin\theta \tag{3-9-1}$$

上式是在滑块运动时,不存在阻力时方才成立. 实际上,滑块在气垫上运动虽然没有接触摩擦,但是有空气层的内摩擦,其阻力 F 和平均速度成比例,即

$$F = bv \tag{3-9-2}$$

上式中的比例系数 b,称为黏性阻尼常量. 考虑此阻力后,式(3-9-1)变为

$$ma = mg\sin\theta - bv \tag{3-9-3}$$

整理后,重力加速度 g 可表达为

$$g = (a + bv/m)/\sin\theta \tag{3-9-4}$$

本实验将依据式(3-9-4)计算重力加速度.

2. 气垫导轨的水平调节

调节导轨本应是将平直的导轨调成水平,但是实验室现有的导轨都存在一定的弯曲,因此“调平”的意义是指将光电门 A、B 所在的两点,调到同一水平线上. 假设导轨上 A、B 两点已处于同一水平线,则在 A、B 间运动的滑块,因导轨弯曲对它运动的影响可以抵消. 但是,滑块与导轨之间还存在少许阻力,故以速度 v_A 通过 A 门的滑块,到达 B 门时的速度 v_B,存在这样的关系,即 $v_A < v_B$. 由阻力产生的速度损失 Δv 可表达为

$$\Delta v = bs/m \tag{3-9-5}$$

式中:b 为黏性阻尼常量;s 为光电门 A、B 之间的距离;m 为滑块的质量. 参照上述讨论,可以提出如下检查调平的要求:

(1)滑块从 A 向 B 运动时,$v_A > v_B$;相反时 $v_B > v_A$. 由于挡光片宽度 d 相同,所以滑块由 A 向 B 运动时,$t_A < t_B$,相反时应满足 $t_B < t_A$. 这里速度均取正值.

(2)滑块由 A 向 B 运动时的速度损失 Δv_{AB} 要和相反运动时的速度损失 Δv_{BA} 尽量接近.

通常情况下,导轨上滑块的 b 值介于 2×10^{-3} 至 5×10^{-3} kg/s 之间.设 $b=4\times10^{-3}$ kg/s,光电门 A、B 之间距离 $s=0.6$ m,$m=0.3$ kg,则 $\Delta v = 0.008\ \text{ms}^{-1}$.

3. 黏性阻尼常量 b 的计算

气垫导轨调平后,分别测量滑块沿两个方向的速度损失 Δv_{AB} 和 Δv_{BA} ,确保两者的数值非常接近,则由式(3-9-5)可得

$$b = m(\Delta v_{AB} + \Delta v_{BA})/(2s) \tag{3-9-6}$$

注意:测量速度损失 Δv 时滑块速度要尽量小一些,并且在推动时应注意使之运动平稳.

4. 加速度 a 的测量计算公式

加速度 a 的测量可参照下面公式进行

$$a = \frac{d^2}{2s}\left(\frac{1}{t_B^2} - \frac{1}{t_A^2}\right) \tag{3-9-7}$$

式中,t_A 与 t_B 分别为滑块通过 A、B 光电门的时间长度.式(3-9-6)是依据公式 $a=(v_2^2-v_1^2)/2s$ 得到,由于用平均速度 d/t 代替瞬时速度 v 而存在一定的系统误差.

【实验内容】

1.测量并计算得到黏性阻尼常量 b.

通过反复调节调平气垫导轨,按式(3-9-5)测量并计算得到黏性阻尼常量 b.

2.测量并计算得到加速度 a.

将气垫导轨一端垫高 h,测出两支点间距离 L,则倾斜角可表达为

$$\sin\theta = h/L \tag{3-9-8}$$

参照式(3-9-7)计算加速度 a,并用几个不同高度 h 的垫块,改变倾斜角 θ,分别测量计算加速度 a.

3.计算重力加速度.

采用式(3-9-4)可计算重力加速度,并计算得出标准不确定度.

【注意事项】

1.气垫导轨是一种高精度的实验装置,导轨表面与滑块内表面均有较高的光洁度,且配合良好.因此,每组导轨和滑块只能配套使用,不得与其他组调换.实验中要严防敲碰、划伤导轨和滑块,尤其是滑块不能掉在地上.

2.不得在未通气时将滑块在导轨上滑动,以免擦伤表面.

3.使用完毕,先将滑块取下再关闭气源.

4.导轨与滑块表面有污物或灰尘时,可用棉纱沾酒精擦拭干净.

5.导轨表面气孔很小,易被堵塞,影响滑块运动,通入压缩空气后要仔细检查,发现气孔堵塞,可用小于气孔直径的细钢丝轻轻捅通.

6.实验完毕,应将轨面擦净,用防尘罩盖好.在轨道没有充气的情况下,不要将滑块拿下或取下,更不要在导轨上滑动滑块.

【思考题】

1.滑块与气垫导轨之间的空气层产生的空阻为何与速度 v 成正比?

2. 试详细分析气垫导轨上滑块的运动特征.

实验 3-10　水的比汽化热测定

物质由液态向气态转化的过程称为汽化,液体的汽化有蒸发和沸腾两种不同的形式. 在物质的自由表面上进行的汽化称为蒸发;如果液体内部的饱和汽泡膨胀,以致上升到液面后破裂,这样的汽化过程则称为沸腾. 不论是哪一种汽化过程,它的物理过程均为液体中一些热运动动能较大的分子飞离表面成为气体分子,随着这些热运动动能较大分子的逸出,液体的温度将随之下降. 若要保持液体温度不变,则在汽化过程中就要供给热量. 液体的比汽化热正是为了定量描述这一物理过程,其定义为单位质量的液体在温度保持不变的情况下转化为气体时所吸收的热量. 液体的比汽化热不但与液体的种类有关,而且还与汽化时的温度有关. 这是因为,随着温度升高,液相与气相中分子能量差将逐渐减小,于是,温度升高将导致液体的比汽化热减小.

【实验目的】

1. 掌握量热器的使用方法,并学会测定水的比汽化热;
2. 熟悉集成温度传感器的特性与定标;
3. 学会分析热学量测量中可能产生的实验误差.

【实验原理】

物质由气态转化为液态的过程称为凝结. 在相同条件下,气体凝结时释放出的热量与液体汽化时所吸收的热量相等. 因此,可以通过测量凝结时释放的热量来测定液体汽化时的比汽化热.

本实验采用混合法测定水的比汽化热. 方法是:将烧杯中接近 100℃ 的水蒸气,通过短的玻璃管加接一段很短的橡皮管(或乳胶管)插入到量热器内杯中. 假设质量为 M 的水蒸气进入量热器的水中被凝结成水,设水和量热器内杯的初始温度为 θ_1℃,而水与量热器内杯温度均匀时,其温度值为 θ_2℃,那么,水的比汽化热可表达为

$$ML + MC_{H_2O}(\theta_3 - \theta_2) = [mC_{H_2O} + (m_1 + m_2)C_{Al}](\theta_2 - \theta_1) \tag{3-10-1}$$

式中:L 为水的比汽化热;C_{H_2O} 为水的比热容,取 $4.2\times10^3\,\mathrm{Jkg^{-1}K^{-1}}$;$\theta_3$ 为水蒸气的温度;m 为原先量热器中凉水的质量;m_1 与 m_2 分别为量热器内杯和搅拌器的质量;C_{Al} 为铝的比热容,取 $8.8\times10^2\,\mathrm{Jkg^{-1}K^{-1}}$.

图 3-10-1 所示为本实验采用的集成电路温度传感器 AD590,用于测量温度. 该传感器由多个参数相同的三极管与电阻构成. 当其两引出端加有一定直流工作电压时(一般工作电压可在 4.5V~20V 范围内可调),若该温度传感器的温度升高或降低 1℃,那么,传感器的输出电压将增加或减少 1mV,它的输出电压变化与温度变化满足如下关系

$$U = B\theta + A \tag{3-10-2}$$

式中:U 为 AD590 的输出电压,单位 mV;θ 为摄修氏温度;B 为斜率;A 为摄氏零度对应的电压值,该值与冰点的热力学温度 273K 相对接近(在实际使用过程中,首先应放在冰点温度进行标定). 根据集成电路温度传感器 AD590 的上述特性,可制成其他各种用途的温度计.

【实验装置】

图 3-10-1 所示为实验装置图.

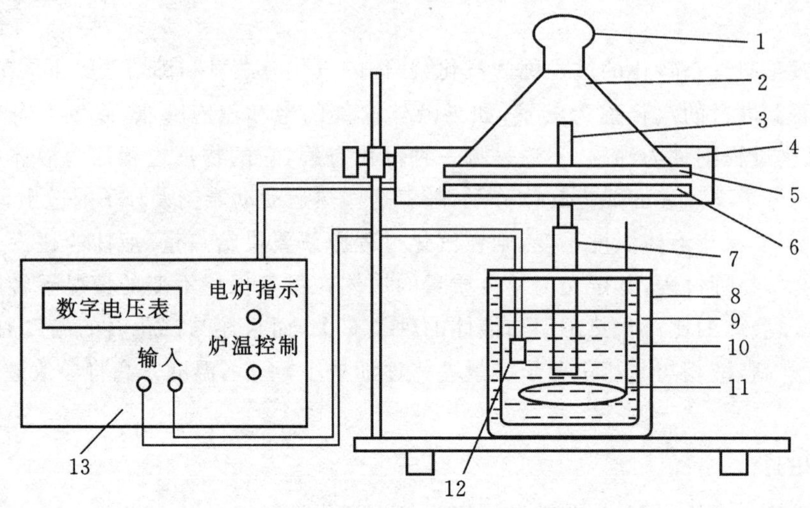

图 3-10-1 实验装置图

1—烧瓶盖;2—烧瓶;3— 通气玻璃管;4—托盘;5—电炉;6—绝缘板;7—橡皮管;
8—量热器外壳;9—绝缘材料;10—量热器内杯;11—铝搅拌器;12—AD590;13—温控测量仪

【实验内容】

1. 冰的制备

将装有纯水的盒子放入冰箱的冷冻区,经过大约 2～3 小时就可以结成冰块.将此冰盒放置在冰水混合物中,过一段时间后再取用,用自来水冲洗盒子外壳,使冰块滑出;在投入量热器之前用干纱布揩干其表面的水,然后应立即投入量热器的水中进行实验.

2. 通过定标以确定 A、B 值

(1)正确连接线路并打开电源,将盛有水的烧瓶加热.开始加热时,可以通过温控电位器顺时针调到底,并移去瓶盖使低于沸点的水蒸气从瓶口逸出.

(2)打开实验测量仪,测量并记录室温 T 及该条件下的输出电压 U'.

(3)用量热器内杯盛适量凉水,并加入冰块,直至冰块不再融化,此时温度达到 0℃,记录输出电压 U''.

将所测数据记入表 3-10-1.

表 3-10-1 温度传感器的定标

室温时输出电压(U')	室内温度(T)	冰水的输出电压(U'')

3. 测定水的比汽化热

(1)将量热器内杯的冰水混合物倒掉,再取适量凉水.称量出凉水和量热器内杯及搅拌棒

的总质量 M_0，并记录凉水对应的输出电压 U_1.

(2)当烧瓶内水沸腾时，记录沸腾水蒸气的输出电压 U_3，用通气橡皮管向量热器内的凉水中通入水蒸气. 需要注意的是：通气橡皮管插入水中的深度约为 1cm，为了防止通气管被堵塞，气管不宜插入太深. 调节炉温控制旋钮，使水蒸气输入量热器的速度适中. 盖好瓶盖，并搅拌量热器内的水.

(3)当水温达到要求后，停止电炉通电，取出量热器，继续搅拌量热器内杯的水，用温度传感器测量热水的输出电压 U_2，用天平再次称出量热器内杯水的总质量 $M_{总}$，采用公式 $M=M_{总}-M_0$ 计算量热器中水蒸气的质量 M，式中，M_0 为未通气前，量热器内杯、搅拌器与水的总质量.

表 3-10-2　测定水的比汽化热原始数据表

凉水的输出电压 U_1		m_1+m_2	
热水的输出电压 U_2		M_0	
水蒸气的输出电压 U_3		M_0	

【数据处理】

1. 将 U'、T 及 U'' 代入式(3-10-2)，通过定标计算得出 A 与 B.

2. 再将 U_1、U_2、A 及 B 代入式(3-10-2)，计算得到水的初始温度 θ_1 与末了温度 θ_2. 将所得测量结果代入式(3-10-1)，计算得到水的比汽化热 L.

3. 计算绝对误差与相对误差，分析误差产生来源，并提出减小误差的解决方案.

注：水的比汽化热标准值为 2.25×10^6 JK^{-1}.

【注意事项】

1. 通水蒸气至量热器时，可在量热器内垫一块塑料填块；

2. 停止通气前，先关闭加热电炉，然后取掉填块，将量热器平移至实验桌上；

3. 整个实验过程中，手不要去接触仪器发热部位(如固定螺丝、电炉、烧瓶盖等)，以免烫伤及损坏仪器；

4. 应注意烧瓶中的水始终保持一定量.

【思考题】

1. 如果冰块投入量热器时，其外面附有水层，这将对实验结果有什么影响？

2. 为什么烧瓶中的水未达到沸腾时，水蒸气不能通入量热器中？

3. 如果气源供气量过足，有部分蒸汽溢出气口喷出，会对实验带来什么样影响？

实验 3-11　用扭摆法测量物体的转动惯量及悬线切变模量

切变模量是指材料在弹性变形阶段内，剪切应力与对应剪切应变的比值，是材料的力学性能指标之一，也称刚性模量. 它表征材料抵抗切应变的能力，模量大，则表示材料的刚性强. 转动惯量是物体转动惯性的量度. 利用扭摆可以测量物体的转动惯量，同时也可用于测量悬线的切变模量.

【实验目的】

1. 加深对物体转动惯量概念的理解；

2. 了解用扭摆测量转动惯量及切变模量的原理和方法；

3. 掌握周期等物理量的测量方法.

【实验原理】

将一金属丝上端固定，下端悬挂一刚体就构成扭摆. 图 3-11-1 表示扭摆的悬挂物为圆盘。

图 3-11-1 扭摆

在圆盘上施加一外力矩，使之扭转一角度 θ. 由于悬线上端是固定的，悬线因扭转而产生弹性恢复力矩。外力矩撤去后，在弹性恢复力矩 M 作用下圆盘作往复扭动. 忽略空气阻尼力矩的作用，根据刚体转动定律有

$$M = I_0 \frac{\mathrm{d}^2\theta}{\mathrm{d}t^2} \tag{3-11-1}$$

式中：I_0 为刚体对悬线轴的转动惯量；$\frac{\mathrm{d}^2\theta}{\mathrm{d}t^2}$ 为角加速度。弹性恢复力矩 M 与转角 θ 的关系为

$$M = -K\theta \tag{3-11-2}$$

式中，K 称为扭转模量. 它与悬线长度 L、悬线直径 d 及悬线材料的切变模量 G 有如下关系

$$K = \frac{\pi G d^4}{32L} \tag{3-11-3}$$

扭摆的运动微分方程为

$$\frac{\mathrm{d}^2\theta}{\mathrm{d}t^2} = -\frac{K}{I_0}\theta \tag{3-11-4}$$

可见，圆盘作简谐振动. 其周期 T_0 为

$$T_0 = 2\pi\sqrt{\frac{I_0}{K}} \tag{3-11-5}$$

若悬线的扭摆模量 K 已知，则测出圆盘的摆动周期 T_0 后，由式(3-11-5)就可计算出圆盘的转动惯量。若 K 未知，可利用一个对其质心轴的转动惯量 I_1 已知的物体将它附加到圆盘

上，并使其质心位于扭摆悬线上，组成复合体。此复合体对以悬线为轴的转动惯量为 I_0+I_1 复合体的摆动周期 T 为

$$T=2\pi\sqrt{\frac{I_0+I_1}{K}} \tag{3-11-6}$$

由式(3 - 11 - 5)和式(3 - 11 - 6)可得

$$I_0=\frac{T_0^2}{T^2-T_0^2}I_1 \tag{3-11-7}$$

$$K=\frac{4\pi^2}{T^2-T_0^2}I_1 \tag{3-11-8}$$

测出 T_0 和 T 后就可以计算圆盘的转动惯量 I_0 和悬线的切变模量 G.

圆盘和圆环对悬线轴的转动惯量 I_1 与 I_2 的理论值可分别由公式 $I_0=\frac{1}{8}m_0D_0^2$ 与 $I_1=\frac{m_1}{8}(D_1^2+D_2^2)$ 计算得到. 式中，m_0 和 m_1 分别为圆盘和圆环的质量；D_0 为圆盘的直径；D_1 和 D_2 分别为圆环的内、外直径.

【实验内容】

1. 使扭摆转动(拨动顶端旋转旋钮，严禁直接拨动圆盘)，测出 10 次全振动所需的时间 t，计算出扭动一个周期的时间 T_0.(重复测量 3 次)

2. 将已知转动惯量的圆环放置于扭摆上，再次按照步骤(1)测量得到周期 T.(重复测量 3 次)

3. 多次测量并记录悬线的直径 d 与长度 L.

4. 测量扭摆圆环的内、外径 D_1、D_2 各三次，并计算平均值.

【数据记录与处理】

(1)将测量数据填入自拟表格中.

(2)应用原始数据先计算出圆环的转动惯量 I_1，再根据式(3 - 11 - 8)可计算得到，再通过式(3 - 11 - 3)计算得到切变模量.

实验 3 - 12　示波器的使用

阴极射线示波器是一种用途较广的电子仪器，它可以把原来肉眼看不见的电压变换成可见的图像，以供人们分析研究. 示波器除了可以直接观测电压随时间变化的波形外，还可以测量频率、相位等. 如果利用换能器还可以将应变、加速度、压力以及其他非电量转换成电压来进行测量. 由于电子质量非常小，没有机械示波器所具有的惯性，因而可以在很高的频率范围内工作，这是示波器很重要的优点.

【实验目的】

1. 了解示波器的基本结构，熟悉示波器的调节和使用；

2. 学习用示波器观察电压波形和李萨如图形；

3. 学习用示波器测量电信号的方法.

【实验原理】

1. 示波器的结构及工作原理

示波器的基本结构主要包括示波管、扫描电路、同步触发电路、X 和 Y 轴放大器、电源等部分，如图 3-12-1 所示.

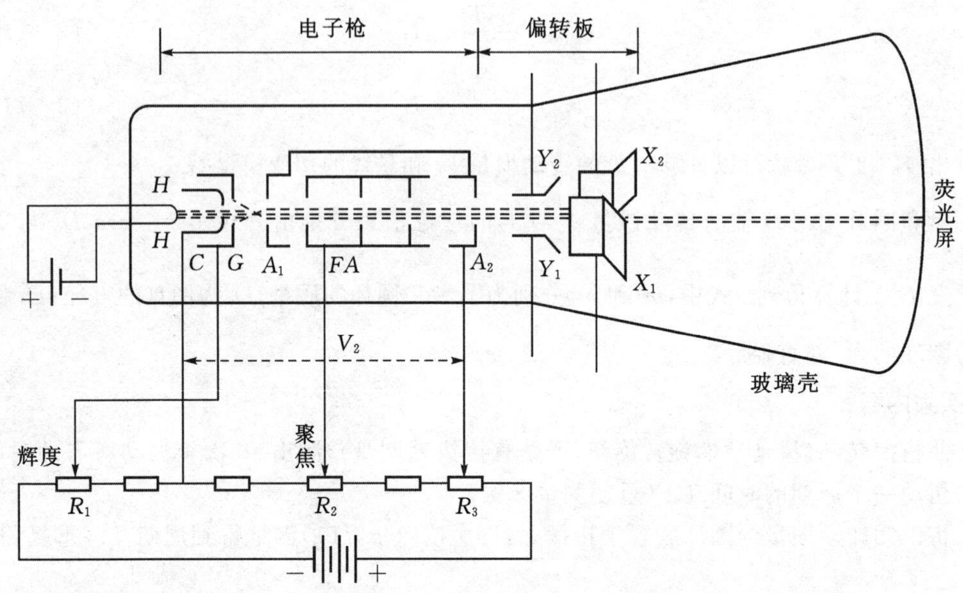

图 3-12-1 示波管的基本结构

H、H—钨丝加热电极；C—阴极；G—控制栅极；A_1—第一加速阳极；A_2—第二加速阳极；FA—聚焦电极；X_1、X_2—水平偏转板；Y_1、Y_2—垂直偏转板

(1)示波管.

电子枪由阴极 C、栅极 G、第一加速阳极 A_1、聚焦极 FA 和第二加速阳极 A_2 等同轴金属圆筒(筒内膜片的中心有限制小孔)组成. 当加热电流从 H、H 通过钨丝时，阴极 C 被加热，筒端的钡与锶氧化物涂层内的自由电子获得较高的动能，从表面逸出. 相对 C，A_1 具有很高的电压($>$1500V)，此时，在 $C-G-A_1$ 之间形成了强电场，逸出的电子被加速，穿过 G 的小孔(φ 约 1mm)以高速度(约 10^7 m/s)穿过 A_1、FA 及 A_2 筒内的限制孔，形成一束电子射线. 该射线打到涂有荧光粉的屏幕上，可显示一亮点.

控制 G 相对 C 的电压，可控制电子枪射出的电子的数目，从而达到调节亮度的目的.

控制 FA 相对 A_2 的电压，可改变聚焦静电透镜的电场强度，从而达到调节聚焦的目的.

(2)扫描.

当偏转板加上一定的电压后，电子束将受到电场的作用而偏转，光点在荧光屏上移动的距离与偏转板上所加的电压成正比. 若在 Y 偏转板上加正弦电压 $U_y = U_m \sin\omega t$，X 偏转板不加电压，荧光屏上光点只是作上下方向的正弦振动，振动频率较快时，看起来是一条垂直线，如图 3-12-2 所示. 如果屏上的光点同时沿 X 轴正方向作匀速运动，我们就能看到光点描出了时间函数的一段正弦曲线. 如果光点沿 X 轴正向匀速地移动了 U_y 的一个周期之后，迅速反跳到原来开始的位置上，再重复 X 轴正向匀速运动，则光点的正弦运动轨迹就和前一次的运动轨迹重合起来了.每一个周期都重复同样的运动,光点的轨迹就能保持固定位置.重复频率较大时,可在屏上看见连续不动的一个周期函数曲线(波形).光点沿 X 轴正向的匀速运动及反跳的周期过程,称为扫描.获得扫描的方法是在 X 轴偏转板上加一个周期与时间成正比的电压,称扫描电压或锯齿波电压,由示波器内的扫描电路产生,锯齿波的周期 T_x(或频率 $f_x = 1/T_x$)可以由电路连续调节.当扫描电压的周期 T_x 是信号电压周期 T_y 的 n 倍时,即 $T_x = nT_y$ 或 $f_y = nf_x$,屏上将显示出 n 个周期的波形.

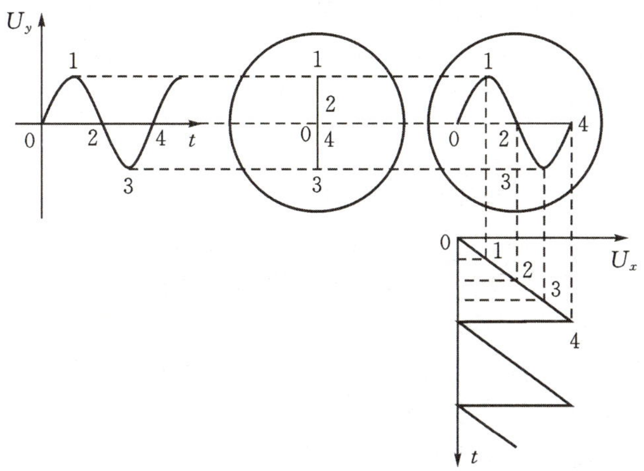

图 3-12-2　示波器的扫描原理

(3)整步.

由于信号电压和扫描电压来自两个独立的信号源,它们的频率难以调节成准确的整数倍关系,屏上的波形发生横向移动(见图 3-12-3),造成观察困难.克服的办法是,用 Y 轴的信号频率去控制扫描发生器的频率,使扫描频率与信号频率准确相等或成整数倍关系.电路的这种控制作用称为"整步"或"同步",通常由放大后的 Y 轴电压控制扫描电压的产生时刻,这一过程称为触发扫描.

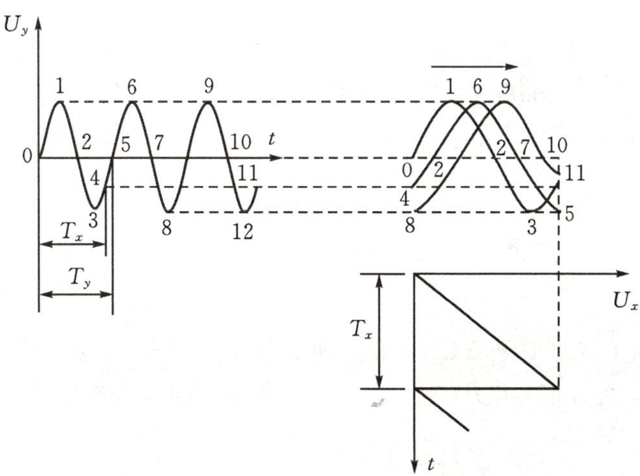

图 3-12-3　$T_s = \frac{7}{8}T_y$ 时显示的波形

(4)放大器.

一般示波器垂直和水平偏转板的灵敏度不高,当加在偏转板上的电压较小时,电子束不能发生足够的偏转,光点位移很小. 为了便于观测,需要预先把小的输入电压经放大后再送到偏转板上,为此设置垂直和水平放大器. 示波器的垂直偏转因素是指光迹在荧光屏 Y 方向偏转一格时对应的被测电压的峰一峰值,其单位为 mV/DIV 或 V/DIV(DIV 为荧光屏上一格的长度,通常为 1cm).

水平放大器将扫描电压放大后送到 X 轴偏转板,以保证扫描线有足够的宽度. 水平偏转因素是指光迹在 X 方向偏转一格对应的扫描时间,其单位为 s/DIV、ms/DIV 或 μs/DIV. 此外,水平放大器亦可直接放大外来信号,这时示波器可作 $X-Y$ 显示用.

2. 示波器的基本应用

示波器的应用非常广泛,这里简单介绍其基本用途.

(1)观察交流电压信号波形:将待检测交流电压信号输入示波器的 CH1 或 CH2 通道,X 轴处于扫描状态,适当调节“V/DIV”“SEC/DIV”及“电平”等旋钮,即可在荧光屏上显示出稳定的电压波形.

(2)测量交流信号的幅度:通过比较法可定量测出信号电压的大小. 一般示波器内部都有校准信号,将校准信号和待测信号分别输入示波器,并保持 Y 轴增幅(V/DIV)不变,根据两个信号在 Y 轴的偏转量和校准信号的幅度,即可求出待测信号的幅度. 对于 DF4328 双踪示波器,经校准后,待测电压的幅度可直接由信号在 Y 轴的偏转量和“V/DIV”的取值计算.

(3)测量交流信号的频率(周期).

①利用扫描频率求信号频率. 由扫描原理可知,只有当输入信号的频率为扫描频率的整数倍时,波形才是稳定的,利用这一关系可以求得未知频率. 通过示波器的“SEC/DIV”旋钮位置能够直接得到扫描频率(周期),这种方法实际上也是一种比较法.

②利用李萨如图形求信号频率. 当 X 轴输入扫描电压时,示波器显示 Y 轴输入电压信号的瞬变过程. 当 X 和 Y 轴均输入正弦电压信号,荧光屏上光迹的运动是两个相互垂直谐振动的合成. 当两个正弦电压的频率成简单整数比时,合成轨迹为一稳定的曲线,称为李萨如图形,如图 3-12-4 所示.

利用李萨如图形可以比较两个电压的频率. 当李萨如图形稳定后,若取 x 方向切线对图形的切点数为 N_x,取 y 方向切线对图形的切点数为 N_y,则 X、Y 轴上的电压频率 f_x、f_y 与 N_x、N_y 有如下关系

$$\frac{f_y}{f_x}=\frac{N_x}{N_y} \tag{3-12-1}$$

因此,只要知道 f_x 或 f_y 的其中一个,就可以求出另一个.

【实验仪器】

YB4238 型双踪示波器 1 台,YB1602P 系列功率函数信号发生器 1 台,信号发生器提供用以观察示波器波形的各种信号电压. 它可以输出三角波、方波、正弦波三种波形,对同一波形又可以输出各种不同的频率.

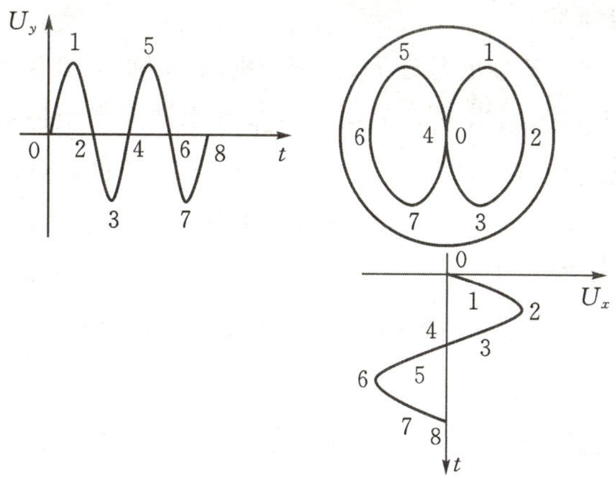

图 3-12-4　李萨如图形

【实验内容及要求】

1. *X-Y* 状态下的基本操作

在熟悉示波器、信号发生器各旋钮作用的基础上，先后调出“一个亮点”“一条水平亮线”“一条垂直亮线”“若干条李萨如图形”并分别加以解释.

示波器操作：水平偏转因素旋钮逆时针方向旋转至 *X-Y* 档，即 CH_1 通道自动与 *X* 轴偏转极板接通，CH_2 通道自动与 *Y* 轴偏转极板接通，便可实现 *X-Y* 状态，以完成下列各项.

(1)“一个亮点”的调节.

X、*Y* 轴偏转极板上不加电压信号. 示波器操作：将扫描方式的自动键按下；CH_1 通道与 CH_2 通道各输入端不输入电压信号，便在示波器显示屏某处显示“一个亮点”. 先后适当调节辉度旋钮、聚焦旋钮、水平位移旋钮、竖直位移旋钮，使显示屏显示的“亮点”其亮度合适，位置处于中心处.

(2)“一条水平亮线”的调节.

在完成(1)项的基础上，向 *X* 轴偏转极板加正弦波电压信号. 信号发生器操作：选择正弦波形(按下对应波形键)——选择适当频率(由频率范围选择键、频率调节旋钮调节)——选择适当电压(由幅度调节旋钮调节)；示波器操作：由信号发生器电压输出端通过同轴电缆给示波器 CH_1 通道输入正弦波电压信号，适当调节 CH_1 通道的垂直偏转因素旋钮，在示波器显示屏上便可观察到合适的“一条水平亮线”.

(3)“一条垂直亮度线”的调节.

在完成(1)的基础上，向 *Y* 轴偏转极板加正弦波电压信号. 信号发生器操作：同(2)项操作；示波器操作：由信号发生器电压输出端通过同轴电缆给示波器 CH_2 通道输入正弦波电压信号，适当调节 CH_2 通道的垂直偏转因素旋钮，在示波器显示屏上便可观察到合适的“一条垂直亮线”.

(4)"李萨如图形"的调节.

在完成上述(1)、(2)、(3)各项的基础上,同时分别向 X 轴、Y 轴偏转极板加正弦波电压信号.示波器操作:适当调节 CH_1 通道和 CH_2 通道的垂直偏转因素旋钮;信号发生器操作:由信号发生器面板"电压输出端"和背面"50Hz ～ 2.0V"输出端各自通过同轴电缆同时分别给示波器 CH_1 通道和 CH_2 通道输入正弦波电压信号,其中背面"50Hz ～ 2.0V"输出端所输出的固定频率(50Hz)信号为已知信号,调节面板输出信号的频率,同时观察示波器显示屏上波形直到基本稳定便可(要求:先后调出 3 种不同而较简单的李萨如图形,将观测到的李萨如图形描绘在表3－12－1 中).

2. 非 $X-Y$ 状态下的基本操作

示波器操作:将水平偏转因素旋钮顺时针方向旋转离开 $X-Y$ 档,至任意一档,便实现非 $X-Y$ 状态,以完成下列各项.

(1)"稳定正弦波形线"的调节.

①在 X 轴偏转极板上加一扫描电压信号.示波器操作:将水平偏转因素旋钮顺时针方向旋转离开 $X-Y$ 档,至任意一档,便由扫描发生器在 X 轴偏转板上自动加一扫描电压.

②在 Y 轴偏转板上加一待测正弦波电压信号.信号发生器操作:选择正弦波形(按下对应波形键),选择适当频率(由频率范围选择键、频率调节旋钮调节),选择适当电压(由幅度调节旋钮调节).示波器操作:将垂直方式的 CH_1 键按下,由信号发生器给示波器 CH_1 通道输入正弦波电压信号.

③实现同步(保持扫描电压信号周期 T_x 为待测正弦波电压信号周期 T_y 的整数倍,即 $T_x=nT_y$)示波器操作:调节触发电平控制旋钮适当位置,此时在示波器显示屏上便可观察到一条稳定的正弦波形线(当扫描方式的自动键和常态键均按下时,示波器工作在锁定状态下,此时无需调节触发电平即可自动实现同步).

(2)测量交流信号的电压峰一峰 $V_{(P-P)}$ 值及频率 f.

以正弦波为待测电压信号,其中 $V_0=3.0\text{V}$, $f_0=500\text{Hz}$(提示:从信号发生器的频率显示器和电压峰一峰值显示器直接读取).

①测量电压峰一峰值 $V_{(P-P)}$.

示波器操作:在操作(1)中已调出稳定、合适正弦波形线的基础上,顺时针方向旋转所显示波形信号对应的输入通道(CH_1 或 CH_2)的垂直偏转因素微调旋钮至满度(即校准)状态;适当调节水平位移旋钮、竖直位移旋钮到便于读取格数为止;读取示波器显示屏上所显波形波峰与波谷之间的垂直距离所占格数,即 D_y 的值;垂直偏转因素旋钮档位数,即 VOLTS/DIV 的值,并根据下列关系式计算 $V_{(P-P)}$ 的值.

$V_{(P-P)}=D_y\cdot$(VOLTS/DIV 的档位数).

②测量频率 f.

表 3-12-1　李萨如图形描绘表

李萨如图形	f_x	N_x	N_y	f_y
	50Hz	1	1	50Hz
	100Hz	1	2	50Hz
	150Hz	1	3	50Hz

示波器操作：在操作(1)中已调出稳定、合适正弦波形线的基础上，顺时针方向旋转水平偏转因素的微调旋钮至满度(及校准)状态；适当调节水平位移旋钮、竖直位移旋钮到便于读取格数为止；读取示波器显示屏上所显波形 n 个周期的波形所占格数，即 D_x 的值；水平偏转因素旋钮的档位数，即 SEC/DIV 的值，并根据下列关系式计算 T 和 f 的值.

周期 $T=\frac{1}{n}\cdot D_x\cdot$(SEC/DIV 的档位数)，$f=\frac{1}{T}$.

表 3-12-2　振幅和频率测试表

V_0	f_0	V/DIV	D_y	V_{p-p}	SEC/DIV	n	D_x	T	f

【注意事项】

1.荧光屏上的光点亮度不可调得太强(即“辉度”旋钮应调得适中),切不可将光点固定在荧光屏上某一点的时间过长,以免损坏荧光屏.

2.示波器上所有开关与旋钮都有一定的强度与调节角度,使用时应轻轻地缓慢旋转,不能用力过猛或随意乱旋动.

实验 3-13　太阳电池基本特性测量

太阳电池(solar cells),也称为光伏电池,是将太阳光辐射能直接转换为电能的器件.由这种器件封装成太阳电池组件,再按需要将一块以上的组件组合成一定功率的太阳电池方阵,经与储能装置、测量控制装置及直流一交流变换装置等相配套,即构成太阳电池发电系统,也称之为光伏发电系统.它具有不消耗常规能源、无转动部件、寿命长、维护简单、使用方便、功率大小可任意组合、无噪音、无污染等优点.世界上第一块实用型半导体太阳电池是美国贝尔实验室于 1954 年研制的.经过人们 40 多年的努力,太阳电池的研究、开发与产业化已取得巨大进步.目前,太阳电池已成为空间卫星的基本电源和地面无电、少电地区及某些特殊领域(通信设备、气象台站、航标灯等)的重要电源.随着太阳电池制造成本的不断降低,太阳光伏发电将逐步地部分替代常规发电.近年来,在美国和日本等发达国家,太阳光伏发电已进入城市电网.从地球上化石燃料资源的渐趋耗竭和大量使用化石燃料必将使人类生态环境污染日趋严重的战略观点出发,世界各国特别是发达国家对于太阳光伏发电技术十分重视,将其摆在可再生能源开发利用的首位.因此,太阳光伏发电有望成为 21 世纪的重要新能源.有专家预言,在 21 世纪中叶,太阳光伏发电将占世界总发电量的 15% ～ 20%,成为人类的基础能源之一,在世界能源构成中占有一定的地位.

【实验目的】

1. 了解太阳电池的工作原理及其应用;

2. 测量太阳电池的基本特性曲线.

【实验原理】

1.太阳电池的结构

以晶体硅太阳电池为例,其结构如图 3-13-1 所示.

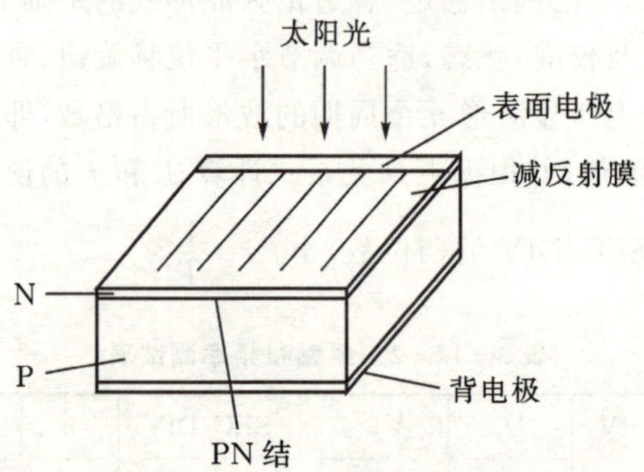

图 3-13-1　晶体硅太阳电池的结构示意图

晶体硅太阳电池以硅半导体材料制成大面积 PN 结进行工作. 一般采用 N^+/P 同质结的结构,如在约 10cm×10cm 面积的 P 型硅片(厚度约 500μm)上用扩散法制作出一层很薄(厚度～0.3μm)的经过重掺杂的 N 型层. 然后在 N 型层上面制作金属栅线,作为正面接触电极. 在整个背面也制作金属膜,作为背面欧姆接触电极. 这样就形成了晶体硅太阳电池. 为了减少光的反射损失,一般在整个表面上再覆盖一层减反射膜.

2. 光伏效应

当光照射在距太阳电池表面很近的 PN 结时,只要入射光子的能量大于半导体材料的禁带宽度 E_g,则在 P 区、N 区和结区光子被吸收会产生电子—空穴对. 那些在结附近 N 区中产生的少数载流子由于存在浓度梯度而要扩散. 只要少数载流子离 PN 结的距离小于它的扩散长度,总有一定几率扩散到结界面处. 在 P 区与 N 区交界面的两侧即结区,存在一空间电荷区,也称为耗尽区. 在耗尽区中,正负电荷间形成一电场,电场方向由 N 区指向 P 区,这个电场称为内建电场. 这些扩散到结界面处的少数载流子(空穴)在内建电场的作用下被拉向 P 区. 同样,如果在结附近 P 区中产生的少数载流子(电子)扩散到结界面处,也会被内建电场迅速被拉向 N 区. 结区内产生的电子－空穴对在内建电场的作用下分别移向 N 区和 P 区. 如果外电路处于开路状态,那么这些光生电子和空穴积累在 PN 结附近,使 P 区获得附加正电荷,N 区获得附加负电荷,这样在 PN 结上产生一个光生电动势. 这一现象称为光伏效应(photovoltaic effect,PV).

3. 太阳电池的表征参数

太阳电池的工作原理是基于光伏效应. 当光照射太阳电池时,将产生一个由 N 区到 P 区的光生电流 I_{ph}. 同时,由于 PN 结二极管的特性,存在正向二极管电流 I_D,此电流方向从 P 区到 N 区,与光生电流相反. 因此,实际获得的电流 I 为

$$I = I_{ph} - I_D = I_{ph} - I_0\left[\exp\left(\frac{qV_D}{nk_B T}\right) - 1\right] \tag{3-13-1}$$

式中:V_D为结电压;I_0为二极管的反向饱和电流;I_{ph}为与入射光的强度成正比的光生电流,其比例系数是由太阳电池的结构和材料的特性决定的. n 称为理想系数(n 值),是表示 PN 结特性的参数,通常在 1～2;q 为电子电荷;k_B为玻尔兹曼常数;T 为热力学温度.

如果忽略太阳电池的串联电阻 R_s,V_D即为太阳电池的端电压 V,则式(3－13－1)可写为

$$I = I_{ph} - I_0\left[\exp\left(\frac{qV}{nk_B T}\right) - 1\right] \tag{3-13-2}$$

当太阳电池的输出端短路时,$V = 0(V_D \approx 0)$,由式(3－13－2)可得短路电流

$$I_{sc} = I_{ph} \tag{3-13-3}$$

即太阳电池的短路电流等于光生电流,与入射光的强度成正比. 当太阳电池的输出端开路时,$I = 0$,由式(3－13－2)和式(3－13－3)可得到开路电压

$$V_{oc} = \frac{nk_B T}{q}\ln\left(\frac{I_{sc}}{I_0} + 1\right) \tag{3-13-4}$$

当太阳电池接上负载 R 时,所得的负载伏—安特性曲线如图 3－13－2 所示.

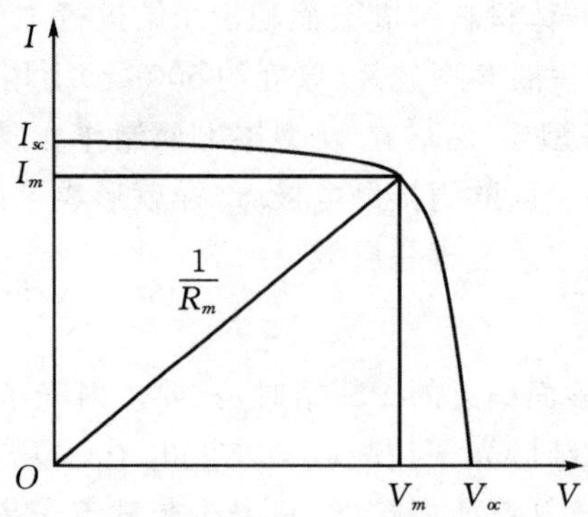

图 3-13-2 太阳电池的伏—安特性曲线

负载 R 可以从零到无穷大. 当负载 R_m 使太阳电池的功率输出为最大时,它对应的最大功率 P_m 为

$$P_m = I_m V_m \tag{3-13-5}$$

式中,I_m 和 V_m 分别为最佳工作电流和最佳工作电压. 将 V_{oc} 与 I_{sc} 的乘积与最大功率 P_m 之比定义为填充因子 FF,则

$$FF = \frac{P_m}{V_{oc} I_{sc}} = \frac{V_m I_m}{V_{oc} I_{sc}} \tag{3-13-6}$$

FF 为太阳电池的重要表征参数,FF 愈大,则输出的功率愈高. FF 取决于入射光强、材料的禁带宽度、理想系数、串联电阻和并联电阻等.

太阳电池的转换效率定义为太阳电池的最大输出功率与照射到太阳电池的总辐射能 P_{in} 之比,即

$$\eta = \frac{P_m}{P_{in}} \times 100\% \tag{3-13-7}$$

4. 太阳电池的等效电路

太阳电池可用 PN 结二极管 D、恒流源 I_{Ph}、太阳电池的电极等引起的串联电阻 R_s 和相当于 PN 结泄漏电流的并联电阻 R_{sh} 组成的电路来表示,如图 3-13-3 所示,该电路为太阳电池的等效电路. 由等效电路图可以得出太阳电池两端的电流和电压的关系为

$$I = I_{Ph} - I_0 \left[\exp\left\{ \frac{q(V + R_s I)}{nk_B T} \right\} - 1 \right] - \frac{V + R_s I}{R_{sh}} \tag{3-13-8}$$

为了使太阳电池输出更大的功率,必须尽量减小串联电阻 R_s,增大并联电阻 R_{sh}.

【实验仪器及器件】

1. 太阳光伏组件,功率为 5 瓦;
2. 辐射光源,300 瓦卤钨灯;
3. 数字万用表,2 个;
4. 接线板,负载电阻.

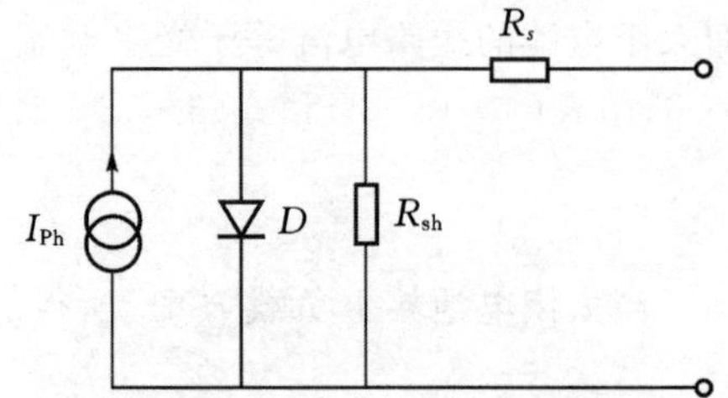

图 3-13-3 太阳电池的等效电路

【实验内容】

1. 将太阳光伏组件、数字万用表、负载电阻通过

接线板连接成回路，改变负载电阻 R，测量流经负载的电流 I 和负载上的电压 V，即可得到该光伏组件的伏—安特性曲线. 测量过程中辐射光源与光伏组件的距离要保持不变，以保证整个测量过程是在相同光照强度下进行的.

2. 分别测量以下几种条件下光伏组件的伏一安特性.

(1)辐射光源与光伏组件的距离为 60cm；

(2)辐射光源与光伏组件的距离为 80cm；

(3)辐射光源与光伏组件的距离为 80cm，将两组光伏组件串联；

(4)辐射光源与光伏组件的距离为 80cm，将两组光伏组件并联.

【数据处理要求】

1. 汇集太阳电池伏安特性实验数据.

表 3-13-1　太阳电池伏安特性实验数据记录表

60cm				80cm				80cm 串联				80cm 并联			
I mA	U V	R Ω	P W	I mA	U V	R Ω	P W	I mA	U V	R Ω	P W	I mA	U V	R Ω	P W
…	…	…	…	…	…	…	…	…	…	…	…	…	…	…	…

2. 手工绘制不同条件下的相关曲线(用坐标纸).

(1)光伏组件的伏—安特性曲线；

(2)光伏组件的输出功率 P 随负载电压 V 的变化曲线；

(3)光伏组件的输出功率 P 随负载电阻 R 的变化曲线.

3. 确定不同条件下光伏组件的短路电流 I_{sc}，开路电压 V_{oc}，最大功率 P_m，最佳工作电流 I_m、工作电压 V_m 及负载电阻 R_m，填充因子 FF，并将这些实验数据列在同一表格内进行比较.

表 3-13-2　太阳电池伏安特性数据记录表

	60cm	80cm	80cm 串联	80cm 并联
短路电流 I_{sc}/mA				
开路电压 V_{oc}/V				
最大功率 P_m/mW				
最佳工作电流 I_m/mA				
最佳工作电压 V_m/V				
最佳负载电阻 R_m/KΩ				
填充因子 FF				

【注意事项】

1. 辐射光源的温度较高，应避免与灯罩接触；

2. 辐射光源的供电电压为 220V，应小心触电，确保安全.

实验 3-14 非线性元件伏安特性的研究

满足欧姆定律 $U = RI$ 的电阻，若加在其两端的电压 U 与通过电阻的电流 I 呈线性关系，这种电阻称为线性电阻. 然而，很多电子器件两端的电压与流过其电流之间不满足线性关系，这种电阻称为非线性电阻. 非线性元件的阻值用微分形式表示，如式(3-14-11)所示：

$$R = \frac{dU}{dI} \tag{3-14-1}$$

它表示电压随电流的变化率，又称动态电阻或特性电阻. 事实上，这个定义是电阻的普遍定义，同时包括线性与非线性电阻.

非线性元件电阻的伏安特性总是与一定的物理过程相联系，如发热、发光、能级跃迁等. 江崎玲於奈(Leo Esaki)等人因研究与隧道二极管负电阻有关的隧穿现象而获得 1973 年的诺贝尔物理学奖. 赤崎勇(Isamu Akasaki)、天野浩(Hiroshi AmaNo)与中村修二(Shuji Nakamura)在 20 世纪 90 年代初期从半导体中获得了第一道蓝光，使得白光二极管灯成为可能，他们因此获得了 2014 年诺贝尔物理学奖. 常见的非线性元件有二极管、三极管、电容器及电感元件等. 本实验主要测量并研究整流二极管、检波二极管、稳压二极管与发光二极管的伏安特性.

【实验目的】

1. 测量并研究非线性元件伏安特性；

2. 针对不同二极管的特点，选择恰当的实验方法与实验仪器进行有效测量，以测绘出它们的伏安特性曲线；

3. 掌握从实验测量曲线中获取有关信息的方法.

【实验原理】

1. PN 结的正偏与反偏特性

PN 结当外电源正极接 P 区，负极接 N 区时，此时 PN 结正偏. 外加电场抵消 PN 结部分内建电场，阻挡层变薄，内建电场减弱，多子扩散大于少子漂移，多子扩散形成较大的正向电流，PN 结正向导通. 此时，正向电流随外加电压增加而迅速增大；当外电源正极接 N 区，负极接 P 区时，此时 PN 结反偏. 外加电场使内电场增强，阻挡层变宽，多子扩散阻力增大，少子漂移大于多子扩散，少子漂移形成其微小的反向电流，PN 结处于反向截止状态. 反向电流主要受温度影响，而与外加电压几乎无关，故反向电流又称反向饱和电流.

可见，PN 结正偏时，正向电流增大，其值随正向电压的增加按指数规律迅速增大. PN 结反偏时，反向电流很小，其值与反向电压几乎无关.

2. 各种二极管的工作原理

要测量各非线性元件的伏安特性曲线，一定要了解各元件的特性，选择正确的实验方法，设计合适的电路，方能得出正确有效的实验结论. 常用的非线性元件有：检波二极管、整流二极管、稳压二极管和发光二极管，这些二极管都具有单向导电作用，但工作方式却并不相同. 图 3-14-1所示为二极管伏安特性曲线.

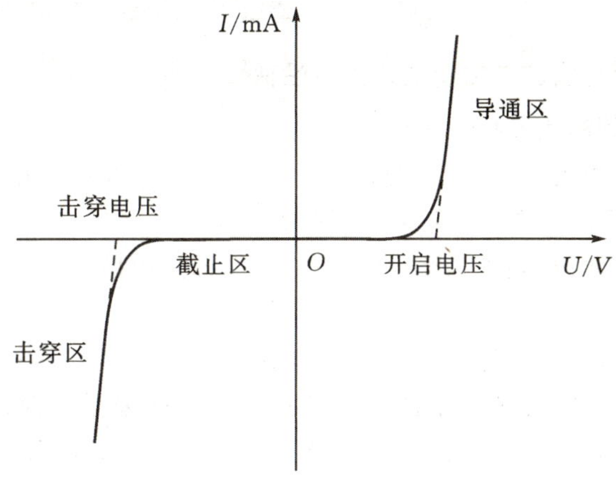

图 3-14-1　二极管伏安特性曲线

(1)整流与检波二极管.

整流二极管和检波二极管均工作在第 1、3 象限. 第 1 象限区又称为正向工作区. 当所加的电压较低时,通过二极管的电流很小,继续增加电压时,电流急剧上升. 这个转折点对应的电压称为二极管的开启电压,在常温下,此值约为 0.2 ～ 0.7V,它与所用半导体材料的禁带宽度有关. 第 3 象限区称为反向工作区,其特点是加一个相当高的反向电压时,电流会突然增大,导致损坏,这种现象称为击穿. 整流与检波二极管工作范围均不能超过击穿区.

整流二极管的 PN 结采用面形接触,其特点是工作电流大,工作频率低,反向耐压可达上千伏. 检波二极管的 PN 结采用针形接触,其特点是工作电流小,工作频率范围宽,但反向耐压低. 它们的共同特点是,要求反向工作时流过的电流越小越好.

(2)稳压二极管.

稳压二极管工作在第 3 象限,且处于击穿区. 其特点是反向工作电压增加到一定值时,流过二极管的电流突然增大,在此基础上若继续加大电压时,电流的变化将非常剧烈,但电压的变化很小,以此来起到稳压作用. 这时稳压二极管承受的功率急剧增大,若不加限流措施,PN 结极易烧毁.

(3)发光二极管.

发光二极管由半导体发光材料制成,工作在第 1 象限. 二极管发出的光波波长与材料的禁带宽度 E 对应. 由量子力学原理 $E = eU = h\nu$ 可知,对于可见光,开启电压 U 约为 2～3V. 当加在发光二极管两端的电压小于开启电压时,其并不会发光,也无电流流过. 电压一旦超过开启电压,电流会急剧上升,二极管处于导通状态并持续发光,此时电流与电压呈近似线性关系,该直线与电压坐标的交点可以认为是开启电压.

【实验仪器】

1. 非线性元件:整流二极管,检波二极管,稳压二极管和发光二极管(2 种颜色);

2. 电源与仪表:直流稳压电源(0～20V)、直流恒流电源(0 ～ 2mA,0 ～ 20mA),数字万用表(2 只).

【实验内容】

1. 测量整流二极管与检波二极管的伏安特性曲线

(1)测量整流二极管的伏安特性曲线.

测量正向伏安特性曲线:测量电路见图 3-14-2,即采用稳压源法,最大正向电流 $I \leqslant$ 20mA,二极管两端电压 $V \leqslant$1V,实验点不少于 20 个.

测量反向伏安特性曲线:测量电路见图 3-14-3,即采用稳压源法,反向电压 $V \leqslant$20V,实验点不少于 10 个.

(2)测量检波二极管的伏安特性曲线.

测量正向伏安特性曲线:测量电路见图 3-14-4,即采用恒流源法(或测量电路见图 3-14-2,即稳压源法),最大正向电流 $I \leqslant$ 20mA,二极管两端电压 $V \leqslant$1.2V,实验点不少于 20 个.

测量反向伏安特性曲线:测量电路见图 3-14-3,即采用稳压源法,反向电压 $V \leqslant$ 20V,实验点不少于 10 个.

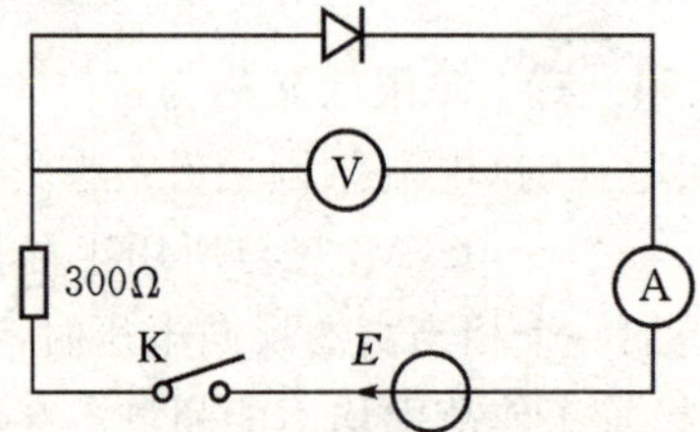

图 3-14-2 稳压源正向电路图

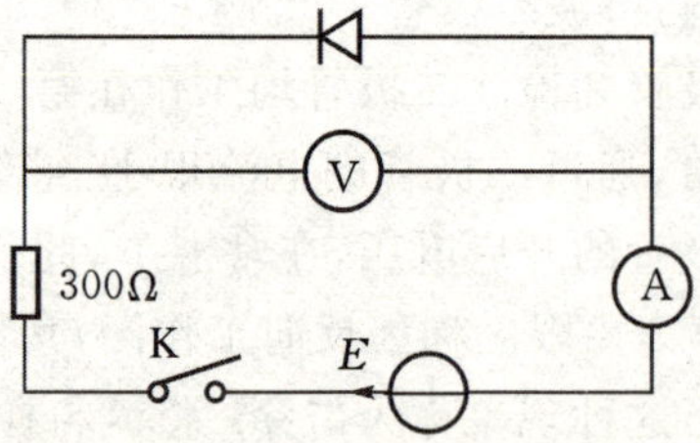

图 3-14-3 稳压源反向电路图

2. 测量稳压二极管的伏安特性曲线

(1)正向伏安特性研究.

按照图 3-14-4 连接电路,选用万用表直流电压档 2V 量程:

0~1mA,其电压每间隔 0.1V 左右采集一次数据;

1~15mA,其电流每间隔 1mA 左右采集一次数据.

(2)反向伏安特性研究.

按照图 3-14-5 连接电路,选用万用表直流电压档 20V 量程:

0~0.1mA,其电流每间隔 0.02mA 左右采集一次数据;

0.1~1mA,其电流每间隔 0.1mA 左右采集一次数据;

1~15mA,其电流每间隔 2mA 左右采集一次数据.

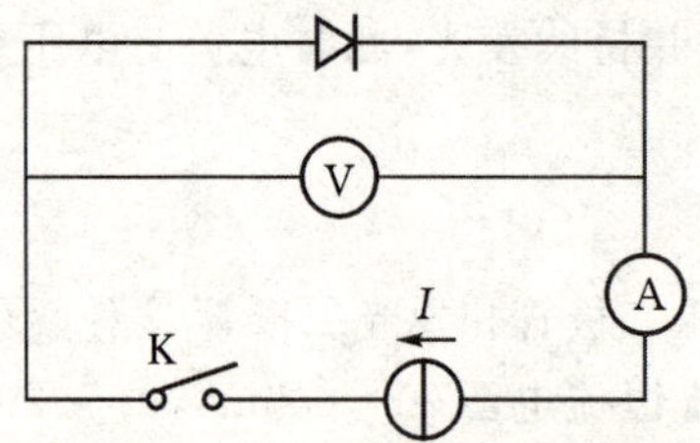

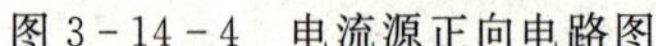
图 3-14-4 电流源正向电路图

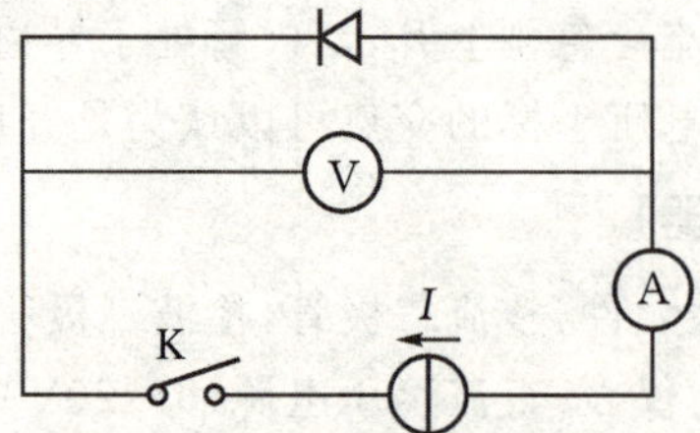

图 3-14-5 电流源反向电路图

3. 测量发光二极管的伏安特性曲线

按照图 3－14－4 连接电路，选用万用表直流电压档 20V 量程：

0～0.1mA，其电流每间隔 0.02mA 左右采集一次数据；

0.1～1mA，其电流每间隔 0.1mA 左右采集一次数据；

1～15mA，其电流每间隔 2mA 左右采集一次数据.

【数据处理】

1. 采用坐标纸或电脑绘图（Excel 或 Origin）得到整流、检波及稳压二极管正、反向伏安特性曲线，找出击穿电压及开启电压；

2. 采用坐标纸或电脑绘图（Excel 或 Origin）得到发光二极管正向伏安特性曲线，找出开启电压，并根据公式

$$eU = h\frac{c}{\lambda} \tag{3-14-2}$$

计算 2 个发光二极管发出光的波长. 其中 h 为普朗克常数，c 为光速，λ 为光的波长.

【注意事项】

1. 实验开始前要检查所配置的器件数目，以及工作是否正常，二极管可用万用表的二极管档检查，正向导通，反向截止；

2. 接线时，开关要处于闭合状态. 测量时，电压和电流须从零开始，由小到大逐渐增加；

3. 在整个实验测量过程中，需要保证电流表的量程保持不变；

4. 实验结束后应对每一元件进行必要的检查.

【思考题】

根据实验测量得到的各二极管伏安特性曲线，比较各元件开启电压及截止电压之间的异同，查找文献并详细分析其原因.

实验 3－15　半导体 PN 结物理特性及弱电流的测量

半导体 PN 结电流—电压关系特性是半导体器件的基础，也是半导体物理学和电子学教学的重要内容. 在本实验中，将采用一个简单的电路测量通过 PN 结的扩散电流与 PN 结电压之间的关系，并通过数据处理，证实 PN 结电流与电压关系遵循玻尔兹曼分布律这一重要物理定律. 在测得 PN 结器件温度情况下，还可以从实验得到玻尔兹曼常数. PN 结的扩散电流约在 10^{-6}～10^{-8}A 量级范围，所以测量 PN 结的扩散电流拟采用运算放大器组成电流－电压变换器，它已成为物理实验中测量弱电流大小的既简便又准确的通用方法.

【实验目的】

1. 在室温时，测量 PN 结电流与电压关系，证明此关系符合玻尔兹曼分布律；

2. 在不同温度条件下，测量玻尔兹曼常数；

3. 学习用运算放大器组成电流—电压变换器测量弱电流.

【实验仪器】

图 3－15－1 所示为 PN 结物理特性实验仪.

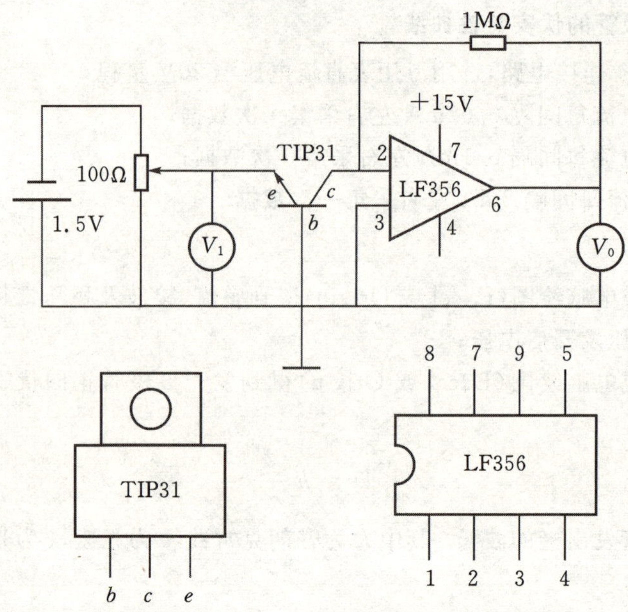

图 3-15-1 PN 结物理特性实验仪

1. 直流电源、数字电压表组合装置(包括±15V 直流电源、1.5V 直流电源及 3.0V 直流电源、0～2V 三位半数字电压表和 0V～20V 四位半数字电压表).

2. 实验板一块,由电路图、LF356 集成运算放大器(它的各引线脚如 2 脚、3 脚、4 脚、6 脚、7 脚由学生用棒针引线连接)、印刷电路引线、多圈电位器和接线柱等组成.

3. TIP31 型三极管(带三根引线,属待测样品.三极管的 e、b、c 三个电极分别插入实验板右侧面接线柱的相应插口内).

4. 干井铜质恒温器(含加热器)及小电风扇各 1 个.

5. ZX21 型电阻箱 1 块.

【实验原理】

1. PN 结物理特性及玻尔兹曼常数测量

由半导体物理学中有关 PN 结的研究,可以得出 PN 结的正向电流—电压关系满足

$$I = I_0[\exp(eU/kT)-1] \tag{3-15-1}$$

式中:I 是通过 PN 结的正向电流;I_0 是不随电压变化的常数;T 是热力学温度;e 是电子的电量;U 是 PN 结的正向压降.由于在常温(300K)下,$kT/e = 0.026\text{V}$,而 PN 结正向压降约为十分之几伏,则 $\exp(eU/kT) \gg 1$,于是,则有

$$I = I_0 \exp(eU/kT) \tag{3-15-2}$$

也即 PN 结正向电流随正向电压按指数规律变化.若测得 PN 结 I—U 关系值,则利用式(3-15-2)可以求出 e/kT.在测得温度 T 后,就可以得到 e/k 常数,然后将电子电量作为已知值代入,即可求得玻尔兹曼常数 k.

在实际测量中,二极管的正向 $I-U$ 关系虽然能较好地满足指数关系,但求得的常数往往偏小,这是因为二极管电流并不只是扩散电流,还有其他电流,一般它包括三个成分:

(1)扩散电流,它严格遵循式(3-15-2).

(2)耗尽层复合电流,它正比于 $\exp(eU/kT)$.

(3)表面电流,它是由 Si 和 SiO_2 界面中杂质引起的,其值正比于 $\exp(eU/mkT)$,一般 $m>2$. 因此,为了验证式(3-15-2)及求出 e/k 常数,不宜采用硅二极管,而应采用硅三极管. 将三极管接成共基极电路,因为此时集电极与基极短接,集电极电流中仅仅是扩散电流. 复合电流主要是在基极出现,测量集电极电流时,将不包含它. 如果选取性能良好的硅三极管(本实验中采用 TIP31 型硅三极管),实验中又处于较低的正向偏置,这样表面电流影响也完全可以忽略,所以此时集电极电流与发射极－基极电压将满足式(3-15-2). 实验线路如图 3-15-1 所示.

2. 弱电流测量

过去物理实验中 $10^{-6}\sim10^{-11}$ A 级弱电流值常采用光点反射式检流计测量,该仪器灵敏度较高,约 10^{-9} A/分度,但有许多不足之处. 如十分怕振,挂丝易断;使用时稍有不慎,光标易偏出满度,瞬间过载引起张丝疲劳变形产生不回零点及指示变差大, 使用和维修极不方便. 近年来,集成电路与数字化显示技术越来越普及. 高输入阻抗运算放大器性能优良,价格低廉,用它组成电流—电压变换器测量弱电流信号,具有输入阻抗低、电流灵敏度高、温漂小、线形好、设计制作简单、结构牢靠等优点,因而被广泛应用于物理测量中.

LF356 是一个高输入阻抗集成运算放大器,用它组成电流—电压变换器,如图 3-15-2 所示.

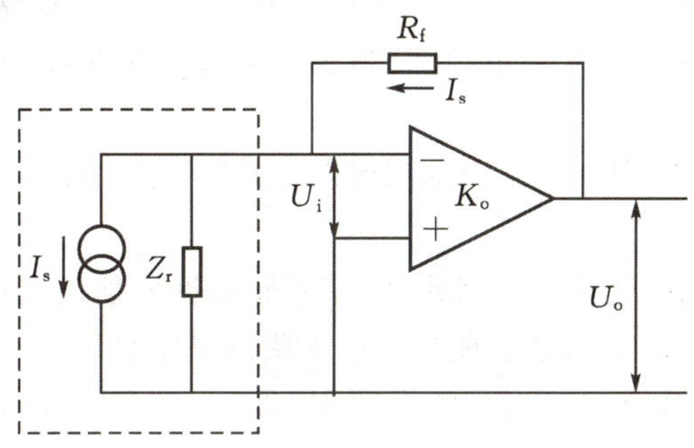

图 3-15-2　利用运算放大器组成的电流－电压变换器测量微弱电流

其中虚线框内的电阻 Z_r 代表电流－电压变换器的等效输入阻抗. 由图可知,运算放大器的输出电压 U_o 为

$$U_o=-K_0U_i \tag{3-15-3}$$

上式中 U_i 为输入电压,K_0 为运算放大器的开环电压增益,即图 3-15-2 中电阻 $R_f\to\infty$ 时的电压增益,R_f 称反馈电阻. 因为理想运算放大器的输入阻抗 $r_i\to\infty$,所以信号源输入电流只流经反馈网络构成的通路. 因而有

$$I_s=(U_i-U_o)/R_f=U_i(1+K_0)/R_f \tag{3-15-4}$$

由式(3-15-4)可得电流—电压变换器等效输入阻抗 Z_r

$$Z_r=U_i/I_s=R_f/(1+K_0)\approx R_f/K_0 \tag{3-15-5}$$

由式(3-15-4)与(3-15-5)可得电流—电压变换器输入电流 I_s 与输出电压 U_o 之间的关系式为

$$I_s = -\frac{U_o}{K_0}(1+K_0)/R_f = -V_o\left(1+\frac{1}{K_0}\right)/R_f \approx -\frac{U_o}{R_f} \tag{3-15-6}$$

由式(3－15－6)可知，只要测量得到输出电压U_o和已知R_f情况下，即可求得I_s值. 以高输入阻抗集成运算放大器 LF356 为例来讨论Z_r和I_s值的大小. LF356 运算放大器的开环增益$K_0=2\times10^5$，输入阻抗$r_i=10^{12}\Omega$，若取R_f为 1.00MΩ，则由式(3－15－5)可得

$$Z_r = 1.00\times10^6\Omega/(1+2\times10^5)=5\Omega \tag{3-15-7}$$

本实验选用四位半量程 20V 的数字电压表，它最后一位变化为 0.001V，那么用上述电流－电压变换器能测量的最小电流值为

$$(I_s)_{\min} = 0.001\text{V}/1.00\times10^6\Omega = 1\times10^{-9}\text{A} \tag{3-15-8}$$

这一事例说明，用集成运算放大器组成的电流－电压变换器测量弱电流，具有输入阻抗小、灵敏度高的特点.

【实验内容及步骤】

测定I_c-U_{be}关系，并进行曲线拟合求经验公式，计算玻尔兹曼常数. ($U_{be}=U_1$)

1. 实验线路如图 3－15－1 所示. 图中U_1为三位半数字电压表，U_2为四位半数字电压表，TIP31 型为带散热板的功率三极管，调节电压的分压器为多圈电位器，为保持 PN 结与周围环境一致，把 TIP31 型三极管浸没在盛有变压器油干井槽中. 变压器油温度用铂电阻进行测量.

2. 在室温情况下，测量三极管发射极与基极之间电压U_1和相应电压U_2. 在常温下U_1的值约从 0.3V 至 0.42V 范围每隔 0.01V 测一数据，大约测 10 多个数据点，至U_2值达到饱和时(U_2值变化较小或基本不变)，结束测量. 在记数据开始和记数据结束都要同时记录变压器油的温度t，取温度平均值$\bar{t}$.

3. 改变干井恒温器温度，待 PN 结与油温湿度一致时，重复测量U_1和U_2的关系数据，并与室温测得的结果进行比较.

4. 曲线拟合求经验公式：运用最小二乘法，将实验数据分别代入线性回归、指数回归、乘幂回归这三种常用的基本函数(它们是物理学中最常用的基本函数)，然后求出衡量各回归程序好坏的标准差S. 对已测得的U_1和U_2各组数据，以U_1为自变量，U_2作因变量，分别代入：(1)线性函数$U_2=aU_1+b$；(2)乘幂函数$U_2=aU_1{}^b$；(3)指数函数$U_2=a\exp(bU_1)$. 求出各函数相应的a和b值，得出三种函数关系式，究竟哪一种函数符合物理规律必须用标准差来检验. 方法是把实验测得的各个自变量U_1分别代入三个基本函数，得到相应因变量的预期值$U_2{}^*$，由此求出各函数拟合的标准差

$$S = \sqrt{\left[\sum_{i=1}^{n}(U_i-U_i^*)^2/n\right]} \tag{3-15-9}$$

式中：n为测量数据个数；U_i为实验测得的因变量；$U_i{}^*$为将自变量代入基本函数的因变量预期值，最后比较哪一种基本函数为标准差最小，说明该函数拟合得最好.

5. 计算e/k常数，将电子的电量标准值代入，求出玻尔兹曼常数，并与公认值$k_0=1.381\times10^{-23}$J/K 进行比较.

【数据处理】

表 3－15－1　PN 结物理特性实验数据记录一(t_1 ＝ ，t_2 ＝ ，$\bar{t}$ ＝)

N	1	2	3	4	5	6	7	8	9	10	11	12	13	14	15	16	17	18	19	20
U_i																				
U_o																				

以 U_i 为自变量，U_o 为因变量，分别求线性函数、乘幂函数、指数函数的标准差 S 和指数回归函数时的弱电流 I_0 和玻尔兹曼常数 k(见表 3－15－2).

表 3－15－2　PN 结物理特性实验数据记录二

			线性回归 $U_o = aU_i + b$			乘幂回归 $U_o = 10^b U_i^{\ a}$			指数回归 $U_o = e^{aU_i+b}$		
N	U_{ii}	U_{oi}	U_o^*	$U_{oi} - U_o^*$	$(U_{oi} - U_o^*)^2$	U_o^*	$U_{oi} - U_o^*$	$(U_{oi} - U_o^*)^2$	U_o^*	$U_{oi} - U_o^*$	$(U_{oi} - U_o^*)^2$
1											
2											
…	…	…	…	…	…	…	…	…	…	…	…
15											
Σ											
标准偏差 S											
相关系数 r											
最佳值 a_0、b_0											
弱电流 I_0 值											
玻尔兹曼常数测量结果 k											
玻尔兹曼常数测量结果的相对百分误差											

【注意事项】

1. 数据处理时，对于扩散电流太小(起始状态)及扩散电流接近或达到饱和时的数据，在处理数据时应删去，因为这些数据可能偏离公式(3－15－2).

2. 必须观测恒温装置上温度计读数，待 TIP31 三极管温度处于恒定，即处于热平衡时才能记录 U_1 和 U_2 数据.

3. 用本装置做实验，TIP31 型三极管温度可采用的范围为 0～50℃. 若要在－120℃～0℃温度范围内做实验，必须有低温恒温装置.

【思考题】

1. 用集成运算放大器组成电流—电压变换器测量电流，与光点反射式检流计相比有哪些优点？

2. 本实验把三极管接成共基极电路测量 PN 结扩散电流与电压之间的关系，求玻尔兹曼常数主要是为了消除哪些误差？

实验 3－16　用单臂电桥测量中值电阻

电桥线路在电磁测量技术中得到了极其广泛的应用，桥式电路是利用“比较法”进行测量的电路,电桥可以测量电阻、电容、电感、频率、温度、压力等许多物理量,也广泛用于近代工业生产的自动控制中. 根据用途不同,电桥有多种类型,其性能和结构也各有特点,但它们有一个共同特点,就是基本原理相同. 直流单臂电桥(称为惠斯通电桥)是最基本的电桥,它主要用于精确测量中值电阻(范围是 $10\sim10^6\,\Omega$).

【实验目的】

1. 练习简单测量电路的设计和测量条件的选择;
2. 学习用成品箱式电桥测量电阻;
3. 加深对电桥平衡原理的理解和运用.

【实验原理】

1. 电桥电路的基本原理

要测量未知电阻 R_X,可用伏安法. 即测出流过该电阻的电流 I 和它两端的电压 U,利用欧姆定律 $R_X = U/I$ 得出 R_X 值. 但是,用这种方法测量,由于电表内阻的影响,无论采用图 3-16-1(a)或 3-16-1(b)所示的哪一种接法,都不能同时测得准确的 I 和 U 值,即有系统误差存在.

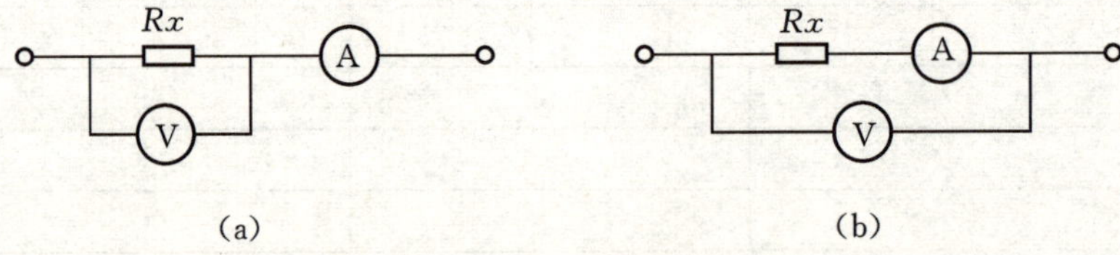

图 3-16-1 电路

矛盾的焦点是电表有内阻,表内有电流流过. 如何使表内无电流流过,而又能把 R_X 的阻值测量准确? 显然用图 3-16-1 是不能实现的,要设计新的电路. 一个很有效的电路就是如图 3-16-2 所示的电桥电路.

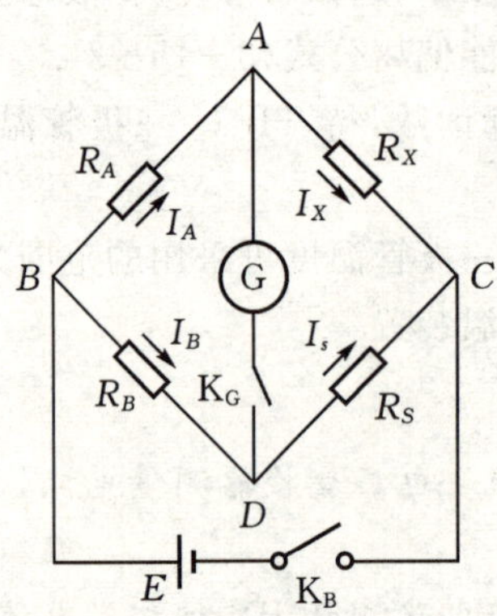

图 3-16-2 电路

其基本组成部分是:桥臂(4 个电阻 R_A 、R_B 、R_S 与 R_X),“桥”——平衡指示(示零)器,即检流计 G,以及工作电源(E)和开关(K_B).

(1)直流单臂电桥直流电桥原理.

直流单臂电桥是直流平衡电桥. 当电阻箱的电阻 R_S 改变时,可使 AD 间的电流方向改变. R_S 为某一数值 R_{S1} 时,恰好使 $V_A > V_D$,电流由 A 流向 D,G 中指针向某一方向偏转;改变 R_S 数值为另一数值 R_{S2} ,可使 $V_D > V_A$,电流由 D 流向 A,G 中指针向反向偏转;当 R_S 改变为 $R_{S1} < R_S < R_{S2}$,(或 $R_{S1} > R_S > R_{S2}$)中某一值时,恰好使 $V_A = V_D$,则 G 中无电流流过,指针示零不动,称为电桥平衡,此时

$$U_{BA} = U_{BD}\ ,U_{AC} = U_{DC}$$

即 $I_A R_A = I_B R_B$, $I_X R_X = I_S R_S$

因为 G 中无电流,所以 $I_A = I_X$, $I_B = I_S$,上列两式相除,得

$$\frac{R_A}{R_B} = \frac{R_X}{R_S} \tag{3-16-1}$$

$$R_X = \frac{R_A}{R_B} R_S \tag{3-16-2}$$

式(3-16-1)即为电桥的平衡条件. 由式(3-16-2)可知,若 R_A , R_B 为已知,只要改变 R_S 值,使 G 中无电流,并记下此时 R_S 的值,即可算出 R_X .

平衡电桥法测电阻的误差,由两方面因素决定:一是 R_A , R_B , R_S 本身的误差;二是电桥的灵敏度. 后面将要讨论.

(2)交换法(互易法)减小和修正自搭电桥系统误差.

先自搭一个电桥,设电桥灵敏度足够高,主要考虑 R_A , R_B , R_S 引起的误差. 此时

$$\frac{\Delta R_X}{R_X} = \frac{\Delta R_A}{R_A} + \frac{\Delta R_B}{R_B} + \frac{\Delta R_S}{R_S}$$

如何修正和减小这一系统误差呢? 可用交换法(互易法),即先按图 3-16-2 搭好电桥,调节 R_S 使 G 中无电流,记下 R_S ,可由式(3-16-2)求 R_X . 然后将 R_S 与 R_X 交换(互易),再调节 R_S 使 G 中无电流,记下此时的 R'_S ,可得

$$R_X = \frac{R_B}{R_A} R'_S \tag{3-16-3}$$

式(3-16-2)和式(3-16-3)相乘得

$$R_x^2 = R_S R'_S \text{ 或 } R_X = \sqrt{R_S R'_S} \tag{3-16-4}$$

这样就消除了由 R_A , R_B 本身的误差对 R_X 引入的测量误差,由式(3-16-4)求出 R_X 的测量误差为

$$\frac{\Delta R_X}{R_X} = \frac{1}{2}\left(\frac{\Delta R_S}{R_S} + \frac{\Delta R'_S}{R'_S}\right) \approx \frac{\Delta R_S}{R_S} \tag{3-16-5}$$

它只与电阻箱的仪器误差 R_S 有关. 而 R_S 可选用具有一定精度的标准电阻箱,这样 R_X 的系统误差就可以减小. 实验时 R_S 常用十进位转盘直流电阻箱,相对误差为

$$\frac{\Delta R_S}{R_S} = \pm\left(a + b\frac{m}{R_S}\right)\% \tag{3-16-6}$$

式中:a 是电阻箱准确度等级指标;R_S 是电阻箱指示值;m 是所使用的电阻箱的转盘数;b 是与准确度等级指标有关的系数. 一般常用的 0.1 级十进制电阻箱的 $a=0.1$,$b=0.2$

$$\Delta R_S = \pm(0.001R_S + 0.002m) \tag{3-16-7}$$

(3)成品箱式电桥的灵敏度.

电桥灵敏度是这样定义的:在已平衡的电桥内,若比较臂 R_S 变动 $\Delta R''_S$,电桥就失去平

衡,有电流 I_g 流过检流计.但如果 I_g 小到使检流计反应不出来,那么我们就会认为电桥还是平衡的,因而得出 $R_X=\frac{R_A}{R_B}(R_S+\Delta R''_S)$,$\Delta R''_S$ 就是由于检流计灵敏度不够而带来的测量误差 $\Delta R'_X$.电阻箱和检流计对 R_X 引入的测量误差为 $\Delta R_X+\Delta R'_X$

电桥灵敏度的定义为

$$S=\frac{\Delta n}{\Delta R'_X/R_X}=\frac{\Delta n}{\Delta R''_S/\Delta R_S} \tag{3-16-8}$$

式中,Δn 是对应于待测电阻的相对改变量(实测中用 $\frac{\Delta R''_S}{R_S}$ 来代替)而引起检流计 G 中的偏转格数.所以电桥灵敏度 S 越大,对电桥平衡的判断就越容易准确,测量结果也更准确些.

S 的表达式可变为

$$S=\frac{\Delta n}{\Delta R''_S/R_S}=\frac{\Delta n}{\Delta I_g}\left(\frac{\Delta I_g}{\Delta R''_S/\Delta R_S}\right)=S_1S_2 \tag{3-16-9}$$

式中:S_1 是检流计本身的灵敏度;$S_2=\frac{\Delta I_g}{\Delta R''_S/\Delta R_S}$ 是由线路所决定的,称为电桥线路灵敏度.进一步的理论推导可知 S_2 与电源电压、检流计的内阻和桥臂电阻有关.

本实验先由自搭电桥测量电阻,并进行用交换法减小系统误差的研究.再用 QJ23 型电桥箱测量电阻,并对灵敏度及其测量误差进行研究.

【实验仪器】

QJ23 型直流电桥箱、待测电阻若干只、电阻箱、滑动变阻器、电源、检流计、DHQJ-1 教学用非平衡电桥.

QJ23 型成品电桥箱其内部具体线路图和面板图分别如图 3-16-3 和图3-16-4所示:

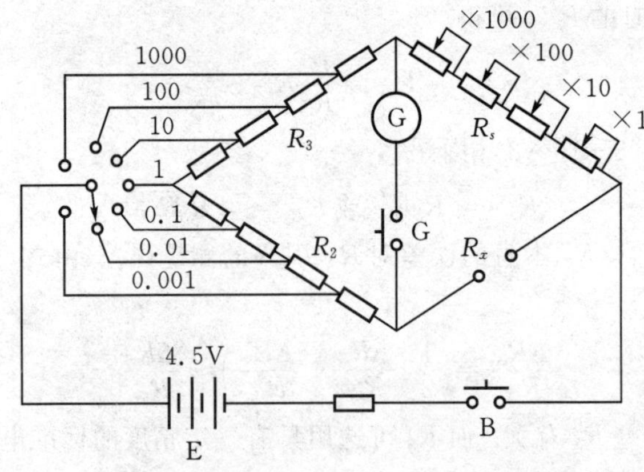

图 3-16-3 QJ23 型电桥内部线路图

1—待测电阻 R_X 接线柱;2—检流计按钮开关;3—电源按钮开关 B;4—检流计;5—检流计调零旋钮;6— 外接检流计接线柱;7—外接电源接线柱;8—比率臂,即上述电桥电路中 R_A/R_B 之比值,直接刻在转盘上;9—比较臂,即上述电桥电路中的电阻箱 R_S(本处为四转盘旋钮)

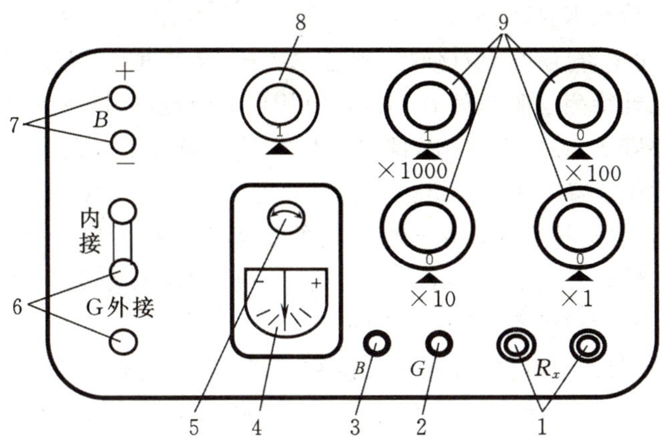

图 3-16-4　QJ23 型电桥面板图

1—待测电阻 R_X 接线柱；2—检流计按钮开关；3—电源按钮开关 B；4—检流计；5—检流计调零旋钮；6—外接检流计接线柱；7—外接电源接线柱；8—比率臂，即上述电桥电路中 R_A/R_B 之比值，直接刻在转盘上；9—比较臂，即上述电桥电路中的电阻箱 R_S（本处为四转盘旋钮）

【实验内容】

1. 用通用型积木式仪器自组电桥测量电阻

基于上述原理，测量一待测电阻时，通常按下述步骤进行：

(1)按图连接好电路.

(2)先用万用表粗测一下电阻，将 R_G、R_E 取最大值. 比例臂 R_2、R_3 取适当比值.

(3)连接电阻 R_X，调节比较臂 R_4，使检流计指针无偏转.

(4)逐渐减小 R_G 与 R_E 值，调节 R_4，使检流计无偏转(本步骤是提高测量时的电桥灵敏度，理想状态时 R_G 与 R_E 为零).

(5)将 R_2 与 R_3 交换后再测量.

为了研究惠斯通电桥的原理及其灵敏度的取决因素，本实验具体步骤如下：

(1)连接电路，用万用表粗测待测电阻 R_X.

(2)分别测量比例臂 R_2 和 R_3 取不同数值下的 R_X：

$R_2=5000\Omega, R_3=500\Omega, R_G, R_E$ 取最大值.

$R_2=5000\Omega, R_3=500\Omega, R_G, R_E$ 取最小值.

$R_2=500\Omega, R_3=500\Omega, R_G, R_E$ 取最大值.

$R_2=500\Omega, R_3=500\Omega, R_G, R_E$ 取最小值.

$R_2=50\Omega, R_3=500\Omega, R_G, R_E$ 取最大值.

$R_2=50\Omega, R_3=500\Omega, R_G, R_E$ 取最小值.

(3)分别测量以上几种情况下的电桥相对灵敏度.

(4)比较：①当 R_G 和 R_E 取最大和最小时的差别；②R_2，R_3 取不同比值时的情况.

(5)更换电阻 R_X，按上面“测待测电阻”中的步骤进行测量.

2. 用成品 QJ23 型电桥测量电阻

测量固定电阻的阻值.

(1)接待测电阻(接在 R_X 接线柱之间).

(2)选择合适的比率臂旋钮档位(依据:保证 $K=R_2/R_3\leqslant R_{X估}/R_{Smax}$ 成立).

注:测量前,先估计待测电阻阻值 $R_{X估}$ 或用万用电表粗测,依据 $K=R_2/R_3\leqslant R_{X估}/R_{Smax}$ 关系式选择合适的比率臂 $K=R_2/R_3$ 档位,即:R_2/R_3 的比值应等于或稍小于 $R_{X估}/R_{Smax}$ 的比值,其中,R_{Smax} 表示电桥比较臂的最大步进值,对 QJ23 型 $R_{Smax}=1000\Omega$,以便使比较臂电阻 R_S 的四个步进旋钮全部有读数,用相应旋钮置好选定的比率值.例如 $R_{X估}=1\mathrm{K}\Omega$,则 $K=R_2/R_3\leqslant R_{X估}/R_{Smax}=1/1$,即选 $K=1$ 档位即可;又如 $R_{X估}=8.41\mathrm{K}\Omega$,则 $K=R_2/R_3\leqslant R_{X估}/R_{Smax}=8.41/1$,即选 $K=1\leqslant 8.41$ 档位即可,其他类同.

(3)对检流计调零(检流计电源杠杆开关接通,调节调零旋钮,使检流计指针指零).

(4)测量(按下 B、G 两键,同时由大到小先后调节比较臂各旋钮,使检流计最终指零,此时电桥达到平衡,最后松开 G、B 两键).

(5)读数(先后读取比率臂 K 值、比较臂 R_S 值和电桥箱的准确度等级 a 值),并将数据及其数据处理结果填入表 3-16-1 中.

表 3-16-1 箱式电桥测电阻数据参考表

	标称值 R	比率臂 K	准确度等级指标 a	比较臂 R_S	待测阻值 R_X	最大允差 ΔR_X	测量不确定度 u_c	测量结果 $R_X\pm u_c$
1								
2								
3								
4								
5								

附:QJ23 型成品电桥箱测量电阻的最大允差

$$\Delta R_X = K\cdot a\%\cdot R_S$$

式中:K 表示电桥的比率臂;a 表示电桥箱的准确度等级指标(从仪器背面铭牌上读取);R_S 表示电桥平衡时,比较臂的示值.

【注意事项】

1. 使用箱式电桥时,电源接通时间均应很短,即 B、G 两按健不能同时长时间按下.测量时应先按 B 健,后按 G 健,断开时必须先断开 G 健,后断开 B 健.并养成习惯;

2. 箱式电桥用后应将“内接”“外接”接线柱上金属片接在“内接”上,使电流计线圈短路.

【思考题】

1. 电桥法测电阻的原理是什么?如何判断电桥平衡?具体操作时如何实现电桥平衡?

2. 用什么方法修正自搭电桥的系统误差?

3. 什么是电桥灵敏度?如何测定灵敏度引入的误差?

实验 3-17 数字电表的改装

数字电表以它显示直观、准确度高、分辨率强、功能完善、性能稳定、体积小易于携带等特点在科学研究、工业现场和生产生活中得到了广泛应用.数字电表工作原理简单,完全可以让同学们理解并利用这一工具来设计对电流、电压、电阻、压力、温度等物理量的测量,从而提高大家的动手能力和解决问题能力.

【实验目的】

1.了解数字电表的基本原理;

2.掌握万用表的使用方法;

3.掌握数字电表的改装原理及校准方法.

【实验仪器】

1. DH6505数字电表原理及万用表设计实验仪;

2. 通用数字万用表.

【实验原理】

1.数字电表原理

常见的物理量都是幅值大小连续变化的所谓模拟量,指针式仪表可以直接对模拟电压和电流进行显示.而对数字式仪表,需要把模拟电信号(通常是电压信号)转换成数字信号,再进行显示和处理.

数字信号与模拟信号不同,其幅值大小是不连续的,就是说数字信号的大小只能是某些分立的数值,所以需要进行量化处理.若最小量化单位为Δ,则数字信号的大小是Δ的整数倍,该整数可以用二进制码表示.设$\Delta=0.1\ \mathrm{mV}$,我们把被测电压U与Δ比较,看U是Δ的多少倍,并把结果四舍五入取为整数N(二进制).一般情况下,$N\geqslant 1000$即可满足测量精度要求(量化误差≤1/1000=0.1%).所以,最常见的数字表头的最大示数为1999,被称为三位半(3 1/2)数字表.如:U是Δ(0.1 mV)的1861倍,即$N=1861$,显示结果为186.1(mV).这样的数字表头,再加上电压极性判别显示电路和小数点选择位,就可以测量显示−199.9~199.9 mV的电压,显示精度为0.1 mV.

2.数字电表设计

本实验使用的DH6505型数字电表原理及万用表设计实验仪,它的核心是由双积分式模数A/D转换译码驱动集成芯片ICL7107和外围元件、LED数码管构成.为了使同学们能更好地理解其工作原理,我们在仪器中预留了9个输入端,包括2个测量电压输入端(IN+、IN−)、2个基准电压输入端(Vr+、Vr−)、3个小数点驱动输入端(dp1、dp2和dp3)以及模拟公共端(COM)和地端(GND).

(1)直流电压量程扩展测量.

在直流电压表前面加一级分压电路(分压器),可以扩展直流电压测量的量程.如图3-17-1所示,电压表的量程U_o为200 mV,即参考电压选择100mV时所组成的直流电压表,r为其内阻(如10 MΩ),r_1、r_2为分压电阻,U_i为扩展后的量程.

由于$r\gg r_2$,所以分压比为

$$\frac{U_o}{U_i}=\frac{r_2}{r_1+r_2}$$

扩展后的量程为

$$U_i = \frac{r_1 + r_2}{r_2} U_o$$

多量程分压器原理电路见图 3-17-2，无档量程的分压比分别为 1、0.1、0.01、0.001 和 0.0001，对应的量程分别为 200 mV、2 V、20 V、200 V 和 2000 V.

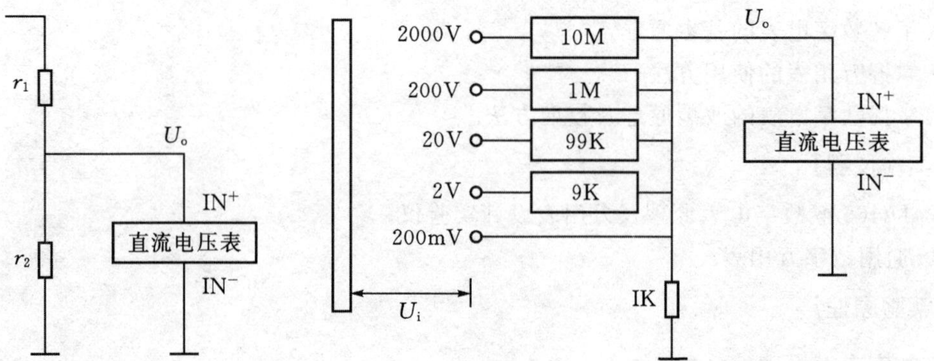

图 3-17-1　分压电路原理　　　　图 3-17-2　多量程分压器原理

采用图 3-17-2 的分压电路（见实验仪中的分压器 b）虽然可以扩展电压表的量程，但在小量程档明显降低了电压表的输入阻抗，这在实际应用中是行不通的. 所以，实际通用数字万用表的直流电压档分压电路（见实验仪中的分压器 a）如图3-17-3所示.

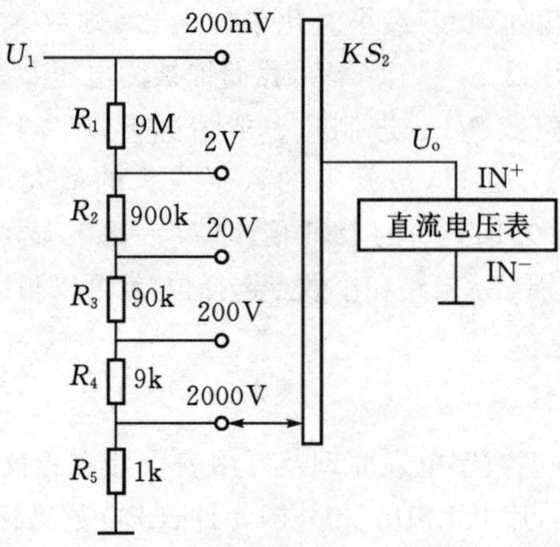

图 3-17-3　直流电压档分压电路

它能在不降低输入阻抗（大小为 $R//r, R=R_1+R_2+R_3+R_4+R_5$）的情况下，达到同样的分压效果.

例如：其中 20V 档的分压比为

$$\frac{R_3 + R_4 + R_5}{R_1 + R_2 + R_3 + R_4 + R_5} = \frac{100\text{k}}{10\text{M}} = 0.01$$

其余各档的分压比也可照此算出.

实际设计时是根据各档的分压比和以及考虑输入阻抗要求所决定的总电阻来确定各分压电阻的. 首先确定总电阻

$$R = R_1 + R_2 + R_3 + R_4 + R_5 = 10\text{M}$$

再计算 2000V 档的分压电阻

$$R_5=0.0001R=1\text{k}$$

然后计算 200V 档分压电阻

$$R_4+R_5=0.001R, R_4=9\text{k}$$

这样依次逐档计算 R_3、R_2 和 R_1.

尽管上述最高量程档的理论量程是 2000 V，但通常的数字万用表出于耐压和安全考虑，规定最高电压量限为 1000 V．由于只重在掌握测量原理，所以我们不提倡大家做高电压测量实验.

在转换量程时，波段转换开关可以根据档位自动调整小数点的显示．同学们可以自行设计这一实现过程，只要对应的小数位 dp1、dp2 或 dp3 插孔接地就可以实现小数点的点亮.

(2)直流电流量程扩展测量(参考电压 100mV).

测量电流的原理是：根据欧姆定律，用合适的取样电阻把待测电流转换为相应的电压，再进行测量，如图 3－17－4 所示．由于电压表内阻 $r \gg R$，故取样电阻 R 上的电压降为

$$U_i = I_i R$$

若数字表头的电压量程为 U_O，欲使电流档量程为 I_O，则该档的取样电阻(也称分流电阻) $R_O = U_O/I_O$．若 $U_O = 200\text{mV}$，则 $I_O = 200\text{mA}$ 档的分流电阻为 $R = 1\Omega$．

多量程分流器原理电路见图 3－17－5.

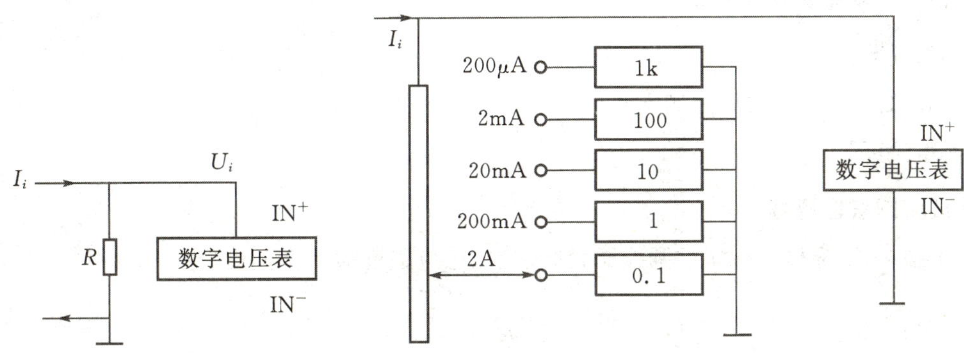

图 3－17－4　电流测量原理图　　图 3－17－5　多量程分流器电路

【实验内容】

1. 制作 200 mV (199.9 mV)直流数字电压表头并进行校准，按表 3－17－1 记录数据.

表 3－17－1　原始数据记录表

U_1(V)								
U_2(V)								
$\Delta U=U_1-U_2$ (V)								

注：U_1 为数字表读数，U_2 为万用表读数，以 U_1 为横轴，ΔU 为纵轴，在坐标纸上作校正曲线(注意：校正曲线为折线，即将相邻两点用直线连接).

2. 利用分压器扩展电压表头成为 2V 量程直流电压表并校准，数据记录表格及处理要求同上.

3. 利用分流器改装电压表头成为 2mA 量程直流电流表并校准，数据记录表格及处理要

求同上.

【注意事项】

1. 严格按照实验步骤及要求进行实验. 请遵循"先接线，再加电；先断电，再拆线"的原则，在加电前应确认接线已准确无误.

2. 万用表应置于正确的档位.

3. 当数字表头最高位显示"1"(或"1")而其余位都不亮时，表明输入信号过大，即超量程. 此时应尽快换大量程档或减小(断开)输入信号，避免损坏仪器.

【思考题】

1. 简述数字电表与指针式电表的区别.

2. 电表的校正曲线有何物理意义？

实验 3-18 磁场的描绘

【实验目的】

1. 掌握感应法测量磁场的原理和方法；

2. 研究载流圆线圈和亥姆霍兹线圈轴向磁场的分布；

3. 描绘亥姆霍兹线圈的磁场均匀区.

【实验仪器】

DH4501 亥姆霍兹线圈磁场实验仪

【实验原理】

1. 载流圆线圈磁场

一半径为 R、通以电流 I 的圆线圈，轴线上磁感应强度的计算公式为

$$B = \frac{\mu_0 N_0 I R^2}{2\left(R^2 + x^2\right)^{3/2}} \tag{3-18-1}$$

式中：N_0 为圆线圈的匝数；x 为轴上某一点到圆心 O 的距离；$\mu_0 = 4\pi \times 10^{-7}\,\mathrm{H/m}$. 轴线上的磁场分布如图 3-18-1 所示.

本实验取 $N_0 = 400$ 匝，$R = 105\mathrm{mm}$. 当 $f = 120\mathrm{Hz}$，$I = 60\mathrm{mA}$(有效值)时，在圆心 O 处 $x = 0$，可算得单个线圈的磁感应强度为：$B = 0.144\mathrm{mT}$.

2. 亥姆霍兹线圈

所谓亥姆霍兹线圈为两个相同线圈彼此平行且共轴，使线圈上通以同方向电流 I，理论计算证明：线圈相距 a 等于线圈半径 R 时，两线圈合磁场在轴上(两线圈圆心连线)附近较大范围内是均匀的，如图 3-18-2 所示. 这种均匀磁场在工程运用和科学实验中应用十分广泛.

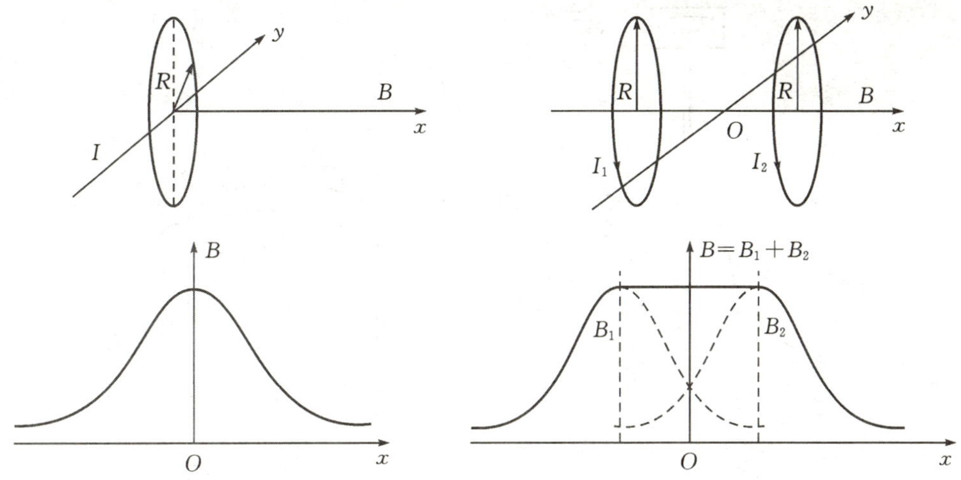

图 3-18-1　单线圈及磁场分布　　　　图 3-18-2　亥姆霍兹线圈及磁场分布

设 x 为亥姆霍兹线圈中轴线上某点离中心点 O 处的距离，则亥姆霍兹线圈轴线上该点的磁感应强度为：

$$B' = \frac{1}{2}\mu_0 N_0 IR^2 \{[R^2 + (R/2 + x)^2]^{-3/2} + [R^2 + (R/2 - x)^2]^{-3/2}\} \quad (3-18-2)$$

而在亥姆霍兹线圈轴线上中心 O 处，$x=0$，磁感应强度为：

$$B'_O = \frac{\mu_0 NI}{R}\frac{8}{5^{3/2}} = 0.7155\frac{\mu_0 NI}{R} \quad (3-18-3)$$

当实验取 $N_0 = 400$ 匝，$R=105\text{mm}$. 当 $f=120\text{Hz}$，$I=60\text{mA}$(有效值)时，在中心 O 处 $x=0$，可算得亥姆霍兹线圈(两个线圈的合成)磁感应强度为：$B=0.206\text{mT}$.

3. 电磁感应法测磁场

设由交流信号驱动的线圈产生的交变磁场，它的磁感应强度瞬时值

$$B_i = B_m \sin\omega t$$

式中：B_m 为磁感应强度的峰值，其有效值记作 B；ω 为角频率.

又设有一个探测线圈放在这个磁场中，通过这个探测线圈的有效磁通量为

$$\Phi = NSB_m\cos\theta\sin\omega t$$

式中：N 为探测线圈的匝数；S 为该线圈的截面积；θ 为法线 n 与 B_m 之间的夹角，如图 3-18-3 所示.

线圈产生的感应电动势为

$$\varepsilon = -\frac{\mathrm{d}\Phi}{\mathrm{d}t} = -NS\omega B_m\cos\theta\cos\omega t = -\varepsilon_m\cos\omega t$$

式中，$\omega_m = NS\omega B_m\cos\theta$ 是线圈法线和磁场成 θ 角时，感应电动势的幅值. 当 $\theta=0$，$\varepsilon_{max} = NS\omega B_m$，这时的感应电动势的幅值最大. 如果用数字式毫伏表测量此时线圈的电动势，则毫伏表的示值(有效值)U_{max} 为 $\varepsilon_{max}/\sqrt{2}$，则

$$B = B_m/\sqrt{2} = U_{max}/NS\omega \quad (3-18-4)$$

式中：B 为磁感应强度的有效值；B_m 为磁感应强度的峰值.

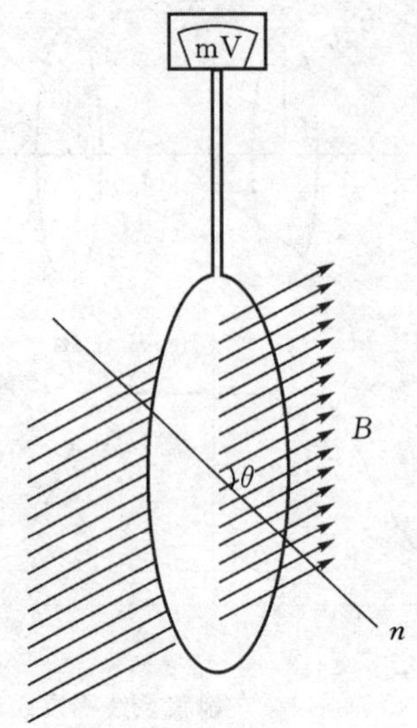

图 3-18-3 电磁感应法原理示意图

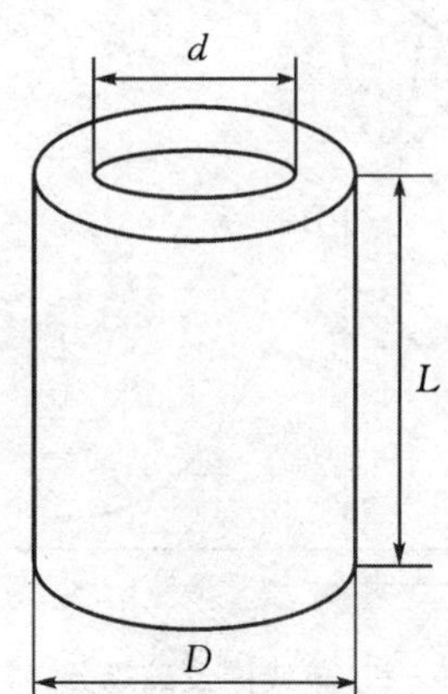

图 3-18-4 探测线圈设计示意图

4. 探测线圈的设计

实验中由于磁场的不均匀性，这就要求探测线圈要尽可能小. 实际的探测线圈又不可能做得很小，否则会影响测量灵敏度. 一般设计的线圈长度 L 和外径 D 有 $L=2D/3$ 的关系，线圈的内径 d 与外径 D 有 $d\leqslant D/3$ 的关系，尺寸示意图如图 3-18-4 所示. 线圈在磁场中的等效面积，经过理论计算，可用下式表示

$$S=\frac{13}{108}\pi D^2 \tag{3-18-5}$$

这样的线圈测得的平均磁感应强度可以近似看成是线圈中心点的磁感应强度.

将式(3-18-5)代入式(3-18-4)得

$$B=\frac{54}{13\pi^2 ND^2 f}U_{\max} \tag{3-18-6}$$

本实验的 $D=0.012\text{m}$，$N=1000$ 匝. 将不同的频率 f 代入式(3-18-6)就可得出 B 值.

例如：当 $I=60\text{mA}$，$f=120\text{Hz}$ 时，交流毫伏表读数为 5.95mV，则可根据式(3-18-6)求得单个线圈的磁感应强度 $B=0.145\text{mT}$.

【实验内容】

1. 测量圆电流线圈轴线上磁场的分布.

使频率表读数为 120Hz，励磁电流有效值为 $I=60\text{mA}$，每隔 10mm 测一个 $U_{\max}$ 值.

2. 测量亥姆霍兹线圈轴线上磁场的分布.

把磁场实验仪的两个线圈串联，接到磁场测试仪的励磁电流两端。使频率读数为 120Hz，励磁电流有效值为 $I=60\text{mA}$. 以两个圆线圈轴线上的中心点为坐标原点，每隔 10mm 测一个 $U_{\max}$ 值.

3. 测量亥姆霍兹线圈沿径向的磁场分布.

【数据处理】

1. 圆电流线圈轴线上磁场分布的测量数据记录，注意这时坐标原点设在圆心处(要求列表记录，表格中包括测点位置、数字式毫伏表读数以及由 U_{max} 换算得到的 B 值，并在表格中表示出各测点对应的理论计算值），在同一坐标纸上画出实验曲线与理论曲线.

表 3－18－1　数据记录表格

$f=$____ Hz

轴向距离 x/mm	…	-20	-10	0	10	20	…
U_{max}/mV							
测量值 $B=\frac{2.926}{f}U_{max}$/mT							
计算值 $B=\frac{\mu_0 N_0 IR^2}{2(R^2+x^2)^{3/2}}$/mT							

2. 亥姆霍兹线圈轴线上的磁场分布的测量数据记录，注意坐标原点设在两个线圈圆心连线的中点 O 处，在方格坐标纸上画出实验曲线.

表 3－18－2　数据记录表格

$f=$____ Hz

轴向距离 x/mm	…	-20	-10	0	10	20	…
U_{max}/mV							
测量值 $B=\frac{2.926}{f}U_{max}$/mT							

3. 测量亥姆霍兹线圈沿径向的磁场分布

表 3－18－3　数据记录表格

$f=$____ Hz

径向距离 y/mm	…	-20	-10	0	10	20	…
U_{max}/mV							
测量值 $B=\frac{2.926}{f}U_{max}$/mT							

【思考题】

1. 圆电流轴线上的磁场分布有什么特点？

2. 亥姆霍兹线圈的磁场分布有什么特点？

3. 磁场是符合叠加原理的，简述用实验证明的方法和步骤.

实验 3－19　静电场的描绘

由于带电体形状比较复杂，其周围静电场分布很难用理论方法或实验手段进行研究. 本实验介绍了用稳恒电流场模拟静电场的工作原理，要求学生在掌握模拟法的原理和方法的基础上，通过测绘同轴电缆的电场分布和聚集电极的电场分布，验证模拟法的正确性，从而加深对静电场概念的理解.

【实验目的】

1. 学习用稳恒电流场模拟法测绘静电场的原理和方法；

2. 加深对电场强度和电位概念的理解；

3. 测绘同心圆电极、聚焦电极的电场分布情况.

【实验原理】

形状复杂的带电体周围，静电场的分布情况很难用理论方法进行计算. 同时由于仪表(或其探测头)放入静电场，总要使被测原有电场分布状态发生畸变，不可能用实验手段直接测绘真实的静电场. 本实验采用模拟法，通过同心圆电极、聚焦电极产生的稳恒电流场分别模拟同轴柱面带电体、聚焦电极形状的带电体产生的静电场.

1. 理论依据

为了克服直接测量静电场的困难，可以仿造一个与待测静电场分布完全一样的电流场，用容易直接测量的电流场去模拟静电场.

静电场与稳恒电流场本是两种不同的场，但是两者之间在一定条件下具有相似的空间分布，即两种场遵守的规律在数学形式上相似.

对于静电场，电场强度在无源区域内满足以下积分关系

$$\oint_s \boldsymbol{E} \cdot \mathrm{d}\boldsymbol{s} = 0 \text{ 及 } \oint_l \boldsymbol{E} \cdot \mathrm{d}\boldsymbol{l} = 0$$

对于稳恒电流场，电流密度矢量 $\boldsymbol{J}$ 在无源区域内也满足类似的积分关系

$$\oint_s \boldsymbol{J} \cdot \mathrm{d}\boldsymbol{s} = 0 \text{ 及 } \oint_l \boldsymbol{J} \cdot \mathrm{d}\boldsymbol{l} = 0$$

由此可见，$\boldsymbol{E}$ 和 $\boldsymbol{J}$ 在各自区域中所遵从的物理规律有同样的数学表达形式. 若稳恒电流场空间均匀充满了电导率为 σ 的不良导体，不良导体内的电场强度 $\boldsymbol{E}'$ 与电流密度矢量 $\boldsymbol{J}$ 之间遵循欧姆定律：$\boldsymbol{J} = \sigma\boldsymbol{E}'$.

因而，$\boldsymbol{E}$ 和 $\boldsymbol{E}'$ 在各自的区域中也满足同样的数学规律. 在相同边界条件下，由电动力学的理论可以严格证明：具有相同边界条件的相同方程，解的形式也相同. 因此，可以用稳恒电流场来模拟静电场.

2. 模拟长同轴圆柱形电缆的静电场

利用稳恒电流场与相应的静电场在空间形式上的一致性，只要保证电极形状一定，电极电位不变，空间介质均匀，则在任何一个考察点，均应有“$U_{稳恒} = U_{静电}$”或“$E_{稳恒} = E_{静电}$”. 以下以同轴圆柱形电缆的静电场和相应的模拟场——稳恒电流场——来讨论这种等效性.

如图 3－19－1(a)所示，在真空中有一半径为 r_a 的长圆柱形导体 A 和一个内径为 r_b 的长圆筒形导体 B，它们同轴放置，分别带等量异号电荷. 由对称性可知，在垂直于轴线的任一个截面 S 内，都有均匀分布的辐射状静电场存在，这是一个与轴向坐标无关而与径向坐标有关的二维场. 取二维场中电场强度 E 平行于 xy 平面，则其等位面为一簇同轴圆柱面. 因此，只需研究任一垂直横截面上的电场分布即可.

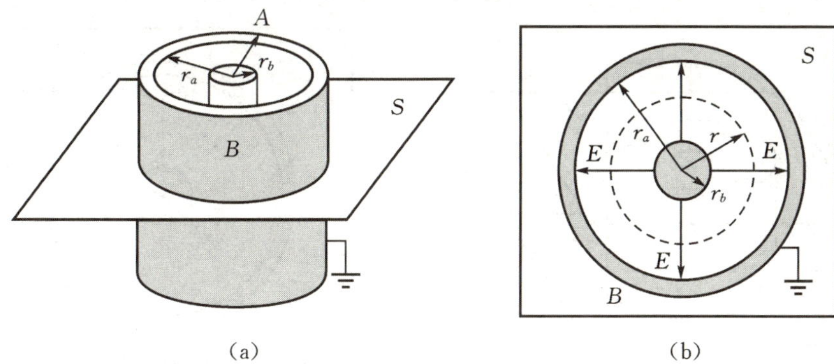

(a)　　　　(b)

图 3－19－1　同轴电缆及其静电场分布

距轴心 O 半径为 r 处[见图 3－19－1(b)]的各点电场强度为

$$\boldsymbol{E}=\frac{\lambda}{2\pi\varepsilon_0 r}\boldsymbol{r}_0$$

式中，λ 为 A(或 B)的电荷线密度. 其电位为

$$U_r=U_a-\int_{r_a}^{r}\boldsymbol{E}\cdot \mathrm{d}\boldsymbol{r}=U_a-\frac{\lambda}{2\pi\varepsilon_0}\ln\frac{r}{r_a} \tag{3-19-1}$$

若 $r=r_b$ 时 $U_r=U_b=0$，则有

$$\frac{\lambda}{2\pi\pi\varepsilon_0}=\frac{U_a}{\ln(r_b/r_a)}$$

代入式(3－19－1)得

$$U_r=U_a\frac{\ln(r_b/r)}{\ln(r_b/r_a)} \tag{3-19-2}$$

则距中心 r 处电场强度为

$$E_r=-\frac{\mathrm{d}U_r}{\mathrm{d}r}=\frac{U_a}{\ln r_b/r_a}\frac{1}{r} \tag{3-19-3}$$

若上述圆柱形导体 A 与圆筒形导体 B 之间不是真空，而是均匀地充满了一种电导率为 σ 的不良导体，且 A 和 B 分别与直流电源的正负极相连(见图 3－19－2)，则在 A、B 间将形成径向电流，建立起一个稳恒电流场 E'_r. 可以证明，不良导体中的稳恒电流场 E'_r 与原真空中的静电场 E_r 是相同的.

取高度为 t 的圆柱形同轴不良导体片来研究. 设材料的电阻率为 $\rho(\rho=1/\sigma)$，则从半径为 r 的圆周到半径为 $r+\mathrm{d}r$ 的圆周之间的不良导体薄块的电阻为

$$\mathrm{d}R=\frac{\rho}{2\pi t}\frac{\mathrm{d}r}{r}$$

半径 r 到 r_b 之间的圆柱片电阻为

$$R_{rr_b}=\frac{\rho}{2\pi t}\int_{r}^{r_b}\frac{\mathrm{d}r}{r}=\frac{\rho}{2\pi t}\ln\frac{r_b}{r}$$

由此可知，半径 r_a 到 r_b 之间圆柱片的电阻为

$$R_{r_ar_b}=\frac{\rho}{2\pi t}\ln\frac{r_b}{r_a}$$

若设 $U_b=0$，则径向电流为

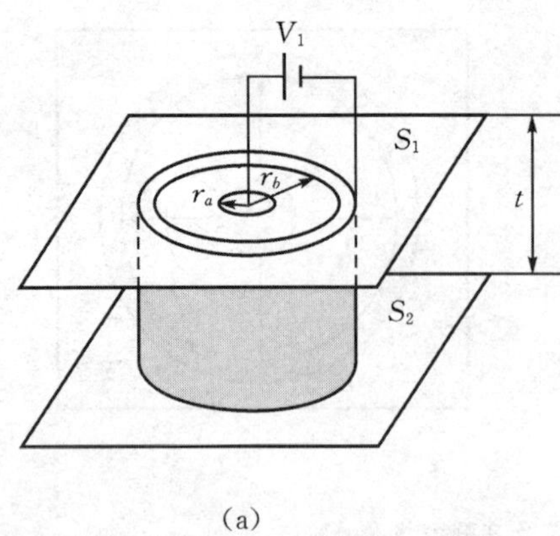

(a)

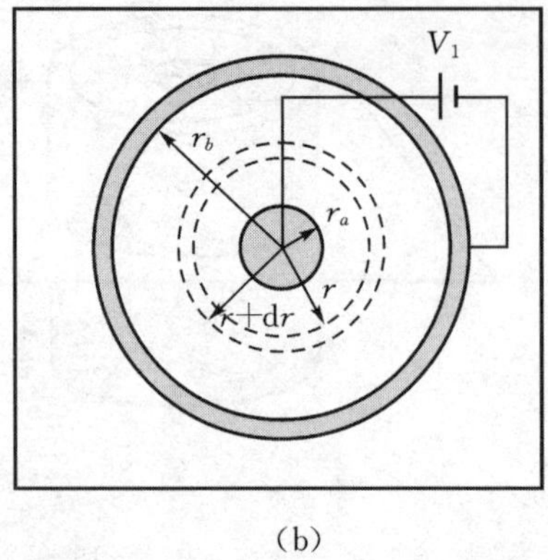

(b)

图 3-19-2　同轴电缆的模拟模型

$$I=\frac{U_a}{R_{r_ar_b}}=\frac{2\pi tU_a}{\rho\ln\frac{r_b}{r_a}}$$

距中心 r 处的电位为

$$U_r=IR_{rr_b}=U_a\frac{\ln(r_b/r)}{\ln(r_b/r_a)} \tag{3-19-4}$$

则稳恒电流场 E'_r 为

$$E'_r=-\frac{dU'_r}{dr}=\frac{U_a}{\ln\frac{r_b}{r_a}}\frac{1}{r} \tag{3-19-5}$$

可见，式(3-19-4)与式(3-19-2)具有相同形式，说明稳恒电流场与静电场的电位分布函数完全相同，即柱面之间的电位 U_r 与 $\ln r$ 均为直线关系，并且 U_r/U_a，即相对电位仅是坐标的函数，与电场电位的绝对值无关. 显而易见，稳恒电流场 $\boldsymbol{E}'$ 与静电场 $\boldsymbol{E}$ 的分布也是相同的.

3. 模拟条件

用稳恒电流场模拟静电场的条件可以归纳为下列三点：

(1)稳恒电流场中的电极形状应与被模拟的静电场中的带电体几何形状相同；

(2)稳恒电流场中的导电介质应是不良导体且电导率分布均匀，并满足 $\sigma_{电极}\gg\sigma_{导电质}$ 才能保证电流场中的电极(良导体)的表面也近似是一个等位面；

(3)模拟所用电极系统与被模拟静电场的边界条件相同.

4. 静电场的测绘方法

由式(3-19-3)可知，场强 $\boldsymbol{E}$ 在数值上等于电位梯度，方向指向电位降落的方向. 考虑到 $\boldsymbol{E}$ 是矢量，而电位 U 是标量，从实验测量来讲，测定电位比测定场强容易实现，所以可先测绘等位线，然后根据电场线与等位线正交的原理，画出电场线.

【实验仪器】

DC-A 型静电场描绘仪. 描绘仪分为电源、电极架、同步探针和电极等几部分，如图 3-19-3所示.

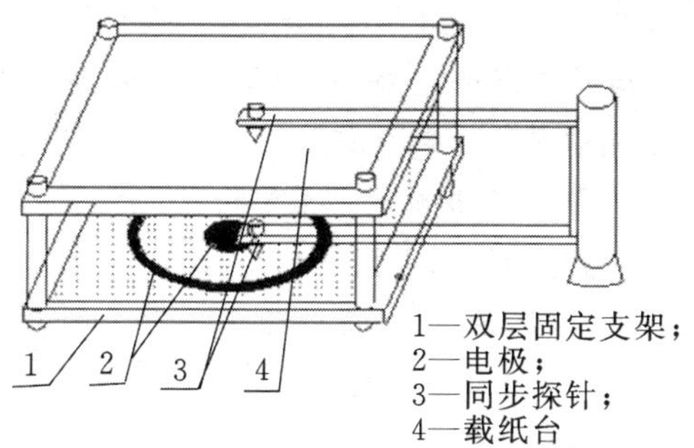

图3-19-3 DC-A导电微晶静电场描绘仪

1. 仪器介绍

(1)电极架.电极架分为上、下两层.上层用来放记录纸,下层放待测导电微晶电极.

(2)电极.电极是将不同形状的金属电极直接制作在导电微晶上,并将电极引线接出到外接线柱上,电极间制作有电导率远小于电极且各向均匀的导电介质.

(3)同步探针.同步探针由装在底座上的两根同样长的弹性金属片(探针臂)和两根细而圆滑的探针构成.上探针可以在电极架上层水平移动,下探针则在导电微晶上自由移动,由此可探测电流场中各点电位大小.上、下探针处在同一条垂直线上.当下探针探出等位点时,按上探针,即可在上方的坐标纸上打下一个点,记下相应等电位的点.

(4)描绘仪电源.描绘仪电源可提供交流0～20V连续可调电压和最大值为300mA的输出电流."输出"一侧可作常规电源使用,数字显示屏上指示的值即是电源输出的电压值."输入"一侧可作电压表使用,此时数字显示屏上指示的读数是下探针所测得的导电微晶上某点的电位值.

2. 仪器使用方法

(1)将安装有导电微晶的电极架放正、放平,坐标纸放上层压好,将DC-A型静电场测试仪电源的输出两接线柱与导电微晶描绘仪(四组中的待测一组)接线柱相连,将测试仪电源的输入、输出中黑色两接线柱相连,输入的红色接线柱和探针架上的红色接线柱相连接,将探针架放好,并使探针下探头置于导电微晶电极上,开启开关,指示灯亮,有数字显示.

(2)调节DC-A型静电场测试仪电源前面板上的调节旋钮,使左边数显表显示所需的电压值,单位为伏特,一般调到10V,便于运算.

(3)测等电位时,先设定一个电位值(如1V、2V…),右手握同步探针座在电极架下层作平稳移动,当下探针移到某位置时,电表指示等于所设定值,用左手轻轻按下上探针,在坐标纸上打出一个细点.如此继续移动探针座,便可找出一个设定值下的若干等位点.取不同设定值,则可得到不同电位值的等位点.连接相应的等位点就形成不同电位值的等位线.

【实验内容】

1. 熟悉仪器

熟悉电极架、同步探针、描绘仪电源等仪器的使用方法.

2. 测量

(1)将待测同心圆电极放入电极架下层,上层放好记录纸,按如上连接电路,接通电源,并将电源输出电压调至 10V.

(2)令同步探针的下探针与导电微晶接触，移动同步探针观察电压指示的变化. 找出 1V、2V、4V、6V、8V 电压值对应的等位点. 每个设定电压值的等位点至少取 8～10 个点.

(3)将电位相等的点连成光滑曲线即成为一条等位线.

(4)将待测聚焦电极放入电极架下层，上层放好记录纸，连接电路，接通电源，重复步骤 2、3，分别找出 1V、3V、5V、7V、9V 电压值对应的等位点. 每个设定电压值的等位点至少取 10 个点.

(5)将电位相等的点连成光滑曲线即成为一条等位线.

3. 数据处理

(1)分别连接同心圆电极与聚焦电极所测得的各等位点成等势线，并标出每条等位线代表的电压值，标清图名，并绘出电极形状；

(2)根据电场线与等位线的正交关系，在两张图中分别绘出电场线；

(3)同心圆电极模拟电场分布数据记录.

表 3-19-1　基本数据

$U_A=$ ______ V；$r_a=$ ______ mm；$r_b=$ ______ mm

$U_{实}$ /V	8.0	6.0	4.0	2.0	1.0
r/mm					
$U_{理}=U_A\dfrac{\ln(r_b/r)}{\ln(r_b/r_a)}$					
$E_r=\dfrac{U_{实}-U_{理}}{U_{理}}(\%)$					

(4)根据以上同心圆电极模拟电场分布数据处理结果，在一张图上，以 $\ln r$ 为横坐标，$U_{理}$($U_{实}$)为纵坐标，分别做出 $U_{理}-\ln r$ 曲线与 $U_{实}-\ln r$ 曲线，加以比较并写出相应分析结论.

(5)结合你计算出的误差，分析描绘静电场误差产生的原因，谈谈你对本实验的操作体会等.

【注意事项】

1. 两电极间的电压调为 10V 后，测量过程中要保持不变；

2. 导电微晶电极放置时位置要端正、水平，避免等位线失真；

3. 使用同步探针时，应轻移轻放，避免变形，以致上、下探针不同步. 测量时，应轻轻按下上探针，使探测点与描绘点对应.

实验 3-20　地磁场水平分量的测量

地球是一个大磁体，地球本身及其周围空间存在着磁场，叫作“地球磁场”，又称地磁场，地磁场的测量在许多领域均有应用. 本实验通过测量地磁场与圆环线圈合成磁场方向偏离角度进而间接测量地磁场.

【实验目的】

1. 了解测量弱磁场的基本原理；

2. 掌握地磁场测量的一个基本方法.

【实验原理】

众所周知，地球被磁场包围，而地磁场的两磁极为南极和北极. 当大地磁场 $\boldsymbol{B}_G$ 与圆环线圈产生的磁场 $\boldsymbol{B}_R$ 正交，两个矢量相加后产生磁场矢量为 $\boldsymbol{B}_C$. 矢量合成如图 3-20-1 所示.

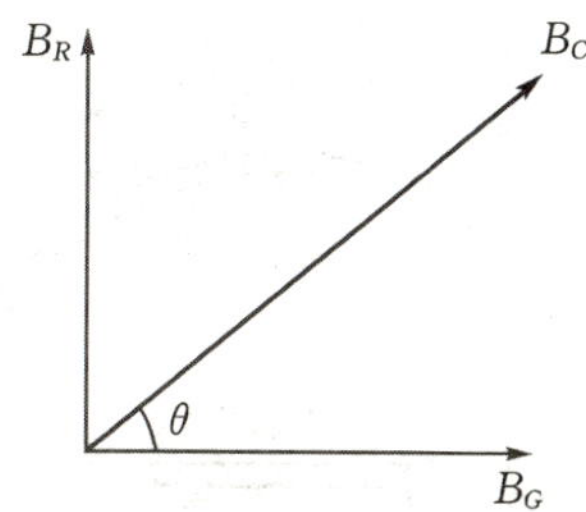

图 3-20-1　大地磁场与圆线圈磁场矢量合成示意图

它们之间存在以下关系

$$B_R = B_G \tan\theta \tag{3-20-1}$$

从电磁学的右手定则可以知道，当线圈中通过电流时，线圈的周围就会产生一定量的磁场，右手握拳，若四个手指所环绕的方向是电流的方向，那么大拇指所指的方向就是磁场的方向.

根据毕奥—萨伐尔定律，载流线圈在轴线(通过圆心并与线圈平面垂直的直线)上某点的磁场强度为

$$B_R = \frac{\mu_0 R^2}{2(R^2 + x^2)^{\frac{3}{2}}} NI \tag{3-20-2}$$

式中：$\mu_0 = 4\pi \times 10^{-7}$ H/m，为真空磁导率；I 为通过线圈的电流强度；N 为线圈的匝数；R 为线圈平均半径；x 为圆心到该点的距离. 通电圆线圈在轴线上的磁场分布如图 3-20-2 所示.

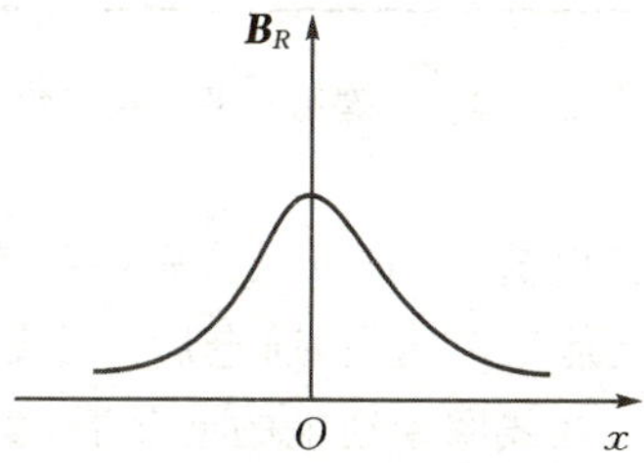

图 3-20-2　通电圆线圈轴线上的磁场分布

因此，圆心处的磁感应强度 B_0 为

$$B_0 = \frac{\mu_0}{2R} NI \tag{3-20-3}$$

线圈轴线外的磁场分布计算公式可参考大学物理教材，这里不作说明.

由此可知，矢量相加的磁场 B_C 大小与圆环线圈产生的磁场强度 B_R 及大地磁场 B_G 强度，以及它们之间的夹角有关. 圆环线圈产生的磁场计算公式已经在上面给出. 矢量合成后的磁场与圆环线圈产生的磁场之间的夹角，可以通过罗盘上指南针偏转角度 θ 直接读出. 因此，可以通过上面的公式间接求出大地磁场强度.

【实验仪器】

DH4515 地磁场测定仪由两部分组成，分别为地磁场测试架（见图3-20-3）及磁场水平分量测试仪（见图 3-20-4）.

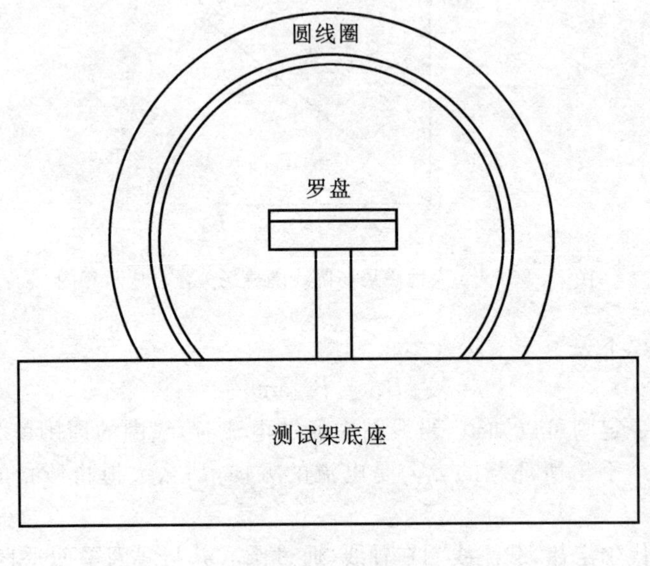

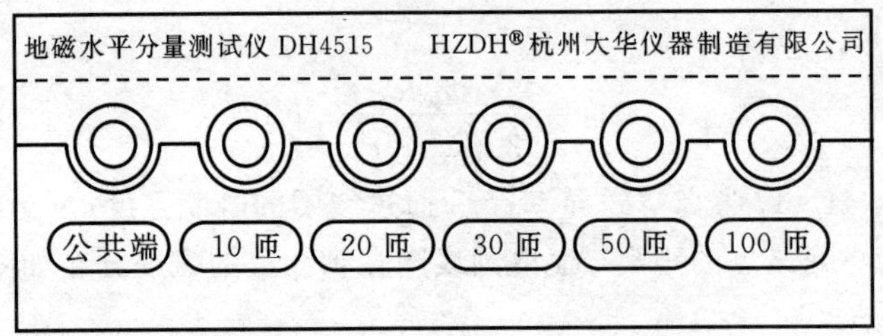

图 3-20-3 地磁场水平分量实验架

磁场水平分量测试仪为一恒稳电流源，它可以为励磁线圈提供一个稳定的调节范围在 0～200mA 的电流. 地磁场测试架上是一个线圈，通电后产生磁场 B_R，线圈匝数由所选取的接线柱决定. 在线圈中心有一个罗盘，在线圈未通电的情况下，罗盘指向即为地磁场方向.

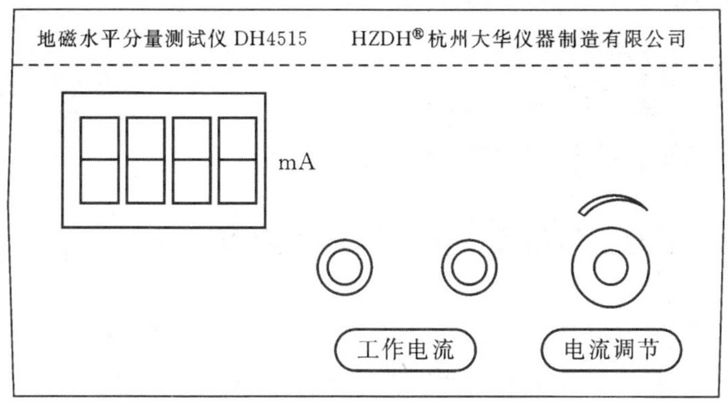

图 3-20-4　地磁场水平分量测试仪

【实验步骤】

1. 调节地磁场水平分量测定实验仪底座使之稳固，将水准气泡调至中间位置，使罗盘位于水平位置；

2. 调整地磁场水平分量测定实验仪放置角度，使罗盘指针和线圈平行，即使 B_G 和 B_R 垂直；

3. 恒定电流源输出为 50mA，依次将测试仪电流输出分别接到线圈匝数为 10 匝、20 匝、30 匝、50 匝、100 匝，将对应的罗盘偏转角 θ 记录在表 3-20-1 中；

4. 将电流源接到 30 匝接线柱上，调节电流大小，分别测量电流为 20mA、40mA、60mA、80mA、100mA、120mA 时罗盘偏转角 θ 并记录在表 3-20-2 中.

【实验数据处理】

1. 根据不同线圈匝数下罗盘偏转角的变化，作出 $N-\tan\theta$ 图，由图像求出其斜率，用此作图法求得地磁场水平分量 B_G.

表 3-20-1　电流输出 50mA 条件下的原始数据

线圈匝数　N	10 匝	20 匝	30 匝	50 匝	100 匝
对应线圈磁感应强度 B_R					
罗盘偏转角 θ					
$\tan\theta$					

2. 根据不同电流下罗盘偏转角的变化，作出 I-$\tan\theta$ 图，由图像求出其斜率，进而计算得到地磁场水平分量 B_G.

表 3-20-2　圆环线圈匝数 N=30 条件下原始数据

线圈电流　I	20mA	40mA	60mA	80mA	100mA	120mA
对应线圈磁感应强度 B_R						
罗盘偏转角 θ						
$\tan\theta$						

3. 根据以上数据处理结果，分析可以得出什么结论，结合你的实验误差，谈谈你对本实验

的操作体会等.

【注意事项】

1. 仪器使用时,应避开周围有强烈磁场源;

2. 仪器使用时要避免震动,减少产生误差.

实验 3-21 光的等厚干涉研究——牛顿环法测透镜曲率半径

牛顿环干涉现象是牛顿(Isaac Newton,1643—1727)在 1675 年首先观察到的,他对此作了精确的定量测定,可以说已经走到了光的波动说的边缘,但由于过分偏爱他的微粒说,始终无法正确解释这个现象.直到 19 世纪初,英国科学家托马斯·杨(Thomas Young,1773—1829)才用光的波动说圆满地解释了牛顿环实验.

在实验室中,常采用牛顿环测定光波的波长或平凸透镜的曲率半径;在加工光学元件时,广泛采用牛顿环原理来检查平面或曲面的面型准确度;在工厂常用来检验透镜的曲率,根据在视场中观察到的条纹数目来判断产品是否合格,该方法即简便又准确,其灵敏度可达到光波波长的量级.

【实验目的】

1. 学会使用读数显微镜;

2. 观察牛顿环形成的等厚干涉现象并掌握其原理;

3. 掌握用牛顿环干涉法测定透镜曲率半径的方法.

【实验仪器】

读数显微镜、牛顿环及钠灯.

【实验原理】

1. 牛顿环结构及干涉原理

图 3-21-1 所示为牛顿环实物图,是将一块曲率半径较大的平凸玻璃透镜的凸面与一磨光平面玻璃接触,并用金属框架进行固定构成的.框架上有三个螺丝用于调节两玻璃片之间的接触,以改变牛顿环干涉图样的形状和位置.调节三个螺丝时不可旋的过紧,以免两玻璃间压力过大引起中心干涉图样变形甚至玻璃片破损.

光的干涉是重要的光学现象之一,它是光的波动性的一种重要表现.要产生光的干涉,两束光必须满足三个相干条件:频率相同、振动方向相同、相位差恒定.为此,可将由同一光源发出的光分成两束,这两束光在空间中经过不同路径,然后会合在一起,产生干涉.分光束的方法有分波阵面法和分振幅法.牛顿环干涉属于分振幅法产生的等厚干涉现象.

图 3-21-2 所示为牛顿环侧视及等厚干涉原理图.在透镜的凸面与平面玻璃之间将形成一空气薄膜.让单色平行光垂直照射牛顿环,因光的反射、折射定律,入射在空气薄膜上表面的光一部分被反射,另一部分折射后被空气薄膜下表面反射并与第一束反射光相遇,如图 3-21-2中右图所示,两束反射光满足相干条件,形成如图 3-21-3 所示的干涉图样.

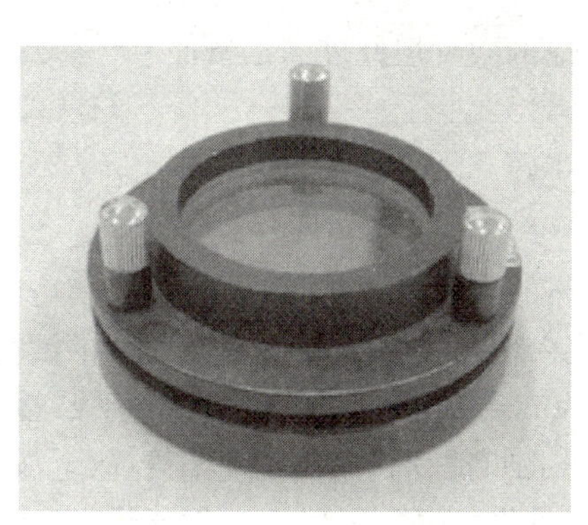

图 3-21-1　牛顿环实物图

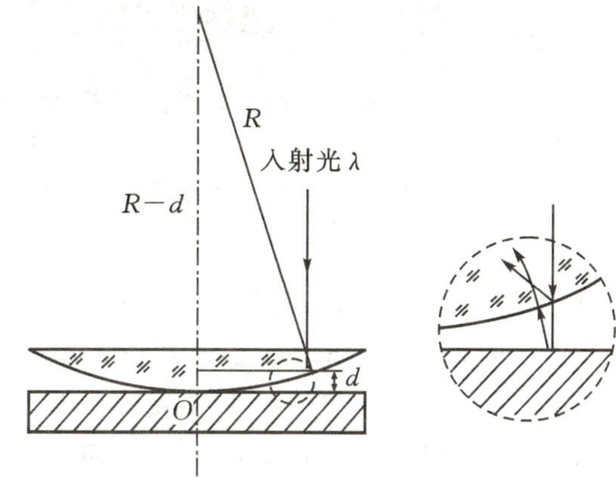

图 3-21-2　牛顿环侧视及等厚干涉原理图

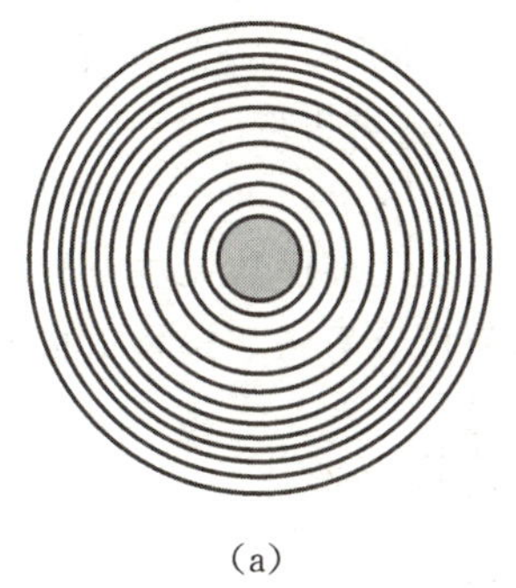

(a)

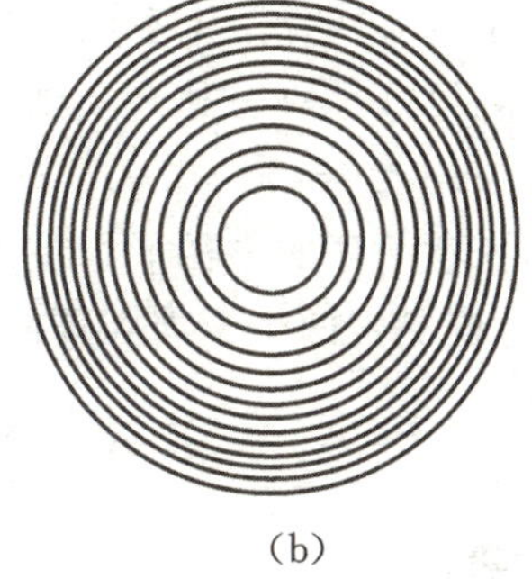

(b)

图 3-21-3　等厚干涉条纹

由于空气薄膜厚度相同点的轨迹为以接触点为圆心的一系列同心圆，所以干涉条纹的形状也是明暗相间的同心圆环，此种干涉称为等厚干涉. 在反射方向与透射方向看到的干涉条纹分别如图 3-21-3(a)及(b)所示. 由图可见，在反射方向将看到一组以接触点为中心、明暗相间的圆形干涉条纹，且中心为一暗斑；而透射方向观察到的结果与反射方向的光强分布恰成互补，原来的亮环变为暗环，暗环变为亮环，中心为亮斑.

2. 测量公式推导

由图 3-21-2 可知，干涉条纹半径为 r 的位置满足几何关系：$R^2 = r^2 + (R-d)^2$，化简后得：$r^2 = 2dR - d^2$，如果空气层的厚度 d 远小于透镜曲率半径，即 $d \ll R$，则可略去二阶无穷小量 d^2，得

$$d = \frac{r^2}{2R} \tag{3-21-1}$$

在空气薄层上下表面反射的光所产生的光程差为

$$\Delta = 2h + \frac{\lambda}{2} \tag{3-21-2}$$

式中附加光程差 $\frac{\lambda}{2}$ 是光从光疏媒质(空气)到光密媒质(平面玻璃)反射时产生的半波损失(λ是入射单色光波的波长). 反射光干涉相消的条件为

$$\Delta = \frac{(2k+1)\lambda}{2}, \qquad k = 0,1,2,3,\cdots \tag{3-21-3}$$

由式(3-21-2)及式(3-21-3)可得 k 级暗环对应的空气层厚度满足条件

$$2h = k\lambda \tag{3-21-4}$$

由式(3-21-1)和式(3-21-4)可得 k 级暗环的半径

$$r_k = \sqrt{kR\lambda} \tag{3-21-5}$$

若单色光源的波长为 λ，用实验方法测量干涉暗环的直径 d_k，就可由公式(3-21-5)计算出平凸透镜的曲率半径 R. 反之，已知平凸透镜的曲率半径 R，可计算出单色光源的波长 λ.

透镜中心与平面玻璃的接触处，理论上讲 $h=0$ 为 $k=0$ 的暗斑. 但是，由于平凸透镜和平面玻璃的接触点受力会引起玻璃的形变，而且接触处也可能存在尘埃或缺陷等，故干涉圆环的中心可能不是0级暗斑，干涉环的级次 k 很难确定. 为此，应对式(3-21-5)作修正，如下式

$$r_k^2 = (k+j)R\lambda \tag{3-21-6}$$

同时，为了提高测量结果的精度，通常测量距中心较远的两个干涉暗条纹半径，设测量出的第 m_1 和第 m_2 个暗环的半径分别为 r_{m_1} 和 r_{m_2}，则由式(3-21-6)可得

$$r_{m_2}^2 - r_{m_1}^2 = [(m_2+j)-(m_1+j)]R\lambda = (m_2-m_1)R\lambda \tag{3-21-7}$$

式(3-21-7)表明，任意两环的半径平方差与干涉级数及环序数无关，而只与两个环的序数之差有关. 因此，只要精确测定两个干涉圆环的半径，就可计算得出透镜的曲率半径 R，即

$$R = \frac{r_{m_2}^2 - r_{m_1}^2}{(m_2-m_1)\lambda} \tag{3-21-8}$$

【实验内容及步骤】

1. 直接观察牛顿环，调节牛顿环仪上的螺旋使干涉图样呈圆形，并位于透镜中心.

2. 按图3-21-4所示，将牛顿环置于读数显微镜载物平台上，由钠光源 S 发出的准单色光照射到半反半透镜 G 上，调节 G 的高低及倾斜角度使一部分光由 G 反射后垂直入射牛顿环，则能在显微镜视场中观察到黄色明亮的视场.

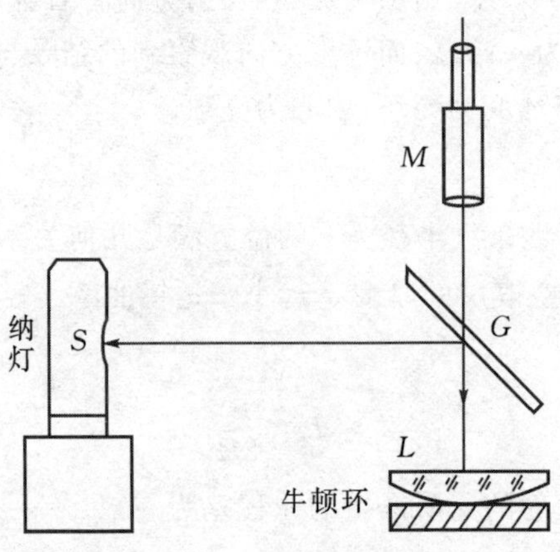

图3-21-4 实验装置及光路图

3. 调节读数显微镜 M 的目镜，在视场中看到清晰的十字叉丝. 将读数显微镜对准牛顿环的中心，上下移动镜筒进行调焦，使看到的干涉环纹尽可能清晰，并与显微镜的测量叉丝之间无视差. 测量时，为了便于观察测量，最好将显微镜视场中的一根叉丝调节成与显微镜的移动

方向相垂直，并且，移动时始终保持这根叉丝与干涉环纹相切.

4. 测干涉圆环的半径. 由于圆环中心附近干涉图样比较模糊，一般取 m_1 大于 5 开始，且为了减小测量误差，提高测量精度，环序数差（m_2-m_1）的值不宜太小. 测量中防止引入回程误差，应采用单方向测量.（举例：如图 3-21-5 所示，左 13→12→11→10→9→8→7→6，右 6→7→8→9→10→11→12→13）

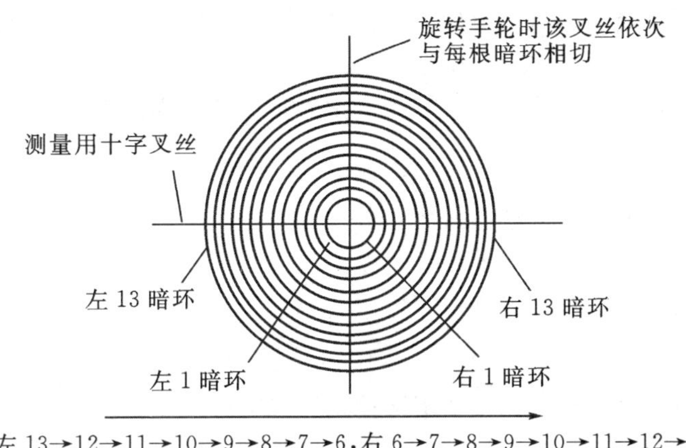

图 3-21-5　测量方法图

5. 逐差法计算平凸透镜的曲率半径 R，并计算其不确定度（钠光波长λ取 589.3nm）.

【注意事项】

1. 调节牛顿环时螺丝不宜拧得太紧，且干涉圆环两侧的序数不能数错.

2. 测量过程中一定要避免实验装置的振动，否则会引起干涉条纹的变化.

3. 半反半透镜的倾角是使光线能被向下反射并垂直入射在牛顿环上，其方向不能调错.

4. 为了避免读数时产生“回程”误差，测量过程一定要单向测量. 若不小心超过了被测目标，就要退回最开始测量位置并重新测量.

5. 平凸透镜 L 及平面玻璃的表面加工不均匀是此实验的一个重要误差来源. 为此，应测大小不等的多个干涉环的直径去计算透镜曲率半径 R，得其平均效果.

【数据记录参考表格】

表 3-21-1　牛顿环实验数据记录表　　单位：

暗环环序数	m_i								
环的位置	左								
	右								
环的直径	D_{m_i}								
环的半径	r_{m_i}								

实验 3-22　用阿贝折射仪测定液体折射率

折射率是物质的一种物理性质，其值等于光在真空中的速度与光在该材料中的速度之比. 物体的折射率反映了介质的浓度、电磁性质等，在生产、生活中常通过测量折射率数值判断物体的某些性质. 如相同度数同种材料的眼镜片，镜片中心厚度相同的情况下，折射率高的比折射率低的镜片边缘更薄；在食品工业中，可通过测量液体食品的折射率，鉴定食品的组成，确定食品的浓度，判断食品的纯净度及品质.

介质的折射率通常由实验测定，测量方法很多，大致可归为两类：一类是应用折射定律及反射、全反射定律，通过精确测量角度求解折射率，如最小偏向角法、自准直法、掠入射法等；另一类是利用光通过介质或由介质反射后，透射光的位相变化或反射光的偏振态变化与折射率的关系计算折射率，如布儒斯特角法、干涉法等.

本实验应用阿贝折射仪及掠入射法原理测定液体的折射率.

【实验目的】

1. 了解阿贝折射仪的原理及使用方法；
2. 掌握掠入射法测折射率的原理；
3. 能自行设计测液体折射率的其他方法.

【实验仪器】

阿贝折射仪、棉花、蒸馏水、水杯、待测液体、钠光源等.

【实验原理】

图 3-22-1 所示为掠入射法原理示意图. 将折射率为 n 的待测液体置于已知折射率为 n_1 ($n<n_1$)的直角棱镜的折射面 AB 上.

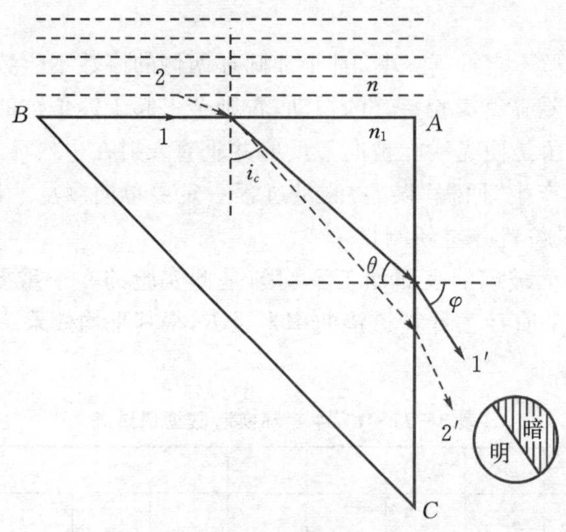

图 3-22-1 掠入射法原理示意图

以单色光源照射分界面 AB，入射角为 $\pi/2$ 的光线 1 将掠射到 AB 界面而折射进入三棱镜内. 显然，光线 1 的折射角 i_c应为临界角，于是有下面关系式

$$\sin i_c = \frac{n}{n_1} \tag{3-22-1}$$

当光线 1 投射至 AC 面，经折射进入空气. 设入射角为 θ，折射角为 φ，则有

$$\sin\varphi = n_1 \sin\theta \tag{3-22-2}$$

其他光线，如光线 2 在 AB 面上的入射角均小于 $\pi/2$. 因此，经三棱镜折射并最后进入空

气时，它们均位于光线 1′ 的左侧．当用望远镜对准出射光方向观察时，将看到以光线 1′ 为分界线的明暗半荫视场，如图 3－22－1 所示．图 3－22－2 还给出了角 A 并非直角的情况．

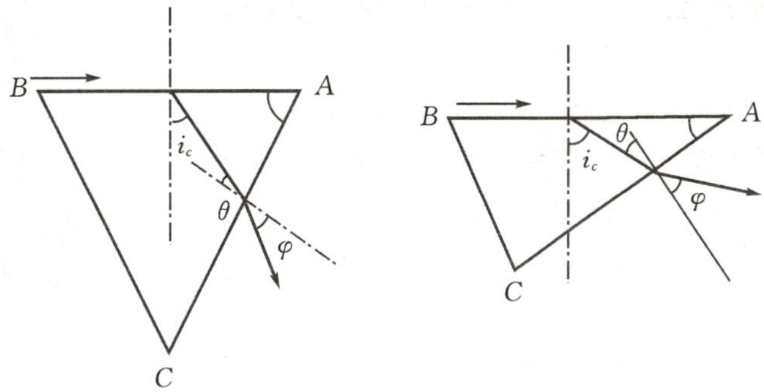

图 3－22－2　角 A 为非直角情况下的掠入射原理光路图

由图 3－22－2 可知，当三棱镜的棱镜角 A 大于角 i_c 时，角 A、角 i_c 和角 θ 有如下关系

$$A = i_c + \theta \tag{3-22-3}$$

联合式(3－22－1)、式(3－22－2)及式(3－22－3)消去 i_c 和 θ 后得

$$n = \sqrt{n_1^2 - \sin^2\varphi}\sin A - \cos A \cdot \sin\varphi \tag{3-22-4}$$

如果棱镜角 $A=90°$，则上式简化为

$$n = \sqrt{n_1^2 - \sin^2\varphi} \tag{3-22-5}$$

于是，若直角棱镜的折射率 n_1 为已知，则测出角 φ 后即可计算得到待测物质的折射率 n．上述测定折射率的方法称为掠入射法．

阿贝折射仪也是根据全反射原理设计而成，它有透射式和反射式两种工作方式．阿贝折射仪中的折射棱镜 ABC 和照明棱镜 $A'B'C'$ 都是直角棱镜，由重火石玻璃制成．

如图 3－22－3 所示为透射式阿贝折射仪的工作原理及光路图．直角棱镜 $A'B'$ 面是磨砂的，

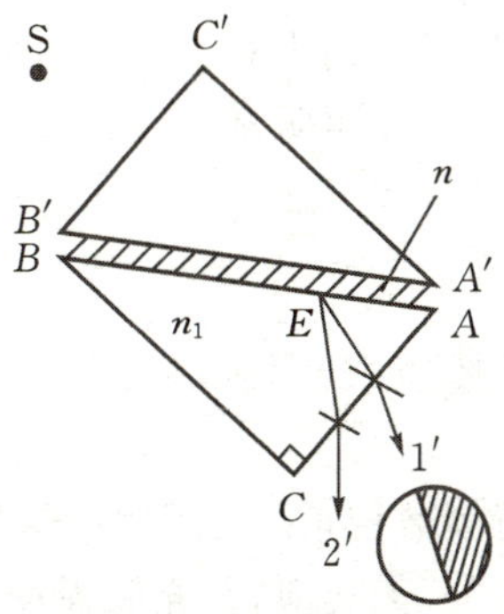

图 3－22－3　阿贝折射原理示意图

磨砂面使光线发生漫反射，因而折射直角棱镜的斜面将有各种角度的入射光入射．将折射率为 n 的待测液体置于折射率为 n_1 的直角棱镜的斜面上，其棱角为 A，并用光源 S 照明．若待测液体的折射率 $n<n_1$，与图 3－22－2 相同，则经棱镜 ABC 两次折射后，由 AC 面射出的光束，在望远镜视场中将观察到半荫视场，明暗分界线就对应于掠入射光束，测出 AC 面上相应

的临界出射角 φ，由式(3－22－5)即可计算出被测物质的折射率 n.

阿贝折射仪如图 3－22－4 所示，其由望远镜系统和读数系统构成.

望远镜系统：白光经反射镜反射后经过进光棱镜与折射棱镜，再经阿米西棱镜抵消色散后射入望远镜. 望远镜视场中只有黑白两色，望远镜由物镜、十字叉丝和目镜组成. 由于阿贝折射仪使用白光，阿米西棱镜的使用将可以有效解决色散问题，原理为：阿米西棱镜由左右对称的三个棱镜胶合而成，中间棱镜由火石玻璃制成，其折射率及色散均较大，而两侧棱镜由冕玻璃制成，其折射率较小. 如图 3－22－5所示为阿米西棱镜截面图.

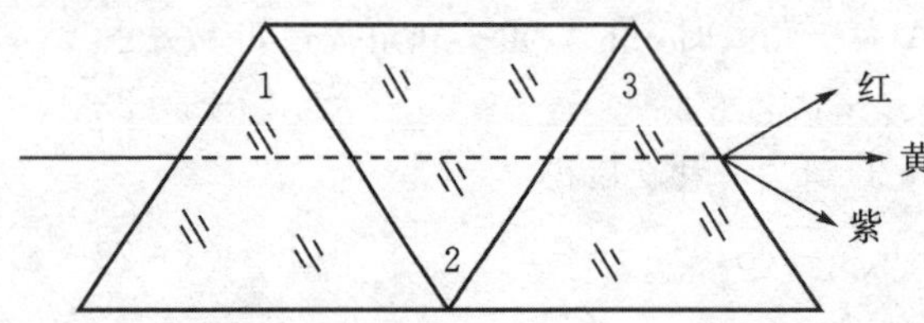

图 3－22－5　阿米西棱镜主截面图

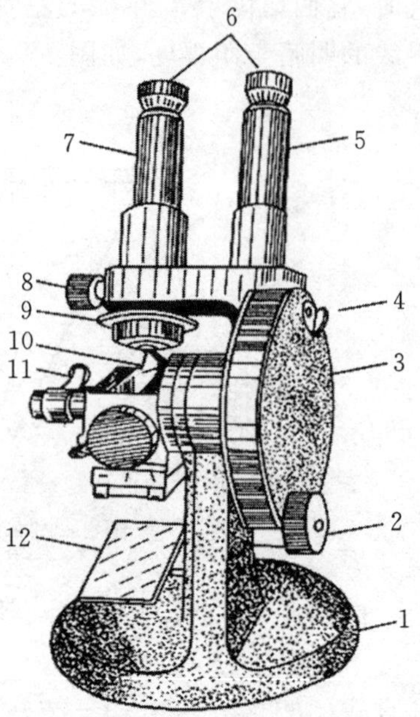

图 3－22－4　阿贝折射仪

1—底架；2—棱镜转动手轮；3—圆盘组(内有刻度板)；4—小反光镜；5—读数镜筒；6—目镜；7—望远镜筒；8—阿米西棱镜手轮；9—色散值刻度圈；10—棱镜锁紧手柄；11—棱镜组；12—反光镜

当光线平行于棱镜边入射时，波长为 589.3nm 的光不发生偏折，而紫色光与红色光分别偏向中间棱镜的底边和顶角. 两只阿米西棱镜安装在望远镜物镜前面，可绕望远镜的光轴作相反方向转动. 由此可见，当白光通过这两个反向放置的阿米西棱镜时，将会产生色散. 当反向作适当转动，即可抵消待测物与折射棱镜产生的色散. 于是，使用阿米西棱镜后，就不必使用钠光源而直接采用自然光，但测量得到的折射率仍为对钠光而言的折射率.

读数系统：光线由小反光镜经毛玻璃照明刻度盘，经转向棱镜及物镜将刻度成像于分划板上，再经目镜放大成像后为观察者所观察.

【实验内容与步骤】

1. 转动棱镜的锁紧手柄，打开棱镜组，用脱脂棉沾一些无水酒精将棱镜面轻轻地擦拭干净.

2. 用蒸馏水对阿贝折射仪进行读数校正. 在照明棱镜的磨砂面上滴一、两滴蒸馏水，合上棱镜，旋紧棱镜锁紧手柄，使液膜均匀、无气泡，并充满视场. 调节两反光镜，即 4 与 12，使两镜筒视场明亮. 旋转手轮 2 使棱镜组 11 转动，这时在望远镜视场中可观察到明暗分界线上下移动，旋转阿米西棱镜手轮 8，使视场中除去黑白二色外无其他颜色. 将分界线对准十字叉丝中心，此时在读数镜视场右边所指示的刻度值应为当时温度下水的折射率 n($n=1.3330$). 如不相符，则可微调仪器上的校正螺旋，使之完全相同. 至此，折射仪的读数就得到校正.

3. 重复步骤 1，并将被测液体装入仪器中；调节反光镜 4 和 12，使两镜筒视场明亮；旋转手轮 2 使棱镜组 11 转动，这时在望远镜视场中可观察到明暗分界线上下移动，旋转阿米西棱镜手轮 8，使视场中除去黑白两色外无其他颜色．将分界线对准十字叉丝中心，此时，读数镜筒视场右边所指示的刻度，即为被测液体在当时温度下的折射率 n 的读数．

4．数据记录并进行不确定度计算．

【注意事项】

1．测量开始前，清洁棱镜表面，以确保测量的液体纯净．

2．测量开始前，用蒸馏水对仪器进行校正．蒸馏水在 20°C，钠光源照射下的折射率为：$n_{水}=1.3330$，若不符合该值，可微调校正螺丝进行校正．

【思考题】

1．设计应用三棱镜、分光计测量液体折射率的方法．

2．设计应用阿贝折射仪测量固体折射率的方法．

实验 3－23　光学测角仪的调整及使用

光在传播过程中遇到两种均匀介质的分界面时，一般会同时产生反射和折射现象，入射角、反射角、折射角之间的相互关系可由光的反射定律和折射定律定量给出．同时，光在传播过程中发生的干涉、衍射、散射等物理现象也均与角度有关．一些光学量，如折射率、光波波长、衍射极大和极小位置等都可通过测量角度直接或间接被确定．可见，在光学技术中，精确测量光线偏折的角度，具有十分重要的意义．

光学测角仪就是一种精确测量角度的仪器．在几何光学实验中，主要用来测定棱镜角、光束的偏向角等，在物理光学实验中，加上棱镜、光栅等分光元件后，可作为分光仪器，用来观察光谱、测定光波波长等．该装置比较精密，操纵控制部件较多且复杂，使用时必须严格按照一定的规程进行调整，才能获得较高精度的测量结果．

光学测角仪的调整思想、方法与技巧，在光学仪器中具有一定的代表性，学会对它的调节和使用，有助于掌握操作更为复杂的光学仪器．

【实验目的】

1．了解光学测角仪的主要构造；

2．掌握光学测角仪的调节与使用方法．

【实验仪器】

光学测角仪又称分光计，是一种精密测量平行光线偏转角的光学仪器，它常被用于测量棱镜顶角、折射率、光栅衍射角、光波波长和观察光谱等．图 3－23－1 所示为光学测角仪结构示意图．

在分光计的下部是一个三脚底座，中心有一个竖轴，称为分光计的中心轴．其底座要求平稳而坚实，刻度盘、游标内盘套在中心轴上，可以绕中心轴旋转．光学测角仪的型号很多，其结构基本都是由四个部件组成，即平行光管、望远镜、载物平台和读数装置．JJY－1 型分光计的四个部件分别介绍如下：

1．平行光管

平行光管固定在底座的立柱上，主要用来产生平行光，其光路如图 3－23－2 所示．管的一端装有会聚透镜，另一端内插入一套筒，其末端为一宽度可调的狭缝．当狭缝位于透镜的焦平面上时，就能使照在狭缝上的光经过透镜后成为平行光．

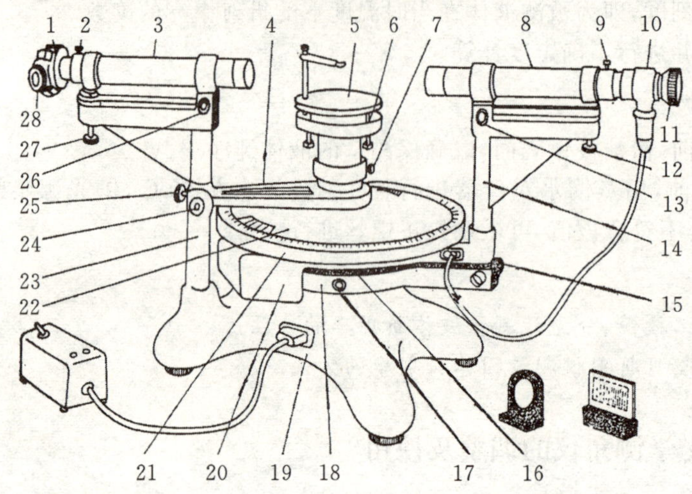

图 3-23-1 JJY 型光学测角仪结构示意图

1—狭缝装置；2—狭缝装置锁紧螺钉；3—平行光管镜筒；4—游标盘制动架；5—载物台；6—载物台调平螺钉(3 只)；7—载物台锁紧螺钉；8—望远镜镜筒；9—目镜筒锁紧螺钉；10—阿贝式自准直目镜；11—目镜视度调节手轮；12—望远镜光轴仰角调节螺钉；13—望远镜光轴水平方位调节螺钉；14—支撑臂；15—望远镜方位微调螺钉；16—转座与度盘止动螺钉；17—望远镜止动螺钉；18—望远镜制动架；19—底座；20—转盘平衡块；21—度盘；22—游标盘；23—立柱；24—游标盘微调螺钉；25—游标盘止动螺钉；26—平行光管光轴水平方位调节螺钉；27—平行光管光轴仰角调节螺钉；28—狭缝宽度调节手轮

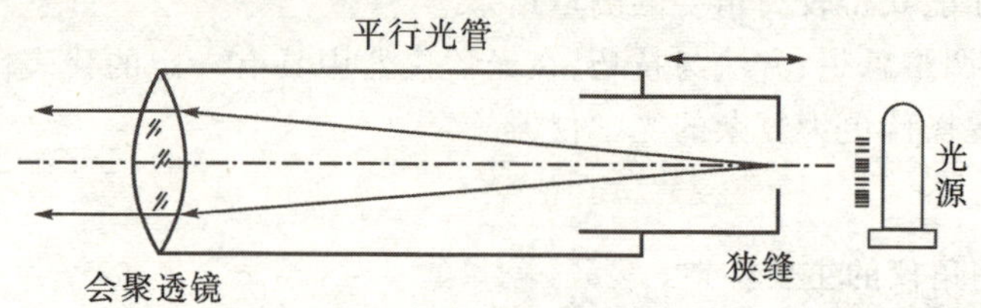

图 3-23-2 平行光管光路

2. 阿贝式自准直望远镜

阿贝式自准直望远镜主要是用来观察目标和确定光线的行进方向．它与一般望远镜一样，也具有目镜、分划板及物镜三部分．分划板上刻的是“╪”形的准线，在边上粘有一块 45°全反射小棱镜，其表面涂了不透明薄膜，小棱镜紧贴分划板的一侧刻有一个空心“+”字窗口，如图 3-23-3 所示．

小电珠发出的光线被 45°全反射小棱镜反射后将“+”字照亮，调节目镜前后位置，可在望远镜目镜视场中看到小棱镜中明亮的“+”字，在物镜前放一平面镜，前后调节目镜与物镜的间距，使分划板位于物镜焦平面上时，“+”字窗口透过的光经物镜后成平行光射于平面镜，反射光经物镜后在分划板上形成“+”字窗口的像，若平面镜镜面与望远镜光轴垂直，此像将落在“╪”准线上部的交叉点上.

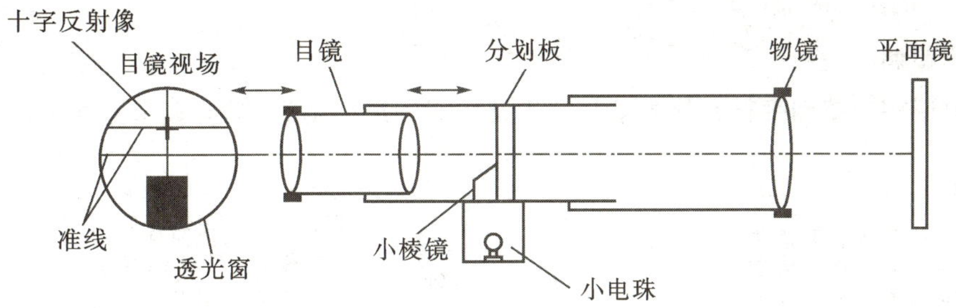

图 3-23-3　自准直望远镜原理图

3. 载物平台

载物小平台用以放置待测物体. 台上有一弹簧压片夹,用以夹紧物体,台下有三个螺丝,可调节载物平台水平.

4. 读数装置

读数装置由主刻度盘和沿圆盘边相隔 180°对称安置的两个游标 T、T' 组成,两个游标对称放置,是为了消除刻度盘中心与分光计中心轴线之间的偏心差,测量时,要同时记录下两游标所示的读数. 主刻度盘分成 360°,最小分度为半度(30′),小于半度的读数,利用游标读出;游标上有 30 格,它和主刻度盘上 29 个分格相当,分度值为 1′. 图 3-23-4 所示的位置,其读数为 68°10′. 注意:安置游标盘位置应考虑具体情况,主要注意读数方便,且尽可能在测量过程中 0°线不通过游标. 记录数据时,左右游标读数分别进行且标清楚,不要混淆.

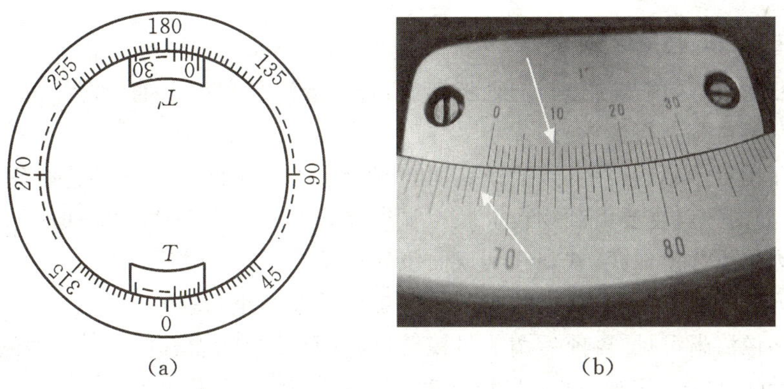

图 3-23-4　读数装置

【实验内容及步骤】

1. 熟悉光学测角仪的结构

对照光学测角仪的结构图和实物,熟悉调整螺钉的位置及其作用. 光学测角仪必须经过仔细调整,以保证入射光与刻度盘、载物平台相平行,使刻度盘上的读数能正确反映出光线的偏转角. 调整光学测角仪时要求:

(1)望远镜调焦无穷远,能接受平行光;

(2)望远镜和平行光管共轴,并均与光学测角仪中心轴相垂直;

(3)载物平台垂直于光学测角仪中心轴；

(4)平行光管出射平行光.

2. 目测粗调

目测粗调望远镜和平行光管光轴与分光计中心轴严格垂直，具体调节方法如图 3－23－5所示.

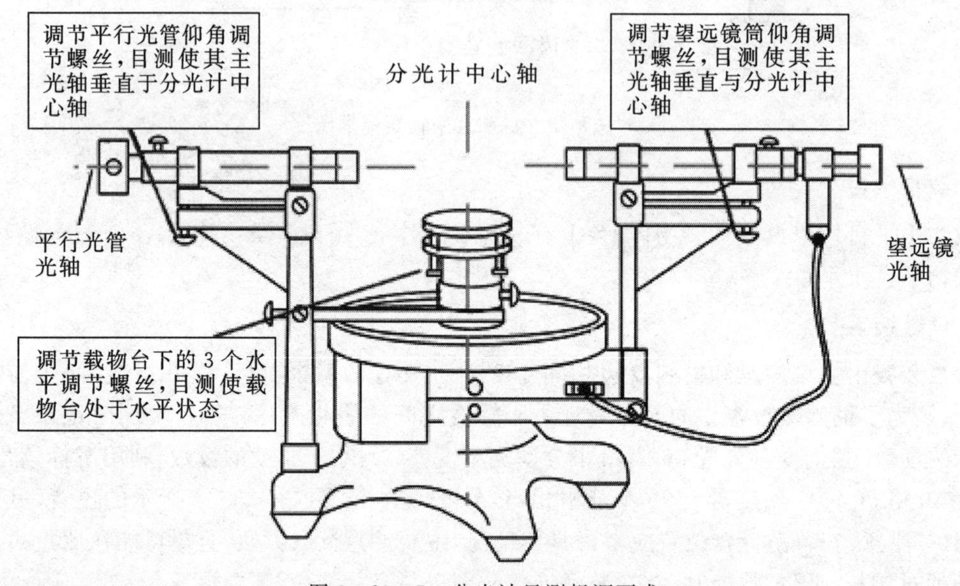

图 3－23－5　分光计目测粗调要求

3. 用自准直法调整望远镜

(1)点亮照明小灯，调节目镜与分划板间的距离，看清分划板上的“准线”和带有绿色的小“＋”字窗口(目镜对分划板调焦).

(2)将双面镜置于载物台上(双面镜底面与载物台上其中两个螺丝的连线垂直，以使双面镜每一个反射面的倾斜主要由载物台上一个调节螺丝控制)，如图3－23－6所示. 轻缓地转动载物台，边转边用望远镜观察，并观察到双面镜的正反两面的“＋”字像.

(3)从望远镜的目镜中观察到亮“＋”字像，旋转目镜视度，调节手轮，使“＋”字像清晰可见. 再前后调节目镜镜筒，使目镜中既能看清准线，又能看清亮“＋”字像. 注意目镜视度调节和距离调节多次反复，直到“＋”字像、叉丝都清晰为止.

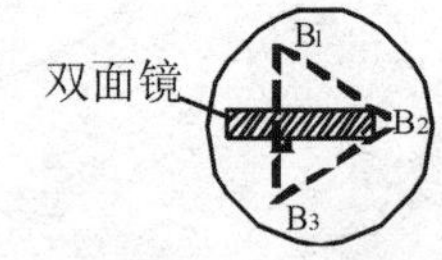

图 3－23－6　双面镜的放置

此时分划板平面、目镜焦平面、物镜焦平面重合在一起，望远镜已聚焦于无穷远(即平行光经物镜聚焦于分划板平面上)，能接受平行光了.

4. 调整望远镜光轴垂直于光学测角仪中心轴

平行光管和望远镜的光轴各代表入射光和出射光的方向，为了测准角度，必须分别使它们的光轴与刻度盘平行. 刻度盘在制造时已垂直于光学测角仪中心轴，因此当望远镜与光学测角仪中心轴垂直时，就达到了与刻度盘平行的要求.

双面镜仍置于载物台上，转动载物台，使望远镜分别对准双面镜的两个反射面，利用自准

直法可以分别观察到两个“＋”字反射像.应注意以下几点:

(1)若望远镜光轴垂直于光学测角仪中心轴,且双面镜反射面平行于中心轴,则转动载物台时,从望远镜可观察到两个反射面反射回来的十字像,且两个反射像均与“+”准线上的交点重合,如图 3－23－8(d)所示.

(2)若两个“＋”字反射像不与准线等高,需用逐次逼近各半调整法进行调节.

(3)或只有一个反射像时,需认真分析,确定调节措施,不可盲目乱调.

重要的是必须先粗调:即先从望远镜外面目测,调节到从望远镜外能观察到两个“＋”字反射像,然后再细调,以尽量避免上述(3)的情况.

图 3－23－7 为逐次逼近各半调解法的示意图,具体调节方法如下:转动载物台,通过望远镜观察双面镜其中一面的“＋”字反射像,若观察到“＋”字像与准线不重合,则:

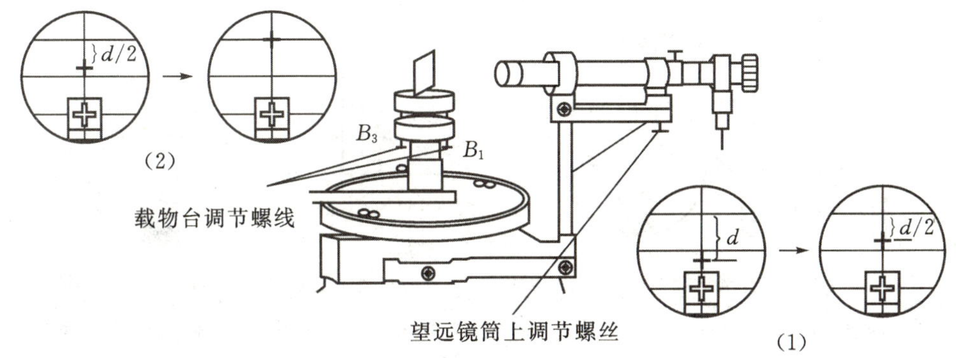

图 3－23－7　逐次逼近各半调解法示意图

(1)调节望远镜筒倾斜度,使“＋”字像与准线在高低方向上距离的差距缩小一半.

(2)调节载物台螺丝 B_1,消除另一半距离,使“＋”字像与准线重合.

将载物台转动 180°,使望远镜对着双面镜的另一面,通过望远镜观察“＋”字反射像,若观察到“＋”字像与准线不重合,则:

(1)调节望远镜筒倾斜度,使“＋”字像与准线在高低方向上距离的差距缩小一半.

(2)调节载物台螺丝 B_3,消除另一半距离,使“＋”字像与准线重合.

如此重复调整数次,直至转动载物台时,从双面镜前后两表面反射回来的“＋”字像都能与准线重合为止. 至此,望远镜已调好,将望远镜倾斜螺丝固定.

若进行完粗调操作后,只观察到一个反射像,可进行如下操作:

转动载物平台至有“＋”字反射像的一面,调节望远镜仰角调节螺丝,使“＋”字反射像高低位置改变至分化板最下方,转动载物台至另一面,观察有无“＋”字反射像,若有,则按照逐次逼近各半调节法调节,调节两个“＋”字像与准线重合,若无,则重新认真进行粗调工作,后观察调节.

图 3－23－8(a)、(b)及(c)分别是望远镜在调整过程中看到的三种特殊情况,调整时可以主要调节不垂直中心轴的部件,采用渐近法各半调节,能很快调至图3－23－8(d)描述的状态.

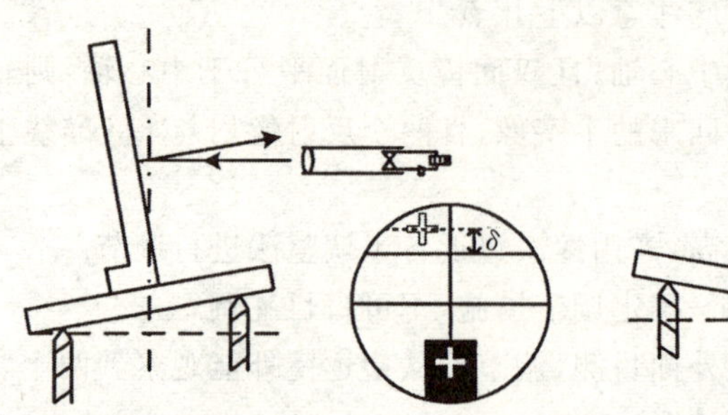

(a)望远镜光轴垂直于光学测角仪中心轴:双面镜仰角太大无“+”字像或镜面微仰,“+”字像偏高

(b)望远镜光轴垂直于光学测角仪中心轴:双面镜倾角太大无“+”字像或镜面微倾,“+”字像偏低

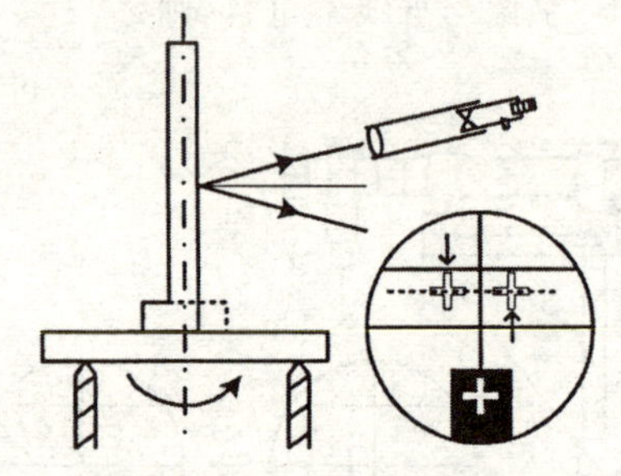

(c)双面像镜面平行于光学测角仪中心轴:望远镜倾(仰)角太大无“+”字像或倾(仰)角微小有“+”字像,此时双面镜旋转 180°前后两次“+”字像高度不变

(d)双面镜镜面平行于光学测角仪中心轴:望远镜光轴及双面镜法线均垂直于光学测角仪中心轴时,前后两次“+”字像均与底板上叉丝“+”重合(图示位置)

图 3-23-8 光学测角仪调整示意图

5. 调整平行光管(用已调好的望远镜为准)

当平行光管射出平行光时,则狭缝成像于望远镜物镜的焦平面上,在望远镜中能清楚地看到狭缝像,并与准线交点无视差. 具体调节方法如下:

(1) 将调整好的望远镜对准平行光管,打开狭缝光源,调整平行光管水平及仰角调节螺丝,用目视法将平行光管光轴大致调整到与望远镜光轴相一致.

(2) 打开狭缝,从望远镜中观察,拧松狭缝锁紧螺钉,调整狭缝与透镜间距,以看到清晰的狭缝,调节缝宽,使视场中缝宽约为 1mm.

(3) 旋转狭缝套筒,将狭缝像调至水平,拧紧狭缝锁紧螺钉,调节光管仰角调节螺丝,使狭缝像与望远镜中心“十”字叉丝重合.

调节完成,则平行光管光轴与望远镜光轴重合,且均垂直于分光计中心轴. 经过上述调整,光学测角仪已达到良好的使用状态.

【注意事项】

1. 光学测角仪是较精密的光学仪器,在使用中应规范使用方法,熟悉每个部件的作用才能做到调节、测量得心应手.

2. 不应在止动螺钉锁紧时,强行转动望远镜,所有螺丝调节不应过度.

3. 读数时应注意望远镜转动过程中是否通过了刻度零点,准确计数及计算;且测量前应将已调节好部件的止动螺钉固定,以使读数准确有效.

【思考题】

1. 光学测角仪由哪几个主要部件组成？它们的作用分别是什么？

2. 望远镜、平行光管、载物台、刻度盘之间相互关系是什么？它们各自有怎样的调整要求？

3. 为什么利用自准法可以将望远镜调至接受平行光和垂直中心轴的正常工作状态？如何调整？

4. 调整望远镜光轴与光学测角仪中心相垂直中为什么要用各半调法？如何应用各半调法？

实验 3-24　光敏电阻基本特性研究

光敏电阻是利用半导体光电导效应制成的特殊电阻，对光线十分敏感，其电阻值能随外界光照强弱（明暗）变化而变化．它在无光照射时，呈高阻状态；当有光照射时，其电阻值迅速减小．用于制造光敏电阻的材料主要有金属的硒化物、硫化物和锑化物等半导体材料．目前，光敏电阻主要是由硫化镉制作而成．光敏电阻具有使用寿命长、灵敏度高、稳定性能与光谱特性好、体积小及制造工艺简单等特点，被广泛地应用于光的测量、光的控制和光电转换中，如自动控制电路、家用电器及各种测量仪器中．

【实验目的】

1. 了解光敏电阻的工作原理及相关特性；

2. 了解非电量转化为电量进行动态测量的方法；

3. 能选择合理的测量光路进行准确测量．

【实验原理】

1. 光敏电阻伏安特性与光照特性

物体在光照作用下发生的电导率改变的现象称为内光电效应，光敏电阻是基于内光电效应的光电元件．当内光电效应发生时，固体材料吸收的能量使部分价带电子迁移到导带，同时在价带中留下空穴，这样由于材料中载流子个数增加，使材料的电导率增加，电导率的改变量为

$$\Delta\sigma = \Delta P \cdot e \cdot \mu_P + \Delta n \cdot e \cdot \mu_n \tag{3-24-1}$$

式中：ΔP 为空穴浓度的改变量；e 为电荷电量；μ_p 为空穴的迁移率；Δn 为电子浓度的改变量；μ_n 为电子的迁移率．

当光敏电阻两端加上电压 U 后，产生的光电流为

$$I_{\mathrm{Ph}} = \frac{A}{d} \cdot \Delta\sigma \cdot U \tag{3-24-2}$$

式中：A 为与电流垂直的截面积；d 为电极间的距离．

光敏电阻的基本特性包括伏安特性、光照特性、光电灵敏度、光谱特性、频率特性和温度特性等．了解光电器件的基本特性对合理选用器件非常重要，本实验只测量光敏电阻的伏安特性和光照特性．

图 3-24-1 所示为在一定光照下，光敏电阻的伏安特性曲线．

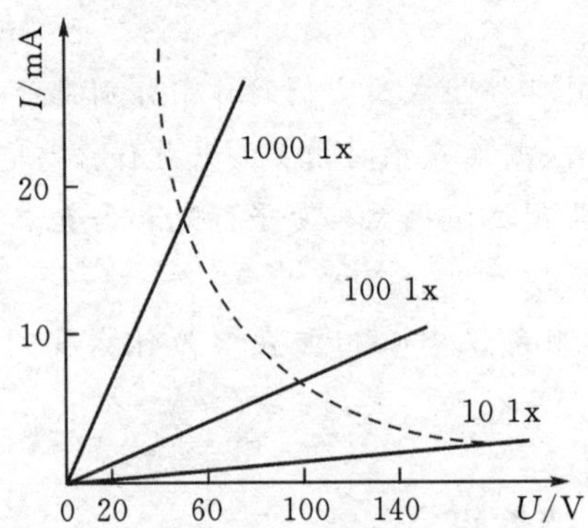

图 3-24-1 硫化镉光敏电阻的伏安特性曲线

由图可知，光敏电阻是一个纯电阻，其伏安特性满足良好的线性关系. 在不同光照条件下其伏安特性曲线斜率不同，相应的光敏电阻阻值也不同. 当电压确定时，光照度越大，电流也越大. 在一定光照下，电压越大，电流也越大，且没有饱和现象，但不能无限度地提高工作电压. 光敏电阻的最高使用电压由其耗散功率决定，而耗散功率则与其面积和散热条件等因素有关. 图 3-24-1 中的虚线划分出了额定功耗区，使用时应注意不要使电阻的功率超过额定功耗区.

当光电器件电极上的电压一定时，光电流与入射到光电器件上的光照强度之间的关系称为光照特性. 图 3-24-2 所示为光敏电阻的光照特性，其中 lx 为入射光强照度单位——勒克斯. 可以看出，光敏电阻具有较高的灵敏度，并且其光照特性呈非线性分布，一般不宜作测量元件，在自动控制中多用作开关元件. 例如，照相机中的电子快门、路灯自动控制电路中的光电传感器件均使用光敏电阻做成.

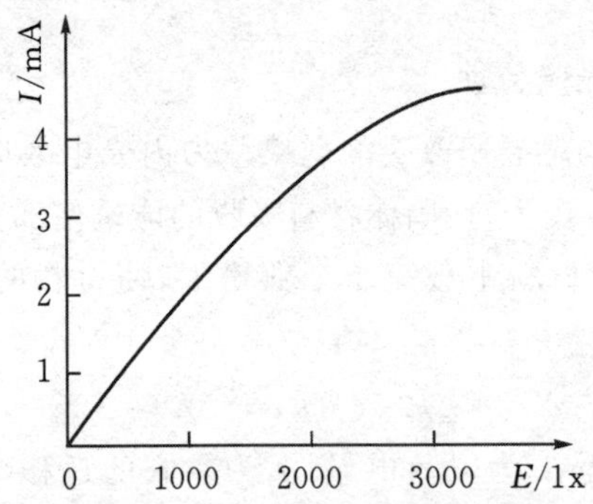

图 3-24-2 硫化镉光敏电阻的光照特性曲线

2. 入射光强度的控制方法

(1)利用马吕斯定律. 由马吕斯定律可知，强度为 ϕ_0 的平面偏振光通过检偏器后，出射光的强度 ϕ 为

$$\phi = \phi_0 \cos^2\alpha \tag{3-24-3}$$

式中，α 为平面偏振光偏振面与检偏器主截面的夹角. 可见，通过改变起偏器、检偏器间的夹角，可改变出射光的强度.

(2)利用发光二极管(LED)驱动电流与光强的关系。发光二极管的核心部分为 PN 结，当给发光二极管加上正向电压后，从 P 区注入 N 区的空穴和由 N 区注入 P 区的电子，在 PN 结附近数微米内分别与 N 区的电子和 P 区的空穴复合，复合时会把多余的能量以光的形式释放出来，从而把电能直接转换为光能. 不同的半导体材料中电子和空穴所处的能量状态不同，复合时释放出的能量多少不同，所发光的颜色不同.

普通发光二极管的伏安特性如图 3-24-3 所示.

由图 3-24-3 可见，LED 正向伏安特性为非线性. 同时，LED 的伏安特性曲线会随环境温度的变化而变化，具有负温度系数的特点，采用恒压源供电时，会增加光衰，降低 LED 灯的使用寿命. 因此，LED 常用恒流源驱动，且在一定的范围内，不考虑环境温度的变化时，其驱动电流大小正比于 LED 的发光强度，因此可以通过改变 LED 驱动电流的大小改变发光强度.

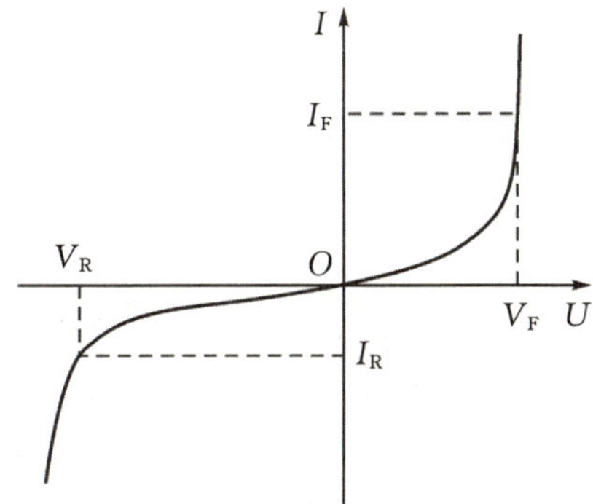

图 3-24-3　LED 的伏安特性曲线

【实验仪器】

LED 光源、恒流源（或凸透镜、偏振片）、光敏电阻、稳压电源、数字万用表、导线、分压器、光学导轨及支座附件、面包板等.

【实验内容】

1. 按图 3-24-4 连接电路，调节 LED 与光敏电阻共轴等高.

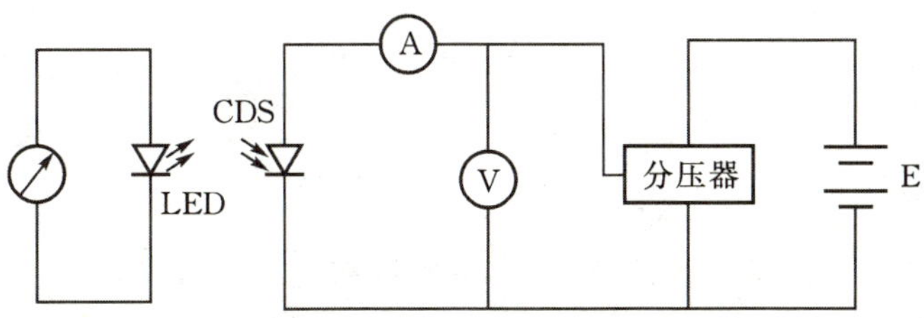

图 3-24-4　电路连接图

2. 光敏电阻基本参数的测量.

(1)光敏电阻伏安特性测量：固定发光二极管与光敏电阻间距，调整 LED 的驱动电流为某一定值，使得照在光敏电阻上的光照度为定值，测量随着加在光敏电阻两端电压的变化，光电流的变化，并按照测量数值绘制 $U-I_{Ph}$ 曲线. 改变入射光强度，重复测量 3 次，绘制三条伏安特性曲线，总结规律.

(2)光敏电阻照度特性测量:一定电压下,测量光敏电阻照度与光电流的关系.

固定发光二极管与光敏电阻间距,调整光敏电阻两端的电压为某一定值,改变 LED 驱动电流的大小,以改变光照强度大小,测量光电流随光照变化的关系,并按照测量数值绘制 $I_{LED}-I_{Ph}$ 曲线. 改变光敏电阻两端电压,重复测量 3 次,绘制三条光照特性曲线,总结规律.

【思考题】

1. 利用数字万用表作为测量仪器时,是否需要考虑万用表内阻,为什么?
2. 根据测量结果,分析光敏电阻的伏安特性及光照特性?

【补充内容】

若利用马吕斯定律改变入射光的强度,可采用以下实验方案进行光敏电阻基本特性的测量.

一、实验光路

实验装置如图 3-24-5 所示.

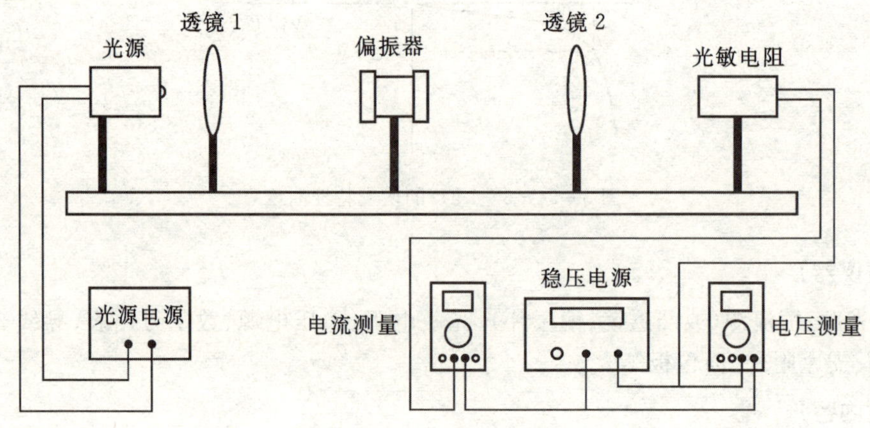

图 3-24-5 实验装置图

二、实验内容

1. 调节各元件等高共轴

(1)粗调:在导轨上依次将光源、透镜 L_1 和观察屏靠拢放置,目测调节至各光学元件、光源的中心轴等高,并处于同一轴线上.

(2)细调:根据透镜共轭法成像的特点和光路,如图 3-24-6 所示,固定光源和观察屏的位置使 $L>4f$,在光源和观察屏间插入透镜 1. 轴向移动透镜 1,在屏上可依次获得放大和缩小的物像. 两次成像时,若像的中心重合,说明光源与像的中心均在主光轴上;反之,说明物点不在主光轴上. 此时可按使放大像的中心趋向缩小像的中心的调节法(大像“追”小像)反复调节透镜 1 的高度,使经过透镜 1 两次成像的中心位置重合,即将光源和透镜 1 调整至共轴等高的状态. 将透镜 2 放置在透镜 1 后,调整其高度,使此时的物像与原像中心等高,即将光源和两透镜调整至共轴等高.

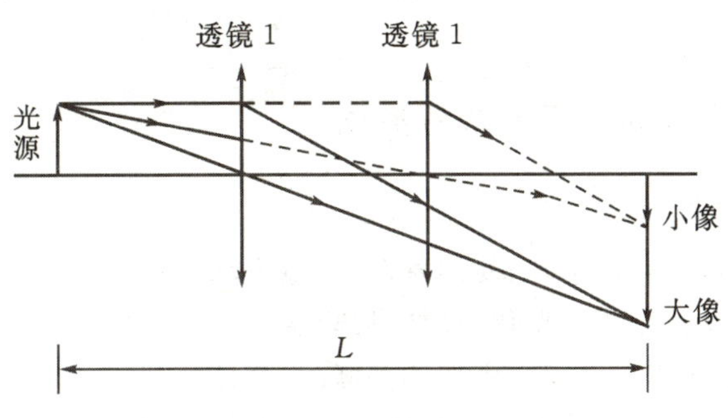

图 3-24-6　共轭法测量光路

2. 光敏电阻伏安特性及光照特性测量

(1)将偏振器(由起偏器、检偏器两个偏振片组成)放置在两透镜之间,调节偏振器,使偏振器与光轴同轴等高. 转动可调偏振片,观察出射光光强的变化.

(2)放置光敏电阻,调节两透镜位置使出射光能均匀照射光敏电阻并使光电流输出最大. 其工作电源由稳压电源提供,其电压与光电流值由数字万用表测量.

(3)在一定照度下,测量光敏电阻的电压与光电流的关系. 改变偏振器两偏振片间的夹角,重复测量 3 次,根据测量数据描绘 $U-I_{\mathrm{Ph}}$ 曲线,并总结规律.

(4)在一定工作电压下,改变偏振器两偏振片间的夹角 α 以改变入射光强,测量光敏电阻的光电流 I_{Ph} 随照度变化的关系. 改变光敏电阻两端的电压,重复测量 3 次,并根据测量数据描绘 $\alpha-I_{\mathrm{Ph}}$ 曲线,总结规律.

实验 3-25　硅光电池特性的研究

硅光电池是一种能直接将光能转换成电能的光电器件,属于一种有 PN 结的单结光电池,是由半导体硅中掺入一定的微量杂质而制成. 因其具有光电转换效率高、性能稳定、使用寿命长、光谱范围宽、频率响应好、能耐高温辐射等优点而受到重视. 同时,因其光谱灵敏度与人眼灵敏度较为接近,而广泛应用于分析仪器和测量仪器中.

太阳能是真正高效、安全可靠、无噪音、低污染的清洁能源,因此硅光电池的应用与开发具有广阔的研究前景,硅光电池特性的研究有助于完善及提高其制造工艺、结构、工作效率等一系列问题,为太阳能源的广泛、高效应用提供理论及技术支持.

【实验目的】

1. 掌握硅光电池及 LED 光源的工作原理及其工作特性;
2. 掌握 PN 结形成原理及工作原理;
3. 掌握测量硅光电池特性的方法.

【实验仪器】

硅光电池、LED 光源、数字万用表、恒流源、稳压源、负载电阻 R_L、分压电阻 R_1、可变电阻 R、导线、光学导轨及支座附件等.

【实验原理】

一、半导体的基本知识及PN结的形成

1. 半导体的导电特性

半导体器件因其体积小、重量轻、使用寿命长、输入功率小、转换效率高等优点而得到广泛应用，它的出现使电子设备更加微型化、更加可靠、灵活. 二极管就是半导体制作的器件，现在大部分电子产品都与半导体有着极为密切的关联. 半导体一般有如下特性：

(1)常温下其导电性能介于导体和绝缘体之间，例如硅、锗、硒、砷化镓、一些硫化物和氧化物等.

(2)导电能力随温度升高而加强；当有光照射或受到机械压力、拉力的作用或改变周围磁场强度等时，其导电能力发生显著的变化.

(3)在纯净半导体中掺入微量的杂质，其导电能力大大加强.

2. 半导体的内部原子结构及本征半导体

常用的半导体有锗、硅等. 硅原子有14个电子，最外层电子数为4个，称为价电子，如图3-25-1所示. 锗元素有32个电子，最外层也有4个价电子. 经过高度提纯且制成晶体后的半导体称为本征半导体，如硅的本征半导体按四角形结构形成晶体点阵，每个原子处于正四面体中心，其他原子处于四面体的顶点，则每一个硅原子把相邻原子中的4个价电子作为自己的最外层电子，达到8电子的稳定结构，每一个原子的一个价电子与相邻原子的一个价电子组成共价键结构，如图3-25-2所示.

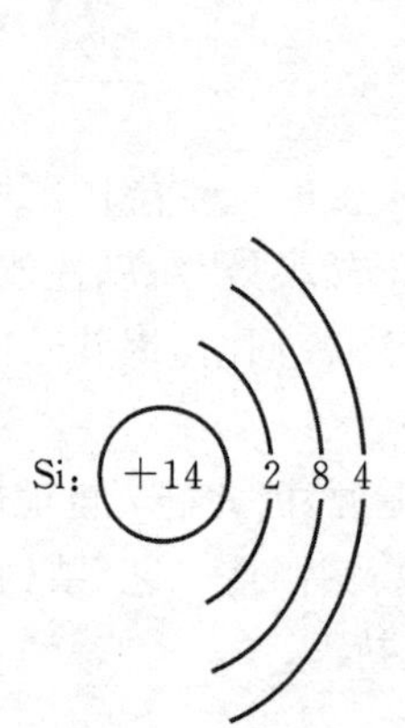

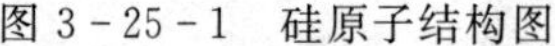

图3-25-1 硅原子结构图

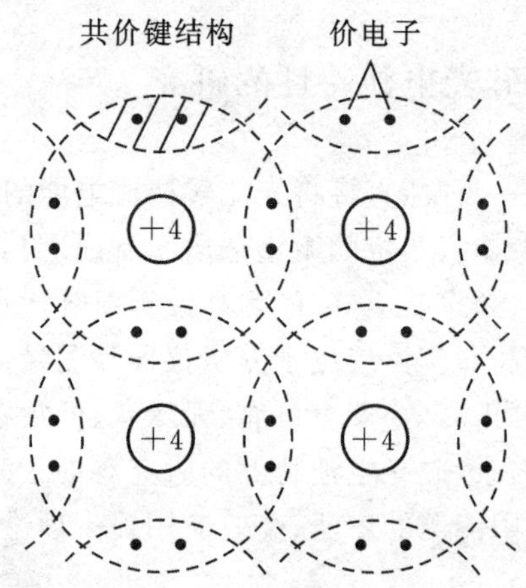

图3-25-2 硅晶体共价键结构

共价键中的电子受两个原子核引力的约束，没有足够的能量不易脱离公共轨道，因此，在绝对零度($T=-273℃$)和无外界激发时，硅晶体中无自由移动的电子. 当有外界能量激发时，因价电子距离原子核较远，若其获得足够的能量，便会挣脱原子核引力的束缚而成为自由电子. 此时共价键中留下一个空位，该空位叫作空穴，因为电子带负电，所以认为空穴带正电. 在本征半导体中每激发一个自由电子，必然产生一个空穴，自由电子和空穴总是成对出现. 由于共价键中出现了空穴，在外加电场或其他能源的作用下，邻近价电子就可补充到该空位上，而在这个电子原来的位置上形成新的空位，以后其他电子又移动到这个新的空位，这样，共价

键中出现了一定的电荷迁移.

在无外电场时，自由电子和空穴的运动总是杂乱无章的，本征半导体中形成不了电流. 若在其两端加一个直流电源，在电场力作用下，自由电子和空穴会定向移动，形成电流. 本征半导体得到的外部能量越多，则激发所产生的自由电子和空穴数目越多，形成的电流越大.

3. 杂质半导体

在本征半导体中掺入微量杂质，会使半导体的导电能力大大增强. 根据掺入杂质类型的不同，分为 N 型半导体和 P 型半导体.

在本征半导体中加入微量的 5 价元素磷（P），则晶体点阵中某些位置上的硅原子会被磷原子取代，形成共价键后，磷原子中 5 个价电子会剩余一个出来，该价电子只受磷的原子核束缚，只要有较小的能量，就会挣脱磷原子的吸引而成为自由电子. 每掺入一个磷原子就提供一个自由电子，半导体中自由电子数目大量增加，导电能力增强，且其自由电子数目远远大于空穴数目，这种半导体以电子导电为主.

在本征半导体中加入微量的 3 价元素硼（B），当硼原子与相邻的四个硅原子组成共价键结构时，共价键中会缺少一个电子，产生一个空位，当相邻共价键上的电子在外界激发条件下获得能量时，就有可能填补该空位，于是在该价电子原来的位置出现一个空穴. 每掺入一个硼原子就形成一个空穴，半导体中空穴数目远远超过了自由电子数目，这种半导体以空穴导电为主. 因 P 型半导体中存在着大量的空穴，所以其导电能力较本征半导体强得多.

4. PN 结的形成

将 P 型半导体和 N 型半导体结合，相应的区域分别称为 P 区和 N 区. 在两个区交界处会出现电子和空穴的浓度差别，P 区内空穴多、电子少，N 区则正好相反. 因此，P 区中的空穴要向 N 区扩散，并与 N 区中靠近交界面处的电子复合，N 区中的电子要向 P 区扩散，并与 P 区中靠近交界面处的空穴复合. P 区一边失去空穴，留下了带负电的杂质离子，N 区一边失去电子，留下带正电的杂质离子. 这样，在交界面两侧形成了由正负离子组成的一个空间电荷区，也叫 PN 结，电子和空穴的扩散运动越强，空间电荷区越宽，如图 3－25－3 所示.

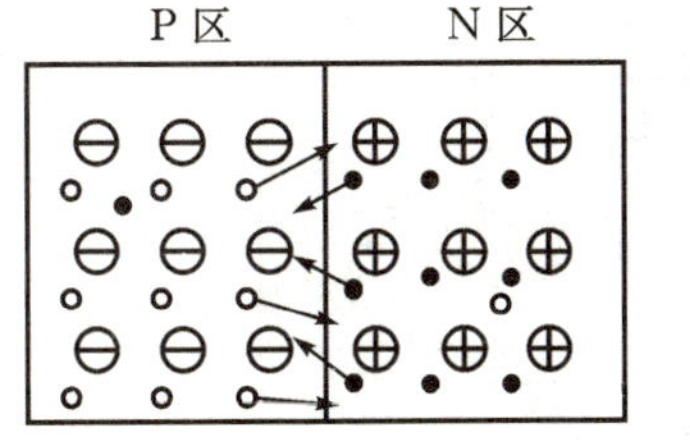

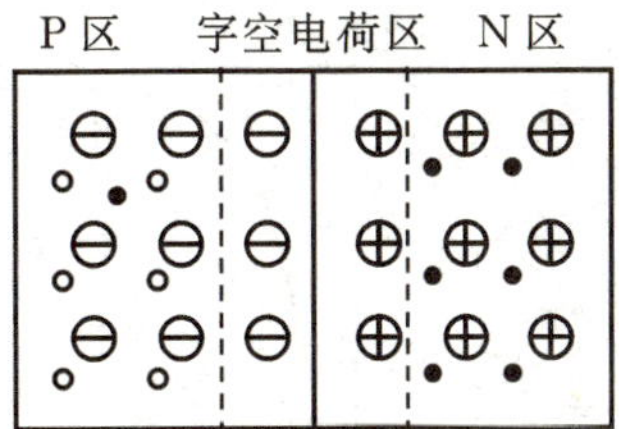

图 3－25－3　PN 结的形成原理

出现空间电荷区以后，由于正负电子之间的相互作用，在该区形成了一个从 N 指向 P 的内电场. 内电场阻碍了扩散运动的进行. 同时，内电场又有助于 P 区中的少数电子向 N 区漂移，N 区中的少数空穴向 P 区漂移，漂移运动的结果是使空间电荷区变窄，其作用与扩散运动正好相反. 当扩散运动与漂移运动中的载流子数目相等时，达到动态平衡，空间电荷区的宽度保持不变，此即 PN 结的形成过程.

二、硅光电池基本特性

1. 硅光电池的工作原理

硅光电池的工作原理即半导体的光生伏特效应，指半导体在受到光照射时产生电动势的现象. 当光照射在硅光电池半导体材料的表面时，光在界面层被吸收，具有足够能量的光子能够将半导体中电子从共价键中激发，以致产生电子一空穴对，在内电场的作用下，电子向带正电的 N 区运动，空穴向带负电的 P 区运动，将在 P 区和 N 区之间产生一个向外的光生电动势. 光照在界面层产生的电子一空穴对越多，电流越大，界面层即光电池面积越大，吸收的光能越多，在光电池中形成的电流也越大.

2. 硅光电池的照度特性

硅光电池在不同光照下，其光生电流及光生电动势不同，它们之间的关系就是硅光电池的照度特性.

(1)硅光电池的短路电流与照度的关系.

当光照射硅光电池时，将产生一个由 N 区流向 P 区的光生电流 I_{Ph}，同时由于 PN 结二极管的特性，存在正向二极管管电流 I_D，此电流的方向从 P 区到 N 区，因此实际获得的电流为

$$I = I_{Ph} - I_D = I_{Ph} - I_o\left[\exp\left(\frac{qV}{nk_B T}\right) - 1\right] \quad (3-25-1)$$

式中：V 为结电压；I_o 为二极管反向饱和电流；n 为理想系数，表示 PN 结特性的参数，一般取值 1 至 2 之间；q 为电子电荷；k_B 为波尔兹曼常数；T 为绝对温度. 在一定光强下，当电池被短路时，$V = 0$，由式(3-25-1)可得短路电流

$$I_{sc} = I_{Ph} \quad (3-25-2)$$

硅光电池的短路电流与光照的关系曲线如图 3-25-4 所示. 由图可知，硅光电池负载为 0 时，在很大的范围内，随着光照强度的增加，短路电流呈线性增加. 因此，可以在电路中使用合适的外接负载，使硅光电池处于短路状态，以此来进行测量或控制光的强弱.

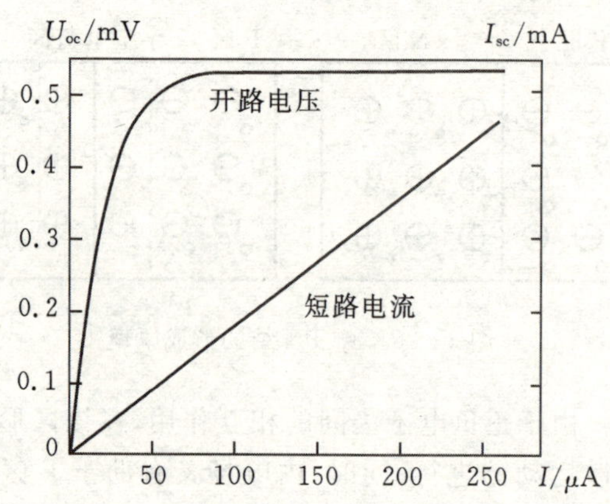

图 3-25-4 硅光电池的照度特性曲线

(2)硅光电池的开路电压与照度的关系.

当硅光电池的输出端开路时，$I = 0$，由(3-25-1)、(3-25-2)两式可得开路电压

$$U_{oc}=\frac{nk_{B}T}{q}\ln\left(\frac{I_{sc}}{I_{o}}+1\right) \tag{3-25-3}$$

硅光电池开路电压与光强特性如图 3－25－4 所示．由图可知，硅光电池的开路电压与光照强度呈非线性关系，并且当光照强度为某一值时就趋向饱和．

硅光电池的一大用途是制成太阳能电池板来发电，其代表太阳能电池性能优劣的一个重要参数是填充因子，其值与短路电流与开路电压的乘积直接相关，太阳电池的填充因子越大，光电池的质量越高，从这方面来讲，硅光电池的照度特性反映了光电池的质量．

3. 硅光电池的伏安特性

在硅光电池输入光强度不变时，通过改变电路中的负载改变加载在光电池上的电压，测量硅光电池的输出电压及电流随负载电阻变化的关系曲线称为硅光电池的伏安特性．

如图 3－25－5 所示为硅光电池的伏安特性曲线，分析曲线可知：当硅光电池接上负载时，其可工作在反向偏置电压状态或无偏压状态；反偏工作状态下，在很大的动态范围内，光电流与偏压、负载电阻几乎无关，硅光电池可以视为恒电流，其电流输出值正比于光照强度；无偏工作状态下，光电二极管的光电流随负载电阻变化很大，电流和电压呈非线性关系变化；光照强度不同，伏安特性曲线不同，但变化趋势一致；在一定光照下，负载曲线在电流上的截距为短路电流，在电压轴上的截距为开路电压．

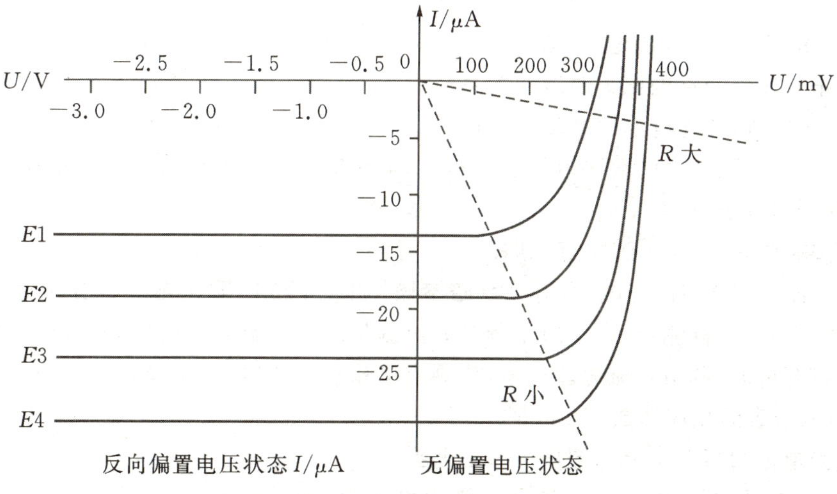

图 3－25－5　硅光电池的伏安特性曲线

4. 发光二极管(light emitting diode，LED)工作原理

发光二极管的核心部分为 PN 结，当给发光二极管加上正向电压后，从 P 区注入 N 区的空穴和由 N 区注入 P 区的电子，在 PN 结附近数微米内分别与 N 区的电子和 P 区的空穴复合，复合时会把多余的能量以光的形式释放出来，从而把电能直接转换为光能，光的强弱与驱动电流大小有关．不同的半导体材料中电子和空穴所处的能量状态不同，复合时释放出的能量多少不同，释放的能量越多，则发出的光的波长越短，所以说，形成 PN 结的材料决定了发光二极管所发光的颜色．

发光二极管的特点是：工作电流很小(有的仅零点几毫安即可发光)，工作电压很低(有的仅一点几伏)，抗冲击性好，抗震性能优，可靠性高，寿命长，通过调制电流大小可以方便地调制产生光波的强弱. 由于 LED 具备如此多的优点，其在一些光电控制设备中常被用作光源，在许多电子设备中用作信号显示器.

【实验内容】

1. 硅光电池光照特性的测量

图 3-25-6 及图 3-25-7 所示为硅光电池的开路电压、短路电流与光强关系研究电路连接示意图. 图中，LED 与可调恒流源构成闭合回路，硅光电池与电流表(电压表)构成闭合回路. LED 常用恒流源驱动，其输出电流通过 LED，LED 辐射出光，且在一定的范围内，不考虑环境温度的变化时，其驱动电流与 LED 的发光强度呈良好的线性关系. 驱动电流增大，LED 辐射光强增强，反之亦然. 因此，可以通过改变 LED 驱动电流的大小改变发光强度. 而硅光电池接收到 LED 光源所发的光，将光能转化为电能，致使电表中有读数，从而用以判断硅光电池的开路电压、短路电流与照度的关系.

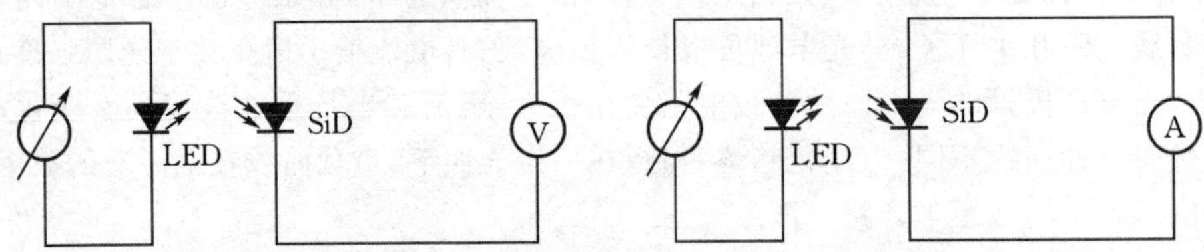

图 3-25-6　开路电压测量电路　　　图 3-25-7　短路电流测量电路

(1)硅光电池的开路电压与照度的关系研究.

当有光入射时，硅光电池的两端就会产生电动势，如果外部接有电路，则产生回路电流. 当外部仅接入一只内阻极大的数字电压表，得到的电压值与硅光电池的电动势非常接近，称之为硅光电池的开路电压.

首先，按照图 3-25-6 连接好电路.

其次，固定 LED 与硅光电池的间距(暗室操作中，可取 LED 光源与硅光电池之间的距离为 25cm；若在亮室进行测量，为了减小背景光对测量结果的影响，可将二者间距离减至最小).

最后，打开电源，调节恒流源输出电流，观察电压表的读数，并选择合适的档位测量恒流源电流值 I 与电压表的相应读数 U_{oc} 的值.

(2)硅光电池的短路电流与照度关系的研究.

当有光入射时，硅光电池的两端就会产生电动势，如果外部接有电路，则产生回路电流. 如果接入一只内阻极小的电流表，所得的结果就是硅光电池的短路电流.

首先，按照图 3-25-7 连接好电路.

其次，将 LED 与硅光电池两者之间的距离固定；(暗室操作中，可取 LED 光源与硅光电池之间的距离为 25cm；若在亮室进行测量，为了减小背景光对测量结果的影响，可将二者间距离减至最小).

最后，打开电源，调节恒流源输出电流，观察电流表的读数，并选择合适的档位测量恒流源电流值 I 与电流表的相应读数 I_{sc} 值.

(3)绘制硅光电池的照度特性曲线，即 $I-U_{oc}$ 与 $I-I_{sc}$ 的图像，并对图像进行分析.

2. 硅光电池的伏安特性研究

(1)调节 LED 与硅光电池间距离及电流源的输出，使入射在硅光电池上的光强为某一定值,测量硅光电池在无偏压状态及反向偏压状态下的伏安特性. 其中,连接电路分别如图 3－25－8(a)、(b)所示. 保持 LED 及硅光电池之间的距离,改变入射光强,重复测量以获得不同光强下硅光电池的伏安特性.

(2)根据测量数据绘制硅光电池的伏安特性曲线.

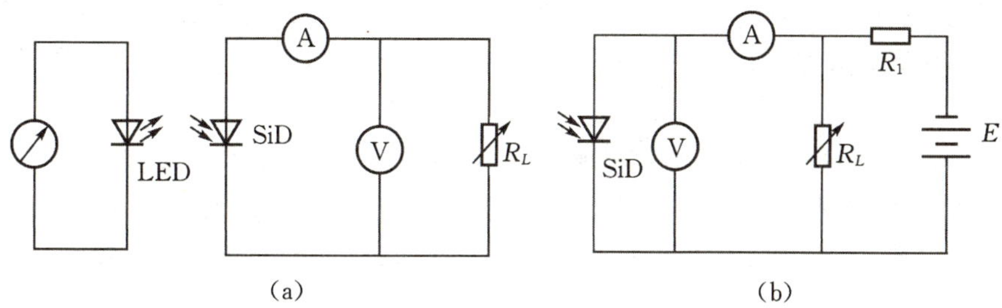

图 3－25－8　硅光电池伏安特性测量电路

实验 3－26　开普勒望远镜的组装及其放大率的测定

望远镜是用途极为广泛的助视光学仪器,其主要作用在于增大被观测物体对人眼的张角,起着视角放大的作用,帮助人们观察远处目标,它常被组合在其他光学仪器中. 为适应不同用途,达到各种性能要求,望远镜有很多种类,构造也各有差异,但是,它的基本光学系统都由一个物镜和一个目镜组成. 望远镜在天文学、电子学、生物学和医学等领域有着十分重要的作用和地位.

【实验目的】

1. 熟悉望远镜的构造及其放大原理;
2. 掌握光学系统的等高共轴调节方法;
3. 掌握望远镜放大率测量的方法.

【实验仪器】

光学平台、凸透镜若干、标尺、二维调节架、二维平移底座及三维平移底座.

【实验原理】

1. 开普勒望远镜的构造及其放大原理

望远镜通常是由两个共轴光学系统组成,我们把它简化为两个凸透镜,其中长焦距的凸透镜作为物镜,短焦距的凸透镜作为目镜. 图 3－26－1 所示为开普勒望远镜的光路示意图.

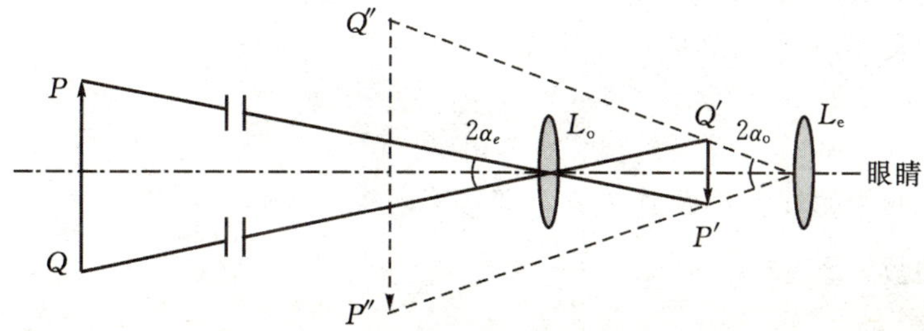

图 3－26－1　开普勒望远镜光路图

图中L_o为物镜,L_e为目镜. 远处物体经物镜后在物镜的像方焦点上成一倒立缩小的实像,像的大小由物镜焦距及物体与物镜间的距离决定,近乎位于目镜的物方焦平面上;经目镜放大后成一虚像,位于观察者眼睛的明视距离与无穷远之间.

物镜的作用是将物光经会聚后在目镜物方焦平面上生成一倒立的实像,而目镜起到放大作用,将其物方焦平面上的倒立实像放大成一虚像,便于观察. 用望远镜观察物体时,只需调节物镜与目镜的相对位置,使通过物镜成的实像落在目镜物方焦平面上,这就是望远镜的"调焦".

望远镜可分为开普勒望远镜与伽利略望远镜两类. 若物镜和目镜的像方焦距均为正,即两个都为会聚透镜,则称为开普勒望远镜,此系统成倒立的像;若物镜的像方焦距为正(会聚透镜),目镜的像方焦距为负(发散透镜),则为伽利略望远镜,此系统成正立的像.

2. 望远镜的视角放大率

望远镜主要是帮助人们观察远处的目标,它的作用在于增大被观测物体对人眼的张角,起着视角放大的作用. 望远镜的视角放大率M定义为

$$M=\frac{\alpha_o}{\alpha_e} \tag{3-26-1}$$

α_o与α_e分别表示用仪器时虚像所张的视角及不用仪器时物体所张的视角,如图3-26-2所示. 用望远镜观察物体时,一般视角均甚小,因此视角之比可以用正切之比代替,于是,光学仪器的放大率近似可以写为:$M=\tan\alpha_o/\tan\alpha_e$.

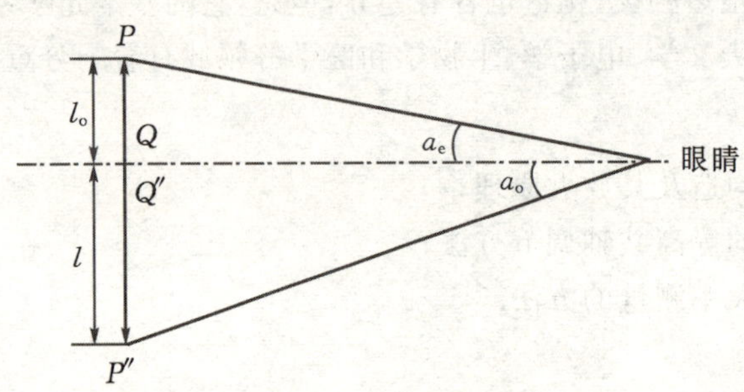

图3-26-2 目测法示意图

在实验中,为了把放大的虚像直接比较,常用目测法来进行测量,如图3-26-2所示. 长为l_o的标尺(观察物PQ)直接置于观察者的明视距离处(约3m),其视角为α_e,用一只眼睛直接观察标尺(物PQ),另一只眼睛通过望远镜观看标尺的虚像($P''Q''$)亦在明视距离处,其长度为l,视角为α_o. 调节望远镜的目镜,使标尺和标尺的像重合且没有视差,读出标尺和标尺像重合区段内相对应的长度,即可得到望远镜的放大率

$$M=\frac{\tan\alpha_o}{\tan\alpha_e}=\frac{l}{l_o} \tag{3-26-2}$$

因此只要测出观测物的长度l_o及其像长l,即可算出望远镜的放大率.

3. 望远镜的放大率

$$M=-\frac{f_o}{f_e} \tag{3-26-3}$$

由上式可见，视放大率(绝对值)等于物镜与目镜的焦距之比，欲增大视放大率，必须增大物镜的焦距或减小目镜的焦距. 同时，随着物镜和目镜焦距的符号不同，视放大率可正可负. 如果 M 为正值，像是正立的，称为伽利略望远镜，如果 M 为负值，像是倒立的，称为开普勒望远镜.

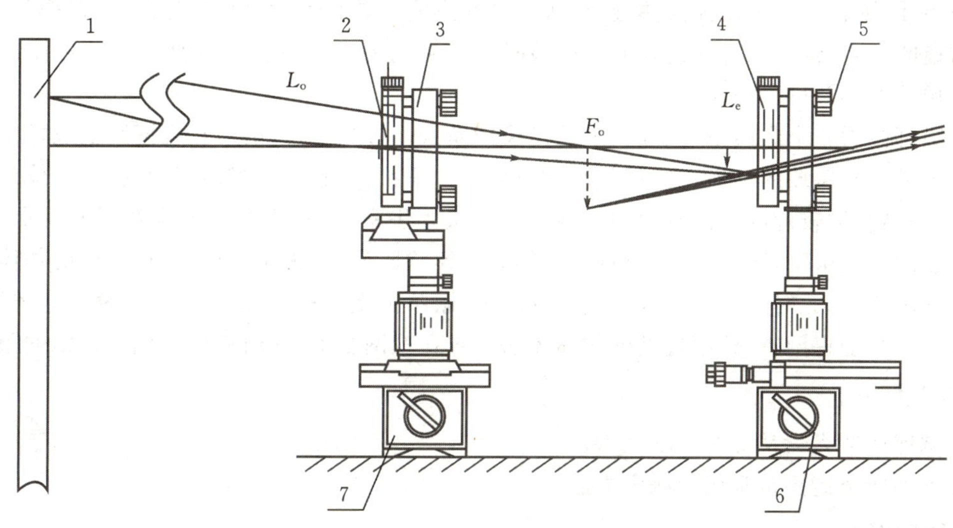

图 3－26－3　望远镜装置

1—标尺(观测物)；2—物镜；3—镜架；4—目镜；5—调整螺旋；6—光具底座锁；7—光具座

【实验内容及步骤】

1. 根据已知透镜的焦距确定一个为物镜，另一个为目镜，并将标尺直接置于观察者的明视距离处(约 3m).

2. 将物镜和目镜放在一起，调节高低左右方位，使其中心大致在一条与光学平台平行的直线上，同时，各光学元件互相平行，且垂直于光学平台.

3. 按照图 3－26－3 所示的光路，放置光学元件组成开普勒望远镜，向约 3 米远处的标尺(物)调焦，并对准两个红色指标间的"E"字(距离 $l_o = 5\text{cm}$).

4. 一只眼睛对准虚像标尺两个红色指标间的"E"字，另一只眼睛直接注视标尺，经适应性练习，在视觉系统同时看到被望远镜放大的标尺倒立的虚像和实物标尺，微移目镜，直到将目镜放大的虚像推移到标尺的位置处.

5. 分别测出虚像标尺中两个红色指标在实物标尺中对应的位置 x_1 和 x_2，计算出放大的红色指标内直观标尺的长度 l(注：$l = |x_2 - x_1|$).

6. 求出组装望远镜的测量放大率 $M = l/l_o$，并与计算放大率 f_o/f_e 作比较.

【思考题】

1. 在望远镜中如果把目镜更换成一只凹透镜，即为伽利略望远镜，试说明此望远镜成像原理，并画出光路图.

2. 显微镜和望远镜的光学系统十分相似，都是由物镜和目镜两部分组成，试说明显微镜的成像原理，并画出光路图，总结显微镜与望远镜的异同.

实验 3-27 薄透镜焦距的测量

在光学中，若透镜的厚度（穿过光轴的两个镜子表面的距离）与焦距长度比较时，厚度可以被忽略不计，则将该种透镜称为薄透镜. 薄透镜的主要参数有焦距、色差、球差、折射率等. 焦距是薄透镜的光心（经过光心的光线通过透镜时不发生偏折）至其焦点之间的距离，物体经过薄透镜成像的大小及位置均与其有关.

人眼可视为一个凸透镜，进入人眼的光线经晶状体，即眼珠折射后在视网膜上成像，于是，我们看到了五彩斑斓的世界. 当观测较远的物体时，睫状肌松弛，晶状体焦距变大，物体成像在视网膜上；当观测较近的物体时，睫状肌收缩，晶状体焦距变小，物体也成像在视网膜上. 眼睛出现近视问题是由于长时间近距离观看物体导致睫状肌疲劳，无法放松，使得远处的物体只能成像在视网膜前，此时应当配一副凹透镜的眼镜；眼睛出现远视问题的原因是，随着年龄增长，睫状肌的收缩变得困难，致使近处的物体无法成像在视网膜上，此时应配一副凸透镜的眼镜.

【实验目的】

1. 掌握调节光学系统的共轴技术；
2. 掌握薄透镜焦距常用的测定方法.

【实验仪器】

光学平台、会聚透镜、发散透镜、物屏、像屏、平面反射镜及光源等.

【实验原理】

如图 3-27-1 所示为透镜成像光路图，设薄透镜的像方焦距为 f'，物距为 p，对应的像距为 p'，

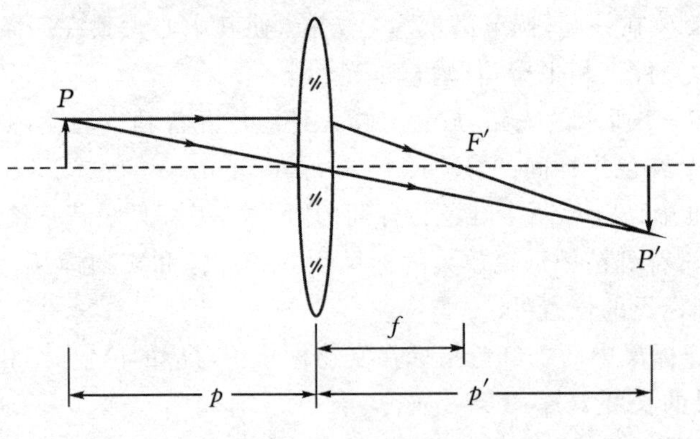

图 3-27-1 透镜成像光路图

则透镜成像的高斯公式为

$$\frac{1}{p'}-\frac{1}{p}=\frac{1}{f'} \tag{3-27-1}$$

于是，透镜焦距可表达为

$$f'=\frac{pp'}{p-p'} \tag{3-27-2}$$

应用上式时，必须注意各物理量所适用的符号定则. 规定：距离自参考点，即薄透镜光心量起，与光线行进方向保持一致则为正，否则为负. 进行运算时已知量须添加符号，未知量则根据求得结果中的符号说明其物理量意义.

一、测量会聚透镜焦距的方法

1. 测量物距与像距求焦距

将实物作为光源，在一定条件下，其发散的光经会聚透镜后，会成实像，因此，可通过测量物距和像距，利用公式(3－27－2)计算出透镜焦距.

2. 共轭法求焦距

图 3－27－2 所示为共轭法求焦距的光路图.

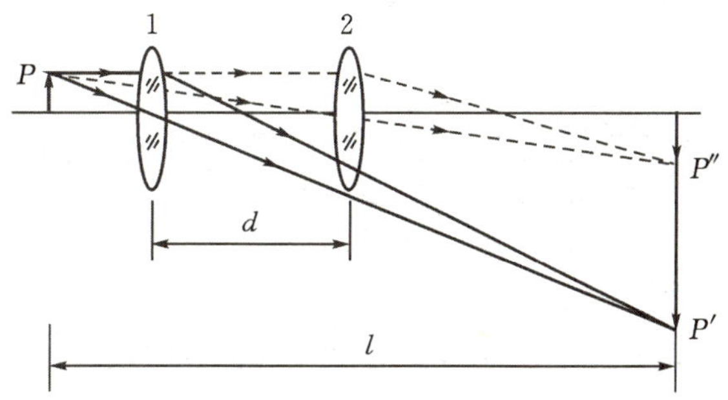

图 3－27－2　共轭法光路示意图

保持物体与像屏的相对位置 l 不变，并使其大于 $4f'$，则当会聚透镜置于物体与像屏之间时，通过移动透镜的位置，可以在像屏上看到两次清晰的像. 两次位置 1 与 2 之间距离绝对值为 d. 运用物像的共轭对称性，可以证明下式成立

$$f' = \frac{l^2 - d^2}{4l} \tag{3-27-3}$$

式(3－27－3)表明，只要测出 d 和 l，就可以算出 f'. 由于焦距 f' 是通过透镜两次成像求解得到，因而，这种方法也被称为二次成像法或贝塞耳法. 并且还可看出，不论是式(3－27－2)还是式(3－27－3)，都是把透镜看成无限薄的，物距和像距都近似地用从透镜光心算起的距离来代替，而这种方法无需考虑透镜本身的厚度，因此，用共轭法测得的焦距一般较为准确.

3. 自准直法测焦距

图 3－27－3 所示为自准直法测量透镜焦距的光路图.

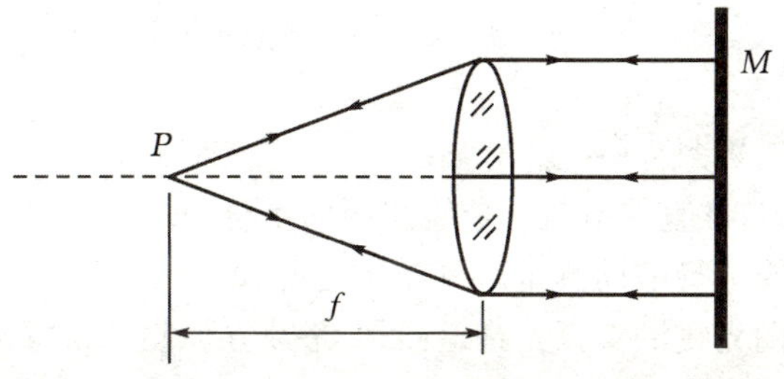

图 3－27－3　自准直法光路示意图

假设物体置于透镜焦点上，由物体发出的光线经过透镜后将成为平行光；如果在透镜后面放置一个与透镜光轴垂直的平面镜将光线反射，则反射光将沿原光路的反方向进行，成像在透镜的焦点上，此时物点和像点在同一位置，物体与透镜之间的距离是透镜的像方焦距．该方法是利用调节物体与透镜之间的距离使之产生平行光以达到调焦的目的，称此方法为自准直法．

二、测量薄凹透镜焦距的方法

1. 物距—像距法测量凹透镜的焦距(利用虚物成实像求焦距)

图 3－27－4 所示为该方法测量凹透镜焦距的光路图，物体 P 发出的光线经过透镜 L_1 后成像于 P'，而加上待测凹透镜 L 后，若 L 至 P' 间的距离小于凹透镜 L 的焦距，则光线将成像于 P''，此时，P' 和 P'' 相对于凹透镜 L 来说是虚物和实像，分别测量出凹透镜 L 至 P' 和 P'' 的距离，代入公式(3－27－2)即可计算出凹透镜的焦距．

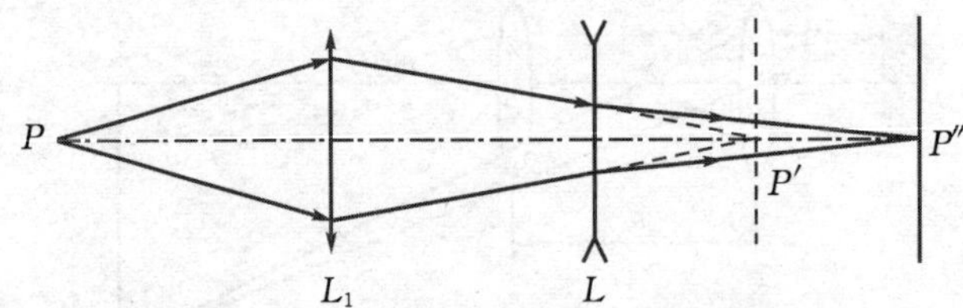

图 3－27－4 辅助透镜法测量凹透镜焦距示意图

2. 由平面镜辅助确定虚像位置测量焦距

图 3－27－5 所示为该方法对应的测量光路图，物体经待测凹透镜成正立虚像于 P'，若在凹透镜前放置指针 Q 和平面镜 M，则观察者可同时观察到 P' 与 Q 在在平面镜中的反射像，移动 Q 调节 Q'，用视差法使 P' 与 Q 重合，根据透镜成像的对称性得到虚像的像距$\overline{OP}$，代入公式(3－27－2)，计算凹透镜焦距．

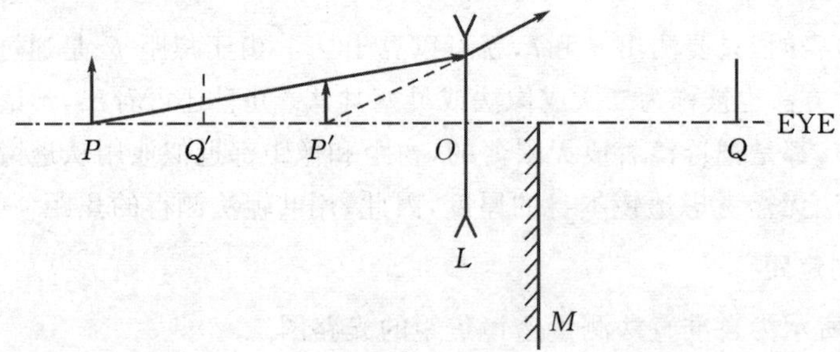

图 3－27－5 视差法测量凹透镜焦距示意图

3. 自准直法测量凹透镜的焦距

图 3－27－6 所示为自准直法测量凹透镜焦距的示意图．

该方法需要一凸透镜进行辅助测量．调节凸透镜、凹透镜等高共轴，调节凹透镜的位置，使得被平面镜反射回来的光线沿着原光路返回，并最终在原物的位置形成与原物大小相等、倒立的实像．测量两透镜间距 O_1O_2 的长度．取出薄凹透镜，测量凸透镜的像距，即 O_1P'的长度，

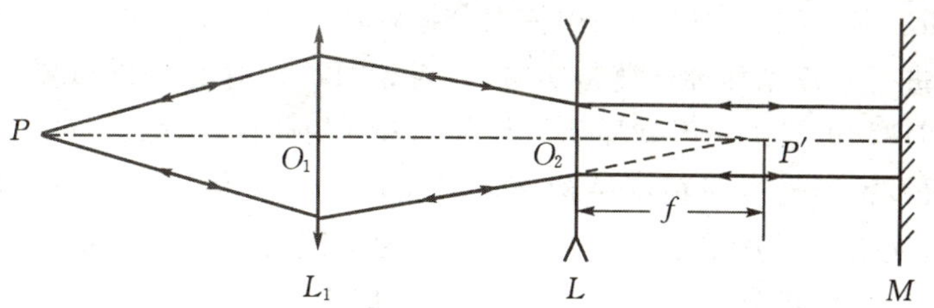

图 3-27-6　自准直法测凹透镜焦距示意图

则薄凹透镜的焦距为

$$f = O_1P' - O_1O_2 \tag{3-27-4}$$

该方法要求 O_1P' 的长度必须大于薄凹透镜的焦距，否则，无论怎样改变薄凹透镜的位置也无法找到实像．该方法简单且具有较高的测量精度．

【实验内容】

1．根据实验室提供的条件，粗测待测凸透镜的焦距(方法自选)．

2．将各光学元件依次按光源、物屏、透镜、像屏的顺序安装到光学平台上，并进行共轴调节(粗调和细调)．

3．共轭法测薄凸透镜的焦距(重复 3 次测量)．

4．自准直法测量薄凸透镜焦距(重复 3 次测量)．

5．按要求进行数据处理，并将两种测量方法所得的结果进行比较．

【实验数据记录参考表】

表 3-27-1　共轭法测凸透镜焦距原始数据记录表

物体与像屏的相对位置 l=______(单位)

第一个清晰像位置 x_1(单位)			第二个清晰像位置 x_2(单位)			$d=\|x_2-x_1\|$
左清晰	右清晰	平均值	左清晰	右清晰	平均值	

表 3-27-2　自准法测凸透镜焦距原始数据记录表

待测量/(单位)	1			2		
透镜位置	左清晰	右清晰	平均值	左清晰	右清晰	平均值
物屏位置						
透镜焦距						

注：物理教育专业学生需要测量薄凹透镜的焦距．

实验 3-28　迈克耳孙干涉仪

1887 年，美籍德国物理学家迈克耳孙(Albert A. Michelson，1852—1931)与美国物理学家莫雷(E. W. Money, 1838－1923)采用依据分振幅产生双光束干涉的原理精心设计的迈克耳孙干涉仪,共同进行了迈克耳孙－莫雷实验,为否定"以太"存在提供重要实验依据,从而有力地推动了近代物理学的发展. 迈克耳孙与其合作者利用此仪器,除进行"以太漂移"实验外,还进行了标定米尺及推断光谱线精细结构等著名实验. 1907 年,迈克耳孙因为"发明光学干涉仪并使用其进行光谱学和基本度量学研究"而成为美国第一个诺贝尔物理学奖获得者. 同年,他获得了科普利奖章. 迈克耳孙干涉仪设计精巧、应用广泛,许多现代干涉仪都是由它衍生发展而来.

【实验目的】

1. 了解迈克耳孙干涉仪的结构、原理;
2. 掌握迈克耳孙干涉仪的调节方法;
3. 掌握用点光源产生的同心圆干涉条纹测量单色光波长的方法.

【实验仪器】

迈克耳孙干涉仪及附件、He-Ne 激光器及纳光源等.

【实验原理】

迈克耳孙干涉仪结构如图 3-28-1 所示:

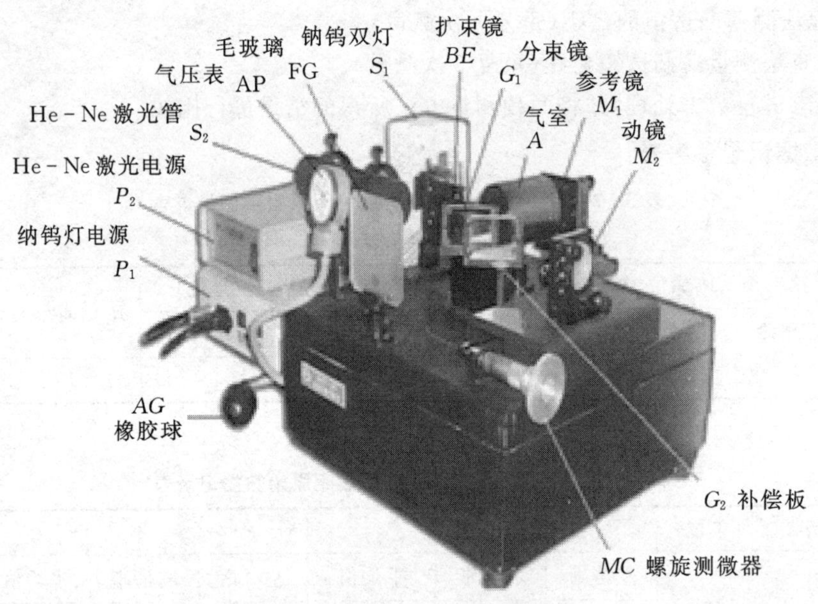

图 3-28-1 迈克耳孙干涉仪实物图

迈克耳孙干涉仪主要是由动镜、定镜、分光镜 G_1、补偿镜 G_2 四个精制的光学镜片组成的干涉系统及一套精密的传动装置组成的观测系统和稳定的底座所组成. 利用每个镜面架上的螺丝可调节镜面的平面方位. M_2是可移动镜,其移动量由螺旋测微仪 MC 读出,两者通过传动比为 20∶1 的机构连接,螺旋测微仪上的最小分度值相当于动镜移动了 0.0005mm. 在参考镜 M_1 与分束镜之间有可以锁紧的插孔,以便做空气折射率实验时固定小气室 A,气压表可以挂在表架上. 扩束镜 BE 可作上下左右调节,不用时可以转动 90°,将其移开光路.

图 3-28-2 给出了迈克耳孙干涉仪的光路图.

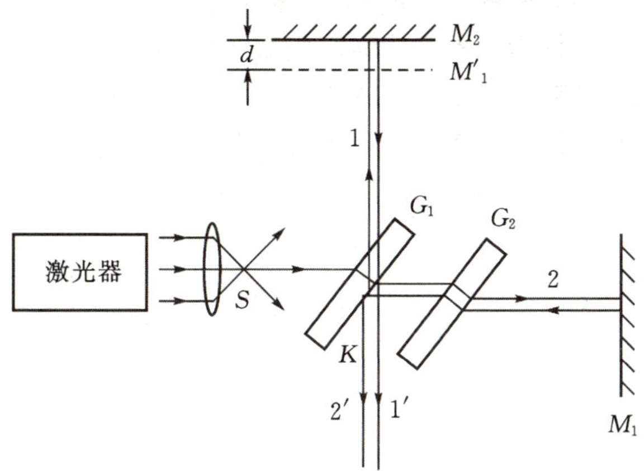

图 3-28-2　迈克耳孙干涉仪的光路图

光线经半透明层 K 反射后与折射被分为两束光强相等、频率相同的光,分别记作光线"1"和"2". 光线"1"被 M_2 反射回来后,透过 G_1 成为光线"1′". 光线"2"透过 G_2 入射到 M_1,被 M_1 反射,再透过 G_2,到达 K 被反射成为光线"2′". 这两条光线满足相干条件,故在相遇区域会出现干涉条纹. 由于光线"1"变为"1′",通过 G_1 三次,若没有 G_2,则光线"2"变为"2′"只经过 G_1 一次,于是,两束光线相遇时存在较大光程差. 而放上 G_2 后,光线 1 和 2 同样经过相同的玻璃板 3 次. 由此可以看出,G_2 具有补偿光程的作用,称为补偿板.

由光路图 3-28-2 可以看出,M_1 和 M_2 可以看作是两个相干光源,于是,在迈克耳孙干涉仪中可观察到点光源产生的非定域干涉条纹,点、面光源形成的等倾干涉条纹,以及由面光源形成的等厚干涉条纹. 本实验主要是调节并观察由点光源形成的非定域干涉条纹,通过测量并计算得到激光波长. 点光源产生的非定域干涉条纹原理如图 3-28-3 所示.

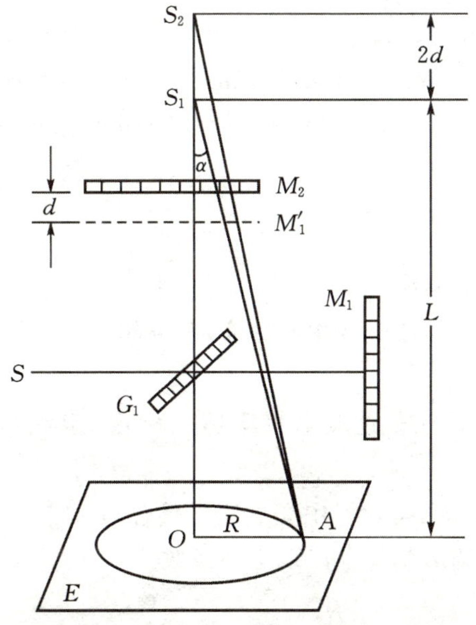

图 3-28-3　非定域干涉条纹原理图

点光源经M_1、M_2反射后，相当于由两个虚拟光源S_1、S_2发出的相干光束，假设两镜片M_1、M_2之间距离为d，则S_1与S_2之间的距离为$2d$. 由虚拟点光源S_1、S_2发出的球面波，在相遇的空间处处相干，因此，这种干涉形成的即为非定域干涉图样. 如果采用平面屏观察干涉图样，在不同的地点就可以观察到圆、椭圆、双曲线或线状条纹. 通常情况下，由于放置屏的空间有限，故较容易观察到圆和椭圆干涉条纹. 通常，将接收屏E置于垂直于S_1S_2连线的OA处，可观察到一组同心圆干涉图样，圆心位于S_1S_2延长线和屏的交点O上.

由S_1S_2到屏上任一点A，两相干光的光程差Δ为

$$\Delta = S_2A - S_1A = \sqrt{(L+2d)^2+R^2} - \sqrt{L^2+R^2} = \sqrt{L^2+R^2}\left[\sqrt{1+\frac{4Ld+4d^2}{L^2+R^2}}-1\right] \tag{3-28-1}$$

式(3－28－1)通过级数展开并略去无穷小量后，可得

$$\Delta = 2d\cos\alpha \tag{3-28-2}$$

干涉形成的明暗条纹条件如下式所示

$$\Delta = 2d\cos\alpha = \begin{cases} k\lambda & (\text{干涉明条纹}) \\ (2k+1)\dfrac{\lambda}{2} & (\text{干涉暗条纹}) \end{cases} \tag{3-28-3}$$

由干涉条件式(3－28－3)可知：

(1)当$\alpha=0$时，光程差Δ最大，即圆心处对应的干涉级别最高. 转动手轮移动M_2，当d增加时，此时可观察到一个个圆环从中心“涌出”，之后往外扩张；当d减小时，则可观察到一个个圆环从边缘逐渐缩小，最后“淹没”在中心处. 由于每“涌出”或“淹没”一个圆环，就相当于S_1S_2的光程差改变了一个波长λ. 设M_2移动的距离为Δd，S_1S_2的距离为$2\Delta d$，相应“涌出”或“淹没”的圆环数为ΔN，则有$2\Delta d=\Delta N\lambda$，即

$$\Delta d = \Delta N\frac{\lambda}{2} \tag{3-28-4}$$

于是，当从仪器上读出Δd及条纹数ΔN，就可据式(3－28－4)计算得到光波波长λ.

(2)当d增大时，会观察到条纹变得既细又密. 这是因为，光程差Δ每改变一个波长所需的α的变化值也随之减小，于是，两亮环(或两暗环)之间的间隔将变小. 反之，当d变小时，会观察到条纹变得既粗又疏.

【实验内容及步骤】

1. 调节并获得非定域干涉条纹

(1)目测粗调使凸透镜中心，激光管中心轴线，分光镜中心大致垂直定镜M_1，并打开激光光源.

(2)(暂时移开扩束镜)调激光光束垂直定镜.(标准：定镜返回的光束，返回到激光发射孔.)

(3)调M_1与M_2垂直.(标准：接收屏中亮点完全重合.)

(4)将扩束镜放回光路，调节使屏上出现干涉条纹.

2. 测量并计算激光波长

(1)调零. 因转动微调鼓轮时，粗调鼓轮随之转动；而转动粗调鼓轮时，微调鼓轮则不动，所

以测量数据前，需调整零点. 将微调鼓轮顺时针（或逆时针）转至零点，然后以同样的方向转动粗调鼓轮，对齐任意一刻度线.

(2)转动螺旋测微仪，可以清晰地观察到条纹“涌出”或“淹没”的现象，待操作熟练后再开始进行测量. 首先，应记录下螺旋测微仪的初始读数 l_0，每当“涌出”或“淹没”$\Delta N = 100$ 个条纹时记录下 l_i的值，连续测量并记录 8 次.

(3)根据仪器的传动比并采用逐差法计算得到 4 个 Δd，并计算得到其平均值.

(4)将 Δd 的平均值代入式(3－28－4)，计算得到波长，结果用不确定度表示，根据实验室给出的标准波长，计算其相对误差，并进行分析.

【实验数据记录参考表】

表 3－28－1　迈克耳孙干涉仪测定波长数据记录表格

测量的物理量	测量次数							
	1	2	3	4	5	6	7	8
实测值 l_i(mm)								
动镜移动距离 d_i(mm)								

（动镜连接的螺旋测微仪，传动比为 20 ∶ 1，即：从读数上读出的最小分度值 0.01mm 相当于动镜移动了 0.01/20＝0.005mm，所以 $d_i = l_i/20$）

【注意事项】

1. 迈克耳孙干涉仪为精密光学仪器，实验过程中，严禁用手摸全反镜、半反镜、补偿板等光学元件表面；

2. 调节 M_1、M_2背面的螺钉时，一定要轻轻地缓慢旋转，不能使其受力过大；

3. 测量过程中，动镜只能沿同一个方向移动，中途不能倒退；

4. 学生在实验操作时应避免激光直射人眼，导致眼睛烧伤；

5. 迈克耳孙干涉仪的调节是一个非常精细的操作过程，学生一定要认真仔细地操作，用心体会其设计技巧.

【思考题】

1. 有三种光源，即钠光、白光及激光可以选择，仪器调节时说明选择光源的顺序？

2. 定域干涉与非定域干涉条纹的形成条件是什么？

3. He-Ne 激光波长为 632.8nm，当 $\Delta N = 100$ 时，Δd 应为多大？

4. 若没有激光，如何直接用汞灯调出干涉条纹？

实验 3－29　单缝衍射相对光强分布的测量

光在传播过程中，遇到尺寸比光的波长大得多的障碍物或小孔时，光线将偏离几何光学中直线传播定律的现象称为光的衍射. 光的衍射现象说明光波具有波动性，菲涅尔和阿喇戈系统地利用光的波动说和干涉原理研究了衍射现象. 衍射效应使得障碍物后空间的光强重新分布，区别于几何光学及光波自由传播时的分布，利用惠更斯－菲涅尔原理能求解光波通过障碍物后的衍射场.

光的衍射可分为菲涅耳衍射和夫琅禾费衍射. 菲涅耳衍射是指衍射屏与光源之间、衍射屏与接收屏之间的距离均为有限,属于近场衍射,如圆孔衍射、泊松亮斑均属于菲涅耳衍射;夫琅禾费衍射属于远场衍射,是指衍射屏与光源之间、衍射屏与接收屏之间的距离均为无限,如单缝夫琅禾费衍射、三角孔夫琅禾费衍射等.

【实验目的】

1. 掌握组装、调整光路的实验技能;
2. 掌握衍射相对光强测量的一种方法,观察并定量测定衍射元件产生的光衍射图样;
3. 学习使用微机自动控制测量衍射光强分布和相关参数.

【实验原理】

夫琅禾费衍射是指光源和接收屏离衍射物均为无穷远时的衍射. 实验中,只要满足光源 S 与衍射体 D 之间的距离,以及 D 至观察屏 R 之间的距离均远大于 a^2/λ(a 为衍射物的孔径, λ 为光源的波长)就能观察到夫琅禾费衍射现象,实际操作中只需两个透镜即可达到要求,光路如图 3-29-1 所示. 图 3-29-2 所示为夫琅禾费衍射的简化装置.

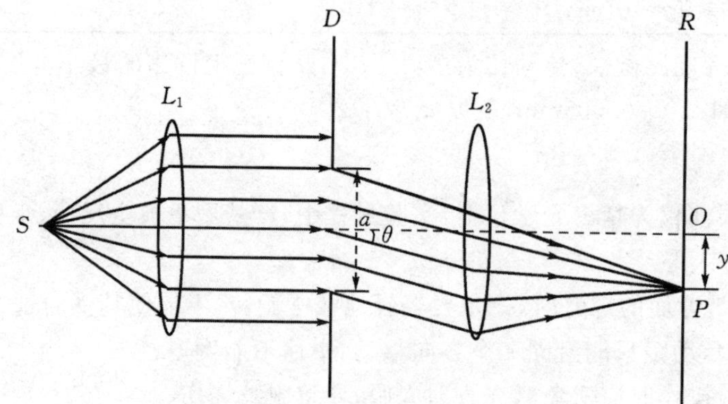

图 3-29-1 夫琅禾费衍射示意图

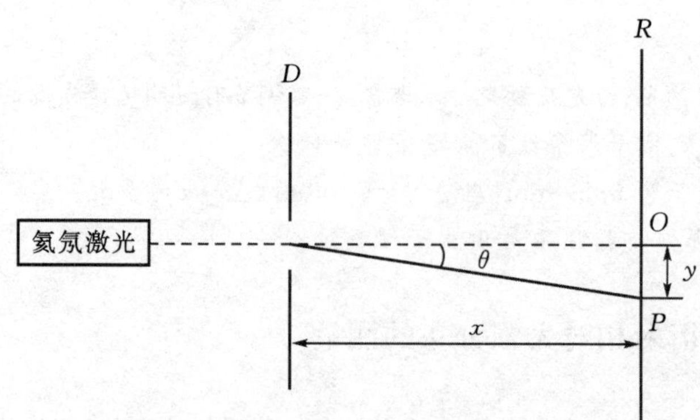

图 3-29-2 夫琅禾费衍射简化示意图

1. 单缝衍射相对光强分布

由单缝夫琅禾费衍射的理论可知,接收屏上任一点光强可表达为

$$I_\theta = I_0 \ (\sin\beta/\beta)^2 \qquad (3-29-1)$$

式中：$\beta = \pi a \sin\theta/\lambda$；$a$ 为单缝宽度；θ 为衍射角；I_0 是中心处的光强. 图 3－29－3 给出了单缝衍射相对光强分布曲线，即 I_θ/I_0 随衍射角变化曲线，中心为主极强，相对强度为 1. 由衍射公式可以得出如下结论：

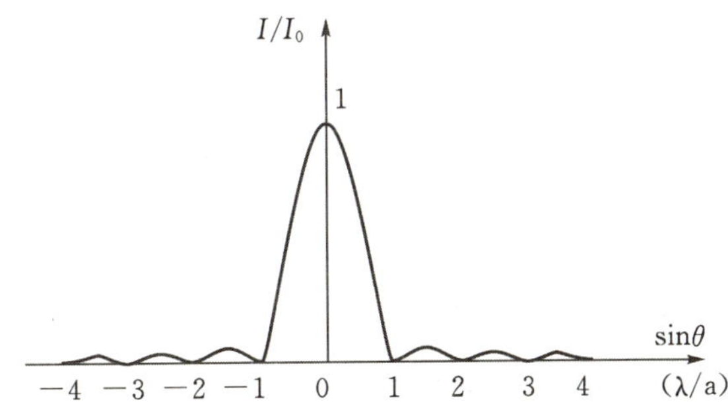

图 3－29－3　单缝衍射相对光强分布曲线

(1)衍射强度为 0 的位置，形成暗条纹. 由式(3－29－1)可知，当 $\sin\beta = 0$ 时光强为零，即：$\beta = k\pi, k = 0, \pm 1, \pm 2, \cdots$，也即在 $\sin\theta = \pm k\lambda/a$ 处光强为零.

(2)对于任意两相邻暗条纹，其衍射角差值为：$\Delta\theta = \lambda/a$.

(3)衍射亮条纹宽，暗条纹窄. 衍射角 $\theta = 0$ 时，光强最大，对应于中央亮条纹的位置. 除主极大外，次极大出现在 $\frac{d}{d\beta}\left(\frac{\sin\beta}{\beta}\right) = 0$ 的位置，它们是超越方程 $\beta = \tan\beta$ 的根，其解为

$$\beta = \pm 1.43\pi, \pm 2.46\pi, \pm 3.47\pi, \cdots \qquad (3-29-2)$$

由此可得 $\sin\theta$ 的值为

$$\sin\theta = \pm 1.43\lambda/a, \pm 2.46\lambda/a, \pm 3.47\lambda/a, \cdots \qquad (3-29-3)$$

实际上，衍射角 θ 很小，近似关系 $\sin\theta \approx \theta$ 成立，于是可得

$$y = \theta x = \pm 1.43x(\lambda/a), \pm 2.46x(\lambda/a), \pm 3.47x(\lambda/a), \cdots \qquad (3-29-4)$$

次极强的光强与主极大光强的关系分别为

$$I_1 \approx 4.7\% I_0, I_2 \approx 1.7\% I_0, I_3 \approx 0.8\% I_0 \qquad (3-29-5)$$

式中，I_i 为各级衍射角对应的光强. 式(3－29－5)表明，相比较主极强的光强，次极强的光强弱得多. 如果进一步考虑倾斜因素，次极强的实际强度比式(3－29－5)所得数值还要小. 次极强的位置和强度可分别近似表示为

$$\beta \approx \pm (k + 1/2)\pi, \ I_k = [(k+1/2)\pi]^{-2} I_0, \ k = 1, 2, 3, \cdots \qquad (3-29-6)$$

(4)衍射角与缝宽成反比，当缝宽增大时，衍射角减小，各级条纹向中央收缩.

(5)衍射光强曲线呈对称分布，各级条纹对称分布在中央明纹两侧.

2. 衍射图样光强探测元件

硅光电池、光敏二极管阵列或其他光敏器件、CCD 器件等都可作为探测光强度的元件. 本实验采用光栅线位移传感器来完成衍射光强的位移计数. 该传感器是应用高精度光栅作为检测元件，两块计量光栅分别安装在基座与移动的导轨上. 两块光栅在保证适量夹角和间隙时可以得到莫尔干涉条纹，通过莫尔干涉条纹信号的光电转换，实现衍射光强数值的显示.

3. 实验装置布置简图

如图 3-29-4 所示，单色光通过衍射元件（单缝、双缝、圆孔等）产生衍射图样，光电探测元件在移动过程中记录衍射图样的光强信息，采集到的信息通过光强放大，A/D 转换后显示在微机上，以供读数与测量.

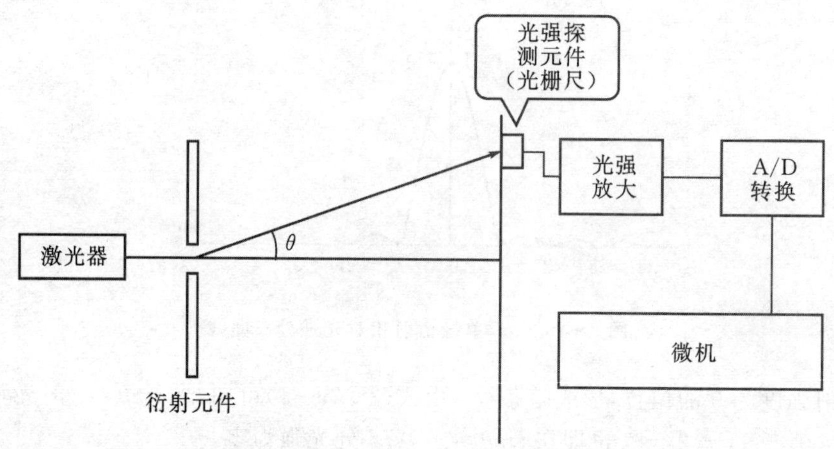

图 3-29-4 实验装置布置简图

【实验仪器】

SGS-1 型衍射光强自动记录系统（包括 He-Ne 激光器、可调单缝、衍射板组、平面镜、光栅尺定位系统、计算机、A/D 转换器、工作软件、三维底座等）.

【实验内容及步骤】

1. 单缝衍射相对光强分布谱观测

（1）依次打开接收器、计算机及激光器的电源，调整激光器支架使光斑射入接收器窗口（最好照射在约 50mm 处）.

（2）组装调整光路：衍射屏处放置单缝，设定可调单缝宽度为 0.2mm（注意螺旋测微器的零点），使激光束照射在单缝上，并使衍射条纹清晰，同时调整接收器底角螺栓使衍射条纹投射在窗口的中心位置且沿窗口展开.

（3）启动计算机上的 GSZF-1（光衍射相对光强记录）程序. 首先，根据最强的五个条纹出现的位置粗略设计扫描范围，即相对坐标；然后，打开接收器窗口，点击“检索”把接收元件移动到扫描起点，用最大的步间距（1mm）进行数据采集（预扫描）.

（4）根据采集到的图形重新设定扫描范围，即绝对坐标，用适当的步间距（建议用 0.2mm）进行数据采集（实扫描）.

（5）根据扫描图像，逐步调整实验光路，直到得到理想的衍射光谱图，即能尽量多的记录出各级衍射的相对光强值为佳.

（6）观察扫描出的衍射光强分布谱，改变狭缝的宽度，观察并记录实验现象.

2. 光强分布谱的记录及输出

（1）读取并记录背景光强度数值、单缝到光栅尺记录仪之间的距离.

（2）读取并记录各级暗条纹中央位置处的坐标值.

(3)依据计算机上的图形，利用软件的检峰功能，读取并记录衍射光谱各级条纹出现的位置坐标及峰值数值.

(4)测量并记录单缝宽度数值.

(5)保存并打印输出的衍射光强分布谱及检峰数值.

3. 数据处理要求

(1)计算主极大和各次极大的光强比值，并根据理论值计算相对误差.

(2)计算各级暗场的位置及相对误差.

(3)计算各级亮条纹的宽度及相对误差.

(4)总结夫琅和费单缝衍射光谱分布规律.

【补充知识】

1. 多缝夫琅禾费衍射相对光强分布

假设多缝元件中，每条缝的宽度为 a，两条缝的中心距为 d. 对于每个单缝其衍射强度分布与单缝衍射光强分布一致，不同的是多缝元件中，每条缝之间存在干涉.

如图 3－29－5 所示，对相同的衍射角 θ，相邻两缝间的光程差均为 $\Delta = d\sin\theta$. 多缝衍射光强度受单缝衍射和多缝干涉的共同影响，其强度公式为

$$I_\theta = I_0\,(\sin\beta/\beta)^2\,(\sin N\gamma/\sin\gamma)^2 \tag{3-29-7}$$

式中，β 与之前定义式相同，$(\sin\beta/\beta)^2$ 称为单缝衍射因子，$\gamma=\pi d\sin\theta/\lambda$，$(\sin N\gamma/\sin\gamma)^2$ 称为多缝干涉因子，多缝干涉因子曲线如图 3－29－6 所示.

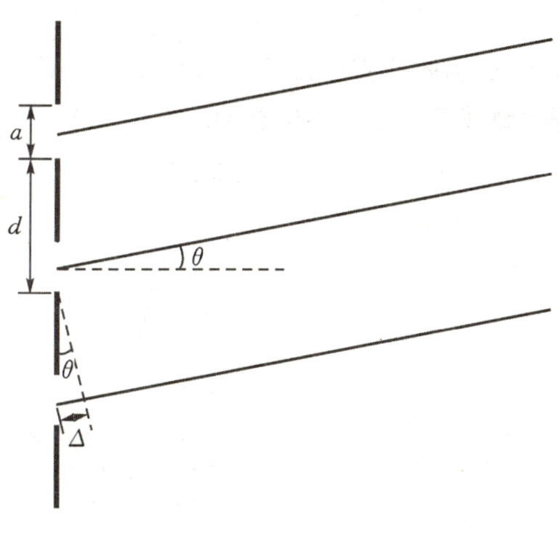

图 3－29－5　多缝干涉示意图

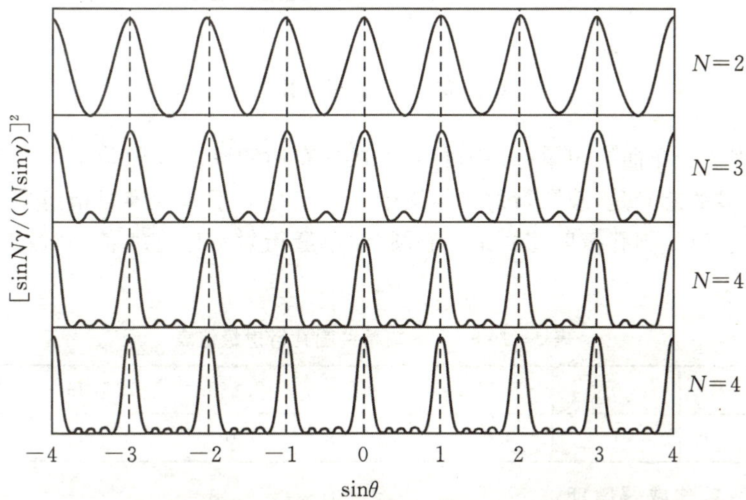

图 3－29－6　多缝干涉因子随衍射角变化分布曲线

(1)只要满足关系 $\gamma=k\pi, k=0,\pm1,\pm2,\cdots$,即

$$\sin\theta=k\lambda/d \tag{3-29-8}$$

就出现主极强,而与缝隙数目 N 无关,此时 $\sin N\gamma=0, \sin\gamma=0$, 但 $\sin N\gamma/\sin\gamma=N$.

(2)次极强的数目等于 $N-2$. 当 $\sin N\gamma=0, \sin\gamma\neq0$ 时, $\sin N\gamma/\sin\gamma=0$, 此时出现强度为零的点,即满足如下关系

$$\gamma=[k+(m/N)]\pi, \sin\theta=[k+(m/N)](\lambda/d) \tag{3-29-9}$$

式中: $k=0,\pm1,\pm2,\cdots; m=1,2,3,\cdots,N-1$.

在同一级 k 内共有 $N-1$ 个零点,即有 $N-2$ 个次极大,且 N 越大,主极强的角宽度越小,峰越锐.

2. 圆孔衍射相对光强分布

圆孔衍射光强分布公式为

$$I(\theta)=I_0[2J_1(\chi)/\chi]^2 \tag{3-29-10}$$

$$\chi=(\pi D/\lambda)\sin\theta \tag{3-29-11}$$

式中: D 为圆孔直径; θ 为衍射角; λ 为波长. $J_1(\chi)$ 是一阶贝塞尔函数,其数值可在数学物理方程书籍或相关工具书中查到. 图 3-29-7 给出了圆孔衍射因子 $[2J_1(\chi)/\chi]^2$ 的分布曲线.

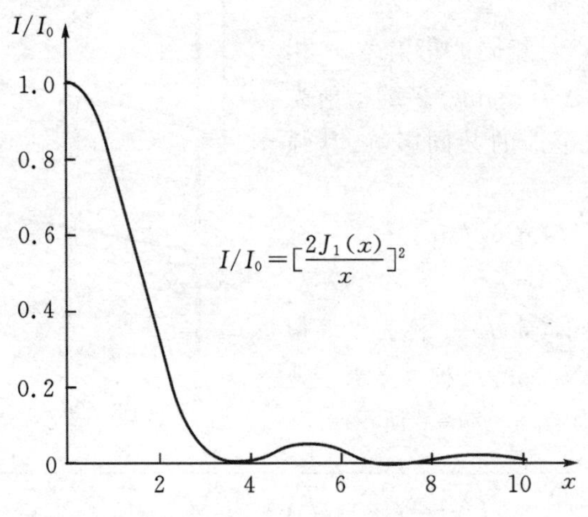

图 3-29-7 圆孔衍射因子

圆孔衍射因子分布曲线与单缝衍射相对光强分布曲线除了在数值上存在差异外,形状非常相似. 比较明显的差异是,圆孔衍射的零级衍射角半径大于单缝零级衍射角半径,次极强的强度也小于单缝衍射. 圆孔衍射花样是同心圆,而单缝衍射花样是线条. 其极大值和零点的数值见表 3-29-1.

表 3-29-1 夫琅禾费圆孔衍射极值表

χ	0	1.220π	1.635π	2.233π	2.679π	3.238π
$[2J_1(\chi)/\chi]^2$	1	0	0.0175	0	0.0042	0

3. 光栅线位移传感器原理

衍射光强分布曲线的纵坐标可利用光电传感器确定,分布谱的横坐标可采用光栅尺(即光

栅位移传感器)来测定,光栅尺的基本原理是利用莫尔条纹的“位移放大”作用.将两块光栅常数都是 d 的透明光栅,以一个微小角度 θ 重叠,光照它们可得到一组明暗相间等距的干涉条纹,即莫尔条纹的间隔 m 很大(见图 3-29-8),从几何学角度可得

$$m=\frac{d}{2\sin\theta/2} \tag{3-29-12}$$

从上式可知,θ 较小时,m 有很大的数值.若一块光栅相对另一块光栅移动 d 的大小,莫尔条纹 M 将移动 m 的距离,即莫尔条纹有位移放大作用,其放大倍数 $k=m/d$. 用光探测器测定两块光栅相对位移时产生莫尔条纹得到强度变化,经光电变换后,成为衍射光强分布谱横坐标得长度数值,即构成一把测定位移的光栅尺.光栅尺可精确测定位移量,因此它在精密仪器和自动控制机床等计量领域有广泛的应用.

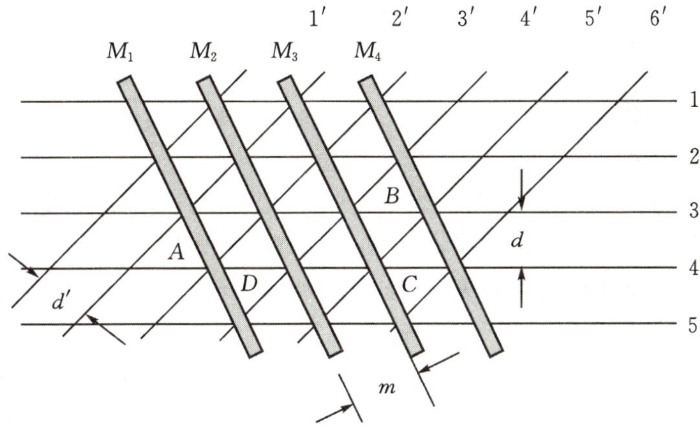

图 3-29-8　两块相同光栅产生莫尔条纹示意图

第 4 章

综合性实验

实验 4－1 弗兰克—赫兹实验

1913 年，丹麦物理学家玻尔（N. Bohr）提出了氢原子模型，成功解释了氢及类氢离子光谱，从而解开了近三十年之久的巴尔末公式之谜. 当爱因斯坦得知这一消息时，他也心悦诚服地接受了这一理论模型，并称玻尔理论是一个“伟大的发现”. 然而，任何一个重要的物理模型要上升为理论，必须得到两种独立实验方法的验证. 1914 年，德国物理学家弗兰克（J. Franck）与赫兹（G. Hertz）使用简单有效的方法，用低速电子去轰击原子，观察测量到汞的激发电位和电离电位，从而证明原子内部量子化能级的存在. 正是这个著名的实验，使我们感受到了原子内部这个迄今为止人类无法看到的美妙世界的跃动. 1925 年，弗兰克与赫兹共同分享了诺贝尔物理学奖.

本实验证明了原子内部结构存在分立的定态能级，通过这一实验，我们可以了解原子内部能量量子化原理. 通过实验测量，学习和体会气体放电现象中低能电子与原子之间相互作用的实验思想与实验方法.

【实验目的】

1. 掌握弗兰克—赫兹实验的原理和方法；

2. 测定汞（氩）原子的第一激发电位，验证原子定态能级的存在，研究原子内部能量的量子化.

【实验原理】

根据玻尔理论，原子只能处在某一些状态，每一状态对应一定的能量，这些能量值彼此是分立的，原子在能级间进行跃迁时吸收或发射特定频率的光子. 当原子与一定能量的电子发生碰撞，可以使原子从低能级跃迁到高能级（激发态）. 如果是基态与第一激发态之间的跃迁，则有

$$eV_1 = \frac{1}{2}m_e v^2 = E_1 - E_0 \tag{4-1-1}$$

原子与电子碰撞后获得了电子的能量，从基态跃迁到第一激发态，V_1 称作原子第一激发电势（位）.

弗兰克－赫兹实验仪器，通常使用的是充汞碰撞管. 这是因为，汞是原子分子，能级比较简单，且汞是一种易于操纵的物质，常温下呈液态，饱和蒸气压很低，加热就可改变它的饱和蒸气压；汞的原子量较大，与电子发生弹性碰撞时几乎不损失动能；汞的第一激发态能级较低，为 4.9eV. 因此，只需几十伏电压就能观察到多个峰值. 图 4－1－1 所示为四极式的 F－H 碰撞管.

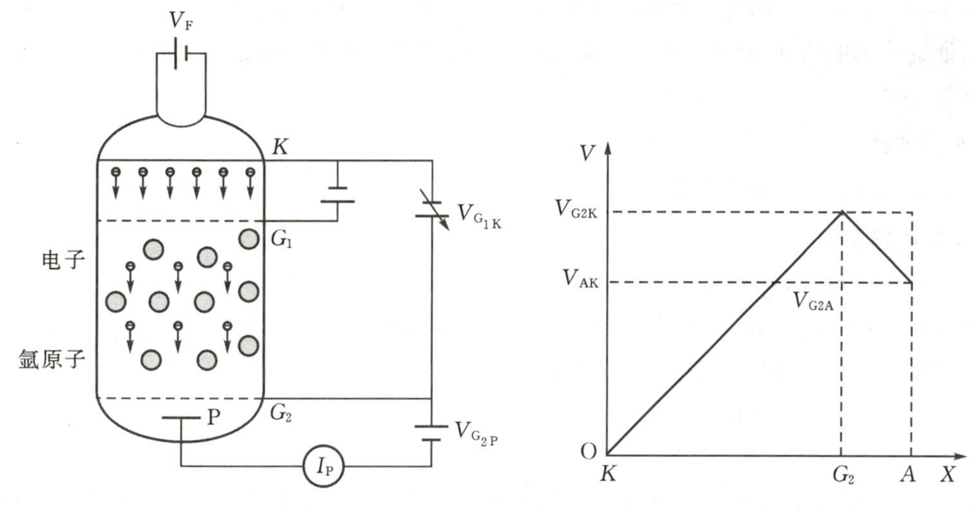

图 4-1-1　实验线路连接图　　　　图 4-1-2　电位分布

图 4-1-1 中，V_F为灯丝加热电压，V_{G_1K} 为正向小电压，V_{G_2K} 为加速电压，V_{G_2P} 为减速电压. F-H 管中的电位分布如图 4-1-2 所示. 图 4-1-2 中，电子由阴极发出经电场 V_{G_2K} 加速趋向阳极，只要电子能量达到克服减速电场 V_{G_2P} 就能穿过栅极 G_2到达板极 P 形成电子流 I_P. 由于管内充有气体原子，电子前进途中要与原子发生碰撞. 如果，电子能量小于第一激发能 eV_1，它们之间的碰撞是弹性的，根据弹性碰撞前后系统动量和能量守恒原理，不难推出电子损失的能量极小，电子能如期地到达阳极；如果电子能量达到或超过 eV_1，电子与原子将发生非弹性碰撞，电子把能量 eV_1传给气体原子，要是非弹性碰撞发生在 G_2栅极附近，损失了能量的电子将无法克服减速场 V_{G_2P} 到达板极.

这样，从阴极发出的电子随着 V_{G_2K} 从零开始增加板极上将有电流出现并增加，如果加速到 G_2栅极的电子获得等于或大于 eV_1的能量将出现非弹性碰撞而出现 I_P的第一次下降，随着 V_{G_2K} 增加，电子与原子发生非弹性碰撞的区域向阴极方向移动，经碰撞损失能量的电子在趋向阳极的路途中又得到加速而开始有足够的能量克服 V_{G_2P} 减速电压到达板极形成电流. I_P随 V_{G_2K} 增加又开始增加，而如果 V_{G_2K} 的增加使那些经历过非弹性碰撞的电子能量又达到 eV_1则电子又将与原子发生非弹性碰撞造成 I_P的又一次下降. 在 V_{G_2K} 较高的情况下，电子在趋向阳极的路途中将与原子发生多次非弹性碰撞. 每当 V_{G_2K} 造成的最后一次非弹性碰撞区落在 G_2栅极附近就会使 $I_P - V_{G_2K}$ 曲线出现下降，如此反复将出现如图 4-1-3 所示的曲线.

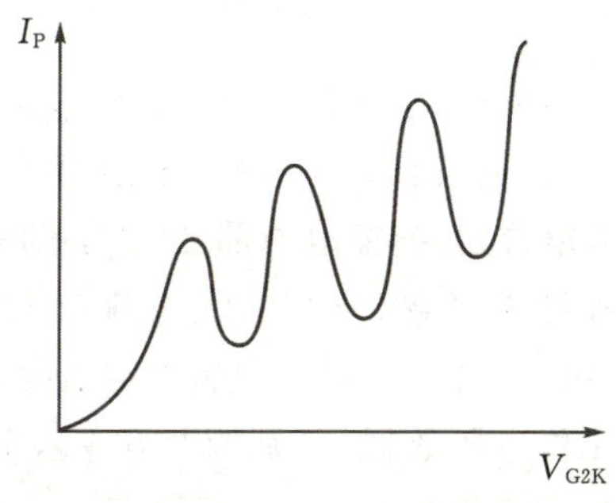

图 4-1-3　曲线图

图 4-1-3 中曲线的极大极小出现呈现明显的规律性，它是能量选择性吸收的结果，也是原子能量量子化的体现，就图 4-1-3 的规律来说，每相邻极大或极小值之间的电位差为第一激发电势(位).

【实验仪器】

FD-FH-B 弗兰克-赫兹实验仪；FH-II 弗兰克-赫兹实验仪.

【实验内容】

Hg(Ar)原子第一激发电位的测量.

实验测定弗兰克—赫兹实验管的 $I_P - V_{G_2K}$ 曲线，观察原子能量量子化情况，并由此求出充气管中原子的第一激发电位(Hg 或 Ar)

1. 按图 4-1-4 连接电路.

2. 加热控温部分.

充汞 F-H 管需要加热控温，充氩 F-H 管不需要加热，可跳过有关加热控温说明(本次实验采用充氩管).

(1)F-H 管加热炉和温控装置的电源插头插入电源插座，打开电源，指示灯亮，按动三位数字上下小按钮，来设置所需的温度(如 90℃、140℃、180℃等).

(2)让加热炉升温 20 分钟，待温控部分指标灯跳变时(绿灯跳变成红灯)，已达到预定的炉温.

3. 其他部分

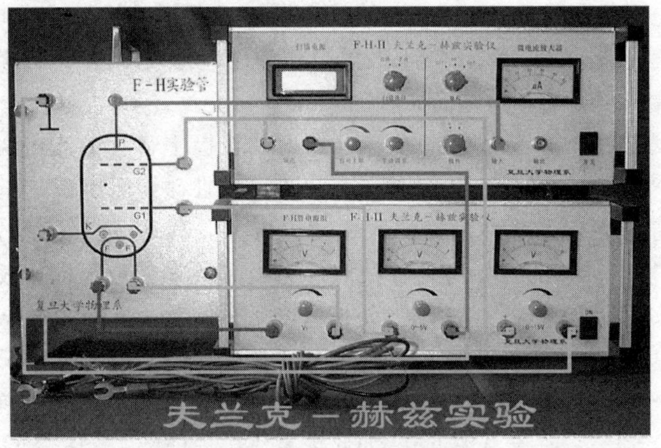

图 4-1-4 弗兰克-赫兹实验装置

实验仪器的整体连线可见图 4-1-4(适合于第一激发电位的测量)

(1)在预定炉温同时按图 4-1-4 接线. 接线时暂不接通两台仪器电源.

(2)将电源部分的"V_F"调节电位器、扫描电源部分的"手动调节"电位器旋到最小(逆时针方向)；扫描选择置"手动"档；极性选择置(—)档；微电流放大器量程对充汞管可置 10^{-7} 或 10^{-8} A 挡，充氩管可置 10^{-6} 或 10^{-7} A 挡. 待炉温到达预定温度后，接通两台仪器的电源.

(3)据提供的 F-H 管参考工作电压数据，分别调节好 V_F、V_{G_1K}、V_{G_2P}，预热 3 分钟(要求记录这些工作电压).

(4)手动工作方式粗测：缓慢调节"手动调节"电位器，增加速电压；并注意观察微电流放大器指示，在电流上应可观察到峰谷信号．手动工作方式测量数据：缓慢调节“手动调节”电位器；加速电压每增加 1V 或 2V，记录一次电流值．加速电压对充汞管增加到 60V 为止．对于充汞管，加速电压达到 50～60V 时，约有 10 个峰出现．对于充氩管，加速电压可达 85V，约有 5 至 6 个峰出现．

【注意事项】

1．在测量过程中，当加速电压加到较大时，若发现电流表突然大幅度量程过载，应立即将加速电压减小到零，然后检查灯丝电压是否偏大，或适当减小电压（每次减小 0．1～0．2V 为宜）．再进行一次全过程测量．若在全过程测量中，电流表指示偏小，可适当增大灯丝电压（每次增大 0．1～0．2V 为宜）．

2．F-H 管采用间热式阴极，改变灯丝电压后会有 1 分钟左右的滞后．

3．加热炉外壳温度较高，移动时注意用把手，导线不要靠在炉壁上．

【数据处理】

1．在计算机上进行数据处理，作出 $I_p - V_{G_2K}$ 曲线．

2．求出汞（氩）的第一激发电势，并分析误差（相对误差）．

实验 4－2　用玻耳共振仪研究受迫振动

在机械制造与建筑工程等领域，由受迫振动所导致的共振现象，既有严重的破坏作用，又有诸多实用价值．事实上，共振现象广泛存在于光学、电磁学、声学及力学领域．例如，许多电声元器件就是利用共振原理设计制作而成，此外，在微观科学研究中，经常采用核磁共振与电子顺磁共振研究物质的微观结构及内禀特性等．

表征受迫振动性质的是受迫振动的幅－频特性与相－频特性．本实验中，利用玻耳共振仪研究弹性摆轮自由衰减过程中振幅与固有周期的对应关系，通过定量测量以测定不同阻尼档位的阻尼系数，进而定量研究受迫振动的幅频与相频特性．

【实验目的】

1．观察自由振动过程中振幅衰减与固有周期的变化关系，定量测量以测定阻尼振动状态时的阻尼系数；

2．通过测量以定量研究弹性摆轮做受迫振动时的幅频特性与相频特性，观察共振现象；

3．学会如何利用频闪方法测量运动物体的某些物理量，如相位差等．

【实验原理】

物体在周期性外力（矩）持续作用下的振动称为受迫振动，这种周期性外力（矩）称为强迫力（矩）．若外力（矩）是按简谐振动规律变化，则受迫振动稳定时则为简谐振动，其振动频率与外力（矩）频率相同．此时，振幅保持恒定不变，其大小与强迫力（矩）圆频率，弹性摆轮固有圆频率，以及阻尼系数有关．在受迫振动状态下，弹性摆轮除了受到强迫力（矩）作用外，同时还受到弹性回复力（矩）与阻尼力（矩）作用．所以，在稳定状态时物体的位移、速度变化与强迫力（矩）变化不是同相位的，存在相位差，尤其当强迫力（矩）频率与系统固有频率相同时相位差达到 90°．

本实验的研究对象为玻耳共振仪中的圆形铜质摆轮，其与一蜗卷弹簧相连，蜗卷弹簧的弹性力矩为$-k\theta$，在该弹性力矩作用下摆轮可作自由振动. 在摆轮下方前后有一组阻尼线圈，当阻尼线圈中通以不同大小的直流电流时，根据楞次定律及法拉第电磁感应定律可以判断得出，摆轮将会受到与角速度呈正比例变化的电磁阻尼力矩，即$-b\mathrm{d}\theta/\mathrm{d}t$. 为使摆轮作受迫振动，在摆轮右侧有一电机，当电机转动时，其产生的周期性外力矩$M=M_0\cos\omega t$，通过轴上的偏心轮，带动连杆就会使摆轮作受迫振动(电机的转速在30～45r/min之间连续可调).

根据刚体定轴转动的转动定律，摆轮的动力学方程为

$$J\frac{\mathrm{d}^2\theta}{\mathrm{d}t^2}=-k\theta-b\frac{\mathrm{d}\theta}{\mathrm{d}t}+M_0\cos\omega t \tag{4-2-1}$$

式中：J为弹性摆轮的转动惯量；ω为强迫力矩的圆频率；其决定于强迫力矩的周期.

方程两边同除以转动惯量J，且令$\omega_0^2=\frac{k}{J}$，$2\beta=\frac{b}{J}$及$m=\frac{M_0}{J}$. 则式(4-2-1)变为

$$\frac{\mathrm{d}^2\theta}{\mathrm{d}t^2}+2\beta\frac{\mathrm{d}\theta}{\mathrm{d}t}+\omega_0^2\theta=m\cos\omega t \tag{4-2-2}$$

当$m\cos\omega t=0$时，式(4-2-2)即为阻尼振动方程，即摆轮振幅随时间逐渐减小. 若$\beta=0$，此时方程即为自由振动方程. ω_0即为系统的固有频率.

方程(4-2-2)为典型的二阶常系数非齐次常微分方程，其通解可表达为

$$\theta=\theta_1\mathrm{e}^{-\beta t}\cos(\omega t+\alpha)+\theta_2\cos(\omega t+\varphi_0) \tag{4-2-3}$$

式(4-2-3)右边的第一项$\theta_1\mathrm{e}^{-\beta t}\cos(\omega t+\alpha)$表示阻尼振动，经过一定时间后衰减消失；第二项则为强迫力矩对弹性摆轮做功，向振动体传送能量，最后达到一个稳定的振动状态.

振幅θ_2可由下式给出

$$\theta_2=\frac{m}{\sqrt{(\omega_0^2-\omega^2)^2+4\beta^2\omega^2}} \tag{4-2-4}$$

摆轮与强迫力矩之间的相位差φ为

$$\varphi=\tan^{-1}\frac{2\beta\omega}{\omega_0^2-\omega^2}=\frac{\beta T_0^2T}{\pi(T^2-T_0^2)} \tag{4-2-5}$$

由式(4-2-4)和式(4-2-5)可以看出，振幅θ_2与相位差φ仅取决于强迫力矩幅值m、圆频率ω、系统的固有频率ω_0以及阻尼系数β四个参数，而与振动系统的起始状态无关.

当系统发生共振时，振幅达到最大，即分母最小. 采用极值条件，即考虑

$$\frac{\partial}{\partial\omega}[(\omega_0^2-\omega^2)^2+4\beta^2\omega^2]=0$$

可以得出，当强迫力矩的圆频率$\omega=\sqrt{\omega_0^2-2\beta^2}$时，产生共振，振幅$\theta$有极大值. 若共振时稳定状态下的振幅与圆频率分别用θ_r，ω_r表示，则

$$\theta_r=\frac{m}{2\beta\sqrt{\omega_0^2-\beta^2}} \tag{4-2-6}$$

$$\omega_r=\sqrt{\omega_0^2-2\beta^2} \tag{4-2-7}$$

式(4-2-6)和(4-2-7)表明，阻尼系数β越小，共振时强迫力矩的圆频率越接近于系统的固有圆频率，振幅θ_r也越大. 图4-2-1表示在几种不同阻尼状态下受迫振动的幅频特性和相频特性曲线.

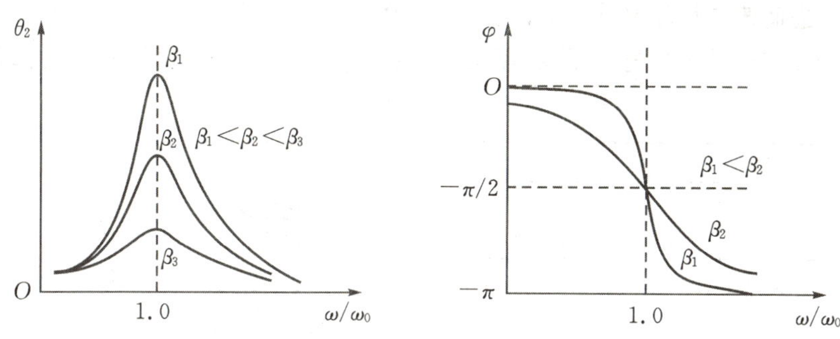

图 4-2-1　不同阻尼状态下受迫振动的幅频特性与相频特性曲线

【实验仪器】

BG-2 型玻耳共振仪由电器控制箱与振动仪两部分组成. 图 4-2-2 所示为振动仪部分. 圆形铜质摆轮安装在机架上. 蜗卷弹簧的一端与摆轮的中心轴相连，另一端固定在机架支柱上. 在弹簧弹性力矩作用下，摆轮可绕轴做自由往复摆动. 在摆轮的外围有一卷槽型缺口，其中，在平衡位置处有一个长形凹槽. 机架上对准长型缺口处有一个光电脉冲转换装置，它与电气控制箱相连接，用来测量摆轮的振幅与摆轮的振动周期. 在机架下方摆轮前后有一组带有铁芯的线圈，摆轮正好镶嵌在铁芯的空隙处. 利用电磁感应原理，当线圈中通以直流电流时，摆轮将受到一个电磁阻尼力矩的作用. 可见，当电流大小改变时，即可实现对阻尼力矩的改变. 摆轮振幅是利用光电门测出摆轮圈上凹型缺口个数，并有数显装置直接显示出此值，误差为 2°.

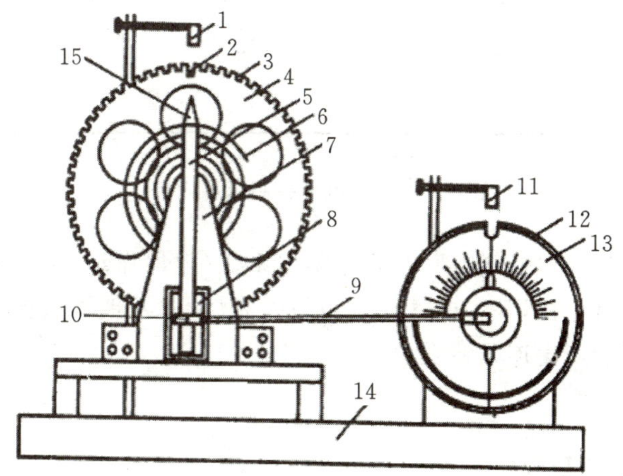

图 4-2-2　玻耳共振仪的振动仪部分

1—光电门；2—长凹槽；3—短凹槽；4—铜质摆轮；5—摇杆；6—蜗卷弹簧；7—支承架；8—阻尼线圈；9—连杆；10—摇杆调节螺丝；11—光电门；12—角度盘；13—有机玻璃转盘；14—底座；15—外端夹持螺钉

图 4-2-3 及图 4-2-4 所示为玻耳共振仪电气控制箱的前面板与后面板. 左面三位数字显示摆轮的振幅. 右面为周期显示窗口，计时精度为 10^{-3} 秒，当“周期选择”置于“1”处显示摆轮或强迫力矩 1 个周期时间，而当周期选择为“10”时，则显示摆轮或强迫力矩 10 个周期时间，右边的红色复位按钮仅在周期选择“10”时起作用. 阻尼选择旋钮可以改变通过阻尼线圈内

直流电流大小，进而改变摆轮受到的阻尼力矩．选择旋钮分 6 档或 4 档（两种仪器），“0”处阻尼电流为零，“5”处或“3”处阻尼电流最大，阻尼电流靠 15V 稳压装置提供，实验时选用档位视情况而定．

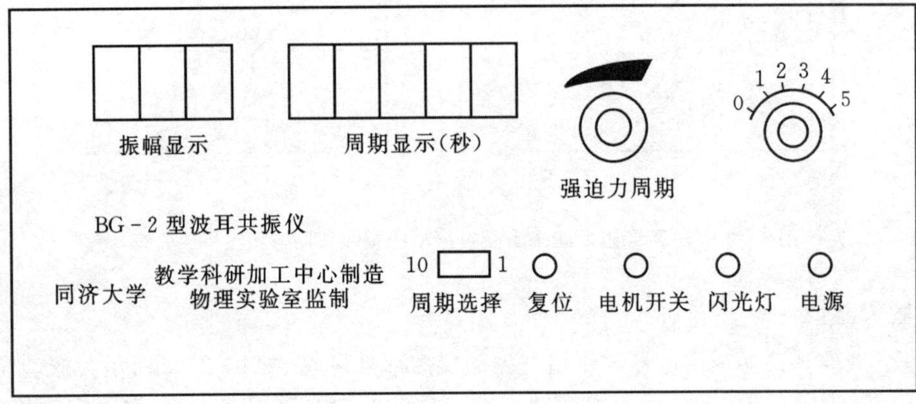

图 4-2-3　电气控制箱前面板

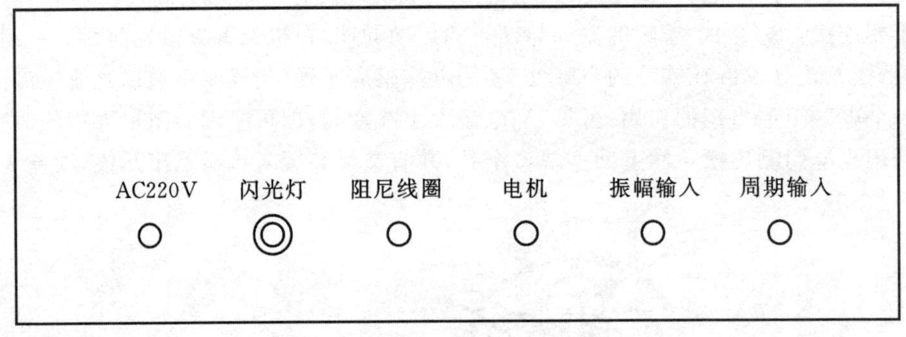

图 4-2-4　电气控制箱后面板

电机开关用于控制电机是否转动，在测定阻尼系数（阻尼振动）及摆轮固有频率与振幅关系（自由振动）时，必须将电机切断．电气控制箱与闪光灯，以及玻耳共振仪各部分之间通过各种专用电缆相连接，不会产生连线错误．

【实验内容】

1. 自由振动的观测与研究

电机开关呈关闭状态，阻尼选择置于“0”档位，选择测量摆轮周期，周期选择为“1”，摆轮处于平衡位置，即角度读数指针置于“0”处．用手将摆轮拨动到约 130°至 150°处，然后放手，此时摆轮作自由衰减振动，每当振幅 θ 约为 10°的整数倍时记录振幅 θ 与相对应的固有周期 T_0，并将原始数据填入表 4-2-1 中．作该实验时，可两人配合进行．由于此时阻尼很小，测得的周期非常接近弹性摆轮的固有周期 T_0．

更新的仪器按照以下步骤操作并记录数据．

用手转动摆轮 160°左右，放开手后按向上或向下键，测量状态由关变为开，控制箱开始记录实验数据，振幅的有效数值范围为：160°～50°（振幅小于 160°测量开，小于 50°测量自动关闭）．测量显示关时，此时数据已保存并发送主机．

查询实验数据，可按向左或向右键，选中回查，再按确认键，找到第一次记录的振幅和对应的周期，然后按向上或向下键查看所有记录的数据，该数据为每次测量振幅相对应的周期数值，回查完毕，按确认键．此法可作出振幅与固有周期对应表．该对应表将在稍后的幅频特性和相频特性数据处理过程中使用．

表 4－2－1　弹性摆轮振幅与固有周期及圆频率原始数据记录表（阻尼等级：0）

振幅 $\theta(°)$	固有周期 T_0(s)	固有圆频率 ω_0(1/s)	振幅 $\theta(°)$	固有周期 T_0(s)	固有圆频率 ω_0(1/s)	振幅 $\theta(°)$	固有周期 T_0(s)	固有圆频率 ω_0(1/s)

2．阻尼振动的观测与研究

（1）测量摆轮摆动 10 个周期的时间 $10T$，及摆轮连续的 10 个振幅，即 θ_1、θ_2 … θ_{10} 并填于表 4－2－2 中．

（2）选择 1、2、3 三个阻尼档位分别进行测量．

（3）采用逐差法分别计算三个不同档位的阻尼系数 β_1、β_2 及 β_3．

与内容 1 一样，电机呈关闭状态，指针置于“0”处，用手将摆轮拨动到约 130°至 150°处（白色刻度线与竖直向上方向呈 130°至 150°），然后放手，此时摆轮作阻尼衰减振动．

更新的仪器按照以下步骤操作并记录数据．

选中阻尼振荡，按确认键显示阻尼．阻尼分三个档次，阻尼 1 最小，阻尼 3 最大．根据自己实验要求选择阻尼档，按确认键显示．

首先将角度盘指针放在 0 度位置，用手转动摆轮 160°左右，选取 θ_0 在 150°左右，按向上或向下键，测量由关变为开并记录数据，仪器记录 10 组数据后，测量自动关闭，此时振幅大小还在变化，但仪器已经停止计数．

阻尼振荡的回查同自由振荡类似，请参照上面操作．若改变阻尼档测量，重复阻尼一的操作步骤即可．从液晶窗口读出摆轮作阻尼振动时的振幅数值 θ_1、θ_2 … θ_{10}，记录数据填于表4－2－2．

表 4－2－2　计算阻尼系数的原始数据记录表

序号 i	阻尼等级 1		阻尼等级 2		阻尼等级 3	
	$10T=$		$10T=$		$10T=$	
	振幅 θ_i	振幅 θ_{i+5}	振幅 θ_i	振幅 θ_{i+5}	振幅 θ_i	振幅 θ_{i+5}
1						
2						
3						
4						
5						

利用公式

$$\ln\frac{\theta_i\exp(-\beta t)}{\theta_i\exp[-\beta(t+nT)]}=\ln\frac{\theta_i}{\theta_{i+n}}=n\beta\bar{T} \tag{4-2-8}$$

可得阻尼系数 β 的计算公式，即

$$\beta=\frac{\ln\theta_i/\theta_{i+n}}{n\bar{T}} \tag{4-2-9}$$

式中：n 为阻尼振动的周期次数，这里取 5；$\bar{T}$ 为阻尼振动周期的平均值，此值可由 $10T$ 的值计算得到.

3. 受迫振动的观测与研究

本内容中阻尼选择档位不能为“0”. 改变电机转速，即改变强迫力矩周期或频率. 当受迫振动稳定，即摆轮的振幅保持不变时，此时方程解的第一项趋于零，只有第二项存在，则受迫振动为简谐振动，可利用闪光灯测定受迫振动位移与强迫力矩之间的相位差 φ.

强迫力矩的频率ω，可将周期选择开关置于“强迫力”并选择“1”，采用测量得到的周期计算得出；也可将周期选择开关置于“10”处测定强迫力矩的 10 个周期后算出，当系统稳定时，两者数值保持一致. 不同的是，前者为 4 位有效数字，后者为 5 位有效数字.

在共振点附近，由于曲率变化较大，故测量数据应相对密集，此时电机转速的微小变化会引起摆轮振幅、强迫力周期与相位差很大变化. 强迫力周期旋钮上读取到的电机转速读数是一参考值，建议在不同周期时均记下此值，以便实验中需要重新测量数据时提供参考.

更新仪器按照以下步骤操作并记录数据.

在进行强迫振荡前必须先作阻尼振荡，否则无法实验.

选中强迫振荡，按确认键显示并选中电机. 按向上或向下键，让电机启动. 此时保持周期为 1，待摆轮和电机的周期相同，特别是振幅已经稳定，变化不大于 1，表明系统已达到稳定状态，方可开始测量. 测量前应先选中周期，按向上或向下键把周期由 1 改为 10，再选中测量，按向上或向下键，测量打开并记录数据.

一次测量完成，显示测量关后，读取摆轮的振幅值，并利用闪光灯测定受迫振动位移与强迫力矩之间的相位差.

表 4-2-3 受迫振动幅频特性与相频特性的原始数据记录表(阻尼等级:1)

强迫力矩周期 T(s)	振幅 θ_2(°)	相位差频闪法测量值 φ(°)	相位差理论计算值 φ(°)	频率比值 ω/ω_0
……	……	……	……	……

以频率比值 ω/ω_0 为横坐标，分别以系统稳定时的振幅 θ_2 及强迫外力矩与摆轮之间相位差 φ 为纵坐标，作幅频特性及相频特性曲线.

【注意事项】

1. 实验前，电器控制箱应预热 10～15 分钟时间.

2. 玻耳共振仪的电器控制箱与振动仪之间的连线较多，且各部分均为精密装配，不能随意

乱动. 电器控制箱功能面板上旋钮、开关均较多，务必在弄清其功能后，按规程操作. 在进行自由振动及阻尼振动实验时，电机电源必须切断.

3. 阻尼选择档位位置一经选定，在整个实验过程中就不能随意更改.

4. 实验前，务必将摆轮长凹槽与指针均调节至光电脉冲转换装置中央，否则会造成相位差 φ 的不稳定.

5. 在受迫振动实验中，只有当振幅不随时间发生变化，即系统进入稳定状态时，方可采用频闪法读取相位差 φ. 不测量相位差时，不要开启闪光灯.

【思考题】

1. 光电脉冲转换装置是如何测定摆轮的周期与振幅，以及强迫力矩的周期？光电门测量的物理原理是什么？

2. 频闪法测量相位差的原理是什么？举例说明频闪法的其他应用？

3. 受迫振动的振幅与相位差跟哪些因素有关？

4. 实验中通过什么方法来改变阻尼力矩大小？原理是什么？

5. 实验中为什么当阻尼选择档位确定后，要求阻尼系数和幅频特性、相频特性的测定一起完成？

6. 实验中应该注意些什么？

7. 通过实验测量与计算结果可得出哪些结论？

实验 4－3　耦合摆的研究

在物理学研究中，具有相互作用的振动系统称为耦合振动系统，有着深刻的含义且普遍存在于各个领域. 本实验是采用一种力学摆模型来研究耦合摆的振动规律. 而在电学中电容和电感耦合起来的振荡回路、固体晶格中相邻原子的振动模式，以及光子和声子耦合产生的电磁耦合场均具有同样的现象和规律.

【实验目的】

1. 学习测量耦合摆耦合度的方法；

2. 研究耦合摆的结构对耦合度的影响；

3. 了解一维简正振动的特征.

【实验原理】

本实验装置为耦合摆，如图 4－3－1 所示. 其由两个同样重、无阻尼的振动摆（每个摆只有一个自由度）构成，中间用很薄的弹簧片相连接. 在静止情况下，二摆并不处于垂直位置，而是处于垂直位置的外侧角度为 φ_0 处. 由于弹簧 F 的作用，产生力矩 $M_F = kx_0 l$，k 为弹簧的劲度系数，x_0 为相对于弹簧原长的变化长度，l 为悬挂点到弹簧片的距离. 与此同时，每个摆还受到重力矩 $M_G = -mgL\varphi_0$ 的作用，显然 $M_F = M_G$. 保持摆 P_1 不动，使摆 P_2 从其平衡位置偏离角度 φ_2，这时作用在摆 P_2 的总力矩为：

$$M_2 = -mgL\varphi_2 - kl^2\varphi_2$$

式中：L 为摆长；l 为悬挂点到弹簧片的距离.

如果摆 P_1 的偏转角度为 φ_1，这时，作用在摆 P_2 的总力矩为

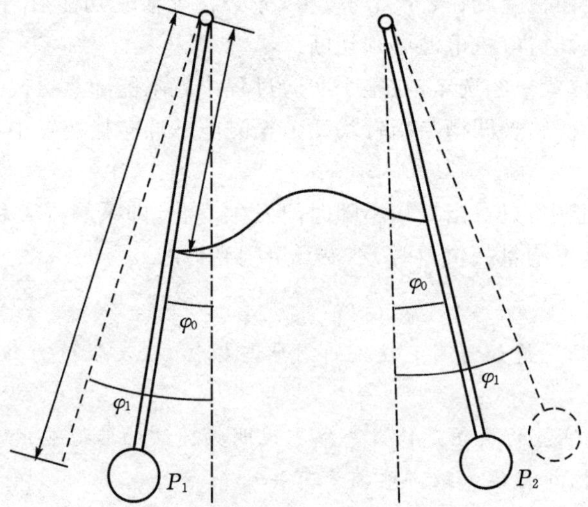

图 4-3-1 耦合摆

$$M_2 = I\frac{d^2\varphi_2}{dt^2} = -mgL\varphi_2 - kl^2(\varphi_2 - \varphi_1) \tag{4-3-1}$$

对摆 P_1,同理可得

$$M_1 = I\frac{d^2\varphi_1}{dt^2} = -mgL\varphi_1 - kl^2(\varphi_1 - \varphi_2) \tag{4-3-2}$$

式中,I 为摆的转动惯量(两摆的转动惯量 I 相同). 式(4-3-1)与(4-3-2)即为耦合摆的微分方程,可改写为

$$\frac{d^2\varphi_1}{dt^2} + {\omega_0}^2\varphi_1 = -\Omega^2(\varphi_1 - \varphi_2) \tag{4-3-3}$$

$$\frac{d^2\varphi_2}{dt^2} + {\omega_0}^2\varphi_2 = -\Omega^2(\varphi_2 - \varphi_1) \tag{4-3-4}$$

式中

$${\omega_0}^2 = \frac{mgL}{I}, \Omega^2 = \frac{kl^2}{I} \tag{4-3-5}$$

根据两种典型的初始条件,求解微分方程组(4-3-3)与(4-3-4),可得到相应的解.

(1)同位相振动.

初始条件为:$t = 0, \varphi_1 = \varphi_2 = \varphi_a, \frac{d\varphi_1}{dt} = \frac{d\varphi_2}{dt} = 0$

即将两摆偏转同样的角度 φ(相对平衡位置),在初始时刻,即 $t = 0$ 时,将它们同时释放,这时,两摆作同位相振动,这种振动形式与耦合度的强弱无关,方程的解为

$$\varphi_1(t) = \varphi_2(t) = \varphi_a\cos\omega_0 t$$

其圆频率为

$$\omega_{同} = \omega \tag{4-3-6}$$

(2)反位相振动.

初始条件为:$t = 0, -\varphi_1 = \varphi_2 = \varphi_a, \frac{d\varphi_1}{dt} = \frac{d\varphi_2}{dt} = 0$

即分别将两摆从其平衡位置偏离，使 $\varphi_1=-\varphi_a$，$\varphi_2=+\varphi_a$，在初始时刻，即 $t=0$ 时，将它们同时释放，此时，弹簧片不断伸缩，且两摆具有同样的圆频率 $\omega_{反}$，相应方程组的解为

$$\varphi_1(t)=\varphi_a\cos\sqrt{\omega_0^2+2\Omega^2}\,t\ ,\ \varphi_2(t)=-\varphi_a\cos\sqrt{\omega_0^2+2\Omega^2}\,t$$

其圆频率为

$$\omega_{反}=\sqrt{\omega_0^2+2\Omega^2} \tag{4-3-7}$$

耦合度 K 定义为

$$K=\frac{kl^2}{mgL+kl^2}=\frac{\Omega^2}{\omega_0^2+\Omega^2} \tag{4-3-8}$$

理论证明，两个摆的耦合程度可用耦合度表示.

联立求解式(4-3-5)至(4-3-8)可得

$$K=\frac{\omega_{反}^2-\omega_{同}^2}{\omega_{反}^2+\omega_{同}^2} \tag{4-3-9}$$

实验中，如果测得 $\omega_{反}$ 与 $\omega_{同}$，则可由上式计算耦合度 K.

注：一维简正振动，即振子在受到相互作用力时的简谐振动.

【实验内容与步骤】

1. 将弹簧片取下，分别测量每个摆自由振动的周期 T_0，求得圆频率 ω_0（$\omega_0=\dfrac{2\pi}{T_0}$）.

要求：左、右摆自由振动的周期相等，如不等，可调节摆锤下的螺母.

2. 将两摆在离悬挂点相同距离 l_i 处用弹簧片相连接，使两摆作同位相振动，测量耦合摆的振动周期 $T_{i同}$.

3. 同上步骤 2 使两摆作反位相振动，测量耦合摆的振动周期 $T_{i反}$.

4. 改变 l 值(共五次)，重复(2)、(3)步骤.

5. 改变弹簧片的弯曲方向(上弯曲或下弯曲)，重复步骤(2)、(3)、(4).

【数据记录与处理】

1. 将各次测量值分别代入公式(4-3-9)，计算耦合度 K_i 值.

表 4-3-1 自由振动原始数据记录表

次数	1	2	3	4	5	$t_{平均}$/s	T_0/s	ω_0/s^{-1}
左摆								
右摆								

表 4-3-2 耦合振动数据记录表

L/cm	t/s					$\omega_{同}$/s^{-1}	t/s					$\omega_{反}$/s^{-1}	K
	1	2	3	$t_{平均}$	$T_{同}$		1	2	3	$t_{平均}$	$T_{反}$		
35.0													
40.0													
45.0													
50.0													
55.0													

说明：弹簧片反向弯曲时的数据表格自拟.

【思考题】

1. 将 $\omega_{同}$ 和 ω_0 比较，是否与理论一致？若不一致，分析原因.

2. 比较各种情况下的耦合度 K，试分析耦合摆的结构对耦合度的影响.

3. 本实验中，如果忽略空气阻力和轴承的摩擦力，则振动模式即为一维简正振动. 通过实验，同学们可初步了解简正振动的特点.

实验 4－4　不良导体导热系数的测定

导热系数也称热导率，是表征物质热传导性质，或者其导热能力的物理量. 其大小与材料结构的变化，以及所含杂质等因素均有关，而且还与物质所在条件，如温度、湿度、压力及密度等有关. 因此，材料的导热系数通常需要实验来测定. 导热系数测定的方法主要有稳态法和动态法两类. 稳态法是指：先用热源对测试样品进行加热，并在样品内形成稳定的温度梯度分布，然后进行测量；动态法是指：待测样品中的温度场分布随时间发生变化.

【实验目的】

1. 了解热传导的基本原理和规律；

2. 掌握稳态法测定不良导体导热系数的实验方法；

3. 掌握通过热电转换以实现温度测量的方法，体会并掌握参量转换法的设计思想.

【实验仪器】

导热系数测定仪、铜一康铜热电偶、游标卡尺、数字毫伏表、台秤（公用）、杜瓦瓶、秒表、待测样品（橡胶盘、铝芯）、冰块.

【实验原理】

1882 年，法国物理学家、数学家傅里叶给出了一个热传导公式，即著名的傅里叶定律. 该定律描述如下：

在物体内部，取两个垂直于热传导方向、彼此相距为 h、温度分别为 T_1 与 T_2 的同样大小的平行平面（设 $T_1>T_2$），设面积为 S，则在 Δt 时间内通过面积 S 的热量 ΔQ 可表达为

$$\frac{\Delta Q}{\Delta t}=\lambda S\,\frac{(T_1-T_2)}{h} \tag{4-4-1}$$

式中：$\Delta Q/\Delta t$ 为热流量；λ 即为该物质的导热系数，其数值上等于相距单位长度的两个平面，当温度相差 1 个单位时，在单位时间内通过单位面积的热量，单位为 $\mathrm{Wm^{-1}K^{-1}}$.

首先，将圆铜盘 P 放在支架上，再将待测样品 B 置于其上，最后，把带发热器的圆铜盘 A 置于 B 上. 发热器通电后，热量从 A 盘传递至 B 盘，再传至 P 盘. 由于 A、P 均为热的良导体，其温度可以代表 B 盘上、下表面的温度 T_1 与 T_2，通过插入 A、P 盘边缘小孔的热电偶 E 可分别测量得到 T_1 与 T_2. 热电偶的冷端则浸没在杜瓦瓶中的冰水混合物中. 通过“传感器切换开关 G”，切换 A、P 盘中的热电偶与数字电压表的连接回路. 由式（4－4－1）可知，单位时间内通过待测样品 B 任一截面的热流量为：

$$\frac{\Delta Q}{\Delta t}=\lambda\,\frac{(T_1-T_2)}{h_B}\pi R_B^2 \tag{4-4-2}$$

式中：R_B 为待测样品的半径；h_B 为待测样品的厚度. 当热传导达到稳定状态时，T_1 与 T_2 的值将

保持不变.于是,通过 B 盘上表面的热流量与由铜盘 P 向周围环境散热的速率相等,因此,可通过铜盘 P 在稳定温度 T_2时的散热速率来计算热流量 $\Delta Q/\Delta t$.实验中,当测量得到稳定状态时的上下表面温度 T_1与 T_2后,即可将 B 盘移去,而使 A 盘的底面与铜盘 P 直接接触.当铜盘 P 的温度上升至高于稳定状态时 T_2值若干摄氏度后,再将 A 盘移开,让铜盘 P 自然冷却.观察其温度 T 随时间 t 变化情况,然后由此求出铜盘在 T_2温度条件下的冷却速率 $\Delta T/\Delta t_{T=T_2}$,而 $mc\Delta T/\Delta t\big|_{T=T_2}$ 即为铜盘 P 在温度为 T_2时的散热速率.需要注意的是,$\Delta T/\Delta t\big|_{T=T_2}$ 是铜盘 P 在所有表面均裸露于空气中的冷却速率,其散热表面积为上下底面与侧面面积之和,即 $2\pi R_B^2+2\pi R_P h_P$.然而,本实验中,在观察测量样品的稳态传热时,P 盘的上表面覆盖着待测样品,并未向外界散热,所以,当样品盘 B 达到稳定状态时,散热面积仅为一个底面与侧面面积,即 $\pi R_P^2+2\pi R_P h_P$.由于物体的冷却速率与其表面积成正比,故应对稳态时铜盘散热速率的表达式作如下修正

$$\frac{\Delta Q}{\Delta t}=mc\left.\frac{\Delta T}{\Delta t}\right|_{T=T_2}\frac{(\pi R_P^2+2\pi R_P h_p)}{(2\pi R_P^2+2\pi R_P h_P)}\tag{4-4-3}$$

将上式代入式(4-4-2)得

$$\lambda=mc\left.\frac{\Delta T}{\Delta t}\right|_{T=T_2}\frac{(R_P+2h_p)h_B}{(2R_P+2h_P)(T_1-T_2)}\frac{1}{\pi R_B^2}\tag{4-4-4}$$

【实验内容】

1.测量待测样品和 P 盘的直径与厚度,计算并测量 P 盘的质量.要求如下:

(1)用游标卡尺测量待测样品即橡胶圆盘的直径和厚度,各测 5 次.

(2)用游标卡尺测量散热盘 P 的直径和厚度,各测 5 次,并利用测量数据计算 P 盘质量.

(3)使用电子秤称出 P 盘的质量.

2.不良导体导热系数的测定

(1)先将待测样品置于散热盘 P 上面,再将发热盘 A 置于橡胶圆盘 B 上,并用螺母固定.调节三个螺旋头使橡胶圆盘 B 的上下两个表面分别与发热盘 A 和散热盘 P 紧密接触.

(2)将冰水混合物倒入杜瓦瓶,将热电偶的冷端插入杜瓦瓶中,而将其热端分别插入 A 盘与 P 盘侧面的小孔,再分别将其插入加热盘 A 和散热盘 P 的热电偶接线,连接到仪器面板的传感器Ⅰ与传感器Ⅱ上.分别用专用导线将仪器机箱后的接头和加热组件圆铝板上的插座间加以连接.

(3)接通电源,在温度控制仪表上设置加热的上限温度.将加热选择开关由“断”拨向“1—3”任意一档,此时指示灯亮,当位于 3 档时,温升速度最快.

(4)加热大约 40 分钟,传感器Ⅰ、Ⅱ的读数不再变化,说明已经达到稳态,每隔 5 分钟记录 V_{T1}和 V_{T2}的值

(5)实验时,如需用直流电位差计和热电偶来测量温度的话,则可将“窗期开关”转至“外接”,在“外接”的两个接线柱上连接 UJ36a 型直流电位差计的“未知”端,即可测量散热铜盘上热电偶当温度发生变化时所产生的电压差值.

(6)测量散热盘在稳态时温度为 T_2附近的散热速率 $\Delta Q/\Delta t$.移开铜盘 A,取下橡胶盘,使加热盘 A 的底部与散热盘 P 直接接触,当 P 盘的温度上升至高于稳态值 V_{T2}若干度后,再将盘 A 移开,让铜盘 P 自然冷却,每隔 30 秒记录一次温度 T_2.将测量值代入公式计算得到散热速率 $\Delta Q/\Delta t$.

3. 测量金属良导体的导热系数

(1)先在金属圆筒两端套上树脂圆环，并在两端涂上导热硅胶，之后，再将其放置于加热盘A与散热盘P之间. 调节散热盘P下方的三个螺丝，使金属圆盘分别与加热盘A以及散热盘P紧密接触.

(2)将冰水混合物倒入杜瓦瓶，并保持热电偶的冷端浸没在杜瓦瓶中，其热端分别插入金属圆筒侧面的上、下小孔中，再分别将热电偶的接线连接到导热系数测定仪的传感器Ⅰ、Ⅱ上面.

(3)接通电源，并将加热开关置于高档位，当传感器Ⅰ的温度 T_1 对应的电压约为3.5mV时，再将加热开关置于低档，大约40分钟.

(4)当 T_1 与 T_2 对应的电压在10分钟内的变化量非常小，大约0.03mV时可认为系统达到了稳态，此时，每隔2分钟记录温度 T_1 与 T_2 对应的电压值.

(5)测量散热圆盘P在稳态时温度 T_2 值附近的散热速率 $\Delta Q/\Delta t$；移开盘A，先将两侧温度盘取下，再将 T_2 测温端插入圆盘P的侧面小孔，移开金属圆筒，使盘A与盘P直接接触，当散热盘P的温度上升至高于稳态温度 T_2 值对应的电压大约0.2mV时，再次移开加热盘A，使得散热盘P自然冷却，每隔30秒记录此时温度 T_2 值.

(6)用游标卡尺测量金属圆筒、散热盘P的直径与厚度，各测5次；用天平测量P盘的质量.

【数据记录及处理】

1. 铜的比热 $c=0.09197\ \mathrm{cal\cdot g^{-1}\cdot ℃^{-1}}$

表 4-4-1 橡胶圆盘几何尺寸记录表

	1	2	3	4	5
D_B / cm					
h_B / cm					

表 4-4-2 稳态过程原始数据记录表

	1	2	3	4	5
V_{T1}					
V_{T2}					

表 4-4-3 散热速率原始数据记录表

时间/s	30	60	90	120	150	180
T_2/mV						
时间/s	210	240	270	300	330	360
T_2/mV						

【思考题】

1. 如果经历较长时间系统不能达到稳定状态，可能是什么原因？

2. 在该实验中热电偶的冷端是否一定要放置于冰水混合物中？

3. 分析误差产生来源，并说明为什么测量得到的热导率往往偏小.

实验 4-5　用拉脱法测定液体的表面张力系数

液体的表面犹如张紧的弹性薄膜，均有收缩的趋势，这是由于受到液体表面张力的作用.液体表面张力是表征液体性质的一个重要参数.测定液体表面张力系数的方法较多，其中，拉脱法是测量液体表面张力系数常用的方法.该方法可以用称量仪器直接测量得到液体的表面张力，测量方法比较直观，概念清楚.由于液体表面张力大小约介于 $1\times10^{-3}\sim1\times10^{-2}$N 之间，因此，需要一种量程范围较小、灵敏度高且稳定性好的测量力的仪器. 可见，用拉脱法测定液体表面张力系数，对测量力的仪器要求较高，随着科技的进步，近年来，新发展的硅压阻式力敏传感器张力测定仪正能满足测量液体表面张力的需要，相比传统的焦利秤或者扭秤，具有较高的灵敏度、较优的稳定性，并且可数字显示便于读取.

本实验以水为例，利用拉脱法测定液体的表面张力系数.同时还可对不同浓度的酒精或甘油溶液进行测量，进一步认识液体表面张力系数与液体浓度的关系，加深对表面张力概念的理解.

【实验目的】

1. 观察拉脱法测量液体表面张力的物理过程与现象，并用已有物理学知识加以分析和研究；
2. 掌握力敏传感器的定标方法，计算传感器的灵敏度；
3. 测定纯水和其他液体，如酒精或甘油的表面张力系数；
4. 研究液体表面张力系数与浓度之间的关系(测定不同浓度酒精或甘油的表面张力系数).

【实验原理】

拉脱法是通过测量一个已知周长的金属片从待测液体表面脱离时需要的力，进而计算得到该液体表面张力系数的实验方法. 如果金属片是一环状吊片，则考虑一级近似，可认为脱离力为表面张力系数乘以脱离表面的周长，即

$$F=\pi(D_1+D_2)\alpha \tag{4-5-1}$$

式中：F 为脱离力；D_1、D_2分别为圆环的外径和内径；α 为液体的表面张力系数.

硅压阻式力敏传感器由弹性梁和贴在梁上的传感器芯片组成，其中芯片由四个硅扩散电阻集成一个非平衡电桥.当外界压力作用于金属梁时，在压力作用下，电桥失去平衡，此时将有电压信号输出，输出电压大小与所加外力成正比.即

$$\Delta U=KF \tag{4-5-2}$$

式中：$\Delta U=U_2-U_1$，为传感器输出电压的增量；K 为硅压阻式力敏传感器灵敏度；F 为外力大小.

【实验仪器】

FD-NST-1 液体表面张力系数测定仪，包括硅扩散电阻非平衡电桥的电源，以及测量电桥失去平衡时输出电压大小的数字电压表. 其他装置包括微调升降台、铁架台、盛液体的玻璃皿、圆环形吊片及装有力敏传感器的固定杆.实验表明，当环的直径约为 3cm，且液体与金属环接触的接触角度近似为零时，采用公式(4-5-1)计算得到的各种液体表面张力系数，其结果

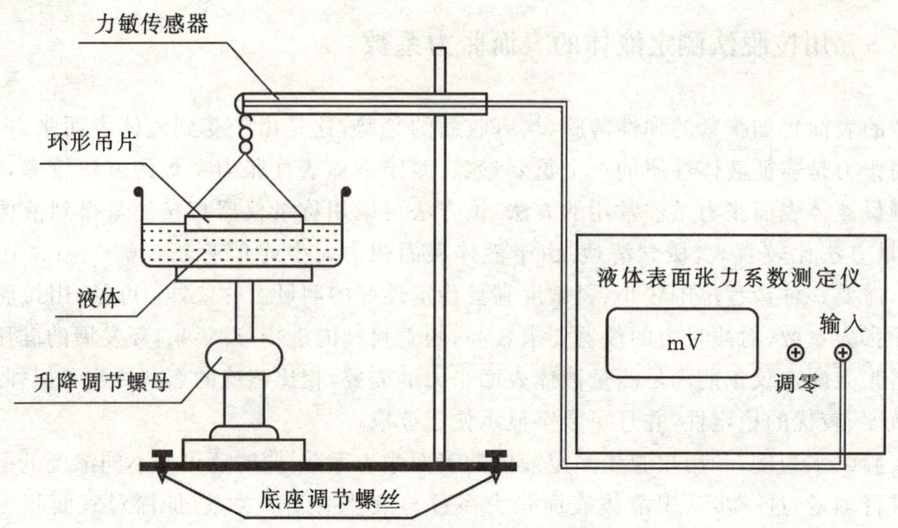

图 4-5-1 液体表面张力系数测定仪

较为准确.

【实验内容】

1. 力敏传感器的定标

每个力敏传感器的灵敏度均有所不同,在实验开始前,应先将其定标. 具体步骤如下:

(1)打开电源开关,将仪器预热.

(2)用传感器端头小钩挂上砝码盘,调节电子组合仪上的补偿电压旋钮,使数字电压表显示为零.

(3)在砝码盘上分别加 0.5g、1.0g、1.5g、2.0g、2.5g 及 3.0g 的标准砝码,记录各个砝码作用下力 F 对应的电压值 U.

(4)采用公式(4-5-2),用逐差法或采用作图法插值计算得出传感器的灵敏度 K.

2. 金属圆环的测量

用游标卡尺测量金属圆环的内、外径 D_2 与 D_1. 各三次,并计算平均值.

3. 测量液体的表面张力

(1)将金属环状吊片挂在传感器的小钩上. 调节升降台,将液体升至靠近环状吊片的下沿,观察吊片下沿是否与待测液面保持平行. 若不平行,则须将金属环状吊片取下后,调节其上的细丝,使吊片与待测液体表面平行.

(2)调节升降台,使其缓慢上升,将环状吊片的下沿部分全部浸没于待测液体. 然后反向调节升降台,使液面逐渐下降. 此时,金属环状吊片与液面之间形成一层环形液膜,继续下降液面,测出环形液膜即将拉断前一瞬间数字电压表读数值 U_1,以及液膜拉断后一瞬间数字电压表读数值 U_2. 重复测量五次,计算每次测得的电压变化量 $\Delta U = U_1 - U_2$.

(3)将每次测量得到的实验数据代入公式(4-5-2)与公式(4-5-1),分别计算得出液体的表面张力系数的测量值,并取其平均值. 以平均值作为最佳值,用不确定度评定测量结果,分析偏差产生的原因.

4. 测出其他待测液体,如酒精、乙醚、丙酮等在不同浓度时的表面张力系数(选做)

注:银川市的重力加速度 $g=9.7961\text{ms}^{-2}$.

附:原始数据测量记录参考表:

表 4-5-1　传感器灵敏度的测量数据记录表

砝码质量 m(g)	m_1	m_2	m_3	m_4	m_5	m_6
	0.5	1.0	1.5	2.0	2.5	3.0
电压 U(mV)	U_1	U_2	U_3	U_4	U_5	U_6
$\overline{K}=$ ______ $\text{V}\cdot\text{N}^{-1}$						

表 4-5-2　水的表面张力系数测量数据记录表

金属圆环外径 $\overline{D}_1=$ ______ cm; 圆环内径 $\overline{D}_2=$ ______ cm

物理量 / 测量次数	U_1(mV)	U_2(mV)	ΔU(mV)	F(N)	$\alpha(\text{N}\cdot\text{m}^{-1})$
1					
2					
3					
4					
5					

液体表面张力系数表示方式:$\alpha=\overline{\alpha}\pm\Delta\alpha$,平均值的标准误差公式:$\Delta\alpha=\sqrt{\dfrac{\sum\limits_{i=1}^{n}(\alpha_i-\overline{\alpha})^2}{n(n-1)}}$

实验 4-6　*RC* 电路暂态研究

电阻、电容是电路的基本元件.在电阻和电容串联电路中,接通和断开直流电源时,电路往往产生从一种状态过渡到另一种稳定状态的暂态过程.这些过程的规律在电子技术中得到广泛的应用.

在观测这种瞬变过程时,示波器是不可缺少的,它的这种特殊用途也是其他仪器无法代替的.

【实验目的】

1. 了解电阻、电容串联电路的充电与放电的规律;
2. 用示波器与方波发生器观测快速充、放电的过程,并联系理论加深对这一过程的理解.

【实验原理】

1. 充电过程

在图 4-6-1 的电路中，当开关 K 与 1 接通的瞬间，电源便通过电阻 R 对电容 C 进行充电. 电荷 q 逐渐积累在电容器的极板上，电压 U_c 随之增大，两者的关系为

$$q = CU_C \tag{4-6-1}$$

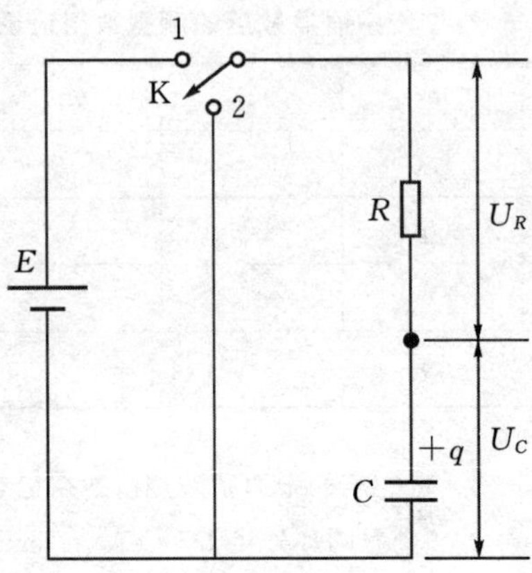

图 4-6-1 电容器充放电电路

同时，电阻 R 的端电压为 $U_R = E - U_C$. 由欧姆定律及式(4-6-1)得到通过 R 的电流，即充电电流的大小为

$$I = \frac{E - U_C}{R} = \frac{E - q/C}{R} \tag{4-6-2}$$

式中，U_c、q、I 都是时间 t 的函数.

刚接通开关 K 的瞬间，电容上没有电荷，全部电动势 E 作用在 R 上，最大的充电电流为 $I_0 = E/R$. 随着电容器上的电荷的积累，U_c 增大，R 的端电压减小，充电电流跟着减小. 这又反过来使 q 及 U_c 的增长速率变得缓慢. 充电速度变得越来越慢，直至 U_c 等于 E 时，充电过程终止，电路达到稳定状态.

为了求得电容充电过程中 U_c 及 I 随时间的变化关系，将式(4-6-2)改写成

$$IR + \frac{q}{C} = U_R + U_C = E \tag{4-6-3}$$

用 $I = \mathrm{d}q/\mathrm{d}t$ 代入式(4-6-3)得到

$$R\frac{\mathrm{d}q}{\mathrm{d}t} + \frac{q}{C} = E \tag{4-6-4}$$

由初始条件：$t = 0$ 时，$q = 0$，并利用式(4-6-4)，可求微分方程式(4-6-4)的解为

$$\left.\begin{aligned} q &= CE\left(1 - \mathrm{e}^{-\frac{t}{RC}}\right) \\ U_C &= \frac{q}{C} = E\left(1 - \mathrm{e}^{-\frac{t}{RC}}\right) \end{aligned}\right\} \tag{4-6-5}$$

式(4-6-5)表明，q 和 U_C 是按时间 t 的指数函数规律增长的. 函数的变化曲线如图 4-6-2(a)所示，将(4-6-2)代入式(4-6-5)得

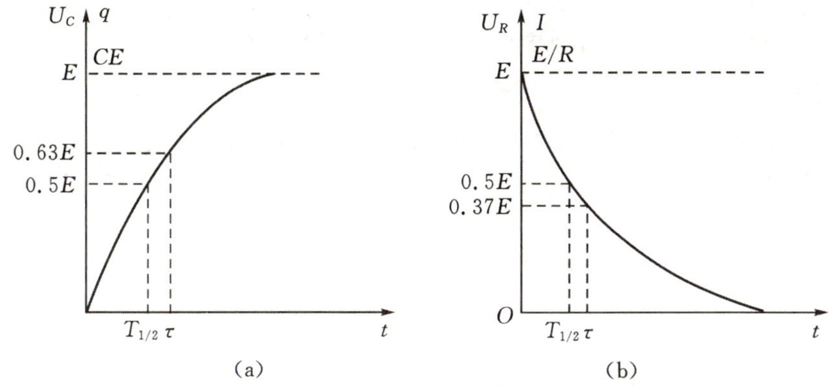

图 4-6-2　电容器充放电函数变化曲线($\tau=RC$)

$$\left.\begin{aligned} I &= \frac{E}{R}e^{-\frac{t}{RC}} \\ U_R &= IR = Ee^{-\frac{t}{RC}} \end{aligned}\right\} \tag{4-6-6}$$

式(4-6-6)表明,充电电流 I 和 R 的端电压 U_R 也是按 t 的指数函数规律衰减的,其曲线见图 4-6-2(b).

上述结果的讨论:

由式(4-6-5)及式(4-6-6)可知:当 $t=RC$ 时,

$$U_C = E(1-e^{-1}) = 0.632E\ ,\ q = 0.632CE$$

$$U_R = Ee^{-1} = 0.368E\ ,\ I = 0.368\frac{E}{R}$$

上述结果表明,当充电时间等于乘积 RC 时,电容的电荷或电压都上升到最大值的 63.2%,充电电流或 R 的端电压都减小到初始值的 36.8%. 所以 RC 乘积的大小反应充电速度的快慢. 通常用一个时间常数的符号 $\tau=RC$ 来代替,见图4-6-2.

设电容器被充电至最终电压(或电荷)值的一半时所需时间为 $T_{1/2}$,充电电流(或 R 的端电压)减小到初始值的一半时所需要的时间为 $T'_{1/2}$,由式(4-6-5)及(4-6-6)得

当 $t=T_{1/2}$ 时,

$$U_C = \frac{1}{2}E = E(1-e^{-\frac{T_{1/2}}{\tau}})\ ,\ q = \frac{1}{2}CE = CE(1-e^{-\frac{T_{1/2}}{\tau}})$$

当 $t=T'_{1/2}$ 时,

$$I = \frac{1}{2}\frac{E}{R} = \frac{E}{R}e^{-\frac{T'_{1/2}}{\tau}}\ ,U_R = \frac{1}{2}E = Ee^{-\frac{T'_{1/2}}{\tau}}$$

由此解出

$$\left.\begin{aligned} T_{1/2} &= T'_{1/2} = \tau\ln 2 = 0.693\tau \\ \tau &= 1.44T_{1/2} = 1.44T'_{1/2} \end{aligned}\right\} \tag{4-6-7}$$

可见,在充电过程中,U_C、q 到达最终值的一半与 I、U_R 下降到最大值的一半所需的时间皆为 0.693τ. 对于实验者来说,$T_{1/2}$ 与 $T'_{1/2}$ 较便于直接测量(见图4-6-2).

从理论上来说,t 为无穷大时,才有 $U_C=E$、$I=0$,即充电过程结束. 实际上,

$$t = 4\tau \text{ 时},U_C = E(1-e^{-4}) = 0.982E$$

$$t=5\tau \text{ 时}, U_C=E(1-\mathrm{e}^{-5})=0.993E$$

所以 $t=4\sim5\tau$ 时,可以认为已充电完毕.

2. 放电过程

在图 4-6-1 电路中,当开关 K 与 2 接通的瞬间电荷就逐渐通过电阻 R 放电. 开始全部电压 U_0 作用在 R 上,最大的放电电流为 $I_0=U_0/R$. 随后,电荷和电压 U_C 逐渐减小,放电电流 I 也随之减小. 这反过来又使得 U_c 的变化更为缓慢. U_C 和 I 都是时间 t 的函数.

在放电电路中,令式(4-6-4)的 $E=0$,可得

$$R\frac{\mathrm{d}q}{\mathrm{d}t}+\frac{q}{C}=0 \tag{4-6-8}$$

在 $t=0$, $q_0=CU_0$ 这个初始条件下,利用式(4-6-1)可得微分方程(4-6-8)的解为

$$\left.\begin{aligned} q&=q_0\mathrm{e}^{-t/\tau}\\ U_C&=U_0\mathrm{e}^{-t/\tau}\\ U_R&=R\frac{dq}{dt}=-U_0\mathrm{e}^{-t/\tau}\end{aligned}\right\} \tag{4-6-9}$$

式中 U_R 出现负号,表示放电电流跟充电电流的方向相反.

式(4-6-9)表明,q 和 U_C 是按 t 的指数函数规律减小的,变化曲线如图 4-6-3 所示.

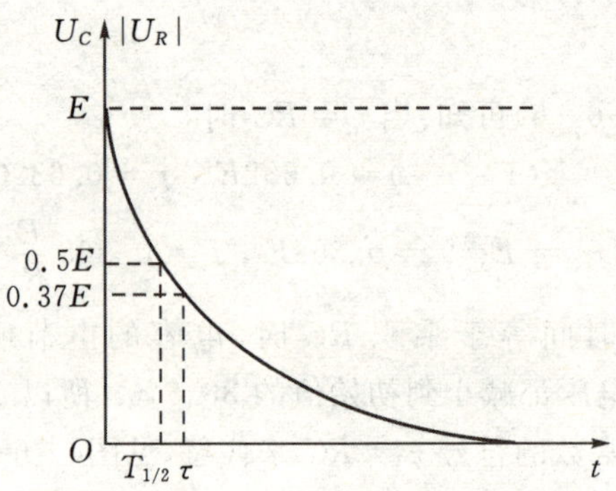

图 4-6-3 电容器放电函数变化曲线

不难计算出,$t=\tau$ 时,曲线下降到初始最大值的 36.8%;曲线下减一半对应的时间仍为 $t=T_{1/2}=0.693\tau$.

【实验仪器及器材】

示波器、信号发生器、电阻(10kΩ)、电容(0.1μF)及直角坐标纸一张.

【实验内容与步骤】

用示波器观测电容器充放电过程的波形(使用方波)

时间常数 τ 很小的 RC 电路,冲放电过程都是快速的,必须用示波器才能观测到. 如图 4-6-1所示,开关 K 在 1 和 2 两端迅速来回接通电路时,电容器交替进行充电与放电. 这个开关的作用可以用一个方波发生器来代替,如图 4-6-4 所示. 在半个周期内,方波电压为 $+E$,对电容器进行充电;在下半个周期内,方波的电压为零,电容器放电. 方波的作用代替了开关 K,电路发生连续的快速充放电过程.

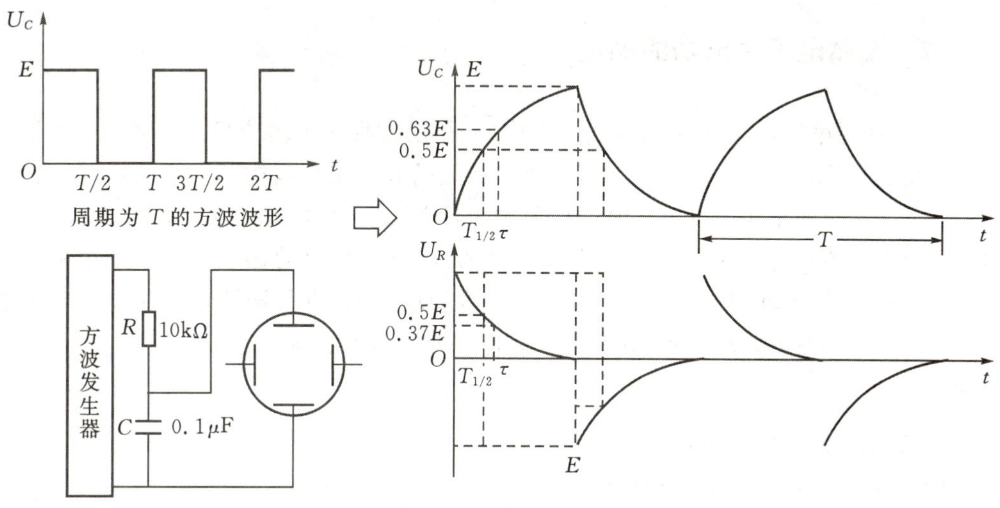

图 4-6-4 方波作用下的快速充放电及其波形

1. 根据所给的电阻、电容值计算出 τ.（$\tau = RC$）

2. 观察电容器上电压随时间的变化关系.

(1)按图 4-6-4 接方波发生器的输出于 RC 串联电路上，示波器的地线要始终与方波发生器的地线相连. 观察电容器充放电的 U_C 波形.

(2)调节方波周期（$T = 1/f$）的大小，观察波形的变化. 最后使方波的每半个周期内充(或放)电过程可以认为基本完毕(即 $T/2$ 大约为 $4 \sim 5\tau$ 时). 按屏幕上坐标网格将电容器充放电的 U_C 波形图描绘于坐标纸上.

3. 观察电阻上电压随时间的变化关系.

断去方波发生器的电源，对调电阻 R 与电容器 C 的位置后，再接通方波发生器的电源. 用上述同样的方法描绘出电阻充放电的 U_R 波形图.

4. 测量时间常数 τ.

由 U_C 波形图，按 $T_{1/2}$ 与 T 在图上的长度比，以及已知周期 T 算出 $T_{1/2}$，然后由式(4-6-7)计算出时间常数 τ'，并与直接计算值 $\tau = RC$ 进行比较.

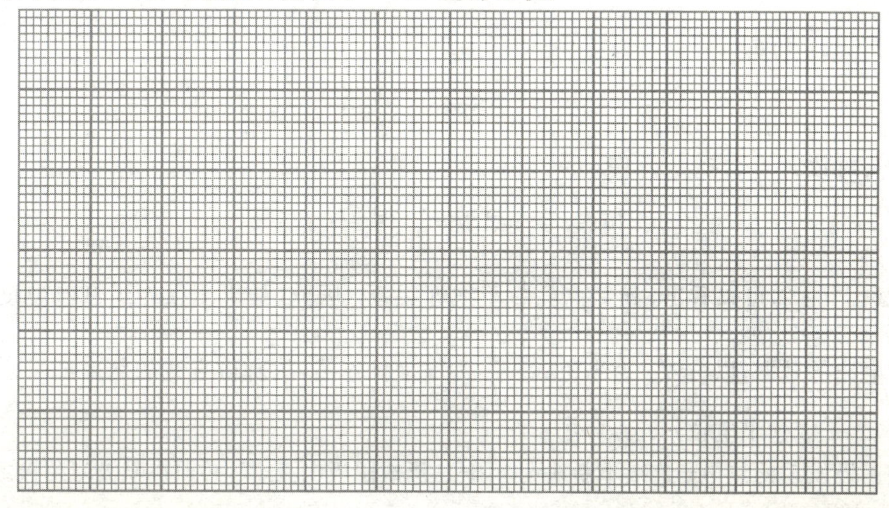

实验 4－7　金属电子逸出功的测定

由于原子核对电子的束缚，电子从金属中逸出必须吸收一定的能量．增加电子能量有多种方法，如光照、利用光电效应使电子逸出，或用加热的方法使金属中的电子热运动加剧并最终逸出．电子从加热的金属中发射出来的现象称为热电子发射．热电子发射的性能与金属材料逸出功（或逸出电势）有关．在真空器件阴极材料的选择中，材料的逸出功是一个很重要的参量，本实验用里查孙（Richardson，1879－1959，英国物理学家）直线法测定金属钨的电子逸出功，这一方法包含丰富的物理思想，并有助于进行数据处理基本训练．

【实验目的】

1．研究热电子发射的基本规律；

2．用里查孙直线法测定金属钨的电子逸出功．

【实验原理】

1．热电子发射

图 4－7－1 所示为热电子发射原理图．

用钨丝作阴极的真空理想二极管，通以电流加热，并在阳极和阴极间加上正向电压（阳极为高电势）时，因热电子发射效应，在外电路中就有电流通过．电流的大小主要与灯丝温度和金属逸出功的大小有关，灯丝温度越高或者金属逸出功越小，电流就越大．根据费密—狄喇克分布可以导出热电子发射遵守的里查孙—杜西曼（Richardson-Dushman）公式：

$$I = AST^2 \exp\left(-\frac{e\varphi}{kT}\right) \tag{4-7-1}$$

式中：I 为热电子发射的电流强度；A 为与阴极材料有关的系数；S 为阴极的有效发射面积；$k = 1.381 \times 10^{-23}$ J/K 是玻耳兹曼常数；T 为阴极灯丝的热力学温度；$e\varphi$ 为金属逸出功，又称功函数．从式（4－7－1）可知，只要测出 I、A、S、T 的值，就可以计算出阴极材料的电子逸出功，但是直接测定 A、S 这两个量比较困难．在实际测量中常用里查孙直线法，它可以避开 A、S 的测量，直接由发射电流 I 和灯丝温度 T 确定逸出功的值．这是一种巧妙的实验和数据处理方法，非常有用．

由式（4－7－1）得

$$\frac{I}{T^2} = AS\exp\left(-\frac{e\varphi}{kT}\right)$$

两边取常用对数

$$\lg\frac{I}{T^2} = \lg AS - \frac{e\varphi}{2.303k}\cdot\frac{1}{T} \tag{4-7-2}$$

从式（4－7－2）可以看出，$\lg\frac{I}{T^2}$ 与 $\frac{1}{T}$ 呈线性关系．因此，如果测得一组灯丝温度及其对应的发射电流的数据，以 $\lg\frac{I}{T^2}$ 为纵坐标，$\frac{1}{T}$ 为横坐标作图，从所得直线的斜率即可求出该金属的逸出功 $e\varphi$ 或逸出电位 φ．

要使阴极发射的热电子连续不断地飞向阳极，形成阳极电流 I_a，必须在阳极与阴极之间外加

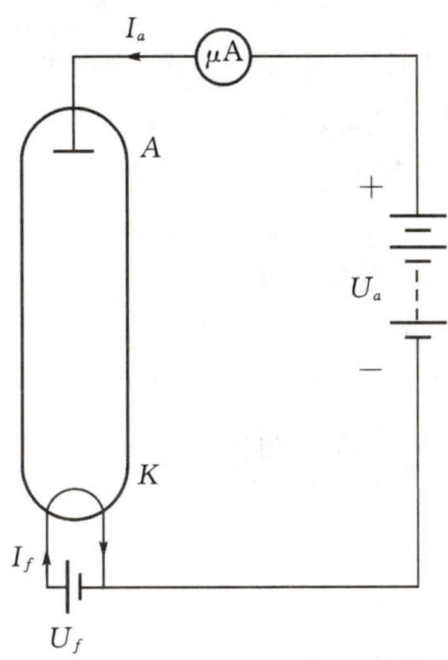

图 4-7-1　热电子发射原理图

一个加速电场 E_a，但 E_a 的存在相当于使新的势垒高度比无外电场时降低了，这导致更多的电子逸出金属，因而使发射电流增大，这种外电场产生的电子发射效应称为肖脱基效应. 阴极发射电流 I_a 与阴极表面加速电场 E_a 的关系为

$$I_a = I\exp\left(\frac{\sqrt{e^3 E_a}}{kT}\right) \tag{4-7-3}$$

式中，I_a 和 I 分别表示加速电场为 E_a 和零时的发射电流.

为了方便，一般将阴极和阳极制成共轴圆柱体，在忽略接触电势差等影响的条件下，阴极表面附近加速电场的场强为

$$E_a = \frac{U_a}{r_1 \ln \dfrac{r_2}{r_1}} \tag{4-7-4}$$

式中：r_1、r_2 分别为阴极及阳极圆柱面的半径；U_a 为加速电压.

将式(4-7-4)代入式(4-7-3)取对数得

$$\lg I_a = \lg I + \frac{\sqrt{e^3}}{2.303kT} \cdot \frac{1}{\sqrt{r_1 \ln \dfrac{r_2}{r_1}}} \cdot \sqrt{U_a} \tag{4-7-5}$$

式(4-7-5)表明，对于一定尺寸的直热式真空二极管，r_1、r_2 一定，在阴极的温度 T 一定时，$\lg I_a$ 与 $\sqrt{U_a}$ 也成线性关系，$\lg I_a - \sqrt{U_a}$ 直线的延长线与纵轴的交点，即截距为 $\lg I$，由此即可得到在一定温度下，加速电场为零时的热电子发射(饱和)电流 I. 这样就可消除 E_a 对发射电流的影响.

综上所述，要测定某金属材料的逸出功，可将该材料制成理想二极管的阴极，测定阴极温度 T、阳极电压 U_a 和发射电流 I_a，用作图法得到零场电流 I 后，即可求出逸出功或逸出电位.

2. 理想(标准)二极管

理想二极管也称标准二极管，是一种进行了严格设计的理想器件. 这种真空二极管采用直

热式结构，如图 4-7-2 所示.

为便于进行分析，电极的几何形状一般设计成同轴圆柱形系统，待测逸出功的材料做成阴极，呈直线形，其发射面限制在温度均匀的一段长度内. 为保持灯丝电流稳定，用直流恒流电源供电. 阳极为圆筒状，并可近似地把电极看成是无限长的圆柱，即无边缘效应. 为了避免阴极 K 两端温度较低和电场不均匀，在阳极 A 两端各装一个圆筒形保护电极 B，并在玻璃管内相连后再引出管外，B 与 A 绝缘，因此，保护电极虽与阳极加相同的电压，但其电流并不包括在被测热电子发射电流中. 在阳极中部开有一个小孔，通过小孔可以看到阴极，以便用光学高温计测量阴极温度.

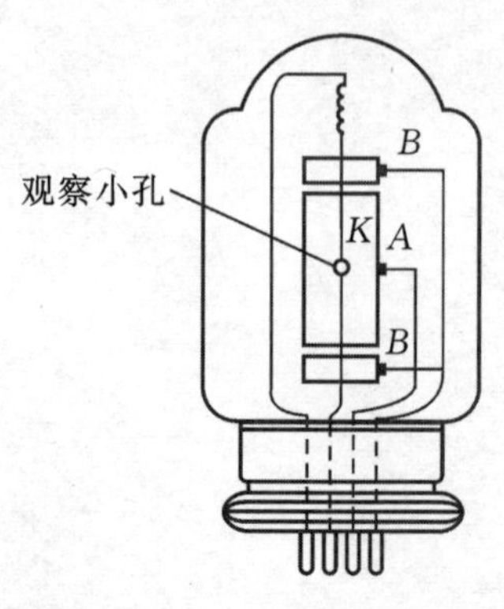

图 4-7-2 标准二极管

3. 灯丝温度的测量

灯丝温度 T 对发射电流 I 的影响很大，因此准确测量灯丝温度对于减小测量误差十分重要. 灯丝温度一般取 2000K 左右，可用光学高温计进行测量. 使用光学高温计时请严格按照产品说明书进行操作，同时注意温标类型. 另外，使用光学高温计测量灯丝温度，由于需要人为比较灯丝亮度，存在着一定的主观判断因素，会导致一定的测量误差. 所以，为了教学方便我们提供了一组钨丝真实温度与灯丝电流的参考关系(见表 4-7-1)，也可由灯丝电流来确定灯丝温度.

表 4-7-1 加热电流与钨丝真实温度对照表

I_f(A)	0.500	0.550	0.580	0.600	0.620	0.640	0.650	0.660	0.680	0.700	0.720
T ($\times10^3$K)	1.72	1.80	1.85	1.88	1.91	1.94	1.96	1.98	2.01	2.04	2.07

【实验内容】

1. 实验电路如图 4-7-3 所示，理想二极管的插座已与逸出功测定仪中的电路连接好，先将两个电位器逆时针旋到底后，接通电源，调节理想二极管灯丝电流 $I_f=0.580$A，预热 5～10min.

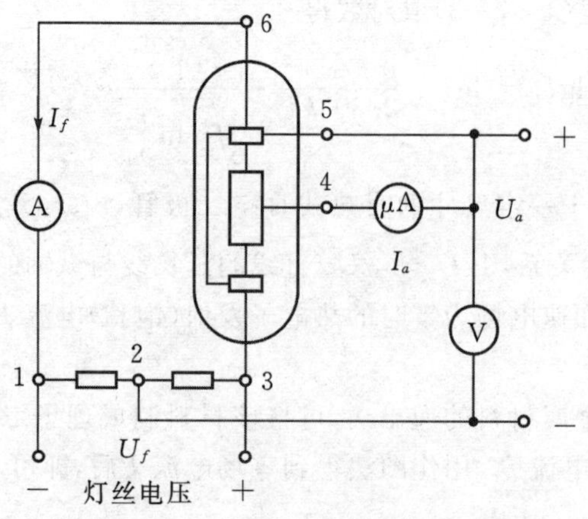

图 4-7-3 实验电路图

2. 在阳极上依次加 25V、36V、49V、…、121V 电压，分别测出对应的阳极电流 I_a.

3. 改变二极管灯丝电流 I_f 值，每次增加 0.020A，重复上述测量，直至 0.700A. 每改变一次灯丝电流都要预热 3～5min.

注意：由于理想二极管工艺制作上的差异，本仪器内装有理想二极管限流保护电路，请不要将灯丝电流超过 0.72A.

【参考实验数据及处理】

1. 阳极电流 I_a 的测定

表 4-7-2　基本数据

U_a(V) / I_a($\times10^{-6}$A) / I_f(A)	25.0	36.0	49.0	64.0	81.0	100.0	121.0
0.580							
0.600							
0.620							
0.640							
0.660							
0.680							
0.700							

表 4-7-3　数据的换算值

$\sqrt{U_a}$ / $\lg I_a$ / T(10^3K)	5.0	6.0	7.0	8.0	9.0	10.0	11.0
1.85							
1.88							
1.91							
1.94							
1.98							
2.01							
2.04							

表 4-7-4　在不同灯丝温度时的零场电流及其换算值

T (10^3K)	1.85	1.88	1.91	1.94	1.98	2.01	2.04
$\lg I$							
$\lg(I/T^2)$							
$\frac{1}{T}$($\times10^{-4}$)							

2. 在不同 T 时，$\lg I_a$—$\sqrt{U_a}$ 的关系

列出 $\lg I_a$ 、$\sqrt{U_a}$ 、$T(\times 10^3\,\mathrm{K})$数据表(见表 4-7-3).

作出 $\lg I_a$ — $\sqrt{U_a}$ 图线，求出截距 $\lg I$，即可得到在不同灯丝温度 T 时的零场热电子发射电流 I(在同一幅图上作出 7 条直线).

3. $\lg \dfrac{I}{T^2}$ — $\dfrac{1}{T}$ 的关系

列出 $T(\times 10^3\,\mathrm{K})$、$\lg I$、$\lg \dfrac{I}{T^2}$ 、$\dfrac{1}{T}$ 数据表(见表 4-7-4).

根据表中数据，作出 $\lg \dfrac{I}{T^2}$ — $\dfrac{1}{T}$ 图线，根据式(4-7-2)从直线的斜率求出金属钨的逸出功.

钨逸出功的公认值为 4.54eV，计算误差.

实验 4-8 霍尔效应及螺线管磁场的测量

霍尔效应是导电材料中的电流与磁场相互作用而产生电动势的效应. 1879 年美国霍普金斯大学研究生霍尔在研究金属导电机理时发现了这种电磁现象，故称霍尔效应. 后来曾有人利用霍尔效应制成测量磁场的磁传感器，但因金属的霍尔效应太弱而未能得到实际应用. 随着半导体材料和制造工艺的发展，人们又利用半导体材料制成霍尔元件，由于它的霍尔效应显著而得到实用和发展，现在广泛用于非电量的测量、电动控制、电磁测量和计算装置方面. 在电流体中的霍尔效应也是目前在研究中的“磁流体发电”的理论基础. 近年来，霍尔效应实验不断有新发现. 1980 年德国物理学家冯 · 克利青研究二维电子气系统的输运特性，在低温和强磁场下发现了量子霍尔效应，这是凝聚态物理领域最重要的发现之一. 目前对量子霍尔效应正在进行深入研究，并取得了重要应用，例如用于确定电阻的自然基准，可以极为精确地测量光谱精细结构常数等.

在磁场、磁路等磁现象的研究和应用中，霍尔效应及其元件是不可缺少的，利用它观测磁场直观、干扰小、灵敏度高、效果明显.

【实验目的】

1. 掌握霍尔效应原理及霍尔元件有关参数的含义和作用；
2. 测绘霍尔元件的霍尔电势差 U_H 与磁感应强度 B 的关系，以了解和熟悉霍尔效应的重要物理规律；
3. 学习用集成霍尔传感器测量通电螺线管内的磁感应强度 B 与位置刻度之间的关系，以了解运用集成霍尔元件测量磁场的方法；
4. 学习补偿原理在磁场测量中的应用.

【实验原理】

霍尔效应原理如图 4-8-1 所示：若电流 I_s 流过厚度为 d 的半导体薄片，且磁场 B 垂直于该半导体，由洛伦兹力作用而使电子流方向发生改变，在薄片两个横向面 a、b 之间应产生电势差，这种现象称为霍尔效应. 在与电流 I_s、磁场 B 垂直方向上产生的电势差称为霍尔电势差，通常用 U_H 表示.

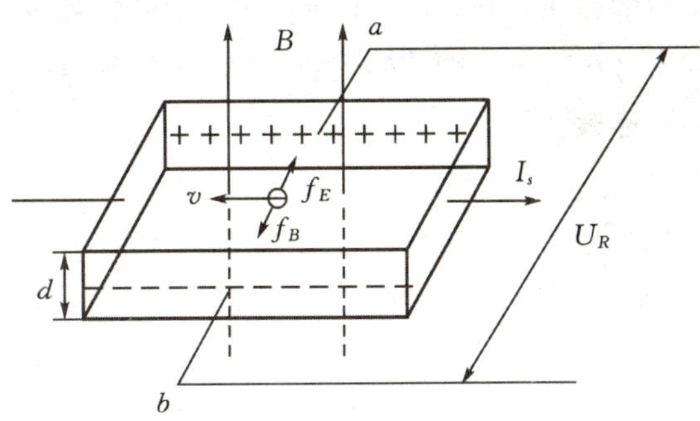

图4-8-1 霍尔效应示意图

霍尔效应的数学表达式为

$$U_H = \left(\frac{R_H}{d}\right) I_s B = K_H I_s B \tag{4-8-1}$$

式中:R_H是由半导体本身电子迁移率决定的物理常数,称为霍尔系数;B为磁感应强度;I_s为流过霍尔元件的电流强度;K_H称为霍尔元件的霍尔灵敏度.

虽然从理论上讲霍尔元件在无磁场作用(即$B=0$)时,$U_H=0$,但是实际情况用数字电压表测时并不为零,这是由于半导体材料结晶不均匀及各电极不对称等引起附加电势差,该电势差U_0称为剩余电压.

随着科技的发展,新的集成化(IC)元件不断被研制成功.本实验采用SS95A型集成霍尔传感器(结构示意图见图4-8-2所示)是一种高灵敏度集成霍尔传感器,它由霍尔元件、放大器和薄膜电阻剩余电压补偿组成.测量时输出信号大,并且剩余电压的影响已被消除.对SS95A型集成霍尔传感器,它由三根引线,分别是:"V_+""V_-""V_{out}".其中"V_+"和"V_-"构成"电流输入端","V_{out}"和"V_-"构成"电压输出端".由于SS95A型集成霍尔传感器,它的工作电流已设定,被称为标准工作电流,使用传感器时,必须使工作电流处在该标准状态.在实验时,只要在磁感应强度为零(零磁场)条件下,调节"V_+""V_-"所接的电源电压(装置上有一调节旋钮可供调节),使输出电压为2.500V(在数字电压表上显示),则传感器就可处在标准工作状态之下.

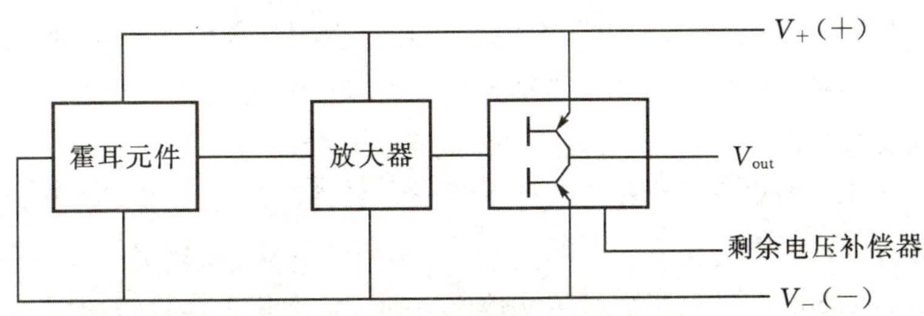

图4-8-2 95A型集成霍尔元件内部结构图

当螺线管内有磁场且集成霍尔传感器在标准工作电流时,与式(4-8-1)相似,可得

$$B = \frac{(U - 2.500)}{K} = \frac{U'}{K} \tag{4-8-2}$$

式中:U 为集成霍尔传感器的输出电压;K 为集成霍尔传感器的磁场灵敏度;U' 经用 2.500V 外接电压补偿以后,用数字电压表测出的传感器输出值(仪器用 mV 档读数).

【实验仪器及仪器外形连线图】

FD-ICH-II 新型螺线管磁场测定仪由集成霍尔传感器探测棒、螺线管、直流稳压电源 0～0.5A;直流稳压电源输出二档(2.4～2.6V 和 4.8～5.2V);数字电压表(19.999V 和 1999.9mV 二档);双刀换向开关和单刀换向开关各一个,导线若干组成.其仪器组成外形如图 4-8-3所示.

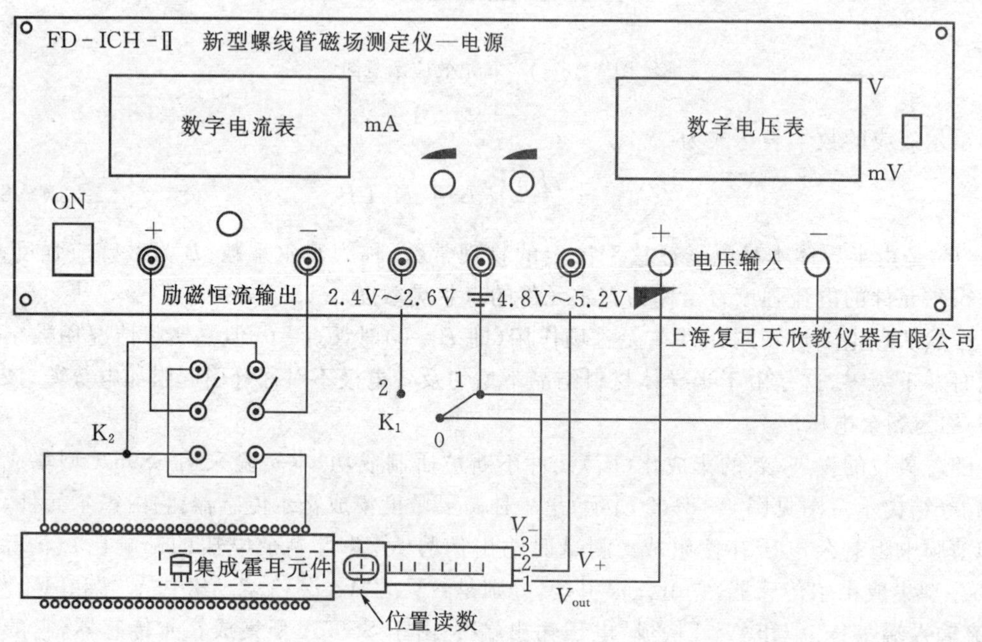

图 4-8-3 FD-ICH-II 新型螺线管磁场测定仪外形连线图

【实验内容】

1. 实验准备

(1)实验装置按接线图 4-8-3 所示.螺线管通过双刀换向开关 K_2 与直流恒流电源输出端相接.集成霍尔传感器的"V_+"和"V_-"分别与 4.8～5.2V 可调直流电源输出端的正负相接(正负极请勿接错)."V_{out}"和"V_-"与数字电压表正负相接.

(2)断开开关 K_2(即集成霍尔传感器处于零磁场条件下),数字电压表量程拨动开关打向"V"档,开关 K_1 打向 1.调节 4.8～5.2V 电源电压调节旋钮,使数字电压表显示的"V_{out}"和"V_-"的电压值为 2.500V,这时集成霍尔元件便达到了标准化工作状态,即集成霍尔传感器的工作电流达到规定的数值,且剩余电压恰好达到补偿,即 $U_0=0$V.

(3)仍断开开关 K_2,数字电压表量程拨动开关打向"mV"档,保持"V_+"和"V_-"电压不变(即 2.500V),将开关 K_1 打向 2.调节 2.4～2.6V 电源电压调节旋钮,使数字电压表显示值为 0V,这时,也就是用一外接 2.500V 的电位差与传感器输出 2.500V 电位差进行补偿,这样就可直接用数字电压表读出集成霍尔传感器的电势差值 U' .

2. 测定集成霍尔传感器的磁场灵敏度 K

(1)将集成霍尔传感器处于螺线管内部轴线的中央位置(即 X=17.0cm),开关 K_1保持在 2 位置,闭合开关 K_2,通过调节励磁恒流电源电压调节旋钮,改变输入螺线管绕线的励磁电流 I_m(I_m范围在 0～500mA,可每隔 50mA 测一次),测量 $U'—I_m$关系,先后记录 10 组数据,填入表 4-8-1 中.

表 4-8-1　测量霍尔电势差(已放大为 U)与螺线管励磁电流 I_m关系

I_m/mA	0	50	100	150	200	250	300	350	400	450	500
U/mV											

(2)用最小二乘法处理数据,求出 $U'—I_m$,直线的斜率 $K'=\dfrac{\Delta U'}{\Delta I_m}$ 和相关系数 r.

(3)对于无限长直螺线管磁场可利用公式:$B=\mu_0 n I_m$(μ_0 为 真空磁导率,n 为螺线管单位长度的匝数),求出集成霍尔传感器的磁场灵敏度

$$K=\frac{\Delta U'}{\Delta B} \tag{4-8-3}$$

注:实验中所用螺线管的有关参数为:

螺线管长度 L=(26.0±0.1)cm,N=(3000 ± 20)匝,平均直径 $\overline{D}$ = (3.5±0.1)cm,而真空磁导率 $\mu_0=4\pi\times10^{-7}$ H/m. 由于螺线管为有限长,因此必须用公式 $B=\mu_0\dfrac{N}{\sqrt{L^2+\overline{D}^2}}I_m$ 进行计算. 即

$$K=\frac{\Delta U'}{\Delta B}=\frac{\sqrt{L^2+\overline{D}^2}}{\mu_0 N}\frac{\Delta U'}{\Delta I_m}=\frac{\sqrt{L^2+\overline{D}^2}}{\mu_0 N}K' \text{(单位:V/T)}.$$

3. 测量通电螺线管中磁感应强度 B 及其磁场分布

(1)开关 K_1保持在 2 位置,闭合开关 K_2,当螺线管通恒定励磁电流 I_m(如:250mA)时,测量 $U'—X$ 关系. X 范围为 0～30.0cm,两端的测量数据点应比中心位置的测量数据点密一些.

表 4-8-2　螺线内磁感应强度 B 与位置刻度 X 的关系(I_m=250mA)($B=U'/K$)

X (cm)	U'_1 (mv)	U'_2 (mV)	U' (mV)	B (mT)	X (cm)	U'_1 (mv)	U'_2 (mV)	U' (mV)	B (mT)
0.00					15.00				
1.00					16.00				
1.50					17.00				
2.00					18.00				
2.50					19.00				
3.00					20.00				
3.50					21.00				
4.00					22.00				

续表 4-8-2

X (cm)	U'_1 (mv)	U'_2 (mV)	U' (mV)	B (mT)	X (cm)	U'_1 (mv)	U'_2 (mV)	U' (mV)	B (mT)
4.50					23.00				
5.00					24.00				
5.50					24.50				
6.00					25.00				
6.50					25.50				
7.00					26.00				
7.50					26.50				
8.00					27.00				
9.00					27.50				
10.00					28.00				
11.00					28.50				
12.00					29.00				
13.00					29.50				
14.00					30.00				

注：U'_1 为螺线管通正向直流电流时测得集成霍尔传感器输出电压；

U'_2 为螺线管通反向直流电流时测得集成霍尔传感器输出电压；

U' 为 $(U'_1-U'_2)/2$ 的值(测量正、反二次不同电流方向所产生磁感应强度值取平均值，可消除地磁场影响).

(2)利用上面所得的集成霍尔传感器灵敏度 K 计算 $B—X$ 关系，并作出 $B—X$ 分布图.

(3)计算并在图上标出均匀区的磁感应强度 $\overline{B'_0}$ 及均匀区范围(包括位置与长度)，假定磁场变化小于1%的范围为均匀区(即 $\Delta B/B_0<1\%$).并与产品说明书上标有均匀区>10.0cm进行比较.

(4)在图上标出螺线管边界的位置坐标(即 P 与 P' 点，一般认为在边界点处的磁场是中心位置的一半，即 $B_P=B_{P'}=\frac{1}{2}\overline{B'_0}$).

(5)将上述结果与理论值比较：

a.理论值 $B_0=\mu_0\frac{N}{\sqrt{L^2+\overline{D}^2}}I_m$，验证：$\frac{|B_0-B'_0|}{B_0}\times 100\%<1\%$

b.已知 $L=26.0$cm，试证明 $P—P'$ 间距约 26.0cm.

【注意事项】

1. 测量 $U'—I_m$ 时，传感器位于螺线管中央(即均匀磁场中).
2. 测量 $U'—X$ 时，螺线管通电电流 I_m 应保持不变.
3. 检查 $I_m=0$ 时，传感器输出电压是否为 2.500V.
4. 用 mV 档读 U' 值.当 $I_m=0$ 时，数字 mV 表指示值应该为 0.
5. 实验完毕后，将电流调节旋钮、电压调节旋钮分别逆时针方向旋转到头，使其恢复到起始位置，即最小位置.

【问题思考】

1. 什么是霍尔效应？霍尔传感器在科研中有何用途？

2. 如果螺线管在绕制中两边的单位匝数不相同或绕制不均匀，这时将出现什么情况？在绘制 $B—X$ 分布图时，如果出现上述情况，怎样求 P 和 P' 点？

3. SS95A 型集成霍尔传感器为何工作电流必须标准化？如果该传感器工作电流增大些，对其灵敏度有无影响？

实验 4－9　温度传感器基本特性的测量

温度传感器是检测温度的器件，被广泛用于工农业生产、科学研究和生活等领域，其种类多，发展快. 温度传感器一般分为接触式和非接触式两大类. 所谓接触式就是传感器直接与被测物体接触进行温度测量，这是温度测量的基本形式. 而非接触式是测量物体热辐射而发出的红外线从而测量物体的温度，可进行遥测，这是接触方式所做不到的.

接触式温度传感器有热电偶、热敏电阻以及铂电阻等，利用其产生的热电动势或电阻随温度变化的特性来测量物体的温度，被广泛用于家用电器、汽车、船舶、控制设备、工业测量、通信设备等. 另外，还有一些新开发研制的传感器，例如，有利用半导体 PN 结电流/电压特性随温度变化的半导体集成传感器；有利用光纤传播特性随温度变化或半导体透光随温度变化的光纤传感器；有利用弹性表面波及振子的振荡频率随温度变化的传感器；有利用核四重共振的振荡频率随温度变化的 NQR 传感器；有利用在居里温度附近磁性急剧变化的磁性温度传感器以及利用液晶或涂料颜色随温度变化的传感器等.

非接触方式是通过检测光传感器中红外线来测量物体的温度，有利用半导体吸收光而使电子迁移的量子型与吸收光而引起温度变化的热型传感器. 非接触传感器广泛用于接触温度传感器、辐射温度计、报警装置、来客告知器、火灾报警器、自动门、气体分析仪、分光光度计、资源探测等.

本实验将通过测量几种常用的接触式温度传感器的特征物理量随温度的变化，来了解这些温度传感器的工作原理.

【实验目的】

1. 了解几种常用的接触式温度传感器的原理及其应用范围；

2. 测量这些温度传感器的特征物理量随温度的变化曲线.

【实验仪器】

1. 温度传感器：铂电阻（薄膜型 P_{t100}）、AD590 集成温度传感器、半导体热敏电阻、晶体管 PN 结温度传感器；

2. 温度控制系统：不锈钢保温杯、加热电阻和硅油、交流低压加热电源、数字铂电阻温度计；

3. 测量仪表及电源：数字万用表、直流稳压电源（5V）、直流恒流电源（1mA，100 μA）.

【实验原理】

1. 铂电阻

导体的电阻值随温度变化而改变，通过测量其电阻值推算出被测环境的温度，利用此原理构成的传感器就是热电阻温度传感器. 能够用于制作热电阻的金属材料必须具备以下特性：①电阻温度系数要尽可能大和稳定，电阻值与温度之间应具有良好的线性关系. ②电阻率高，热容量小，反应速度快. ③材料的复现性和工艺性好，价格低. ④在测量范围内物理和化学性质稳定. 目前，在工业中应用最广的材料是铂和铜.

铂电阻与温度之间的关系，在 0～630.74℃范围内可用下式表示

$$R_T = R_0(1 + AT + BT^2) \tag{4-9-1}$$

在－200～0℃的温度范围内为

$$R_T = R_0[1 + AT + BT^2 + (T - 100)T^3] \tag{4-9-2}$$

式中：R_0 和 R_T 分别为 0℃和温度 T 时铂电阻的电阻值；A、B、C 为温度系数，由实验确定；$A = 3.90802 \times 10^{-3}$ ℃$^{-1}$；$B = -5.80195 \times 10^{-7}$ ℃$^{-2}$，$C = -4.27350 \times 10^{-12}$ ℃$^{-4}$.

由式(4－9－1)和式(4－9－2)可见，要确定电阻 R_T 与温度 T 的关系，首先要确定 R_0 的数值，R_0 值不同时，R_T 与 T 的关系不同. 目前国内统一设计的一般工业用标准铂电阻 R_0 值有 100Ω 和 500Ω 两种，并将电阻值 R_T 与温度 T 的相应关系统一列成表格，称其为铂电阻的分度表，分度号分别用 P_{t100} 和 P_{t500} 表示.

铂电阻在常用的热电阻中准确度最高，国际温标 ITS－90 中还规定，将具有特殊构造的铂电阻作为 13.5033～961.78℃标准温度计来使用. 铂电阻广泛用于－200～850℃范围内的温度测量，工业中通常在 600℃以下.

2. 半导体热敏电阻

热敏电阻是其电阻值随温度显著变化的一种热敏元件. 热敏电阻按其电阻随温度变化的典型特性可分为三类，即负温度系数(NTC)热敏电阻，正温度系数(PTC)热敏电阻和临界温度电阻器(CTR). PTC 和 CTR 型热敏电阻在某些温度范围内，其电阻值会产生急剧变化，适用于某些狭窄温度范围内一些特殊应用，而 NTC 热敏电阻可用于较宽温度范围的测量. 热敏电阻的电阻—温度特性曲线如图 4－9－1 所示.

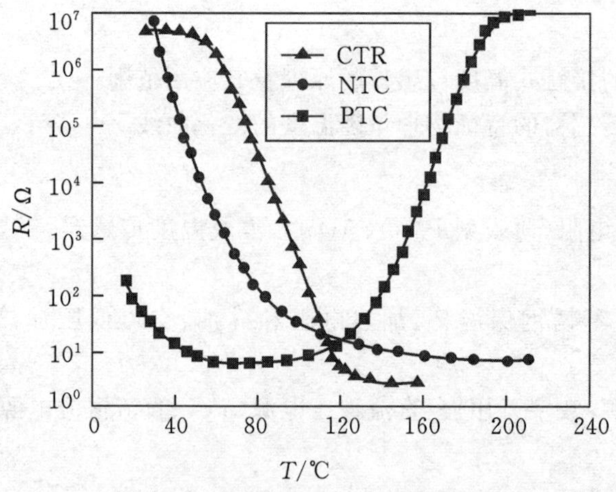

图 4－9－1　热敏电阻的电阻温度特性曲线

NTC 半导体热敏电阻是由一些金属氧化物，如钴、锰、镍、铜等过渡金属的氧化物，采用不同比例的配方，经高温烧结而成，然后采用不同的封装形式制成珠状、片状、杆状、垫圈状等各种形状. 与金属导体热电阻比较，半导体热敏电阻具有以下特点：①有很大的负电阻温度系数，因此其温度测量的灵敏度也比较高. ②体积小，目前最小的珠状热敏电阻的尺寸可达 0.2mm，故热容量很小，可作为点温或表面温度以及快速变化温度的测量. ③具有很大的电阻值（$10^2 \sim 10^5\Omega$），因此可以忽略线路导线电阻和接触电阻等的影响，特别适用于远距离的温度测量和控制. ④制造工艺比较简单，价格便宜. 半导体热敏电阻的缺点是温度测量范围较窄.

半导体热敏电阻具有负电阻温度系数，其电阻值随温度升高而减小，电阻与温度的关系可以用下面的经验公式表示

$$R_T = A\exp\left(\frac{B}{T}\right) \tag{4-9-3}$$

式中：R_T为在温度为 T 时的电阻值；T 为绝对温度（以 K 为单位）；A 和 B 分别为具有电阻量纲和温度量纲，并且与热敏电阻的材料和结构有关的常数. 由式（4－9－3）可得到当温度为 T_0时的电阻值 R_0，即

$$R_0 = A\exp\left(\frac{B}{T_0}\right) \tag{4-9-4}$$

比较式（4－9－3）和式（4－9－4），可得

$$R_T = R_0\exp\left[B\left(\frac{1}{T}-\frac{1}{T_0}\right)\right] \tag{4-9-5}$$

从式（4－9－5）可以看出，只要知道常数 B 和在温度为 T_0时的电阻值 R_0，就可以利用式（4－9－5）计算在任意温度 T 时的 R_T值. 常数 B 可以通过实验来确定. 将式（4－9－5）两边取对数，则有

$$\ln R_T = \ln R_0 + B\left(\frac{1}{T}-\frac{1}{T_0}\right) \tag{4-9-6}$$

从式（4－9－6）可以看出，$\ln R_T$与 $1/T$ 呈线性关系，直线的斜率就是常数 B. 热敏电阻的材料常数 B 一般在 2000～6000K 范围内.

热敏电阻的温度系数 α_T 定义如下

$$\alpha_T = \frac{1}{R_T}\cdot\frac{\mathrm{d}R_\mathrm{T}}{\mathrm{d}T} = -\frac{B}{T^2} \tag{4-9-7}$$

由式（4－9－7）可以看出，α_T 随温度降低而迅速增大. α_T 决定热敏电阻在全部工作范围内的温度灵敏度. 热敏电阻的测温灵敏度比金属热电阻的高很多. 例如，B 值为 4000K，当 $T = 293.15$K（20℃）时，热敏电阻的 $T = 4.7\%/℃$，约为铂电阻的 12 倍.

3. PN 结温度传感器

PN 结温度传感器是利用半导体材料和器件的某些性能参数的温度依赖性，实现对温度的检测、控制和补偿等功能. 实验表明，在一定的电流模式下，PN 结的正向电压与温度之间具有很好的线性关系.

根据 PN 结理论，对于理想二极管，只要正向电压 U_F大于几个 kT/q（k 为玻耳兹曼常数，q 为电子电荷）. 其正向电流 I_F与正向电压 U_F和温度 T 之间的关系可表示为

$$U_\mathrm{F} = U_\mathrm{g} + \frac{k_\mathrm{B}}{q}\left\{\ln\frac{I_\mathrm{F}}{B} - \left(3+\frac{r}{2}\right)\ln T\right\}T \tag{4-9-8}$$

式中：$U_g = E_g/q$；E_g为材料在 $T = 0$K 时的禁带宽度（以 eV 为单位）；B 和 r 为常数.

由半导体理论可知，对于实际二极管，只要它们工作的 PN 结空间电荷区中的复合电流和表面漏电流可以忽略，而又未发生大注入效应的电压和温度范围内，其特性与上述理想二极管是相符合的. 实验表明，对于砷化镓、锗和硅二极管，在一个相当宽的温度范围内，其正向电压与温度之间的关系与式(4－9－8)是一致的，如图 4－9－2 所示.

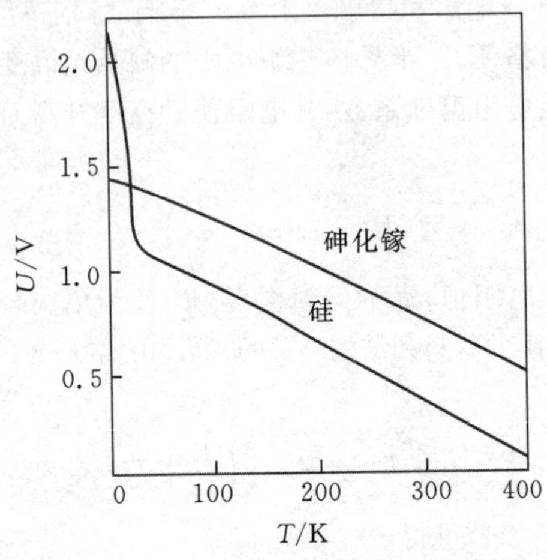

图 4－9－2　二极管正向电压与温度关系曲线

实验发现，晶体管发射结上的正向电压随温度的上升而近似线性下降，这种特性与二极管十分相似，但晶体管表现出比二极管更好的线性和互换性. 二极管的温度特性只对扩散电流成立，但实际二极管的正向电流除扩散电流成分外，还包括空间电荷区中的复合电流和表面漏电流成分. 这两种电流与温度的关系不同于扩散电流与温度的关系，因此，实际二极管的电压—温度特性是偏离理想情况的. 由于三极管在发射结正向偏置条件下，虽然发射结也包括上述三种电流成分，但是只有其中的扩散电流成分能够到达集电极形成集电极电流，而另外两种电流成分则作为基极电流漏掉，并不到达集电极. 因此，晶体管的 I_c—U_{be} 关系比二极管的 I_F—U_F 关系更符合理想情况，所以表现出更好的电压－温度线性关系. 根据晶体管的有关理论可以证明，NPN 晶体管的基极-发射极电压 U_{be} 与温度 T 和集电极电流 I_c 的函数关系与二极管的 U_F 与 T 和 I_F 函数关系式(4－9－8)相同. 因此，在集电极电流 I_c 恒定条件下，晶体管的基极-发射极电压 U_{be} 与温度 T 呈线性关系. 但严格地说，这种线性关系是不完全的，因为关系式中存在非线性项.

4. 集成温度传感器

集成温度传感器是将温敏晶体管及其辅助电路集成在同一芯片的集成化温度传感器. 这种传感器最大的优点是直接给出正比于绝对温度的理想的线性输出. 目前，集成温度传感器已广泛用于－50℃～＋150℃温度范围内的温度检测、控制和补偿等. 集成温度传感器按输出形式可分为电压型和电流型两种. 三端电压输出型集成温度传感器是一种精密的、易于定标的温度传感器，如 LM135、LM235、LM335 系列等. 其主要性能指标如下：①工作温度范围：－50℃～＋150℃，－40℃～＋125℃，－10℃～＋100℃；(2)灵敏度：10mV/K；(3)测量误差：工作电流在 0.4～5mA 范围内变化时，如果在 25℃下定标，在 100℃的温度范围内误差小于 1℃. 图

4－9－3(a)所示为这类温度传感器的基本测温电路.

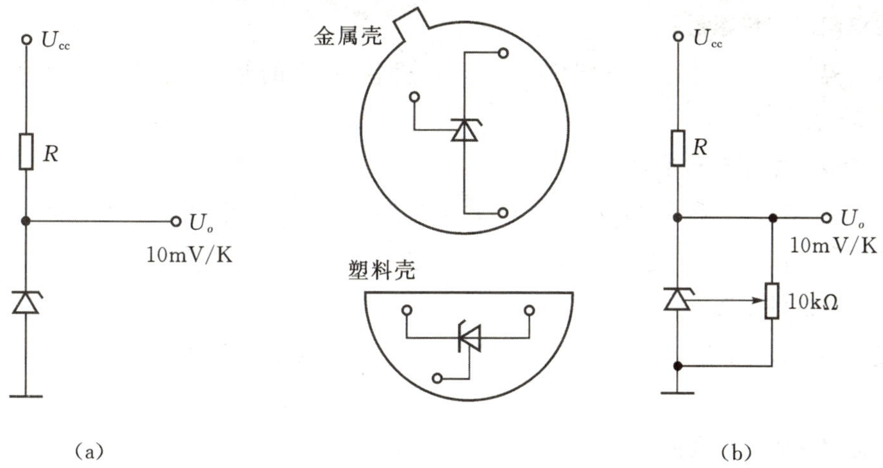

图 4－9－3　测温电路
(a)基本测温电路;(b)可定标的测温电路

把传感器作为一个两端器件与一个电阻串联,加上适当电压就可以得到灵敏度为 10mV/K,直接正比于绝对温度的输出电压 U_o. 实际上,这时可以看成是温度为 10mV/K 的电压源. 传感器的工作电流由电阻 R 和电源电压 U_{CC} 决定

$$I = (U_{CC} - U_o)/R \tag{4-9-9}$$

式(4－9－9)表明,工作电流随温度变化,但是对于 LM135 等系列传感器作为电压源时,其内阻极小,故电流变化并不影响输出电压. 如果这些系列的传感器作为三端器件使用时,可通过外接电位器的调节完成温度定标,以减小工艺偏差而产生的误差,其连接如图 4－9－3(b)所示. 例如,在 25℃(298.15K)下,调节电位器使输出电压为 2.982V,经如此定标后,传感器的灵敏度达到设计值 10mV/K 的要求,从而提高了测温精度.

电流型集成温度传感器,在一定温度下,它相当于一个恒流源,输出电流与绝对温度成正比. 因此,它具有不易受接触电阻和引线电阻的影响以及电压噪声的干扰. 例如,美国 AD 公司的产品 AD590 电流型集成温度传感器,只需要单电源(＋4～＋30V),即可实现温度到电流的线性变换,然后在终端使用一只取样电阻即可实现电流到电压的转换,使用十分方便. 而且,电流型比电压型的测量精度更高. AD590 的主要性能指标如下:①电源电压:＋4～＋30V. ②工作温度范围:－50℃～＋150℃. ③标称输出电流 298.2A(25℃);④标称温度系数:1A /K. ⑤测量误差:校准时为±1.0℃,不校准时为±1.7℃. 图 4－9－4 是 AD590 构成的简单温度测量电路. 每 1K 温度时,输出电流为 1A,因此,每 1K 温度时负载 R 两端电压为 1mV.

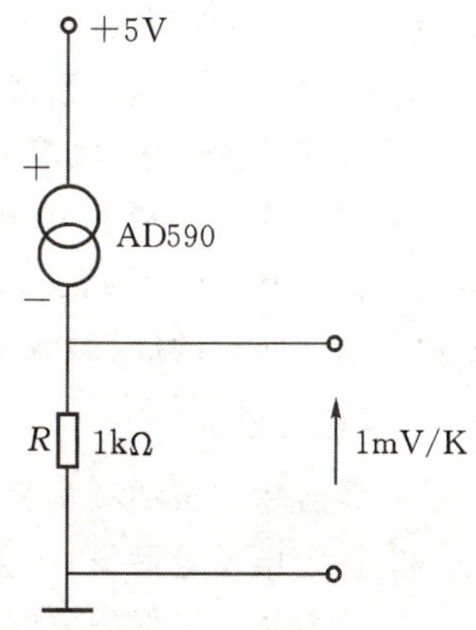

图 4－9－4　AD590 温测电路

【实验内容】

1. 铂电阻温度传感器

测量室温～120℃温度范围内薄膜型铂电阻温度传感器的电阻随温度的变化曲线，并确定其温度系数.

2. AD590 集成温度传感器

测量室温～120℃温度范围内 AD590 集成温度传感器的输出电流随温度的变化曲线，并确定其温度系数.

3. 半导体热敏电阻

测量室温～120℃温度范围内半导体热敏电阻随温度的变化曲线，并确定热敏电阻的 B 值.

4. 晶体管 PN 结温度传感器

测量室温～120℃温度范围内晶体管基极－发射极电压 U_{be} 随温度的变化曲线，集电极电流 I_C 取 $100\mu A$，并确定其温度系数.

【注意事项】

1. 待测温度传感器与温度测量用铂电阻要紧贴放在加热油浴内；
2. 升温测量过程中，温度传感器在加热油浴内的位置不要移动；
3. 晶体管 PN 结和 AD590 集成温度传感器与电源连接时，正负极不可接错；
4. 实验过程中，要避免将油滴到桌面和地面上，并且要小心热油烫伤；
5. 自备餐巾纸.

实验 4－10　密立根油滴实验

由美国著名的实验物理学家密立根(R. A. Millikan)，在 1909 年至 1917 年期间所做的测量微小油滴上所带电荷的工作，即油滴实验，是近代物理学发展史上具有十分重要意义的实验. 这一实验设计巧妙、原理清晰、设备简单、结果精确，其结论却具有毋庸置疑的说服力，因此堪称物理实验的精华、典范，对提高学生实验设计思想和实验技能都有很大的帮助. 密立根在这一实验工作上花费了 10 年的心血，取得了具有重大意义的结果：①证明电荷的不连续性，所有电荷都是基本电荷 e 的整倍数；②测量了基本电荷即电子电荷的值为 $e=1.60\times10^{-19}C$. 正是由于这一实验的成就，他荣获了 1923 年度诺贝尔物理学奖.

【实验目的】

1. 领会密立根油滴实验的设计思想；
2. 测定电子电荷值，体会电荷的不连续性；
3. 培养学生坚忍不拔的精神和求实、科学、严谨的工作作风；
4. 了解 CCD 光学成像系统的工作原理.

【实验原理】

密立根油滴实验测量基本电荷的基本设计思想是使带电油滴在两金属极板之间处于受力

平衡状态. 按运动方式分类,可分为平衡法和动态法,本实验采用平衡测量法. 质量为 m 、带电量为 q 的球形油滴,处在两块水平放置的平行带电平板之间,如图 4-10-1 所示.

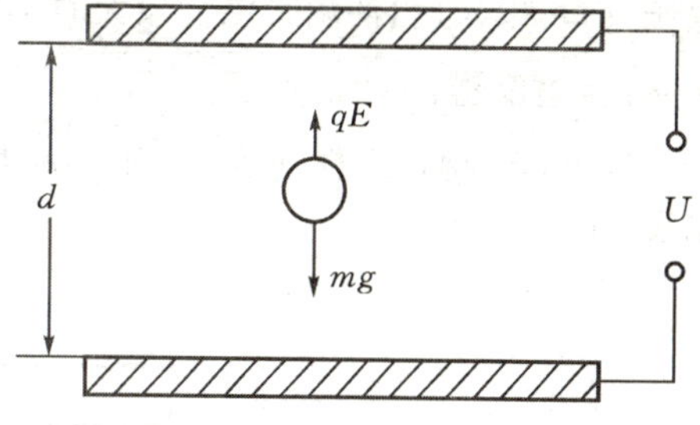

图 4-10-1　带电油滴受力示意图

改变两平板间电压 U ,可使油滴在板间某处静止不动,此时油滴受到重力、静电力和空气浮力的作用. 若不计空气浮力,则静电力 qE 和重力 mg 平衡,即

$$mg = qE = q\frac{U}{d} \qquad (4-10-1)$$

式中: E 为两极板间的电场强度; d 为两极板间的距离.

只要测出 U 、d 、m 并代入式(4-10-1),即可算出油滴带电量 q . 然而,由于油滴很小(直径约为 $10^{-6}m$),其质量无法直接测得.

两极板间未加电压时,油滴受重力作用而下落,下落过程中同时受到向上的空气黏滞阻力 f_r 的作用. 据斯托克斯定律,同时考虑到对如此小的油滴来说空气已不能视为连续媒质,加上空气分子的平均自由程和大气压强 p 成正比等因素,黏滞阻力修正后写为

$$f_r = \frac{6\pi\eta\ r\ v_t}{1 + b/pr} \qquad (4-10-2)$$

式中: η 为空气的黏滞阻尼系数; r 为油滴的半径; v_t 为油滴的下落速度; b 为修正常数; p 为大气压强. 随着下落速度的增加,黏滞阻力增大,当 $f_r = mg$ 时,油滴将以速度 v_0 匀速下落,此时有

$$\frac{6\pi\eta\ r\ v_0}{1 + b/pr} = mg = \frac{4}{3}\pi r^3\rho g \qquad (4-10-3)$$

式中, ρ 为油的密度. 联合式(4-10-2)与(4-10-3)可得

$$m = \frac{4}{3}\pi\rho\left[\frac{9\eta v_0}{2\rho g\,(1 + b/pr)}\right]^{3/2} \qquad (4-10-4)$$

分别测出油滴匀速下落距离 l 和所用的时间 t ,则油滴匀速下落的速度 $v_0 = l/t$,利用式(4-10-4)和(4-10-1),可得

$$q = \frac{18\pi}{\sqrt{2\rho g}}\left[\frac{\eta l}{t\,(1 + b/pr)}\right]^{3/2}\frac{d}{U} \qquad (4-10-5)$$

上式分母仍包含 r ,因其处于修正项内,不需十分精确,计算时可用 $r = \sqrt{9\eta l/(2\rho g t)}$ 代入.

在给定的实验条件下, η 、l 、ρ 、g 、d 均为常数, $\rho = 981\text{kg/m}^3$, $g = 9.832\text{m/s}^2$, $\eta = 1.83 \times 10^{-5}\text{kg/m}\cdot\text{s}$, $l = 1.6 \times 10^{-3}\text{m}$, $b = 0.00823\ \text{Nm}^{-1}(6.17 \times 10^{-6}\text{m}\cdot\text{cmHg})$, $p = 101325\text{Pa}(76.0\text{cmHg})$, $d = 5.00 \times 10^{-3}\text{m}$. 将以上数据代入(4-10-5)式即可得油滴电量.

通过对大量带电油滴电量的测量,为了证明电荷的不连续性和所有电荷都是基本电荷 e 的整数倍,并得到基本电荷 e ,理论上我们应对实验测得的各个电荷 q_i 求最大公约数,这个最大公约数就是基本电荷 e 值. 但由于实验时总是存在各种误差因素,要求出各 q_i 值的最大公约数比较困难,通常用倒过来验证的方法进行数据处理. 即将实验测量电荷值 q_i 除以公认的电子电荷值 $e = 1.60 \times 10^{-19}\text{C}$,得到一个接近于某一整数的数值 $n'_i = q_i/e$,在误差允许范围内这一整数值 n_i 即为油滴所带的基本电荷数,再用这一 n_i 去除实验测量的电量,即得电子电荷值 $e_i = q_i/n_i$. 这种数据处理方法只能作为一种实验验证,且只能在油滴带电量较少(少数几个

电子)时可以采用,油滴带电量较大时不宜采用.

【实验仪器】

DH0605 型密立根油滴仪,由主机、CCD 成像系统、油滴盒、监视器等组成,如图 4-10-2、图 4-10-3 所示.

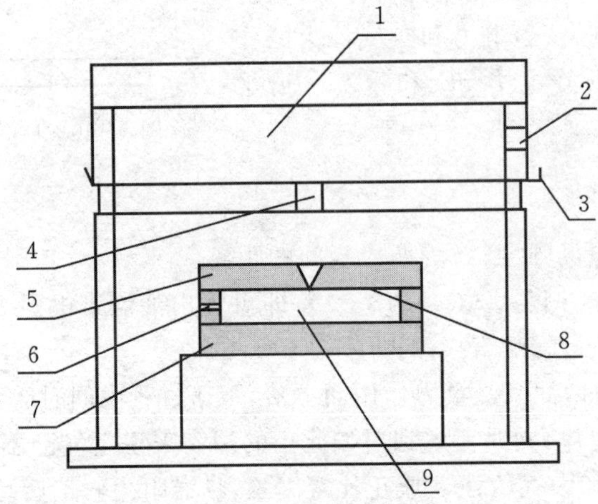

图 4-10-2 油滴盒示意图

1—喷雾室;2—喷雾口;3—进油控制开关;4—进油孔;5—上极板;6—观察孔;7—下极板;8—落油孔;9—油滴室

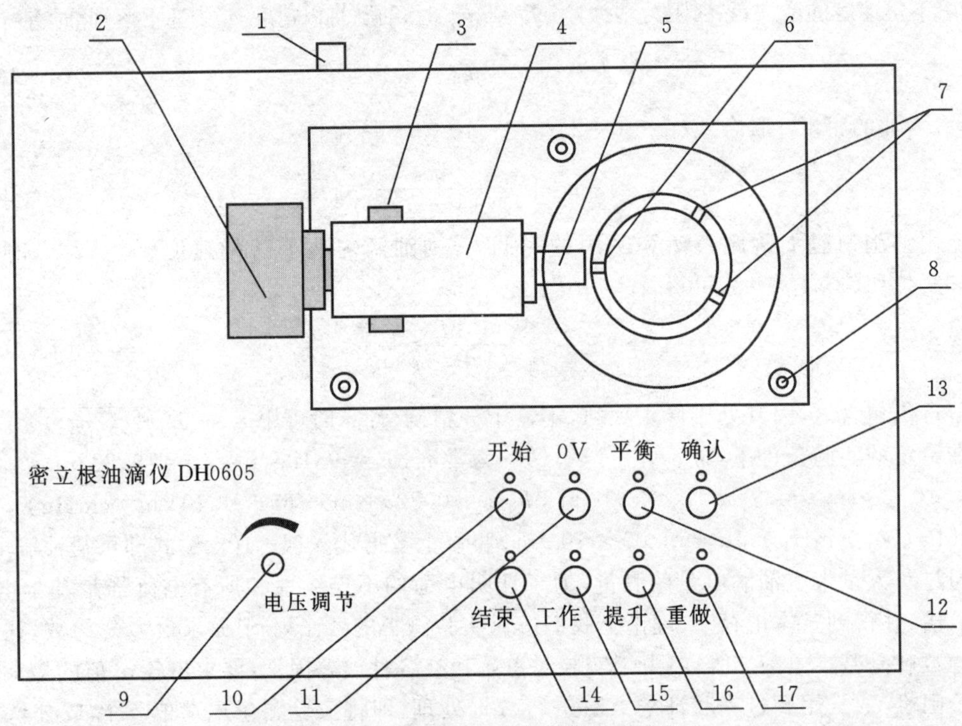

图 4-10-3 DH0605 密立根油滴仪示意图

1—视频输出接口,与监视器相连;2— CCD 相机;3— 调焦旋钮;4— 光学系统;5— 物镜镜头;6—观察孔;7— LED 光源;8— 水平调节螺钉;9— 电压调节旋钮;10— 开始键;11— 0V 键(极板不加电);12—平衡键;13—确认键;14— 结束键;15— 工作键;16— 提升键;17— 重做键

【实验内容】

1. 调整仪器

(1)水平调整. 将仪器放平,调节仪器面板上的水平调节螺钉(3只),使水准泡指示水平,这时油室中平行极板处于水平位置. 通过水平校准,使得平衡电场方向与重力方向平行,极板平面的平行与否决定了油滴上升或下落时是否发生前后,左右的飘移.

(2)喷雾器调整. 将少量钟表油吸入喷雾器内,油不要太多,以免喷雾时堵塞油孔. 喷雾时,应将喷雾器竖直(气囊向下),油嘴朝上,防止油直接滴入喷雾室堵塞油孔.

(3)仪器连接. 电源线接220V交流;视频输出接口用专用视频线与监视器输入接口相连.

打开主机电源,按"确定"键出现实验界面;系统将自动切换到"工作"状态.

(4)成像系统调节. 从喷雾口喷入油雾,监视器上应出现大量油滴运动的像,若没有看到油滴的像,需要调整调焦旋钮,直到看到油滴清晰的像.

2. 油滴的选择与控油练习

(1)确认平衡电压. 调整电压旋钮使油滴平衡在某一格线上,等待一段时间,观察油滴是否飘离格线,如果其向一个方向漂移,则需要重新调整;若其基本稳定在格线上,则基本可以认为其达到了力学平衡. 由于油滴在实验过程中处于挥发状态,在对同一个油滴进行多次测量时,每次测量前都需要重新调整平衡电压,以免引起较大误差.

(2)控制油滴运动. 选择适当的油滴,调整平衡电压,使油滴平衡在某一格线上,将工作状态切换到"0V",此时"0V"指示灯亮,此时上下极板同时接地,电场力为0,油滴将在重力,浮力,以及空气阻力的作用下做下降运动. 当油滴下落到有0标记的刻度线的时候,立即按下"开始"键,计数器开始记录油滴下落的时间;当油滴下落到有距离刻度标志线时,立刻按下定时结束键,定时器停止计数. 同时,系统将记录并在结果显示区显示本次操作的信息,并且系统自动切换到"工作""平衡"态,油滴将停止下落.

将工作状态切换到"平衡",可以通过调节旋钮调整平衡电压;如果想进一步提升电压的话,可以按"提升"键,系统切换到的"提升",极板将在原平衡电压的基础上再增加200V左右电压,此时对应的"提升"指示灯亮.

(3)油滴的选取. 选取合适的油滴很重要. 所选油滴体积要大小适中,大的油滴明亮,但一般带电荷多,下降或提升太快,不容易测量准确. 太小受布朗运动的影响明显,也不容易测量准确. 建议选取大小适中的油滴,选择平衡电压在150~400V,下落时间在20s左右(当下落距离为2mm)左右的油滴进行实验.

3. 正式测量

(1)开启电源,进入实验界面将工作界面切换到"工作"状态,对应的指示灯亮;此时"平衡/提升"为"平衡".

(2)通过喷雾口向喷雾室内喷入油雾,监视器上出现大量运动的油滴. 选取合适的油滴,仔细调整平衡电压,使其平衡在某一起始格线上.

(3)将工作状态切换到"0V",此时油滴开始下落,当油滴下落到"0"标记的格线时,立即按下定时"开始"键,同时计时器启动,开始记录油滴下落时间.

(4)当油滴下落到有距离标记的格线时,立即按下结束键,同时计时器停止计时,此时本次操作的时间和极板间电压将被记录并显示在监视器上. 同时,工作状态将自动切换到"工作",

“平衡/提升”为“平衡”.

(5)按“提升”键，油滴将被提起，当回到高于“0”标记格线时，将平衡，提升键回到平衡，使其静止.

(6)重新调整平衡电压，重复步骤(3)—(5)，将 5 组数据记录到监视器上，按确认键，系统将在监视器的下面给出实验的结果.

(7)重复(2)—(6)，测出油滴的平均电荷量.

【注意事项】

1. 喷雾器中注油约 5mm 深，不能太多. 喷雾时喷雾器要竖拿，喷口对准喷雾室喷雾口，按一下橡皮球，切勿伸入油雾室内.

2. CCD 盒的紧固螺钉不能松开调节，否则会对像距及成像角度造成影响.

3. 使用监视器时，监视器的对比度放最大，背景亮度要是暗的.

4. 仪器内有高压，实验人员避免用手接触电极.

5. 注意仪器的防尘，避免油孔的堵塞.

6. 实验前注意调节仪器水平.

实验 4-11　纵向聚焦法测定电子荷质比

带电粒子的电荷量与质量的比值，称为荷质比，是带电微观粒子的基本参量之一，是研究物质结构的基础. 测定电子荷质比的方法很多，这里介绍磁聚焦法.

【实验目的】

1. 研究带电粒子在磁场中的聚焦规律；

2. 了解电子束线管的结构和原理；

3. 掌握测量电子荷质比的一种方法.

【实验仪器】

DZS-D 型电子束测试仪

【实验原理】

1. 磁聚焦原理

将示波管的第一阳极 A_1，第二阳极 A_2，水平、垂直偏转板全部连在一起(避免点聚焦干扰)，如图 4-11-1 所示，此时 A_1、A_2 等电势. 电子在进入第一阳极后在等电势的空间作匀速运动. 这时来自电子束交叉点(阳极)的发散的电子束将不再汇聚，而在荧光屏上形成一个面积很大的光斑.

由于栅极 G 和第一阳极之间的距离较短，只有 1mm 左右，又由于电子从阴极 K 发射出来时初速度很小(仅相当于 0～1.5V 下获得的速度)，而阳极加速电压高达 700～1200V，所以可以认为各电子进入第一阳极时的轴向速度 $v_{//}$ 是相同的，其大小由阳极电压 U_A 决定. 由能量守恒定律可知，电子动能的增加应等于电场力对它做的功，即 $mv^2/2 = eU_A$，所以

$$v_{//} = \sqrt{\frac{2eU_A}{m}} \tag{4-11-1}$$

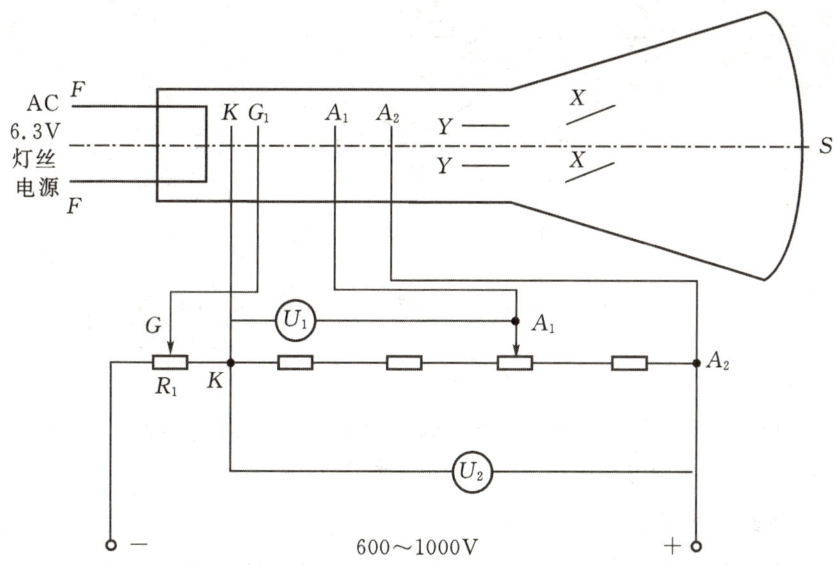

图 4-11-1　磁聚焦法示意图

在一个长直螺线管内平行地放置一示波管，螺线管通电时可产生一个均匀的轴向磁场 B，并与电子束平行. 电子离开电子束交叉点进入第一阳极 A_1 后，在一均匀磁场 B（电场为零）中运动，如图 4-11-2 所示.

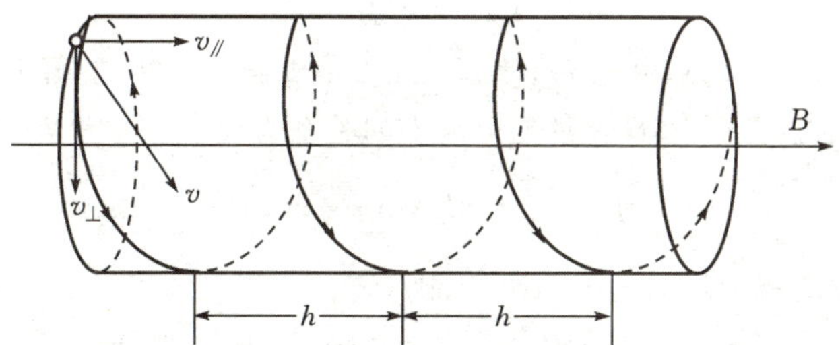

图 4-11-2　v 与 β 成 θ 角时电子的运动轨迹

v 可分解为平行于 B 的分量 $v_{//}$ 和垂直于 B 的分量 $v_\perp$，磁场对 $v_{//}$ 分量没有作用力，$v_{//}$ 分量使电子沿 B 方向作匀速直线运动；$v_\perp$ 分量受洛仑兹力的作用，使电子绕 B 轴作匀速圆周运动. 因此，电子的合成运动轨迹是螺旋线，结果如图4-11-2所示，螺旋线的半径 R 为

$$R = \frac{mv_\perp}{eB} \tag{4-11-2}$$

式中：m 是电子的质量；e 是电子的电荷量.

电子作圆周运动的周期 T 为

$$T = \frac{2\pi R}{v_\perp} = \frac{2\pi m}{eB} \tag{4-11-3}$$

式(4-11-3)表明，不论电子的径向速度 $v_\perp$ 的大小如何，它们完成一次圆周运动所需的时间都相等. 另外由于它们同是从轴线上一点出发做圆周运动的，因而在经过时间 T 后又回到轴线上，不过由于轴向速度为 $v_{//}$，再次回到轴线上时，已前进了距离 h，如图 4-11-3 所示.

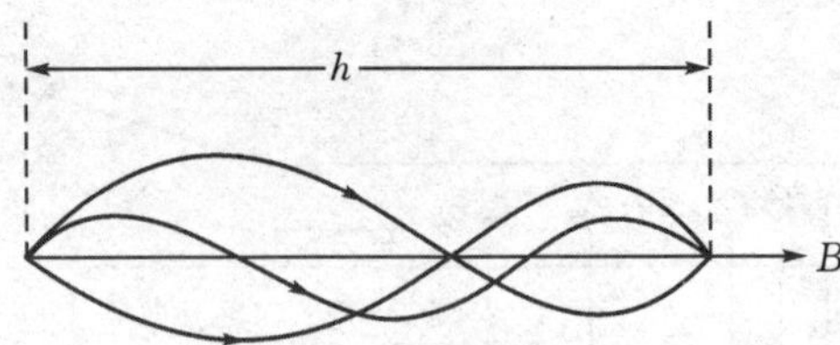

图 4-11-3 螺距示意图

电子的运动轨迹是因 $v_{\perp}$ 而异的螺旋线，但螺旋线的螺距 h 都相等

$$h = Tv_{//} = \frac{2\pi m}{eB}\sqrt{\frac{2eU_A}{m}} \tag{4-11-4}$$

即在距第一交叉点为一个螺距 h 之点又重新汇聚. 如果调节磁场 B，使螺距 h 等于第一交叉点到屏幕的距离 d，则屏幕上将出现电子束汇聚产生的小亮斑，这就是磁聚焦.

2. 电子荷质比 e/m 的测定

利用磁聚焦系统，调节磁场 B（调节励磁电流 I），当螺旋线的螺距 h 正好等于示波管中电子束交叉点到荧光屏之间的距离 d 时，在屏幕上将得到第一个亮点（聚焦点）. 这时

$$d = h = \frac{2\pi m}{eB}\sqrt{\frac{2eU_A}{m}}$$

即得

$$\frac{e}{m} = \frac{8\pi^2 U_A}{d^2 B^2} \tag{4-11-5}$$

又当继续调节 B（调节励磁电流 I），使 $h = d/2$ 或 $h = d/3$ 时，屏幕上将出现第二次、第三次聚焦. 螺线管中的磁感应强度 B 与励磁电流 I 的关系为

$$B = \frac{1}{2}\mu_0 nI(\cos\alpha - \cos\beta) \tag{4-11-6}$$

螺线管中心部分的磁场视为均匀的平均磁场，则有

$$B = \frac{\mu_0 N\bar{I}}{\sqrt{L^2 + D^2}},\ \bar{I} = \frac{I_1 + I_2 + I_3 + \cdots}{1 + 2 + 3 + \cdots}$$

于是，可得

$$\frac{e}{m} = \frac{8\pi^2 (L^2 + D^2)}{{\mu_0}^2 d^2 N^2}\frac{U_A}{\bar{I}^2} \tag{4-11-7}$$

式中：$\mu_0 = 4\pi \times 10^{-7}\ \mathrm{N/A^2}$；$D$ 为螺线管的直径；L 为螺线管的长度；N 为螺线管的总匝数；d 为示波管交叉点到荧光屏之间的距离；U_A 为阳极加速电压；$\bar{I}$ 为螺线管的励磁电流. 通过测量以上数据，即可求出电子的荷质比 e/m 之值.

【实验内容与步骤】

实验装置仪器面板分布如图 4-11-4 所示，依照图示完成以下步骤：

(1)开启电子束测试仪电源开关，“电子束—荷质比”开关置于荷质比方向，此时荧光屏上出现一条直线，阳极电压调到 600V.

(2)将磁聚焦电流部分的调节旋钮反时针方向调节到头，并将磁聚焦电流表串联在输出和

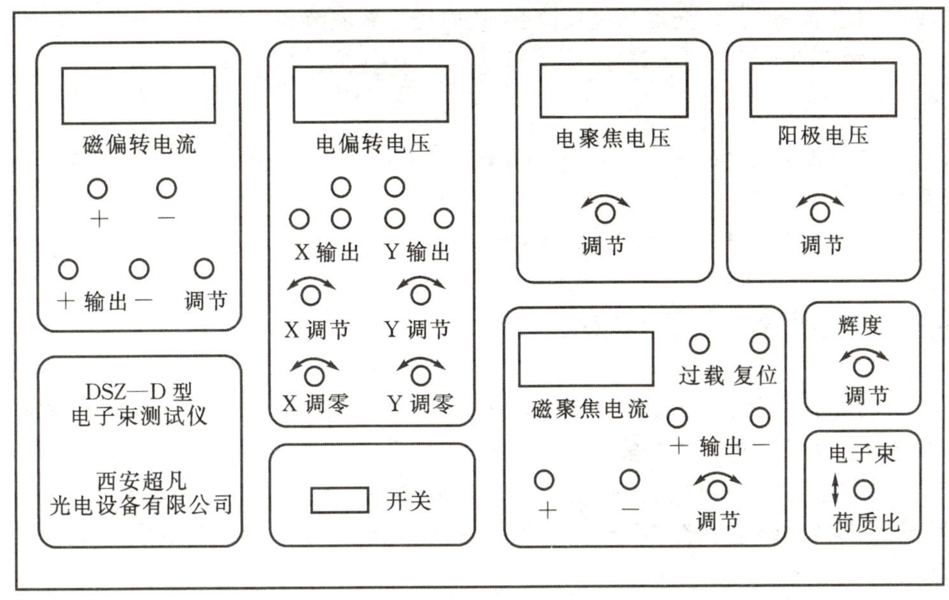

图 4-11-4　实验装置仪器面板

螺线管之间.

(3)调节输出调节旋钮,逐渐加大电流使荧光屏上的直线一边旋转一边缩短,直到变成一个小光点.读取电流值,然后将电流调为零.再将电流换向(对调螺线管前方两插孔中的连线),重新从零开始增加电流使屏上的直线反方向旋转并缩短,直到再得到一个小光点,读取电流值.

(4)改变阳极电压为 700V,重复步骤 3,直到阳极电压调到 1000V 为止.

(5)数据记录和处理.

将所测各数据记入表 4-11-1,采用式(4-11-7),计算得出电子荷质比 e/m.

表 4-11-1　原始数据记录表

电压 电流	600V	700V	800V	900V	1000V
$I_{正}$					
$I_{反}$					
I					
e/m					

【注意事项】

1. 在实验过程中,光点不能太亮,以免烧坏荧光屏;

2. 在改变螺线管电流方向时,应先将磁聚焦电流调到最小后再换向;

3. 内置的磁聚焦电源的过电流保护点设置在 2A,如果电流大于 2A,就会出现过载指示(红色发光二极管亮),此时,需反时针方向旋转调节旋钮,按压一下复位按钮,即可恢复正常;

4. 磁偏转电流表和磁聚焦电流表在使用时,必须串联在电路中,切勿并联在电源上;

5. 改变加速电压 U_2 后，光点亮度会改变，这时应重新调节亮度，若调节亮度后加速电压有变化，再调到现定的电压值.

【思考题】

1. 为什么要在螺线管磁场正反两个方向测量后求荷质比的平均值？（提示：螺线管磁场与地磁场平行）.

2. 讨论 d 和 I 的测量误差对实验结果的影响.

实验 4-12 非平衡电桥及其应用

电桥是利用平衡法和比较法进行电磁测量的一种电路连接方式，它在自动检测和自动控制领域得到了极为广泛的应用. 按其工作状态，电桥分为平衡电桥和非平衡电桥. 如惠斯通电桥和开尔文电桥属于平衡电桥，它们不仅可以测量电阻，也可以测量电容、电感、互感等其他电学量. 电桥测量电路中检流计只作为指零仪表，因此测量准确度主要取决于标准电阻的准确度，其测量精度较高.

随着测量技术的发展，非平衡电桥在非电量的测量中得到了广泛应用. 若将各种电阻型传感器接入电桥回路，桥路的非平衡电压能反映出桥臂电阻的微小变化. 因此，通过测量非平衡电压就可很快连续地测量出接入电桥中的传感元件电阻值的改变，进而获得外界物理量的变化信息，例如温度、压力、湿度、加速度、位移等非电量的测量.

【实验目的】

1. 了解平衡电桥与非平衡电桥的相同点与不同点；

2. 掌握非平衡电桥的工作原理和工作特性；

3. 掌握利用非平衡电桥的输出电压来测量变化电阻的原理和方法；

4. 掌握用非平衡电桥测量温度的方法，并类推至其他物理量.

【实验原理】

电桥按照测量方式可分为平衡电桥和非平衡电桥. 它们都可以准确地测量电阻值，但平衡电桥只能用于测量相对稳定的电阻，而非平衡电桥也可测量连续变化的电阻值.

图 4-12-1(a)为平衡电桥的原理图. 调节电阻 R_3，使 B、D 两点间电位相等，此时电桥达到平衡，通过下式可计算被测电阻的阻值

$$R_x = \frac{R_2}{R_1}R_3 \tag{4-12-1}$$

图 4-12-1(b)为非平衡电桥原理图. 它在构成形式上与平衡电桥相似，但测量方法上有很大差别. 若将电阻 R_x 作为传感元件，其电阻值随待测物理量(温度、压力等)改变而改变. 当 R_1、R_2、R_3 保持不变，R_x 变化时，电桥处于非平衡状态，则 B、D 两点间电位不相等，变化的 U_0 大小反映了电阻的变化情况，即 U_0 与 R_x 间满足一定的函数关系. 由于可以检测连续变化的 U_0，所以可以检测连续变化的 R_x，进而检测连续变化的非电量.

1. 非平衡电桥的桥路形式

(1)等臂电桥：电桥的四个桥臂阻值相等，即 $R_1 = R_2 = R_3 = R_{x0}$. 其中 R_{x0} 是 R_x 的初始值，这时电桥处于平衡状态，$U_0 = 0$.

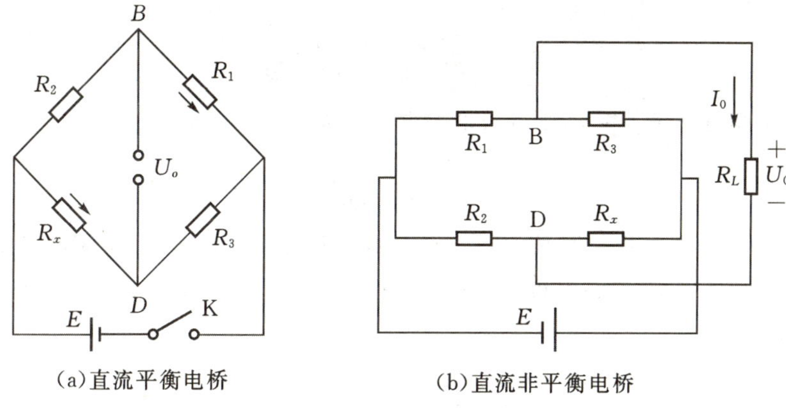

(a)直流平衡电桥　(b)直流非平衡电桥

图 4-12-1　电桥

(2)卧式电桥(也称输出对称电桥):电桥的桥臂电阻对称于输出端,即 $R_1 = R_3$, $R_2 = R_{x0}$,但 $R_1 \neq R_2$.

(3)立式电桥(也称电源对称电桥):从电桥的电源端看桥臂电阻对称相等,即满足 $R_1 = R_2$, $R_3 = R_{x0}$,但 $R_1 \neq R_3$.

(4)比例电桥:桥臂电阻成一定的比例关系,即 $R_1 = kR_2$, $R_3 = kR_{x0}$ 或 $R_1 = kR_3$, $R_2 = kR_{x0}$, k 为比例系数. 实际上这是一般形式的非平衡电桥.

2. 非平衡电桥的输出

非平衡电桥的输出接负载大小分类又可分为两种. 一种是负载阻抗相对于桥臂电阻很大,如输入阻抗很高的数字电压表或输入阻抗很大的运算放大电路;另一种是负载阻抗较小,和桥臂电阻相比拟. 后一种由于非平衡电桥需输出一定的功率,故又称为功率电桥.

根据戴维南定理,图 4-12-1(b)所示的桥路可等效为图 4-12-2(a)所示的二端口网络.

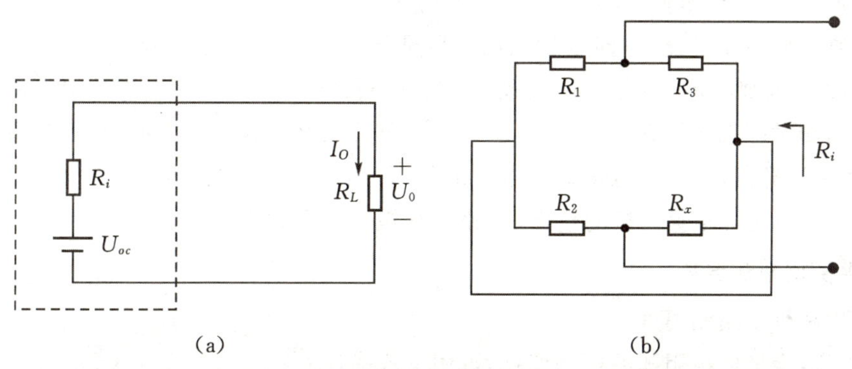

(a)　(b)

图 4-12-2　二端口网络

其中 U_{oc} 为等效电源, R_i 为等效内阻.

根据图 4-12-2(a)电路,可得到电桥接有负载 R_L 时输出电压

$$U_0 = \frac{R_L}{R_i + R_L}\left(\frac{R_x}{R_2 + R_x} - \frac{R_3}{R_1 + R_3}\right)E \qquad (4-12-2)$$

电桥等效内阻

$$R_i = \frac{R_2 R_x}{R_2 + R_x} + \frac{R_1 R_3}{R_1 + R_3}$$

电压输出的情况下 $R_L \to \infty$,则等效电源电压值为

$$U_0 = (\frac{R_x}{R_2 + R_x} - \frac{R_3}{R_1 + R_3})E \tag{4-12-3}$$

设非平衡电桥桥臂上的电阻 R_x 为一个连续变化的量,令 $R_x = R_{x0} + \Delta R$,其中,R_x 为被测电阻,R_{x0} 为初始值(初始时刻,电桥平衡,满足方程 $R_1 R_{x0} = R_2 R_3$),ΔR 为电阻变化量. 带入式(4-12-3)得

$$U_0 = \frac{R_2}{(R_2 + R_{x0})^2} \frac{\Delta R}{1 + \frac{\Delta R}{R_2 + R_{x0}}} E \tag{4-12-4}$$

式(4-12-4)就是一般形式非平衡电桥的输出与被测电阻的函数关系.

特殊地,对于等臂电桥和卧式电桥,式(4-12-4)简化为

$$U_0 = \frac{1}{4} \frac{E}{R_{x0}} \frac{1}{(1 + \frac{\Delta R}{2R_{x0}})} \Delta R \tag{4-12-5}$$

立式电桥和比例电桥的输出与式(4-12-4)相同. 被测电阻的 $\Delta R \ll R_{x0}$ 时,式(4-12-5)可简化为

$$U_0 = -\frac{1}{4} \frac{E}{R_{x0}} \Delta R \tag{4-12-6}$$

这时 U_0 与 ΔR 呈线性关系.

3. 非平衡电桥测量电阻

习惯上,称 $R_L = \infty$的非平衡应用的电桥叫非平衡电桥,称具有负载 R_L 的非平衡应用的电桥叫功率电桥. 下述的“非平衡电桥”都是指 $R_L = \infty$的非平衡应用的电桥.

(1)将被测电阻(传感器)接入非平衡电桥,进行初始平衡,这时电桥输出为0. 改变被测的非电量,被测电阻发生变化,这时电桥输出电压开始作相应变化. 测出输出电压后,可根据式(4-12-5)计算得到 ΔR. 对于 $\Delta R \ll R_{x0}$ 的情况,可按式(4-12-6)计算得到 ΔR 的值.

(2)根据测量结果求得 $R_x = R_{x0} + \Delta R$,可作 U_0—ΔR 关系曲线,曲线的斜率就是电桥的测量灵敏度. 根据所得曲线,可由输出电压的值 U_0 得到变化的电阻值 ΔR,进而求得被测电阻 R_x 的值. 也就是可根据电桥的输出 U_0 来测得被测电阻 R_x 的值.

4. 非平衡电桥测温度

(1)利用线性电阻测温度.

一般来说,金属的电阻随温度的变化,可用下式描述

$$R_x = R_{x0}(1 + \alpha t + \beta t^2) \tag{4-12-7}$$

α 与 β 是与金属材料有关的两个常量. 一般分析时,在温度不是很高的情况下,忽略温度二次项 βt^2,可将金属电阻值随温度的变化视为线性变化,即

$$R_x = R_{x0}(1 + \alpha t) = R_{x0} + \alpha t R_{x0} \tag{4-12-8}$$

所以 $\Delta R = \alpha R_{x0} \Delta t$,则有

$$U_0 = \frac{R_2}{(R_2+R_{x0})^2}\frac{E}{1+\frac{\alpha R_{x0}\Delta t}{R_2+R_{x0}}}\alpha R_{x0}\Delta t \tag{4-12-9}$$

式中的 αR_{x0} 值可由以下方法测得

取两个温度 t_1 、t_2 ，测得 R_{x1}、R_{x2}，则

$$\alpha R_{x0} = \frac{R_{x2}-R_{x1}}{t_2-t_1} \tag{4-12-10}$$

因此，可根据式(4-12-9)，由电桥的输出 U_0 求得相应的温度变化量 Δt ，从而求得 $t=t_0+\Delta t$.

特殊地，当 $\Delta R \ll R_{x0}$ 时，式(4-12-9)可简化为

$$U_0 = -\frac{R_2}{(R_2+R_{x0})^2}E\alpha R_{x0}\Delta t \tag{4-12-11}$$

这时 U_0 与 Δt 呈线性关系.

(2)利用热敏电阻测温度.

半导体热敏电阻具有负的电阻温度系数，电阻值随温度升高而迅速下降，这是因为热敏电阻由一些金属氧化物如 Fe_3O_4、$MgCr_2O_4$ 等半导体制成，在这些半导体内部，自由电子数目随温度的升高增加得很快，导电能力很快增强. 虽然原子振动也会加剧并阻碍电子的运动，但这种作用对导电性能的影响远小于电子被释放而改变导电性能的作用，所以温度上升会使电阻值迅速下降. 热敏电阻的电阻温度特性可以用下述指数函数来描述

$$R_T = A\exp(B/T) \tag{4-12-12}$$

式中 A 是与材料性质的电阻器几何形状有关的常数. B 为与材料半导体性质有关的常数，T 为绝对温度.

为了准确求得 A 和 B ，可将式(4-12-12)两边取对数

$$\ln R_T = \ln A + \frac{B}{T} \tag{4-12-13}$$

选取不同的温度 T ，得到不同的 R_T . 当 $T=T_1$ 和 $T=T_2$ 时有

$$\ln R_{T1} = \ln A + \frac{B}{T_1} \qquad \ln R_{T2} = \ln A + \frac{B}{T_2}$$

则有

$$B = \frac{\ln R_{T1} - \ln R_{T2}}{1/T_1 - 1/T_2} \tag{4-12-14}$$

$$A = R_{T1}e^{-\frac{B}{T_1}} \tag{4-12-15}$$

常用半导体热敏电阻的 B 值约为 $1500 \sim 5000\mathrm{K}$.

不同温度时 R_T 有不同的值，电桥电压 U_0 也会有相应的变化. 可根据 U_0 与 T 的函数关系，经标定后，用 U_0 测量温度 T ，但这时 U_0 与 T 的关系是非线性的，显示和使用不方便. 这就需要对热敏电阻进行线性化. 线性化的方法很多，常见的有串联法、串并联法、非平衡电桥法等. 非平衡电桥法是通过选择合适的电桥参数，使电桥输出与温度在一定的范围内成近似的线性关系. 下面，利用非平衡电桥法对热敏电阻的"电阻—温度"特性进行线性化改造.

在图 4-12-1 中，R_1 、R_2 、R_3 为桥臂测量电阻，具有很小的温度系数，R_x 为热敏电阻，由于只检测电桥的输出电压，故 R_L 开路，根据式(4-12-3)有

$$U_0 = \left(\frac{R_x}{R_2 + R_x} - \frac{R_3}{R_1 + R_3}\right)E$$

式中，$R_x = A\exp(B/T)$，可见 U_0 是温度 T 的函数，将 U_0 在需要测量的温度范围的中点温度 T_1 处，按泰勒级数展开

$$U_0 = U_{01} + U'_0(T - T_1) + U_n$$

$$U_n = \frac{1}{2}U''_0(T - T1)^2 + \sum_{n=3}^{\infty}\frac{1}{n!}U_0^{(n)}\,(T - T_1)^n \tag{4-12-16}$$

式中：U_{01} 为常数项，不随温度变化；$U'_0(T - T_1)$ 为线性项；U_n 代表所有的非线性项，它的值越小越好，为此令 $U''_0 = 0$，则 U_n 的三次项可看作是非线性项，从 U_n 的四次项开始数值很小，可以忽略不计. 因此，计算式(4-12-16)中 U_0 的一阶导数，并将 $R_x = A\exp(B/T)$ 代入，求导，同时计算 U_0 的二阶导数，令 $U''_0 = 0$，可将式(4-12-16)改为

$$U_0 = \lambda + m(t - t_1) + n\,(t - t_1)^3 \tag{4-12-17}$$

式中：t、t_1 分别为 T、T_1 对应的摄氏温度；λ 为 U_0 在温度 T_1 时的值 U_{01}；m 为 U'_0 在温度 T_1 时的值，将式(4-12-12)代入其表达式，化简得

$$\lambda = U_{01} = \left(\frac{B + 2T_1}{2B} - \frac{R_3}{R_1 + R_3}\right)E \tag{4-12-18}$$

$$m = U'_0 = \left(\frac{4T_1^2 - B^2}{4BT_1^2}\right)E \tag{4-12-19}$$

$$R_x = \frac{B + 2T}{B - 2T}R_2 \tag{4-12-20}$$

式(4-12-17)中，$n\,(t - t_1)^3$ 是系统误差，这里忽略不计. 因此，线性化设计的过程如下.

根据给定的温度范围确定 T_1 的值，一般为温度中间值，例如设计一个 30～50℃的数字表，则 T_1 选择 313K，即 t_1=40℃. B 值由热敏电阻的特性决定，可根据式(4-12-14)求得.

根据非平衡电桥的电压显示表头，适当选取 λ 和 m 的值，可使表头的显示数正好为摄氏温度值的整数倍，即 λ 为数字温度计测温范围的中心温度(如上例 t_1 =40℃时)对应的 U_0 [mt_1 (mV)]，m 就是测温的灵敏度(若制作的温度传感器最小分辨率为 0.01℃，则 m 为温度变化 0.01℃时，数字电压表的电压对应的变化量). 确定 m 值后，可由公式(4-12-19)计算得 E 值，由公式(4-12-20)计算得 R_2 (温度可取 T_1 或 T_2).

由公式(4-12-18)可得

$$\frac{R_1}{R_3} = \frac{2BE}{(B + 2T_1)E - 2B\lambda} - 1 \tag{4-12-21}$$

这样选定 λ 值后，就可求得 R_1 与 R_3 的比值. 选好 R_1 与 R_3 的比值后，根据 R_1 与 R_3 的阻值可调范围，确定 R_1 与 R_3 的值.

将非平衡电桥上的 E、R_1、R_2、R_3 值用上述方法计算的值来确定，由此得到了一个数字化的温度传感器，其中，数字电压表为显示器，热敏电阻为温度探头.

【实验仪器】

DHQJ-1 型非平衡电桥、传感元件、电阻箱、电阻、连接线等.

本实验常用的传感元件有铜电阻、Pt 电阻、光敏电阻、热敏电阻等，它们的阻值会随温度或光强的变化而变化.

1. DHQJ－1 型非平衡电桥

仪器的电源、数字表、桥臂电阻 R_1 、R_2 、R_3 以及 R_P 电阻之间各自相互独立，按照电桥上的各自插座孔，通过连线组成桥路．电桥的 B 按钮，内部已经与电源连接，用于接通桥路电源．电桥的 G 按钮，内部已经与数字电压表连接，用于接通数字电压表的通断．R_P 电位器用于功率电桥时作为负载使用，调节范围 $0 \sim 10\text{k}\Omega$ ，与其串联有 100Ω 的电阻．功率电桥实验时，只要将电压表接到该电阻上，即“ I_P 测量端”便可测得电桥的输出电流，接到“U_P 测量端”便可测得电桥的输出电压．

2. 电桥的使用方法

(1)使用电源线将电桥连至 220V 交流电源，打开电桥后面的电源开关，接通电源．

(2)根据被测对象选择合适的工作电压，工作电压通过“电源调节”电位器调节，电压值可以用仪器自身的数字电压表测量．

(3)非平衡电桥的接线方法与单桥相同．一般被测电阻大于 10Ω 的情况下可选择用单桥进行测量．

(4)将 R_{xI} 和 R_x 右端相连，被测电阻连接至 R_x 两端，根据被测电阻的大小选择合适的 R_1，R_2 值，接好数字电压表，作为检流计．

(5)选择合适的电源电压 E ，一般小于 3V ，灵敏度不够时，再适当调高电压值．

(6)连接好线路，进行检查，无误后接通 G 按钮，再接通 B 按钮，调节 R_3 至数字电压表读数为零，表示电桥达到平衡．

注意：在本电桥上，R_1 选择可以是 10Ω 、100Ω 、1000Ω ，测量时一般优先选取 1000Ω ，再是 100Ω ，最后是 10Ω ．R_2 的 R_1 选择可以是 $0 \sim 11.111\text{k}\Omega$ 的任意值，习惯上，为方便操作及计算，R_2 常选 10Ω 、100Ω 、1000Ω 、$10\text{K}\Omega$ 等值．

3. 电阻阻值的色环指示法

电阻上颜色和数字有如下对应关系

棕	红	橙	黄	绿	蓝	紫	灰	白	黑	金	银
1	2	3	4	5	6	7	8	9	0	0.1	0.01

其中，若金、银在第四环出现时，代表误差，金代表 5%，银代表 10%，其他环出现按上述计算其电阻值．第一、二环表示两位有效数字，第三环表示乘以 10^n 中 n 的个数．

如：，其阻值为：$27 \times 10^3 = 27000(\Omega)$ ，误差 5%．

【实验内容】

1. 利用非平衡电桥测量普通电阻．

采用单桥法进行测量，原理及方法可参阅实验：用单臂电桥测量中值电阻．

2. 利用非平衡电桥及线性电阻测量温度．

(1)预调电桥平衡，起始温度可选择室温，将待测线性电阻接入非平衡电桥输入端，调节合适的桥臂电阻，使电桥平衡，输出电压为 $U_0 = 0$ ，测出 R_{x0} ，记下初始时刻温度 t_0 ．

(2)使线性电阻升温，读取温度及随温度变化相应的电桥输出值 U_0 ，每隔一定温度测量一次．根据公式(4－12－5)计算 ΔR ．

(3)根据测量结果作出 $R_x - t$ 曲线，由图像求出 α ，试与理论值比较．

(4)根据公式(4-12-9),测量电桥输出电压 U_0 ,计算得相应的温度变化量 Δt ,从而求得 $t=t_0+\Delta t$. 根据测量结果作 U_0-t 曲线.

3. 利用热敏电阻为传感器及非平衡电桥设计测量范围为 30～50℃的数显温度计.

(1)在设计前,为了获得较为准确的电阻测量值,可以用单臂电桥准确测量不同温度下的热敏电阻值.

(2)将热敏电阻连接到电桥的 R_x 端,使热敏电阻升温(可测量温度变化范围为 30℃～60℃),每隔一定温度,测出 R_x (用单臂电桥测量),并记下相应的温度 t .

(3)根据测得的数据,绘制 $\ln R_T-1/T$ 曲线,并根据公式(4-12-14)、(4-12-15)计算 A 和 B.

(4)根据非平衡电桥的表头,选择 λ 和 m ,根据计算可知 m 为负值,相应的 λ 也为负值. 本实验如使用 2V 表头,可选 m 为 -10mV/℃, λ 为测温范围的中心值 -400mV,这样该数字温度计的分辨率为 0.01℃.

(5)由式(4-12-19)求得 E ,调节"电压调节"旋钮,将"数字表输入"端用导线接至"电源输出",接通"G"按钮,用数字表头的合适量程进行测量,调节电源电压 E 为所需值. 保持电位器位置不变,"数字表输入"端用测量导线接至电桥的输出端,即面板上 G 两端的插孔中,这时非平衡电桥的 E 已调好.

(6)由式(4-12-20)求 R_2 ,由式(4-12-21)计算 R_1/R_3 ,根据 R_1 、R_3 的阻值范围确定 R_1 (可选 100Ω)、R_3 的阻值.

(7)由 R_1 、R_2 、R_3 的值,设置非平衡电桥桥臂的阻值,设定温度 $t=40$℃,待温度稳定后,电桥应输出 $U_0=-400$mV . 如果不为 -400mV ,再微调 R_2 、R_3 值. 记录最终的 R_1 、R_2 、R_3 的数值.

(8)在 30℃～50℃的温度测量范围内测量 U_0 与 t 的关系,并作记录.

(9)对 U_0-t 的关系作图并直线拟合,检查该温度测量系统的线性和误差.

(10)在 30℃～50℃的温度测量范围内外任意设定加热装置的几个温度点作为未知温度,用该温度计测量这些未知温度,并计算误差.

【注意事项】

1. 电桥使用时,应避免将 R_2 、R_3 同时调到零值附近测量,这样可能会出现较大的工作电流,测量精度也会下降;

2. 选择不同的桥路测量时,应注意选择合适的工作电源;

3. 仪器使用完毕,务必关闭电源;

4. 电桥应存放于温度介于 0～40℃、相对湿度低于 80%的室内环境中,不应含有腐蚀性气体,避免在阳光下暴晒.

实验 4-13 光电效应法测量普朗克常数

为了得到与黑体辐射的辐出度分布实验曲线相一致的公式,1900 年德国物理学家普朗克抛弃了能量连续变化、物体间能量传递是以连续方式进行的传统经典理论,提出了普朗克能量子假设,即:黑体上的振荡原子由带电谐振子组成,它吸收或发射电磁辐射能量时,是以与振子的频率成正比的能量子 $\varepsilon = hv$ 为基本单元，且只能是 hv 的整数倍，h 称为普朗克常数. 1918 年普朗克被授予诺贝尔物理学奖，以表彰他对建立量子论的贡献.

1887 年赫兹发现了光电效应. 1905 年，爱因斯坦发展了普朗克关于能量量子化的假设，提出光量子假说，从理论上成功解释了光电效应的实验规律，为此，他获得了 1921 年诺贝尔物理学奖. 10 年后，密立根通过实验验证了光电效应理论的正确性，并利用光电效应测定了普朗克常数，他获得了 1923 年诺贝尔物理学奖.

光电效应实验及其光量子理论的解释在量子理论的确立与发展上，在揭示光的波粒二象性等方面都具有划时代的深远意义. 利用光电效应制成的光电器件在科学技术中得到了广泛的应用，并且至今还在不断开辟新的应用领域，具有广阔的应用前景.

【实验目的】

1. 加深对光的量子性的理解，了解光电效应的基本规律；
2. 掌握普朗克常量测定仪的原理及正确使用方法；
3. 理解密立根光电实验的巧妙设计及测量原理；
4. 测定普朗克常量 h .

【实验原理】

一、光电效应实验的规律

光电效应实验原理如图 4－13－1 所示. 图中 A 、K 组成抽成真空的光电管，A 为阳极，K 为阴极. 当一定频率的光射到金属材料做的阴极 K 上时，金属中的电子吸收光子的能量，若该能量大于电子摆脱金属的约束所需要的逸出功，就有光电子逸出金属表面. 若 A 接电源正极、K 接电源负极，光电子将在加速电位差 $U = V_A - V_K$ 的作用下，由 K 运动到 A ，可观察到电路中有电流.

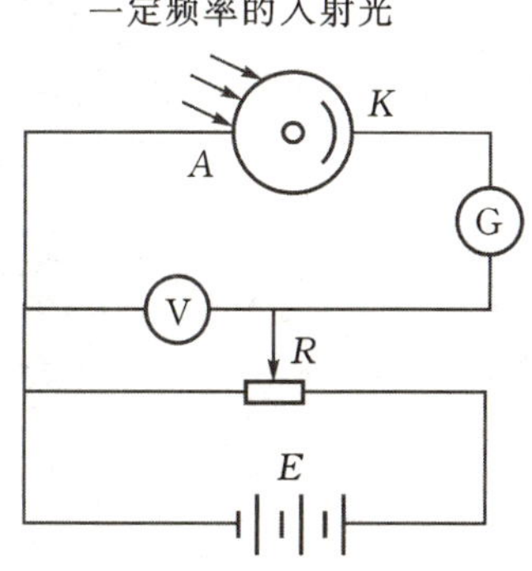

图 4－13－1　光电效应原理图

在光照下，电子从金属表面逸出的现象称为光电效应，逸的电子称为光电子. 从光电效应实验可总结出以下规律。

1. 光电效应的极限频率

爱因斯坦根据普朗克的量子假设，提出了“光量子”的概念. 他认为：光是一种微粒，即光子，每一个光子的能量为 $\varepsilon = h\nu$ ，其中 h 为普朗克常数量，ν 为光波的频率. 当金属中的电子吸收一个光子的能量 $h\nu$ 之后，便获得了该光子的全部能量，该能量一部分消耗于克服电子的逸出功 W ，另一部分转换为电子的动能. 由能量守恒定律可知

$$h\nu = \frac{1}{2}mV_m^2 + W \tag{4-13-1}$$

式(4－13－1)称为爱因斯坦光电效应方程. $\frac{1}{2}mV_m^2$ 是光电子逸出金属表面后所具有的最大动能，因此，当光子的能量 $h\nu$ 小于逸出功 W 时，不论光强有多大，电子都不能逸出金属表面，没有光电效应产生；产生光电效应的入射光最小频率为 $\nu_0 = W/h$（当 $V_m = 0$ 时），该值称为光电效应的极限频率(又称为红限)，不同的材料逸出功不同，极限频率也不同.

2. 光电效应的瞬间性

无论入射光强度如何，只要满足 $\nu > \nu_0$，金属表面一经光线照射，立刻产生光电子，根据测量，其时间间隔不超过 10^{-9} s.

3. 光电流与入射光强度的关系

如前所述，当阳极 A 接电源正极、阴极 K 接电源负极时，光电子被加速，光电流随加速电位差 U 的增加而增加，加速电位差加到一定量值后，光电流达到饱和值 I_h，饱和电流与光强成正比，而与入射光的频率无关.

若阳极 A 加负电势、阴极 K 加正电势时，光电子从阴极逸出时，具有初动能，在减速电压下，光电子逆着电场力方向由 K 极向 A 极运动，当 K、A 间反向电压达到遏止电压 U_a 时，从 K 逸出的动能最大的电子刚好不能到达 A，光电流为零，则电子的初动能等于克服电场力所作的功，即满足以下关系

$$\frac{1}{2}mV_m^2 = eU_a \tag{4-13-2}$$

光电管的光电流与电压关系如图 4-13-2(a)，U-I 曲线称为光电管的伏安特性曲线.

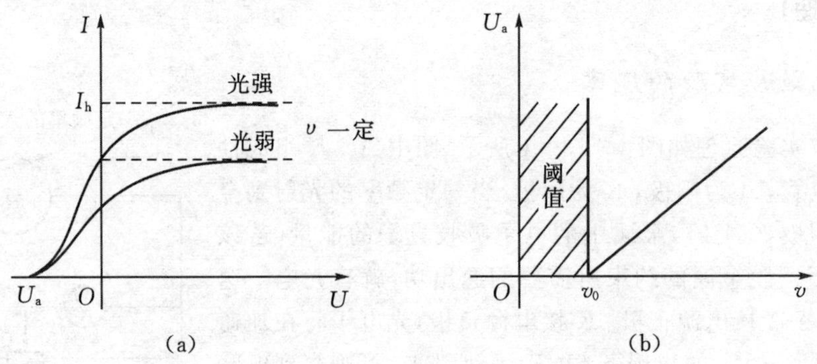

图 4-13-2 光电管的伏安特性曲线

4. 遏止电压与入射光频率的关系

由式(4-13-1)和(4-13-2)可知，若入射光频率大于极限频率，则遏止电压与入射光频率具有线性关系，如图 4-13-2(b)所示.

二、光电效应法测普朗克常数原理

1. 密立根光电实验测量普朗克常数原理

密立根设计了一套精密的实验装置验证了光电效应的正确性，同时利用其原理，测定了普朗克常数的精确数值，实验原理如图 4-13-1 所示.

密立根用不同频率的光照射金属钠，得到了钠的遏止电压与入射光频 ($U_a-\nu$) 之间的关系曲线，如图 4-13-2(b)所示. 该图线为一直线，直线的斜率如式(4-13-3)，可通过 $U_a-\nu$ 曲线计算得到

$$k = \frac{\Delta U_a}{\Delta \nu} \tag{4-13-3}$$

同时，将(4-13-2)式带入(4-3-1)式，得

$$h\nu = eU_a + W \tag{4-13-4}$$

实验中，金属钠的逸出功 W 为定值，则由(4-13-4)得到公式

$$\frac{\Delta U_a}{\Delta \nu} = \frac{h}{e} = k \tag{4-13-5}$$

已知电子电荷值 e，可计算得普朗克常量 h.

2. 实验室精确测量普朗克常数原理

用不同频率 ν（或波长）的单色光分别做光源照射光电管，使之发生光电效应现象. 在光电管两极之间加反向电压，测量光电管的伏安（I-U）特性曲线，根据曲线确定对应的遏止电压值 U_a，绘制遏止电压与入射光频率（$U_a-\nu$）之间的关系曲线，计算曲线的斜率，由公式(4-13-5)计算普朗克常量 h.

因此，用光电效应方法测量普朗克常量的关键在于获得单色光并确定遏止电压值.

三、遏止电压的测量方法

测量准确的遏止电压，要排除一些干扰，才能获得一定精度的测量结果. 主要影响因素有：

(1)暗电流和本底电流：光电管在无光照射时，也会产生电流，称为暗电流. 本底电流是周围杂散光射入光电管所致. 本底电流与暗电流的值都随外加电压值的变化而变化.

(2)反向电流：制作光电管时，阳极上往往溅有阴极材料，使得在光电管两端加反向电压时，产生了反向电流.

所以实测的电流值包括暗电流、本底电流和反向电流三个部分，光电管伏安特性曲线如图 4-13-3 所示.

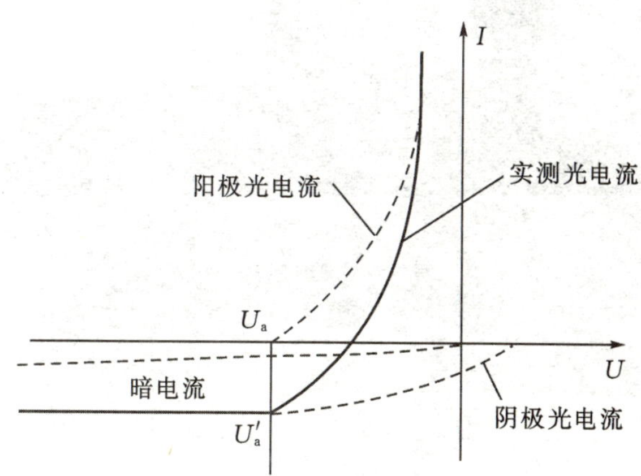

图 4-13-3　光电管的伏安特性曲线

对于不同的光电管，应选用不同方法确定遏止电压，一般可采用以下两种：

1. 交点法

若光电管阳极选用逸出功较大的材料制作，制作过程中尽量防止阴极材料蒸发，实验前对光电管阳极通电，减少其上溅射的阴极材料，实验中避免入射光直接照射到阳极上，这样可使

它的暗电流和反向电流大大减少，实验所得伏安特性曲线与图 4-13-2 十分接近，整体下沉不多，因此伏安特性曲线与 U 轴交点的电压值近似等于遏止电压 U_a，且误差较小，此即为交点法. 在实际测量中，可将“交点法”进一步细分为“零电流法”和“补偿法”.

“零电流法”是直接取伏安特性曲线与 U 轴交点，即电流为零时对应的的电压绝对值近似等于遏止电压 U_a. 虽然该方法测得的遏止电压与真实值有偏差，但在计算普朗克常量时，该偏差使得实验曲线相对于实际曲线沿轴出现平移，对曲线的斜率并无影响，因此保证了普朗克常量测量的准确性.

“补偿法”是在“零电流法”的基础上，修正产生的偏差，使实验结果更精确. 首先，改变反向电压使产生的电流值为零. 然后，维持反向电压不变，消去入射光，使其光强为零，此时电流表显示数值为无光照情况下，光电管的暗电流与本底电流之和，记录其大小. 最后，恢复原来入射光的强度，进一步调节反向电压，使电流值变为上一步记录下的电流值，此时的反向电压值即为消除暗电流和本底电流之后的光电管的遏止电压.

2. 拐点法

光电管阳极反向电流虽然较大，但在结构设计上，若使反向光电流能较快地饱和，则伏安特性曲线在反向电流进入饱和段后有着明显的拐点，如图 4-13-3 中虚线所示的理论曲线下移为实线所示的实测曲线，遏止电压 U_a 也下移到 U'_a 点. 因此测出 U'_a 点即测出了理论值 U_a.

【实验仪器】

YGP-3 型普朗克常量测定仪一套.

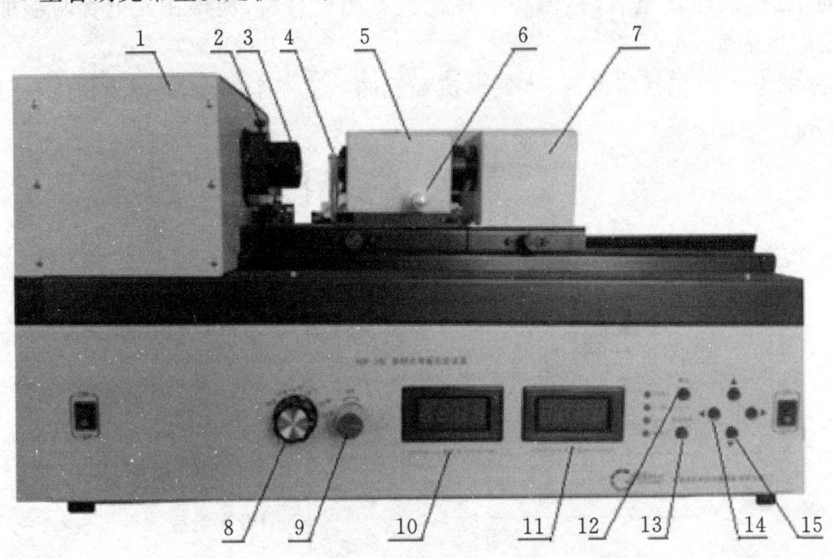

图 4-13-4　YGP-3 型普朗克常量测定仪

1—卤钨灯箱；2—聚光器紧定螺丝；3—聚光器镜筒；4—挡光板；5—单色器；6—波长读数鼓轮；7—光电管；8—电流倍率开关；9—调零旋钮；10—微安表；11—直流电压表；12—调零确认；13—电压切换；14—电压调节位调节；15—电压值调节旋钮

YGP-3 型普朗克常量测定仪由光源、轴流风扇、聚光器、单色器、光电管及电流测量放大器等几个主要部件组成. 其中以卤钨灯作为光源，其辐射光谱波长变化范围是 350 ～

2500nm；轴流风扇用于给电源散热；聚光灯是由两个不同焦距的凸透镜组成，起到会聚光线的作用；单色器由光栅单色仪组成，可提供波长变化范围是 200 ～ 800nm 的单色光；光电管两端的工作电压在 －2 ～ 40V 连续可调；电流测量放大电路采用高精度集成电路构成，电流的测量范围是 $10^{-8} \sim 10^{-13}\mu A$，有 5 档倍率转换.

该仪器的工作原理如下：卤钨灯发出的光束经透镜组会聚到单色仪的入射狭缝上，其出射狭缝发出的单色光投射到光电管的阴极金属板上，若单色光的频率大于发生光电效应的极限频率，则有电子逸出金属表面，回路中产生光电流，其光电流的强度非常微弱，经微电流放大器放大后可被微安表测量.

YGP－3 型普朗克常量测定仪的电流放大器灵敏度高，稳定性好；同时，光电管阳极反向电流、暗电流水平也较低. 因此，在测量各谱线的遏止电压时，可采用"零电流法"加"补偿法"进行测量.

【实验方法与步骤】

1. 聚光器的调节

(1)接通卤钨灯电源，松开聚光器顶端的紧定螺丝，伸缩聚光镜筒，并适当转动横向调节纽，使光束会聚到单色仪的入射狭缝平面上，然后锁紧聚光器紧定螺丝.

(2)松开聚光器的左右固定螺丝，使光束的会聚光斑的中心对准入射狭缝的中央，然后锁紧固定螺丝(调节光斑的高低位置).

(3)调节横向调节手钮，使会聚光斑全部落在入射狭缝上(调节光斑的左右偏离).

2. 单色仪的调节

(1)将光电管前的挡光板置于挡光位置. 转动波长读数鼓轮(螺旋测微器)，观察通过出射缝到达挡光板的从红到紫的各种单色光斑，直到挡光板上出现零级谱(因单色仪所用光栅是闪耀光栅，其闪耀波长在 500nm，所以呈现橘红色)，其特征是清晰的矩形. 观察读数鼓轮上的"0"与小管上"0"位线是否重合，对可能发生的零位偏差，实验读数中应予以修正.

(2)单色仪输出的波长示值利用螺旋测微器读取. 如图 4－13－5 所示，读数装置的鼓轮上共有 50 个分度，其转动 1 周，波长变化 50nm，即鼓轮上的一个刻度恰好对应波长为 1nm. 当鼓轮的边缘与小管上的"0"刻线重合时，单色仪输出的是零级光谱，而当鼓轮边缘与小管上的"5"刻线重合时，波长示值为 500nm.

注意：逆时针转动鼓轮，波长向长波方向移动，波长增加，反之，减少.

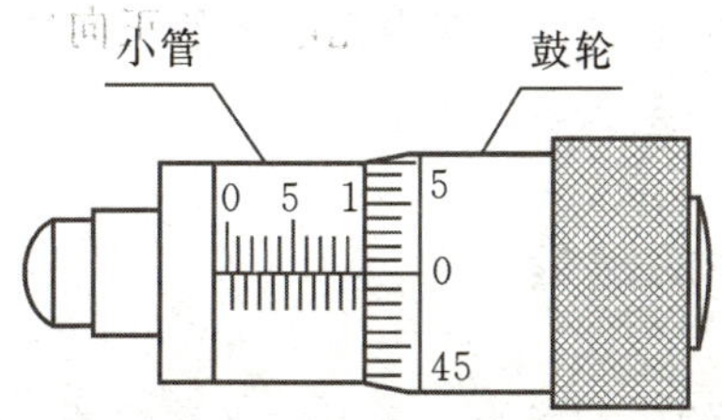

图 4－13－5　单色仪的读数装置

3. 测定普朗克常量

(1)将普朗克常量测试仪及溴钨灯电源接通，单色仪前挡光板置于挡光位置，预热 20min.

(2)确保普朗克常量测试仪的光电流信号输入接口的连接线处于断开状态. 调节电流量程到合适的档位,一般为 10^{-13} 档. 调节零点微调旋钮,使电流表读数为零. 按下"调零确认按键",此时,"调零确认"指示灯亮. 然后,连接信号线和电压输入线.

(3)在可见光范围内选择一种波长输出. 由于单色仪选用的衍射光栅的闪耀波长是 500nm,因此,波长在 500nm 左右的强度较强,建议选择 430 ～ 550nm 之间的任意波长.

(4)运用"补偿法"加"零电流法"测量遏止电压.

a. 在光电管两极之间加反向电压(调节"电压切换"按钮,使加载在光电管两端的反向电压在 $-2 \sim 0$V 之间变化),改变反向电压使产生的电流值为零.

b. 维持反向电压值不变,遮住挡光板,使其光强为零,记录光电管的暗电流与本底电流之和.

c. 打开挡光板,恢复原来入射光的强度,等待,直至电流示数为零.

d. 调节反向电压,使电流值变为步骤(b)所记录的电流值,此时的反向电压值即为消除了暗电流和本底电流之后的光电管的遏止电压值.

(5)改变单色仪的输出波长值,重复以上测量. 为使测量结果准确,波长至少改变 4～5 个不同值(建议选择从 430nm 开始,波长变化间隔 $\Delta = 30$nm).

4. 数据处理

(1)记录被测光电管在 4～5 种波长光照射下的波长值、遏止电压值. 同时,将波长值换算为频率值($\nu = c/\lambda$,c 可取 3×10^8 m/s,频率记录为 $\times 10^{14}$ Hz 的形式,以便于计算).

(2)作 $U_a - \nu$ 关系图或用最小二乘法拟合得到 $U_a - \nu$ 的直线方程,计算普朗克常数 h. 其中电子电荷 $e = 1.602 \times 10^{-19}$C. 将所测得的普朗克常量与公认值作比较,计算相对误差,进行分析(普朗克常量参考值 $h = 6.626 \times 10^{-34}$ J·s).

【思考题】

为什么密立根光电实验中 $U_a - \nu$ 关系为一直线,说明光电效应的实验结果与爱因斯坦光电方程是相符合的?

【补充内容】

1. 计算金属材料的逸出功. 测量原理见公式(4-13-4).

2. 计算阴极材料的红限频率. 可利用公式 $\nu_0 = W/h$ 进行计算,或从 $U_a - \nu$ 关系图在 $U_a = 0$ 时直接读出.

3. 测量光电管的正向伏安特性曲线. 其中光电管的正向电压在 0 ～ 35V 之间取值,测量随着正向电压的变化其电流变化的关系.

实验 4-14　三棱镜折射率的测量

三棱镜是由透明材料制成的横截面为三角形的光学仪器. 英国物理学家牛顿在 1666 年最先利用三棱镜观察到光的色散现象,三棱镜将太阳白光分解为红、橙、黄、绿、青、蓝、紫七色光谱,牛顿解释了该现象的成因:当复色光通过三棱镜时,同种介质对各单色光的折射率不同,各单色光的折射角不同,因此发生光的色散现象.

牛顿关于光色散的实验开创了光谱学研究的先河,而光谱反映了物质的微观世界——分子、原子——里面发生的事情，从而使得人们对于整个世界有了更全面的认识，光谱学研究更为物理学、生物学、化学等许多科学的发展贡献力量.

【实验目的】

1. 测定三棱镜的顶角，观察三棱镜对汞灯的色散现象；

2. 测定玻璃三棱镜对各单色光的折射率；

3. 继续掌握分光计的调节方法.

【实验仪器】

分光计，三棱镜，低压汞灯.

【实验原理】

图 4-14-1 所示为三棱镜 AB 和 AC 是透光的光学表面，其夹角 α 称为三棱镜的顶角；BC 为毛玻璃面，称为三棱镜的底面. 可以利用测量三棱镜最小偏向角的方法测定三棱镜的折射率. 如图 4-14-2 所示，入射光线经三棱镜两次折射后出射，出射光线与入射光线之间的夹角为偏向角 δ，当 $i_1=i_2$ 时，入射光线和出射光线处于光路对称的情况，此时产生的偏向角最小，记为 $\delta_{\min}$.

三棱镜折射率 n 与棱镜顶角 α 及最小偏向角 $\delta_{\min}$ 满足以下关系

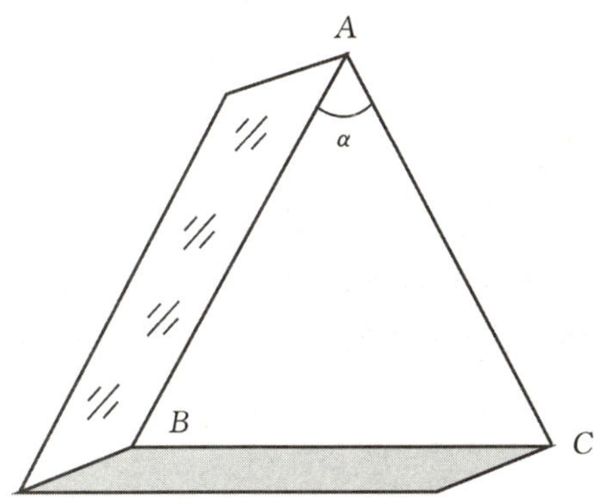

图 4-14-1　待测三棱镜图

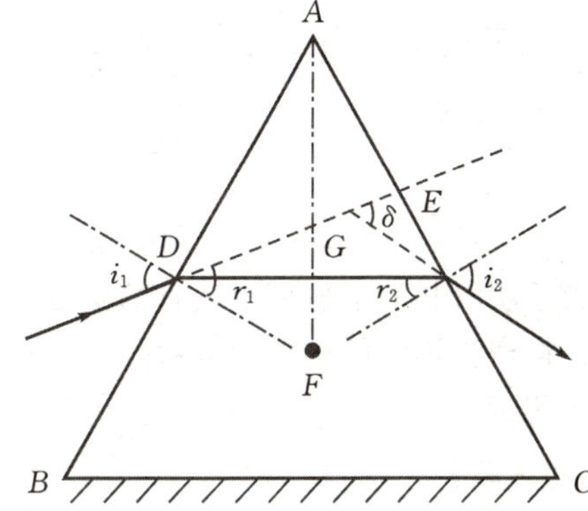

图 4-14-2　最小偏向角法测量光路

$$n=\frac{\sin i_1}{\sin i_2}=\frac{\sin\frac{1}{2}(\delta_{\min}+\alpha)}{\sin\frac{1}{2}\alpha} \tag{4-14-1}$$

由式(4-14-1)可知，只要测量出三棱镜的最小偏向角及顶角即可算出三棱镜的折射率.

(1)三棱镜顶角的测量——棱脊分束法.

如图 4-14-3 所示，将三棱镜放在载物台上，将待测棱镜的折射棱对准平行光管，平行光管射出的平行光由顶角方向射入，在两光学面上分成两束反射光，若两束反射光线之间的夹角为 φ，可以证明：三棱镜顶角 $\alpha=\varphi/2$. 固定分光计上的其余可动部分，转动望远镜寻找经棱镜两反射面反射回来的狭缝像，使狭缝像与望远镜的竖线叉丝重合. 记录下望远镜所处位置分别为Ⅰ和Ⅱ时的左右两游标读数 θ_1、θ_1' 和 θ_2、θ_2'，则三棱镜的顶角为

$$\alpha=\frac{\varphi}{2}=\frac{1}{4}[(\theta_1-\theta_2)+(\theta_1'-\theta_2')] \tag{4-14-2}$$

(2)三棱镜最小偏向角的测量.

如图 4－14－4 所示，将三棱镜放置在载物台上，转动望远镜沿光线可能的出射方向观察，当观察到汞光经棱镜折射后形成的彩色谱线后，认定一种单色谱线；慢慢转动载物台，改变入射角 i_1，使谱线往偏向角减小的方向移动，同时转动望远镜跟踪该谱线；当该谱线移至某一位置后不再移动，若继续转动载物台，该谱线向反向移动，偏向角增大，此时该谱线反向移动的极限位置即为最小偏向角的位置. 记录最小偏向位置时两游标的读数 θ_1、θ'_1，原光路位置时两游标读数 θ_2、θ'_2，则

$$\delta_{\min}=\frac{1}{2}[(\theta_1-\theta_2)+(\theta'_1-\theta'_2)] \tag{4-14-3}$$

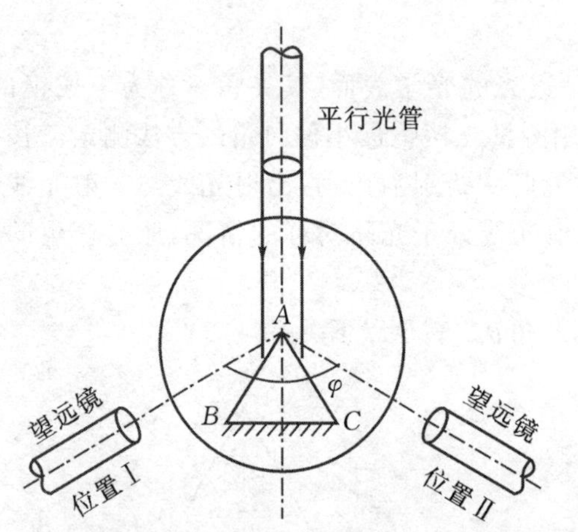

图 4－14－3　棱脊分束法测棱镜的顶角

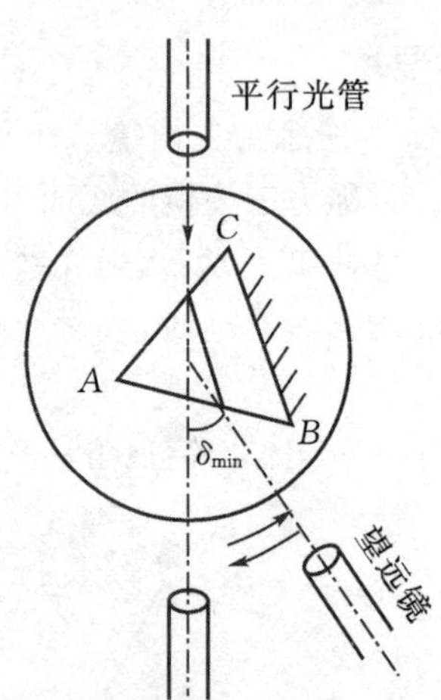

图 4－14－4　最小偏向角的测量

因为透明材料的折射率是波长的函数，而汞灯光源为复色光，其光线经棱镜折射后，不同波长的光将产生不同的偏向而分散开来，所以，测量最小偏向角时，需要认定某一种颜色的单色光进行测量.

【实验内容】

1. 调整光学测角仪至正常工作状态

调节分光计，保证入射光与刻度盘、载物平台相平行，使刻度盘上的读数能正确反映出光线的偏转角，具体的调节方法参考光学测角仪的调整及使用实验讲义.

2. 三棱镜顶角的测量

(1)将三棱镜如图 4－14－3 所示放置在载物平台上. 注意，应将三棱镜的折射棱靠近棱镜台的中心放置，使得由棱镜两折射面反射的光线进入望远镜.

(2)旋转望远镜，观察由 AB 和 AC 两个光学面反射出的像，当两边都找到像时，方可开始测量.

(3)将望远镜的叉丝(竖线)对准一侧的像，记录下该位置左右游标的读数；转动望远镜对准另一侧的像，再次记录下两游标的读数，代入式(4－14－1)求出三棱镜的顶角. 要求重复 3 次测量.

3. 三棱镜最小偏向角的测量

如图 4－14－4 所示，将三棱镜放置于载物台上，转动望远镜至看到清晰的汞灯折射形成

的彩色光谱线；将游标盘固定，按照测量原理中的方法找到最小偏向角的位置，将望远镜的叉丝对准绿色谱线，记录下两个游标的读数，重复 3 次；将三棱镜取下，将望远镜筒对准原光路的方向，记录下两游标的读数，代入式(4－14－3)计算出最小偏向角.

4. 数据处理

将所测量得的角度代入式(4－14－1)即可计算出三棱镜的折射率及不确定度. 在计算中，有关表示角度误差的数值以弧度为单位.

【注意事项】

在测量读数过程中，望远镜可能位于任何方位，故应注意望远镜转动过程中是否越过了刻度的零点，为了读数方便，尽可能使刻度盘 0°线不通过游标.

【思考题】

设计另外一种测量三棱镜顶角和最小偏向角的方法.

【数据记录及数据处理参考】

一、数据记录参考表

表 4－14－1　棱镜顶角测量数据记录表

测量次数	左像位置 x_1		右像位置 x_2		$\alpha=\frac{\varphi}{2}=\frac{1}{4}[(\theta_1-\theta_2)+(\theta_1'-\theta_2')]$
	游标 1 读数 θ_1	游标 2 读数 θ_1'	游标 1 读数 θ_2	游标 2 读数 θ_2'	
1					
2					
3					

表 4－14－2　棱镜最小偏向角测量数据记录表

测量次数	最小偏向角位置 x_1		原光路位置 x_2		$\alpha=\frac{\varphi}{2}=\frac{1}{4}[(\theta_1-\theta_2)+(\theta_1'-\theta_2')]$
	游标 1 读数 θ_1	游标 2 读数 θ_1'	游标 1 读数 θ_2	游标 2 读数 θ_2'	
1					
2					
3					

二、数据处理参考方法

1. 直接测量数据处理方法

(1)求出各被测物理量的算术平均值.

$$\overline{\delta_{\min}}=\frac{1}{n}\sum_{i=1}^{n}\delta_i,\quad \bar{\alpha}=\frac{1}{n}\sum_{i=1}^{n}\alpha_i$$

(2)计算被测物理量的不确定度.

$\sigma_\delta=\sqrt{\dfrac{\sum(\delta_i-\overline{\delta})^2}{n(n-1)}}$，$\delta_\alpha=\sqrt{\dfrac{\sum(\alpha_i-\overline{\alpha})^2}{n(n-1)}}$　（n 为测量次数）

$u_{A\delta}=t_p\sigma_\delta$，$u_{A\alpha}=t_p\delta_\alpha$　（$t_p=1.32$ 为学生修正因子，A 类不确定度）

$u_{\beta\delta}=\dfrac{\Delta}{3}$，$u_{\beta\alpha}=\dfrac{\Delta}{3}$（B 类不确定度）

$u_\alpha=\sqrt{u_{A\alpha}^2+u_{B\alpha}^2}$，$u_\delta=\sqrt{u_{A\delta}^2+u_{B\delta}^2}$（合成不确定度）

(3)测量结果表示为

$\delta_{\min}=\overline{\delta_{\min}}\pm u_\delta$　（单位 $p=68.3\%$），$\alpha=\overline{\alpha}\pm u_\alpha$　（单位　$p=68.3\%$）

2. 间接测量值的不确定度

(1)计算被测棱镜的折射率.

$$\overline{n}=\frac{\sin\dfrac{1}{2}(\overline{\delta_{\min}}+\overline{\alpha})}{\sin\dfrac{\overline{\alpha}}{2}}$$

(2)计算间接测量值的不确定度.

$$u_n=\overline{n}\sqrt{\left[\frac{1}{2}\cot\left(\frac{\overline{\alpha}}{2}\right)u_\alpha\right]^2+\left[\frac{1}{2}\cot\left(\frac{1}{2}(\overline{\delta_{\min}}+\overline{\alpha})\right)u_\delta\right]^2}$$

(3)测量结果表示为

$$n=\overline{n}\pm u_n\quad（单位\ p=68.3\%）$$

实验 4-15　光的等厚干涉研究——劈尖法测微小长度

光的干涉是光的波动性的具体表现. 光的干涉现象广泛存在于日常生活的各个领域，比如水面上有油膜时形成的彩色图案，肥皂泡表面呈现的五颜六色等，均属于光的干涉现象. 光的干涉是频率相同、振动方向相同、位相差恒定的两束相干光相互叠加时所产生的光强按空间周期性重新分布的光学现象. 为了获得两束相干光，可将由同一光源发出的光分成两束，再让它们经过各自不同光程后，在空间某一区域相遇，就会发生干涉. 分光束法包含分波阵面法和分振幅法，劈尖干涉属于分振幅法产生的干涉现象. 利用等厚干涉现象可以测量微小角度、微小长度、微小直径及检验一些光学元件表面的平整度、光洁度等.

【实验目的】

1. 熟悉读数显微镜的使用方法；
2. 掌握等厚干涉条纹的产生原理；
3. 掌握用劈尖干涉原理测定微小长度（薄膜厚度或细丝直径）的方法；
4. 了解劈尖干涉的具体应用.

【实验仪器】

读数显微镜、钠光灯、劈尖装置和薄膜（或待测细丝）.

【实验原理】

如图 4-15-1 所示，将玻璃板 a 与玻璃板 b 的一端贴合在一起，构成棱边，另一端夹上待测细丝,在两玻璃板中间将形成一空气薄层. 假设有一束平行光垂直入射到劈尖上,取其中的一束光进行观察,设该入射光位置处所在空气层厚度为 d,因为光的反射、折射原理,入射光被分成两束光线 1 和 2,该两束光线在 a 板上方相遇. 光束 1、2 均来自于同一束光,故其频率相同,且其经历了不同的路径而保持恒定的位相差,因此为相干光,相遇后会相干叠加. 其他入射光线与该束入射光线情况相同,故在劈尖上表面可观察到如图 4-15-2 所示的与棱边平行、明暗相间、均匀分布的干涉图样.

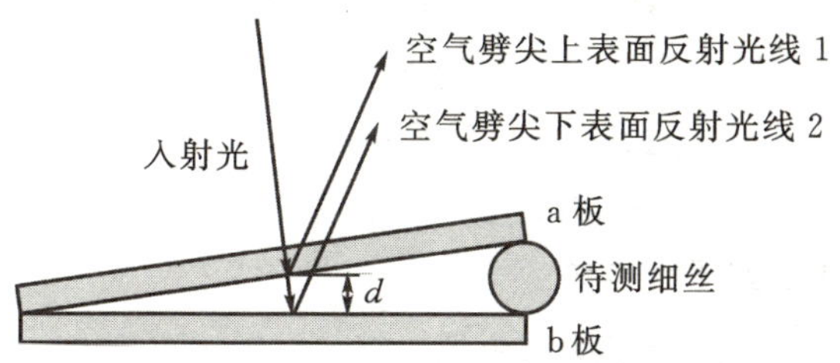

图 4-15-1　劈尖干涉侧视及光路

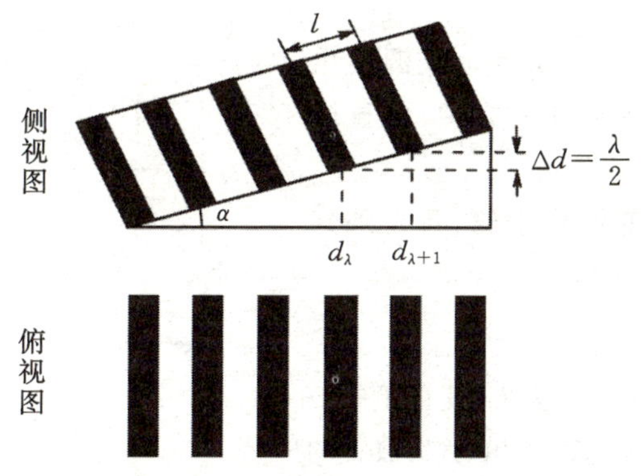

图 4-15-2　劈尖干涉条纹

现在简单推导利用劈尖法测量微小长度的原理.

由图 4-15-1 可知,光线 2 比光线 1 多传播了 $2d$ 的路程,且光线 2 由光疏介质(空气)入射向光密介质(玻璃)反射的过程中,会产生半波损失,因此,空气薄膜厚度 d 处的两相干光总的光程差 Δ 为

$$\Delta = 2nd + \lambda/2 \tag{4-15-1}$$

式中,n 为介质的折射率,对应于劈尖中的空气层其折射率 $n = 1$.

劈尖干涉图样形成亮纹、暗纹的条件为

$$\Delta = 2d + \frac{\lambda}{2} = \begin{cases} k\lambda, & k = 1,2,3,\cdots \text{ 干涉相长,出现亮纹} \\ (2k+1)\dfrac{\lambda}{2}, & k = 0,1,2,\cdots \text{ 干涉相消,出现暗纹} \end{cases} \tag{4-15-2}$$

由式(4-15-2)可知,发生干涉的两束相干光光程差Δ仅取决于劈尖内空气层的厚度 d,空气层厚度相等的地方均满足相同的干涉条件,形成同一级干涉条纹. 将这种与薄膜上等厚线相对应的干涉现象称为等厚干涉,形成的条纹为等厚干涉条纹.

由公式(4-15-2)知,第 k 级暗条纹处的空气层厚度为

$$d_k = \frac{k\lambda}{2},\ k = 0,1,2,3,\cdots \tag{4-15-3}$$

假设,劈尖正好呈现 N 级暗条纹,则细丝直径为

$$D = d_N = \frac{N\lambda}{2} \tag{4-15-4}$$

于是,当光波波长λ已知,且测量得到干涉暗条纹数目 N,即可由式(4-15-4)计算得相应的细丝直径.但是,一般情况下,总条纹数 N 值较大,不易测量. 通常的做法是:先测得某长度 L_m 间的干涉条纹数 m,得到单位长度内的干涉条纹数 $n = m/L_m$,若待测物与劈尖棱边的距离为 L,则总的条纹数 $N = nL$,代入式(4-15-4)即可计算得到细丝直径

$$D = \frac{\lambda m}{2} \frac{L}{L_m} \tag{4-15-5}$$

【实验内容】

1. 调节读数显微镜并观察干涉条纹

(1)按图 4-15-3 将仪器放置于适当位置,打开钠光灯,调节读数显微镜的目镜,使目镜中看到的叉丝清晰可见.

(2)调节半反半透镜角度,确保由光源发出的光线一部分反射并垂直入射至劈尖,使显微镜视场中能观察到明亮的黄色视场.

(3)移动读数显微镜的调焦手轮,直至观察到清晰的干涉条纹.

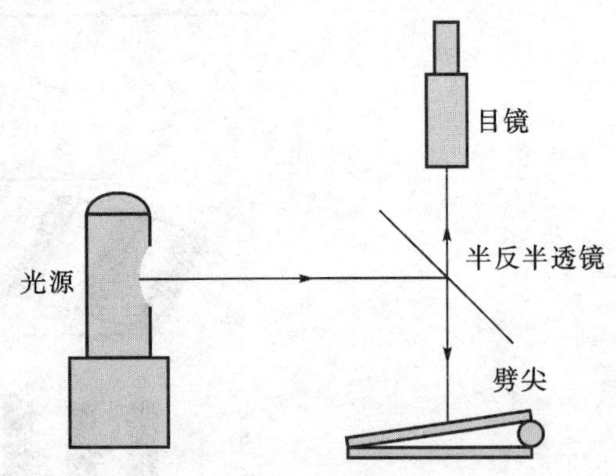

图 4-15-3　成像光路图

2. 测量并记录数据

(1)调节目镜中十字叉丝的方向,使目镜中一根叉丝与显微镜的移动方向垂直;调节劈尖放置的位置,使劈尖的左右两端位于测量范围之内,且在移动过程中,目镜中纵向十字叉丝始终与干涉条纹相切.

(2)测量劈尖棱边的坐标 L_a 及劈尾坐标 L_b,开始计数的条纹坐标 X_a 及末了计数的条纹坐标 X_b. 各值测量 3 次,将测量值记录在数据表 4-15-1 中.

表 4-15-1　劈尖干涉法测细丝直径原始数据记录表($m =$　　)

物理量 次数	劈尖棱边坐标 L_a	开始计数条纹坐标 X_a	末了计数条纹坐标 X_b	劈尾坐标 L_b	劈长 L, $L=\lvert L_b-L_a\rvert$	连续 m 条条纹的总长度 L_m,$L_m=\lvert L_b-L_a\rvert$
1						
2						
3						

注:读数显微镜仪器误差为 $\Delta_{仪}=0.01$mm;钠光波长为 $\lambda=589.3$nm.

【注意事项】

1. 为了避免产生回程误差,显微镜的测微鼓轮只能沿一个方向旋转,测量中途不能反向;

2. 由于干涉条纹具有一定宽度,故在测量其间距时,应将纵向十字叉丝与暗条纹的中央对齐;

3. 每次测量前应注意劈尖及显微镜镜筒放置的位置,以避免未测量完成而镜筒却已移到

了主刻度尺的端头；

4. 测量时应注意防止被测物的滑动.

【补充知识】

1. 利用劈尖干涉测量微小角度

用 α（很小的角度）表示劈尖形空气间隙的夹角，S 表示相邻两暗纹间的距离，L 表示劈尖的长度，如图 4－15－4 所示.

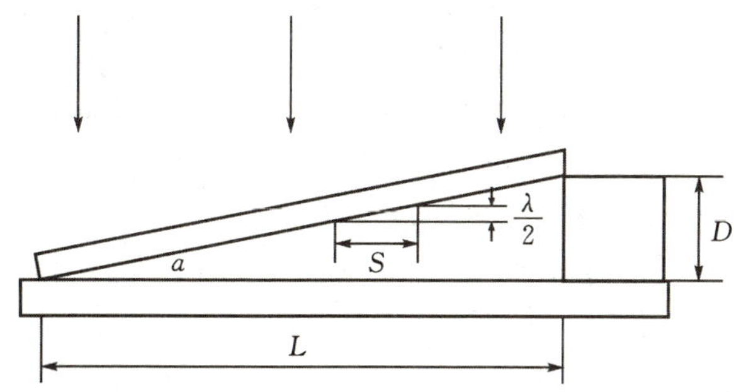

图 4－15－4　细小长度测量原理示意图

则有

$$\alpha \approx \tan\alpha = \frac{\lambda/2}{S} = \frac{D}{L} \tag{4-15-6}$$

由式(4－15－6)可知，在劈尖夹角很小的情况下，只要测量出劈尖的长度 L 、薄膜的厚度 D ，即可以算出劈尖的微小夹角.

2. 利用干涉条纹检验光学表面面形

检验光学平面的方法通常是将光学样板（平面平晶）放在被测平面之上，在样板的标准平面与待测平面之间形成一个空气薄膜. 当单色光垂直照射时，通过观测空气膜上的等厚干涉条纹即可判断光学表面的面形.

两表面一端夹一极薄垫片，如果干涉条纹是等距的平行直条纹，则被测平面是精确的平面，如图 4－15－5(a)所示，如干涉条纹如图 4－15－5(b)所示，则表明待测表面中心沿 AB 方向有一柱面形凹痕. 因为凹痕处的空气膜的厚度较其两侧平面部分厚，所以干涉条纹在凹痕处弯向膜层较薄的 A 端.

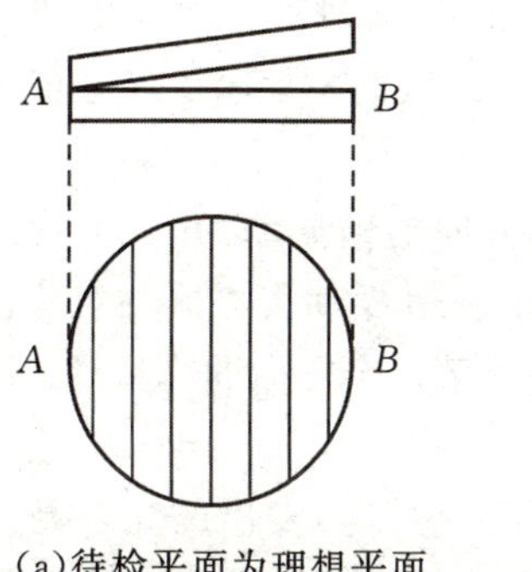

(a)待检平面为理想平面

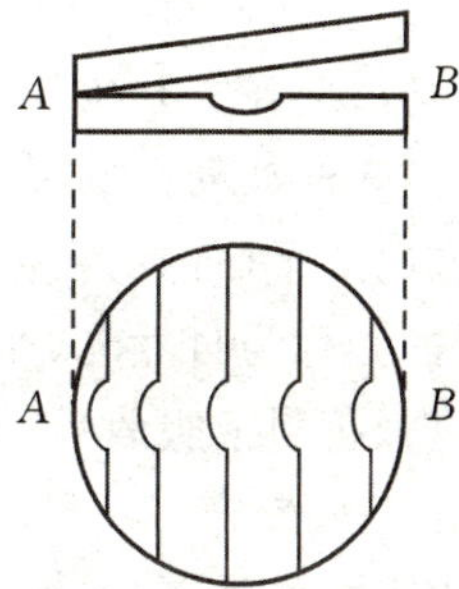

(b)待检平面凹凸不平

图 4－15－5　光学元件表面的检验

3. 干涉膨胀仪

若将空气劈尖的上下表面平移 $\lambda/2$ 的距离，则光线在劈尖上往返一次所引起的光程差为 λ，对应劈尖表面的条纹发生明条纹变成暗条纹的变化，就像干涉条纹在水平方向移动了一条，若能数出条纹移动的数目，即能测得劈尖表面上下移动的距离，用此原理制成了干涉膨胀仪．图 4－15－6 为干涉膨胀仪结构图．它由线胀系数很小的石英制成套框，框内放置样品，框顶放置平板玻璃，在玻璃和样品之间形成空气劈尖，套框的线胀系数很小，忽略不计，则空气的上表面不会因温度变化而移动，当样品受热膨胀时，劈尖下表面，即样品的上表面位置升高，从而使干涉条纹移动，根据移动条纹的数目可测出样品的线胀系数．

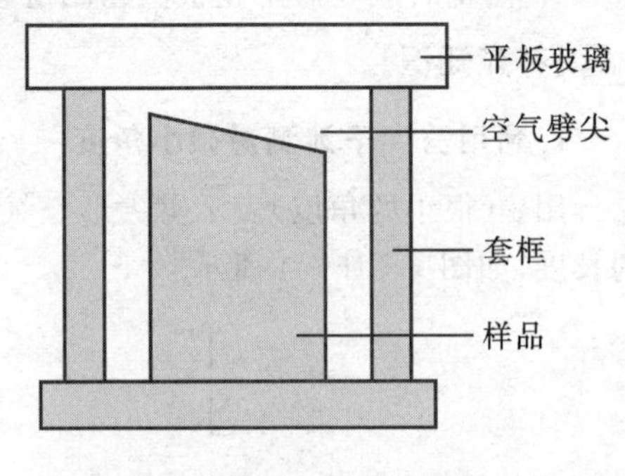

图 4－15－6　干涉膨胀仪

实验 4－16　用旋光仪测定溶液的浓度

偏振光通过某些晶体或物质的溶液时，其振动面以光的传播方向为轴线发生旋转，称为旋光现象．能够产生旋光现象的晶体或溶液称为旋光物质．最早发现在石英晶体中具有这种现象，后来发现，在其他一些晶体，以及糖溶液、松节油及氯化钠等液体中均有此现象．

【实验目的】

1. 观察线偏振光通过溶液时产生的旋光现象；
2. 了解旋光仪的结构原理及使用方法；
3. 掌握用旋光仪测定旋光性溶液浓度的方法．

【实验仪器】

旋光仪、蔗糖溶液、玻璃管、钠光源等．

【实验原理】

1. 光的偏振性简介

光波电矢量振动的空间分布对于光的传播方向失去对称性的现象叫作光的偏振，该现象是 1808 年由科学家马吕斯在实验中发现的．光的偏振现象证明了光是横波，只有横波会产生偏振现象，光的偏振是光的波动性的又一例证．

在垂直于传播方向的平面内，包含一切可能方向的横振动，并且平均来说，任一方向上具有相同的振幅，这样的光称为自然光(非偏振光)．凡其振动失去这种对称性的光统称偏振光．其中，自然光经过反射、折射或吸收后，可能只保留某一个方向的光振动，振动只在某一方向上的光，称为线偏振光．

除激光器等特殊光源外，一般光源(太阳光、日光灯等)发出的光都是自然光，能将自然光变成偏振光的器件称为起偏器，用来检验偏振光的器件称为检偏器，通常起偏器也可用于检验偏振光，常用偏振片制成起偏、检偏元件．偏振片是将具有二向色性功能的材料涂在透明薄片上制成的，具有二向色性功能的物质能吸收某一方向的光振动，而只让与该方向垂直的光振动通过.

2. 旋光现象及旋光性溶液浓度的测量

线偏振光在某些物体内沿其光轴方向传播时，发现透射光的振动面相对于原入射光的振动面旋转了角度 φ，这种现象称为旋光现象，物体的这种性质称为旋光性. 其中，旋转的角度 φ 称为旋转角或旋光度，能够使线偏振光振动面发生旋转的物质，称为旋光物质. 面向光源，如果旋光物质使偏振光的振动面沿逆时针方向旋转，称为左旋物质. 反之，若使偏振光的振动面沿顺时针方向旋转，称为右旋物质.

实验表明，旋光性溶液振动面旋转的角度 φ 与光线在液体中通过的距离 L、溶液的质量浓度成正比，即旋转角满足以下公式

$$\varphi = \alpha CL \tag{4-16-1}$$

式中，α 是该溶液的旋光率(单位：$cm^3/dm \cdot g$)，数值上等于偏振光通过单位长度(1 分米)、单位浓度(每毫升溶液中含有 1 克溶质)的溶液后引起振动面旋转的角度. 可见，若已知待测旋光性溶液的质量浓度 C 和液体层厚度 L(以分米为单位)，则测出旋光度 φ 就可由式(4 - 16 - 1)计算得到其旋光率. 显然，在液体层厚度 L 不变时，如果依次改变浓度 C，测出相应的旋光度 φ，画出 $\varphi-C$ 图，该图为一条直线，其斜率为旋光率 α. 反之，可根据测出的旋光度从该物质的旋光曲线上查出对应的浓度.

此外，旋光率 α 与入射光波的波长有关，在一定的温度下，物体的旋光率与入射光波长 λ 的平方成反比，即随波长的减少而迅速增大，这一现象称为旋光色散. 考虑到这一情况，通常采用钠黄光的 D 线($\lambda=589.3$nm)来测定旋光率. 同时，旋光率 α 还与溶液的温度有关，对于钠黄光 D 线，纯净蔗糖溶液在 20℃时，旋光率可取值 $\alpha_{20} = 66.50° \ cm^3/dm \cdot g$. 实验时，溶液的温度应维持在 20℃，若温度相对于 20℃每增加 1℃，旋光率的值应减去 0.02°作为修正，反之，增加相应值修正.

3. 旋光仪的构造原理及使用方法

旋光仪主要由测试管、望远镜、起、检偏镜、光源及会聚透镜组成，装置的详细介绍如图 4 - 16 - 1所示.

调节时先将旋光仪中起偏镜和检偏镜的偏振面调至相互正交，此时，在望远镜目镜中看到最暗的视场，然后装上测试管，转动检偏镜，使因偏振面旋转而变亮的视场重新达到最暗，此时检偏镜的旋转角度即表示被测溶液的旋光度.

由于人眼难以准确判断视场是否最暗，因此常采用半荫法比较相邻两光束的强度是否相等来确定旋光度. 若在起偏镜后再加一石英晶片，此石英片和起偏镜的一部分在视场中重叠. 随石英片安放的位置不同，可将视场分为两部分(见图4 - 16 - 2(a))或三部分[见图 4 - 16 - 2(b)]. 同时在石英片旁装上一定厚度的玻璃片，补偿由石英片产生的光强变化. 取石英片的光轴平行于自身表面并与起偏轴成一角度 θ(仅几度). 有光源发出的光经起偏镜后变成线偏振光，其中一部分光再经过石英片(其厚度恰使在石英片内分成 e 光和 o 光的相差为 π 的奇数倍，出射的合成光仍为线偏振光)，其偏振面相对于入射光的偏振面转过了 2θ，所以进入测试管里的光是振动面间的夹角为 2θ 的两束线偏振光.

图 4 - 16 - 3 所示为观察到的各种二分视场与三分视场结果.

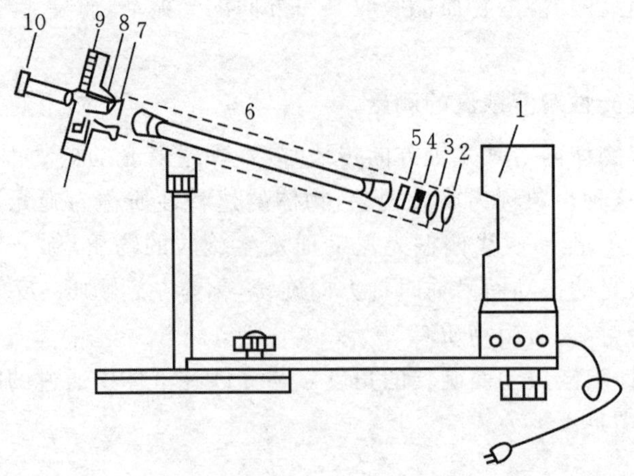

图 4-16-1 旋光仪示意图

1—光源;2—会聚透镜;3—滤色片;4—起偏镜;5—石英片;6—测试管;
7—检偏镜;8—望远镜物镜;9—刻度盘;10—望远镜目镜;11—刻度盘转动手

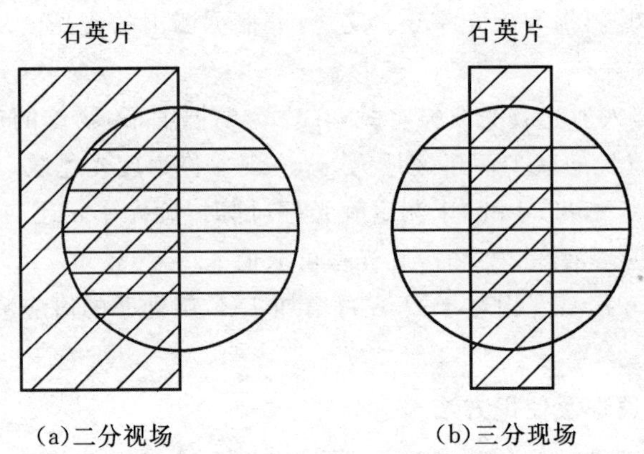

图 4-16-2 产生二分视场与三分视场的两种不同安装方式

在图 4-16-3 中,OP 和 OA 分别表示起偏镜和检偏镜,OP' 表示透过石英片后偏振光的振动方向,β 表示 OP 与 OA 的夹角,β' 表示 OP' 与 OA 的夹角;AP 和 AP' 分别表示通过起偏镜和检偏镜加石英片的偏振光在检偏镜轴方向的分量;由图 4-16-3 可知,当转动检偏镜时,AP 和 AP' 的大小将发生变化,从目镜中观察到的视场上将出现亮暗交替变化,如图 4-16-3 下半部分所示二分视场与三分视场的结果,下面分别讨论四种显著不同的情形.

(a) $\beta' > \beta$, $AP > AP'$. 通过检偏镜观察时,与石英片对应的部分为暗区,与起偏镜对应的部分为亮区,视场被分成清晰的二(或三)部分. 当 $\beta' = \pi/2$ 时,亮暗反差最大.

(b) $\beta' = \beta$, $AP = AP'$. 通过检偏镜观察时,视场中二(或三)部分界线消失,亮度相等,较暗.

(c) $\beta' < \beta$, $AP < AP'$. 通过检偏镜观察时,视场又被分成清晰的二(或三)部分,与石英片对应的部分为亮区,与起偏镜对应的部分为暗区. 当 $\beta = \pi/2$ 时,亮暗反差最大.

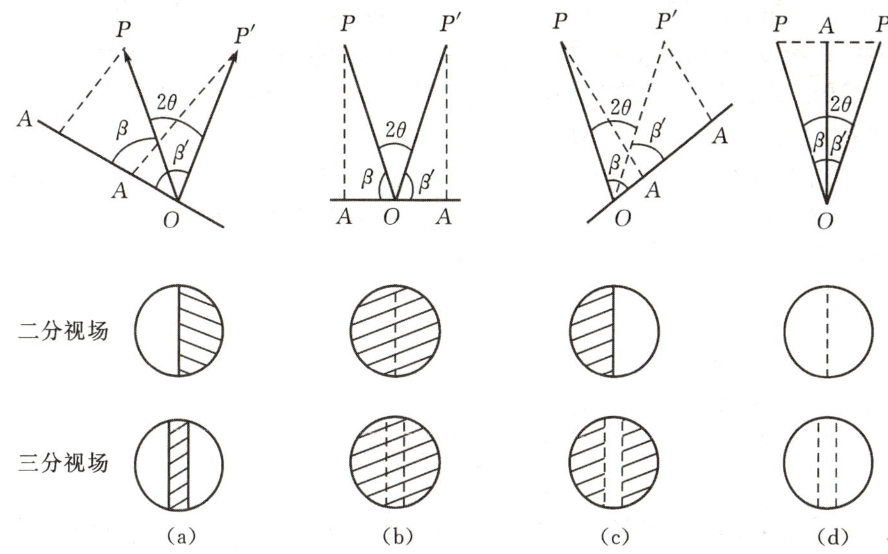

图 4-16-3　二分视场与三分视场

(d) $\beta' = \beta, AP = AP'$. 通过检偏镜观察时,视场中二(或三)部分界线消失,亮度相等,较亮.

由于在亮度不太强的情况下,人眼辨别亮度微小差别的能力较强,所以常取图 4-16-3(b)所示的视场作为参考视场,并将此时检偏的偏振轴所指的位置取作刻度盘的零点.

在旋光仪中放上测试管后,透过起偏镜和石英片的两束偏振光均通过测试管,它们的振动面转过相同的角度 φ,并保持两振动面间的夹角 2θ 不变. 如果转动检偏镜,使视场仍旧回到图 4-16-3(b)所示的状态,则检偏镜转过的角度即为待测定溶液的旋光度.

【实验内容】

1. 测定旋光仪的零点

(1)旋光仪中放置空管,打开钠光源,待完全发出钠黄光后,调节旋光仪的望远镜目镜,使得能够看清视场中三部分的分界线;

(2)调节刻度盘转动手轮以转动检偏镜,观察并熟悉视场明暗变化的规律;

(3)确定零点位置,转动检偏镜,使视场中三部分区域弱照度相等,此时刻度上读数即为零点位置读数,若从目镜筒两侧放大镜中读取的数值分别为 φ_{01} 和 φ_{02},则零点位置为 $\varphi_0=(\varphi_{01}+\varphi_{02})/2$;重复多次测量,取其平均值作为旋光仪的零点;

(4)将某一浓度的待测溶液注入蒸馏水洗涤干净的试管中(液体装满试管,不能有气泡),然后装进旋光仪,检验溶液是否有旋光现象.

2. 测定旋光性溶液的旋光率和浓度

(1)记录实验所用光波波长、液体温度.

(2)记录试管的长度 L,将纯净待测物质(如蔗糖)事先配制成不同浓度的溶液,记录配制好溶液的浓度值 C_i,将不同浓度溶液分别注入各试管内,转动检偏镜,使视场中三部分区域弱照度相等,记录左右刻度盘上的读数,取平均值后进行零点校正,以获得该浓度溶液的旋光度 φ. 在坐标纸(或电脑)上作出光滑的 $\varphi - C$ 旋光曲线,并由此计算得出该物质的旋光率. 或可采用另一种测量方法：将纯净待测物质（如蔗糖）配制为某一浓度的溶液，记录该浓度值 C．选取长度不同试管，测量并记录其长度数值 L_i．将溶液分别注入各试管中，转动检偏镜，使视场中三部分区域弱照度相等，记录左右刻度盘上的读数，取平均值后进行零点校正，以获得该物质的旋光度 φ，计算或作图获得该物质的旋光率 α．

(3)将未知浓度的待测溶液装入长度已知的试管中，转动检偏镜，使视场中三部分区域弱照度相等，记录左右刻度盘上的读数，取平均值后进行零点校正，以获得该浓度溶液的旋光度 φ，再根据旋光曲线即 $\varphi-C$ 曲线或算出的旋光率数值，确定待测溶液的浓度.

【注意事项】

1.待测溶液须装满试管，不能有气泡；

2.注入溶液后，测试管与其两端透光窗均应擦净方可装进旋光仪；

3.为了保证测试管的长度为确定值，其两端经过精密磨制，故使用时必须十分小心，以防损坏测试管；

4.为了降低测量误差，提高测量精度，测定旋光度 φ 时应重复测量 5 次，再取其平均值；

5.每次调换溶液，测试管应保持清洁，并采用同样的方法进行操作.

6.读数方法与游标卡尺方法相似，其中游标尺上读数的最小分度为 0.05°.

实验 4-17 利用光栅衍射测定波长

利用单缝衍射可以测定光波的波长，但是却无法精确测量. 因为对于单缝衍射，如果缝较宽，则明条纹亮度较强，但相邻条纹间隔很窄，不易分辨；若单缝较窄，则条纹间隔会加宽，但明条纹亮度减小. 因此，很难精确测定条纹的宽度，无法精确获得波长值. 若衍射条纹比较窄且明亮、相邻明条纹间隔较宽，则能精确测定光波波长. 光栅衍射图样满足上述测量要求.

衍射光栅是由大量相互平行、等宽、等距的狭缝（或刻痕）构成，是利用光的衍射原理使光波发生色散的光学元件，以衍射光栅为色散元件组成的摄谱仪和单色仪是物质光谱分析的基本仪器之一. 摄谱仪和单色仪在光通信、信息处理等方面也得到了广泛的应用.

【实验目的】

1.观察光栅的衍射光谱，掌握光栅衍射的基本规律；

2.巩固和掌握光学测角仪的调节及使用方法；

3.测定光栅常数和汞光谱源特征波长.

【实验仪器】

光学测角仪、光栅、低压汞灯.

【实验原理】

1.衍射光栅及光栅常数

在玻璃片上刻上许多等距离、等宽度的平行直线，刻痕处不透光（相当于毛玻璃），其宽度为 b，两刻痕间可以透光，相当于一个单缝，其宽度为 a，此种结构的光学元件称为透射式平面衍射光栅. 相邻两缝间的距离 $d=a+b$ 称为光栅常数，它是光栅的一个基本参数. 实际的光栅，一般在一厘米内刻有 1000 条刻痕，其光栅常数为 $d=1\times10^{-5}m$，一般光栅常数的数量级

约为 $10^{-6} \sim 10^{-5}$ m．图 4－17－1 所示为光栅结构及衍射示意图，其中 φ 为衍射角．

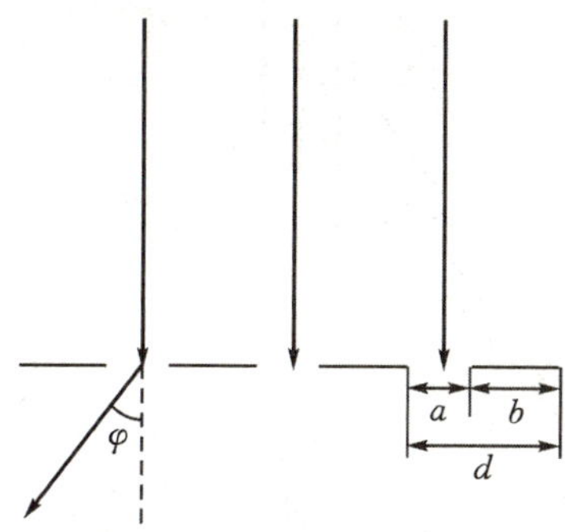

图 4－17－1　光栅衍射示意图

2. 光栅方程及光栅光谱

当一束平行光入射在光栅上时，对于光栅中每一条狭缝会产生衍射，狭缝之间透过的衍射光是相干光波，还会产生缝与缝之间的干涉效应，所以观察到屏幕上的衍射图样是干涉与衍射的总效果．根据夫琅禾费（Joseph von Fraunhofer，1787－1826，德国物理学家）光栅衍射理论，产生衍射明条纹的条件为

$$d\sin\varphi = k\lambda,\ k = 0, \pm 1, \pm 2, \cdots \qquad (4-17-1)$$

上式称为光栅方程，其中 λ 为单色光波波长，k 是明条纹（又称为主极大）级数，把 $k = 0$，± 1，± 2，… 对应的明条纹分别称为中央明纹、正负第一级明纹，正负第二级明纹等，正负号表示各级明条纹对称分布在中央明纹的两侧．

由式（4－17－1）可知，单色光垂直入射到光栅上，若光栅常数 d 已知，测出某级谱线的衍射角 φ 和光谱级数 k，可求出光谱线的波长值 λ；反之，若已知入射单色光波的波长值 λ，可求出光栅常数 d.

如果用复色光照射，不同波长的同一级谱线（零级除外）的角位置不同，并按波长由短到长的次序自中央向外侧依次分开排列，每一干涉级次都有这样的一组分立光谱线，光栅衍射产生的这种按波长排列的谱线称为光栅光谱．其每一级分立谱线中的光波满足光栅方程，可将方程的形式写为

$$d\sin\varphi_i = k\lambda_i, \qquad k = 0, \pm 1, \pm 2, \cdots \qquad (4-17-2)$$

式中：k 是明条纹级数；λ_i 为某级光栅分立光谱线中某种单色光波的波长；φ_i 为该光波对应的衍射角．因此，若某级光谱中某种光波波长已知，只要测出与它相应的衍射角，就可计算出光栅常数 d；反之，若光栅常数 d 已知，只要测出复色光源发射的各特征谱线所对应的衍射角 φ_i，则可算出复色光光源发射的各特征谱线的波长 λ_i．图 4－17－2 所示为普通低压汞灯的第一级光栅衍射光谱，光谱中有 4 条特征谱线，即紫色、绿色，以及两条黄色谱线，由上述原理可得到汞光源各特征谱线的波长．

如果入射光线不是垂直入射至光栅平面，如图 4－17－3 所示，则光栅的衍射光谱的分布规律将有所变化．

记入射角为 i，衍射角为 φ，则光栅方程为

$$d(\sin\varphi \pm \sin i) = k\lambda,\ (k=0,\ \pm 1,\ \pm 2, \cdots)$$

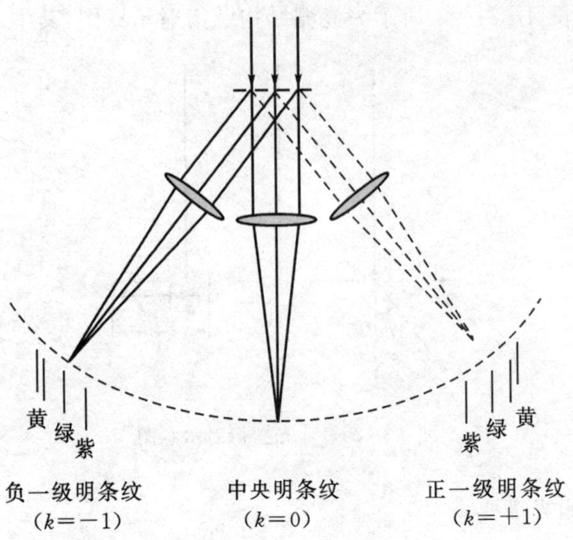

图 4-17-2　低压汞灯光栅衍射光谱

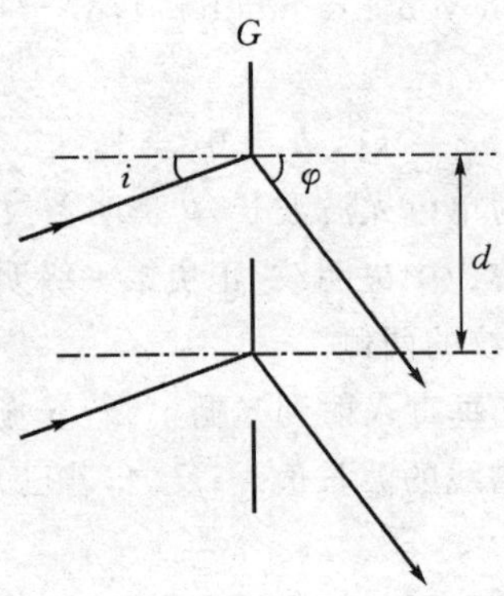

图 4-17-3　入射光倾斜入射至光栅表面发生的衍射示意图

式中:"+"号表示衍射光与入射光在法线同侧;"-"号则表示衍射光与入射光位于法线异侧.

3. 光栅参数

评定光栅好坏的标准是通过评价光栅的两个参数,即角色散率与分辨本领.

(1)光栅的角色散率.

定义 $D \equiv \frac{d\varphi}{d\lambda}$ 为光栅的角色散率,它表示单位波长间隔内两单色光所分开的角距离,由光栅方程 $d\sin\varphi = k\lambda$ 易知

$$D \equiv \frac{d\varphi}{d\lambda} = \frac{k}{d\cos\varphi} \approx \frac{\Delta\varphi}{\Delta\lambda} \tag{4-17-3}$$

由式(4-17-3)可知,光栅常数 d 越小、光谱的级次越高,角色散率越大. 而且,光栅衍射时,如果衍射角不大,则 $\cos\varphi$ 可视为定值,光栅的角色散率几乎与波长无关,即光谱随波长的分布较均匀.

(2)光栅的分辨本领.

光栅的分辨本领表征光栅分辨光谱细节的能力. 由瑞利判据可知,光栅能分辨出相邻两条谱线的能力是受到限制的. 波长相差 $\Delta\lambda$ 的两条相邻的谱线,若其中一条谱线的最亮处恰好落在另一条谱线的最暗处,则称这两条谱线能被分辨. 设波长为 λ 和 $\lambda + d\lambda$ 的光波,经光栅衍射形成两条谱线刚好能被分开,则定义分辨本领为

$$R = \frac{\lambda}{d\lambda} \tag{4-17-4}$$

可以证明,当光栅宽度一定时,其理论极限值

$$R_m = kN = kL/d \tag{4-17-5}$$

式中:N 为光栅刻痕总数;L 为光栅宽度. 显然,R 与光谱级数 k、在入射光束范围内的光栅宽度 L 以及被分辨光谱的最小波长间隔相关. 对于任意两条光谱线来说,虽然受分辨本领 R 的限制,但是也可以用改变光栅总宽度 L 的方法来确定分开此两条谱线所必需的最小宽度值 L_0.

【实验内容及步骤】

本实验中各物理量获得的关键是测量衍射角的值,它可用光学测角仪进行精确测量.

1. 调节光学测角仪并观察光栅衍射光谱

(1)按照光学测角仪调节参考资料,将仪器调节为理想工作状态,即达到以下要求:望远镜适应平行光;望远镜、平行光管光轴垂直于光学测角仪中心轴;平行光管发出平行光.

(2)望远镜对准平行光管,观察被照亮的平行光管狭缝的像,使望远镜中竖线与叉丝重合,调节叉丝粗细,使观察到的叉丝像明亮、清晰、粗细适中.

(3)将被测光栅放置于光学测角仪的载物台上,注意放置光栅时,使光栅底面与载物台上其中两个调节螺丝的连线相垂直,如图 4-17-4 所示. 关闭狭缝照明灯,点亮目镜叉丝照明灯,左右转动载物平台,观察两面反射的绿色"+"字,调节 B1 或 B3,使绿色"+"字和目镜中调节叉丝重合,此时,光栅衍射面已垂直于入射光.

(4)点亮汞灯,照亮狭缝,转动望远镜,从光谱零级开始向左或向右移动 90°后,再向反方向缓慢移动观察汞灯的全部衍射光谱,以能清晰分辨出两条黄色谱线为准. 此时,若观察到左右两侧的谱线高低不等时,调节载物台上螺丝 B2,使高低一致,此时,光栅衍射面与观测面度盘平面一致.

(5)记录下所观察到的所有各级谱线的条数、位置及颜色.

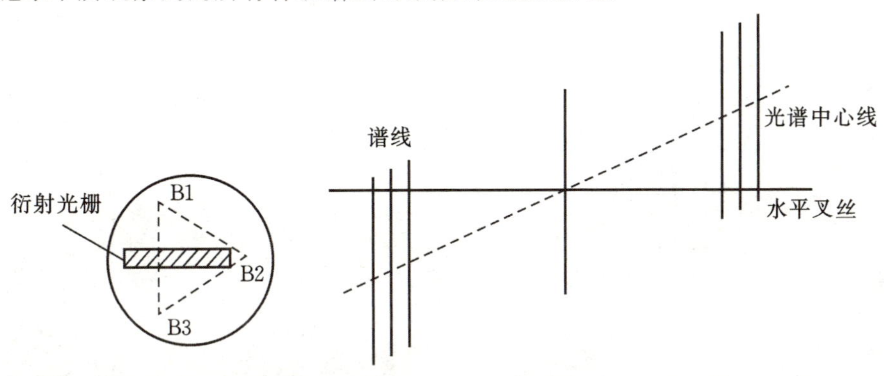

图 4-17-4　光栅放置位置及光谱线观察

2. 测定光栅常数

以绿色光谱线的波长为准($\lambda_G=546.1$nm,G 表示绿色),分别测量其第 k 级光谱 $k=\pm1$ 的衍射角 φ_G ,重复 3 次,取其平均值,并代入光栅方程求出光栅常数 d. 也可用光谱线中紫光和两条黄线为准. 重复测量 3 次,结果用不确定度表示.

注意:光谱级数可自行确定,两边级数不可数错,建议测第一级条纹,不容易出错;测量时左右两边谱线都要测量,对于每一边谱线,左右两边游标的读数标识清楚,不可弄错.

3. 测定未知光波波长

在光栅常数已知的基础上,按上述测量方法分别测量出其他各色一级谱线$k=\pm1$的衍射角. 重复 3 次测量,取其各自的平均值,计算出各光谱线的波长,并与标准值进行比较,计算相对误差. 已知波长标准值:紫色($\lambda=432.8$nm)、绿色($\lambda=546.1$nm),两条黄色谱线($\lambda=577.0$nm 和 $\lambda=579.1$nm).

4. 测量光栅的角色散

测量汞灯分立谱线中一级和二级光谱中两条黄线的衍射角,求所用光栅的角色散值.

5. 考察光栅的分辨本领

在平行光管和光栅之间放置一宽度可调的单缝,使单缝方向与平行光管狭缝一致,从大到小改变单缝宽度,直至观察到的二黄线刚好被分开. 测出单缝宽度 b,则在单缝掩盖下,光栅的露出部分的刻线数为 $N=b/d$,则光栅露出部分的分辨本领 $R=kN$,将测量值与公式(4-17-4)计算的理论值比较.

【注意事项】

光栅易损、易碎,必须轻拿轻放,且不能用手指触摸光栅表面.

【思考题】

1. 光栅常数是什么? 应用光栅方程测定光栅常数应满足什么条件? 实验测量时这些条件是怎么保证的?

2. 光栅光谱是怎么形成的?

3. 设计一种不用光学测角仪,只用米尺和光栅测量光栅常数和波长的方案.

第 5 章

设计与研究性实验

实验 5－1　气垫导轨的应用

【实验意义】

气垫所产生的摩擦阻力很小，利用气垫导轨可对某些力学现象和过程进行较为精确的研究. 例如：可以在气垫导轨上验证牛顿第二定律、动量守恒定律、弹簧振子的运动规律等.

【实验内容及要求】

实验内容为验证牛顿第二定律及动量守恒定律. 学生应自己查询所需资料，到开放实验室选用仪器，自主确定实验方法.

【开题报告及问题】

该题目属于研究类，实验是在学生已有理论知识基础上，用实验的方法对其进行深入研究. 以培养学生的发现问题、解决问题的能力. 要求学生通过自查资料及实验掌握或了解这部分知识，写出简要的开题报告并经过教师审阅合格后，才能开始该项目的研究工作.

如何调整气垫导轨的水平？如何提高测量的精确度？阻尼系数如何测出？

【结题报告及论文】

1. 写明本实验的研究意义及目的；
2. 阐述本实验的研究原理；
3. 记录研究全过程的步骤及观察到的现象；
4. 写出较佳的实验结果；
5. 总结气垫导轨的各种应用；
6. 最终成果以小论文或翔实实验报告的方式提交.

【提供设备及器材】

气垫导轨及附件、数字毫秒计等.

【参考资料】

[1]曾建成，杜全忠. 大学物理实验教程[M]. 西安：西安交通大学出版社，2016.

[2]杨述武. 普通物理实验(力热)[M]. 北京：高等教育出版社，1983.

[3]网络资源.

[4]厂家提供的仪器说明书.

实验 5－2　惯性质量和引力质量的测量

【实验意义】

一般情况下，物体的质量多为引力质量（用天平秤量），惯性质量则与重力无关，但在重力作用下使测量仪器受到一定影响．学生掌握另外一种测量质量的方法．采用两种方法分别得到物体的质量，并对两种质量，即惯性质量和引力质量作详细比较，对其中产生的差异进行分析．

【实验内容及要求】

惯性质量与引力质量的测定．学生应自己查询所需资料，到开放实验室选用仪器，自主确定实验方法．对比各种方法所测量的实验结果，总结各种方法的优缺点，写出设计性与研究性实验报告．

【开题报告及问题】

该题目属于研究类，实验是在学生已有关于两种质量理论知识基础上，采用实验方法对多种不同形状物体的质量进行测量．培养学生独立开展研究并能解决问题的能力．要求学生通过自查资料及实验掌握或了解这部分知识，写出简要的开题报告并经过教师审阅合格后，才能开始该项目的研究工作．

重力对物体惯性质量的测量有影响吗？具体有什么影响？如何消除这种影响？

【结题报告及论文】

1．写明本实验的研究意义及目的；

2．阐述本实验的研究原理；

3．记录研究全过程的步骤及观察到的现象；

4．写出较佳的实验结果；

5．总结两种测量质量方法的优缺点；

6．最终成果以小论文或翔实实验报告的方式提交．

【提供设备及器材】

惯性秤、物理天平、电子天平及待测物体等．

【参考资料】

[1]曾建成，杜全忠．大学物理实验教程[M]．西安：西安交通大学出版社，2016．

[2]杨述武．普通物理实验（力热）[M]．北京：高等教育出版社，1983．

[3]网络资源．

[4]厂家提供的仪器说明书．

实验 5－3　表面张力系数与液体浓度的关系

【实验意义】

表面张力可用多种方法测量，每种方法各有特色．学生通过实验，在实验设计、动手能力等方面均可得到提高.

【实验内容及要求】

研究液体表面张力系数与液体浓度的关系. 要求学生应自己查询所需资料,在实验室自己选用仪器,自主确定实验方法.

【开题报告及问题】

该题目属于研究类,学生已经掌握拉脱法测量液体表面张力系数基础上,进一步研究液体表面张力系数与液体浓度的关系. 培养学生理论与实践相结合, 以及分析处理问题的能力. 要求学生通过自查资料及实验掌握或了解这部分知识,写出简要的开题报告并经过教师审阅合格后,才能开始该项目的研究工作.

【结题报告及论文】

1. 写明本实验的研究意义及目的;
2. 阐述本实验的研究原理;
3. 记录实验过程的步骤及观察到的现象;
4. 分析处理得到较佳的实验结果;
5. 最终成果以小论文或翔实实验报告的方式提交.

【提供设备及器材】

焦利秤、表面张力测定仪、扭秤及各种小配件.

【参考资料】

[1]曾建成,杜全忠. 大学物理实验教程[M]. 西安:西安交通大学出版社, 2016.
[2]杨述武.普通物理实验(力热)[M].北京:高等教育出版社,1983.
[3]网络资源.
[4]厂家提供的仪器使用说明书.

实验 5-4　金属材料杨氏模量的测量

【实验意义】

杨氏模量是描述固体材料抵抗形变能力的物理量,衡量一个各向同性弹性体的刚度. 定义为在胡克定律适用范围内,应力与应变的比值. 杨氏模量可视为衡量材料产生弹性变形难易程度的指标,其值越大,使材料发生一定弹性变形的应力也越大,即材料刚度越大,亦即在一定应力作用下,发生弹性变形越小,通过本课题让学生了解几种测量杨氏模量的方法,至少掌握两种测量方法.

【实验内容及要求】

分别用梁的弯曲法和霍尔位置传感器法测量金属薄片的杨氏模量. 分析比较两种方法测量的结果,总结它们的优缺点. 按时提交完整、规范的设计性实验报告.

【开题报告及问题】

该题目属于研究类,培养学生独立开展研究的能力. 要求学生通过自查资料及实验掌握或了解这部分知识，写出简要的开题报告并经过教师审阅合格后，才能开始该项目的研究工作.

1. 两种方法测量杨氏模量主要测量误差有哪些？

2. 用霍尔位置传感器测量微小位移有哪些优点？

3. 用间隔多项逐差法处理数据的优点是什么？

【结题报告及论文】

1. 写明本实验的研究意义及目的；

2. 结合教材及相关资料阐述本实验的原理；

3. 详细记录研究全过程的步骤；

4. 写出较佳的实验结果；

5. 总结两种测量杨氏模量方法的优缺点；

6. 最终成果以小论文或实验报告的方式提交.

【提供设备及器材】

FD-HY-1 型杨氏模量测试仪

【参考资料】

[1]曾建成，杜全忠. 大学物理实验教程[M]. 西安：西安交通大学出版社，2016.

[2]杨述武. 普通物理实验——力热部分[M]. 北京：高教出版社，1983.

实验 5-5 水的比汽化热研究

【实验意义】

此实验所用仪器非常简单，公式也比较初级，但要达到满意的实验结果却非常困难. 对操作者的实验素质有较高的要求，实验中需要人为地制造一个孤立系统，以尽量减小与外界的热量交换，提高测量的准确度.

【实验内容及要求】

水的比汽化热研究. 实验要求设计一个孤立系统，以尽量减小与外界的热量交换，提高测量的准确度.

【开题报告及问题】

该题目属于设计类，培养学生独立开展实验研究的能力. 要求学生掌握这部分知识，写出简要的开题报告并经过教师审阅合格后，才能开始该项目的研究工作.

找出产生误差的各种原因. 如何减小测量误差？

【结题报告及论文】

1. 写明本实验的研究意义及目的；

2. 阐述所用方法的核心思想；

3. 详细记录研究全过程的步骤；

4. 分析处理得到较佳的实验结果；

5. 最终成果以小论文或实验报告的方式提交.

【提供设备及器材】

保温桶、秒表、冰块、精密温度计.

【参考资料】

[1]曾建成，杜全忠. 大学物理实验教程[M]. 西安：西安交通大学出版社，2016.
[2]杨述武. 普通物理实验(力热)[M]. 北京：高等教育出版社，1983.
[3]网上查询(自选).
[4]厂家提供的仪器说明书.

实验 5-6　不良导体的导热系数研究

【实验意义】

导热系数是反映材料热性能，表征物质热传导性质的重要物理量. 材料的导热机理主要取决于它的微观结构，热量传递依靠原子、分子围绕平衡位置的振动以及自由电子的迁移，它因材料的结构及所含杂质的不同而千变万化，某种材料的导热系数不仅与构成材料的物质种类密切相关，而且还与它的微观结构、温度、压力及杂质含量相联系.

【实验内容及要求】

1. 理解热传导的基本原理和规律，用稳态法测量橡皮的导热系数.

2. 学习利用理论分析和实验指导手段，找到最佳实验条件和参数，正确测出结果.

3. 学生应自己查询所需资料，自主确定实验的方法，到开放实验室选用仪器. 对比各种方法所测量的实验结果，总结各种方法的优缺点，写出设计性与研究性实验报告.

【开题报告及问题】

该题目属于研究类，要求学生写出简要的开题报告并经教师审阅合格后，才能开始该项目的研究工作.

找出产生误差的各种原因. 如何减小测量误差？

【结题报告及论文】

1. 写明本实验的研究意义及目的；

2. 阐述测量方法的原理；

3. 详细记录研究过程的完整步骤；

4. 分析处理得到较佳的实验结果；

5. 最终以小论文或实验报告的方式提交.

【提供设备及器材】

导热系数测定仪、热电偶、杜瓦瓶、数字电压表、秒表.

【参考资料】

[1]曾建成，杜全忠. 大学物理实验教程[M]. 西安：西安交通大学出版社，2016.
[2]张志东，魏怀鹏，展水. 大学物理实验[M]. 北京：科学出版社，2011.
[3]杨述武. 普通物理实验(力热)[M]. 北京：高等教育出版社，1983.

[4]网上查询(自选)

[5]厂家提供的仪器说明书.

实验5-7 液体中钢球下落速度的确定

【实验意义】

在用落球法测定液体动力学黏度实验中,需要确定钢球匀速下降的速度. 若保守估计将下降距离取得较短,则测量所用时间较短,可能会引入较大误差;若冒险取得较长,则会导致下降速度不准. 可见,如何准确有效地确定钢球匀速下降的计时起点,或者能够有效地测量钢球匀速下降的速度,对于提高测量的精度有重要现实意义. 若能得出一个通用的表达式,则对于实验测量将有重要的指导意义.

【实验内容及要求】

要求学生设计方法确定钢球下降时小球速度与时间变化曲线. 学生应在参考资料基础上,查阅更多资料,设计测量方案,自选仪器,自主测量实验数据. 对所用各种方法进行详细比较,对其优缺点作出总结.

【开题报告及问题】

该题目属于设计类,要求学生写出简要的开题报告并经教师审阅合格后,才能开始该项目的研究工作.

1.钢球放入液体时初速度不为零对实验结果有什么影响?

2.钢球放入时偏离量筒中央液面对实验有什么影响?

3.多次实验后量筒底部的钢球堆集对实验有什么影响?

4.实验时采用氧化的钢球对实验结果有什么影响?

【结题报告及论文】

1.写明本实验的研究意义及目的;

2.阐述设计方法的合理性;

3.详细记录研究过程的完整步骤;

4.分析处理并得到小球下落时的速度与时间变化关系曲线;

5.最终以小论文或实验报告的方式提交.

【提供设备及器材】

量筒、甘油、钢球、秒表等及自选实验测量相关设备.

【参考资料】

[1]李少兰,李清山. 落球法测液体黏滞系数实验中计时起点的确定[J]. 曲阜师范大学学报,1991,17(1):93-95.

[2]杨亮,马明,邓勇,李春晖. 梁英用落球法测液体的黏滞系数实验中计时起点的确定[J]. 海南师范学院学报(自然科学版), 2005, 18(3):240-242.

[3]曾建成,杜全忠,大学物理实验教程[M]. 西安:西安交通大学出版社, 2016.

实验 5－8　固体材料熔解特性研究

【实验意义】

通常，在不同的温度和压力等状态下，物质呈现不同的聚集状态：气态、液态和固态．液态和固态统称为凝聚态．固体又分为晶体与非晶体两大类，若按结合力的性质，晶体又可以分为四类：离子晶体（如氯化钠、硫化锌等）、原子晶体或非极化晶体（如硅、金刚石等）、金属（如铜、银等）以及分子晶体（如低温下的固态氧、固态氩等）．非晶体则常见于有机化合物、聚合物和玻璃等，特殊条件制备的合金也可能呈现非晶态．当固体材料受热升温向液态转变时，其熔解特性和材料的性质、组份等有着密切的关系，大多数情况下材料都是均匀受热的，所以常常用"固相→液相"的熔解过程与均匀冷却的液相特性（步冷曲线）来分析和判断单质材料或二组份材料以至多组份材料的熔解特性．

【实验内容及要求】

固体熔点的测定．学生应在参考资料基础上，查阅更多资料，测量得到多种合金的步冷曲线，能够对不同合金的熔化曲线进行合理解释．通过实验能够认识并分析金属相图，对于金属物理学的内容有更加深刻的认识．对各种合金特点作出总结．

【开题报告及问题】

该题目属于研究类，要求学生写出简要的开题报告并经教师审阅合格后，才能开始该项目的研究工作．

1．什么是步冷曲线？

2．各种合金的熔点有什么特点？

3．金属的相图是指什么？

【结题报告及论文】

1．写明本实验的研究意义及目的；

2．详细记录各种合金的步冷曲线；

3．深入分析步冷曲线的形成原因并总结各种合金之间的差异；

4．最终以小论文或实验报告的方式提交．

【提供设备及器材】

LB-SMP 固体数字熔点仪．

【参考资料】

1．查找相关期刊及书籍．

2．仪器使用说明书．

实验 5－9　转动惯量测量研究

【实验意义】

在现有实验室条件下，可分别采用三线摆和扭摆测量物体的转动惯量．分析比较两种方法测量得到的转动惯量之间的差异显得很有必要．并且针对不规则形状的物体，如何利用现有条件测量得到其转动惯量，具有重要意义．

【实验内容及要求】

1．利用两种方法分别测量圆环的转动惯量，比较得出哪种方法测量精度更高；

2．设计并测量得到若干个不规则形状物体的转动惯量．

【开题报告及问题】

该题目属于设计研究类，要求学生写出简要的开题报告并经教师审阅合格后，才能开始该项目的研究工作．

1．什么是转动惯量？转动惯量跟哪些因素有关？

2．什么是平行轴定理？

3．提高测量精度的方法有哪些？

【结题报告及论文】

1．写明本实验的研究意义及目的；

2．详细记录每一种方法测量时的各种参数；

3．深入分析比较两种测量方法的差异，并得出哪种测量方法更优的结论；

4．详细记录不规则形状物体绕中心轴转动时转动惯量测量的各个环节，设计出一种既简便又实用的、用于测量不规则物体转动惯量的实验方案；

5．最终成果以小论文或实验报告的方式提交．

【提供设备及器材】

三线摆、扭摆、杭州大华 DHTC－1A 型通用计数器．

【参考资料】

[1]曾建成，杜全忠．大学物理实验教程[M]．西安：西安交通大学出版社，2016．

[2]查找相关期刊及书籍．

[3]仪器使用说明书．

实验 5－10　利用示波器测量电容器的容量

【实验意义】

电阻器、电容器以及电感器是电路的基本元件．在实际生产中，准确测量电阻器的电阻值、电容器的电容值以及电感器的电感值对于解决实际问题有着很重要的作用。电容在交流电路中电压与电流间除了大小发生变化，相位也发生着改变，通过示波器可以很清楚地观察到这些变化。利用示波器及电容的交流特性，可测定给定电容器电容值的大小。

【实验内容及要求】

1．根据实验题目，设计出实验方案；

2．充分利用函数发生器、双踪示波器的各项功能，搭建测试电路；

3．改变各项参数进行多次测量，给出测量结果；

4．撰写实验报告．

【开题报告及问题】

要求学生通过自查资料及实验掌握或了解这部分知识，写出简要的开题报告并经过教师审阅合格后，才能开始该项目的研究工作.

分析该设计中，影响测试结果的因素主要有哪些？

【结题报告及论文】

1. 写明本实验的研究意义及目的；
2. 阐述本设计方案的思路及可行性；
3. 记录研究全过程的步骤及观察到的现象；
4. 分析得出较佳的实验结果；
5. 总结该设计方案的优缺点；
6. 最终以小论文或实验报告的方式提交.

【提供设备及器材】

函数发生器、双踪示波器、电阻箱、待测电容、导线等.

【参考资料】

1. 张兆奎. 大学物理实验[M]. 2 版. 北京：高等教育出版社，2001.
2. 成正维. 大学物理实验[M]. 北京：高等教育出版社，2002.
3. 张志东，魏怀鹏，展水. 大学物理实验[M]. 北京：科学出版社，2011.
4. 曾建成，杜全忠. 大学物理实验教程[M]. 西安：西安交通大学出版社，2016.
5. 杨有贞，曾建成. 大学物理实验教程[M]. 上海：复旦大学出版社，2016.

实验 5 - 11　半导体 PN 结物理特性及弱电流的测量

【实验意义】

半导体 PN 结电流—电压关系特性是半导体器件的基础，也是半导体物理学和电子学教学的重要内容. 在本实验中，将采用一个简单的电路测量通过 PN 结的扩散电流与 PN 结电压之间的关系，并通过数据处理，证实 PN 结电流与电压关系遵循玻尔兹曼分布规律. 在测得 PN 结器件温度情况下，还可以从实验得到玻尔兹曼常数. PN 结的扩散电流约在 $10^{-8}\sim10^{-6}$ A 数量级范围，所以测量 PN 结的扩散电流拟采用运算放大器组成电流—电压变换器，它已成为物理实验中测量弱电流大小的既简便又准确的通用方法.

【实验内容及要求】

根据所给仪器及器件，要求设计实验方案和装置采用较为简洁电路测量通过 PN 结的扩散电流与 PN 结电压之间的关系，并对实验数据进行回归(线性回归、乘幂回归、指数回归)分析处理，证实 PN 结电流与电压关系遵循玻耳兹曼分布律这一重要物理定律. 在测得 PN 结器件温度情况下，通过实验得到玻耳兹曼常数.

【开题报告及问题】

学生作此实验时，要先查阅文献资料，对以下问题有初步了解，写出简要开题报告交教师审阅合格后，才能做此实验.

1. PN 结的扩散电流量级范围如何？采用什么方法测量 PN 结的扩散电流？

2. 直流单臂电桥的工作原理如何？直流单臂电桥的工作电路一般都包括哪几部分？

3. 简述研究此实验的设计方案.

【结题报告及论文】

1. 写明本实验的研究意义及目的；

2. 阐述本实验的研究原理；

3. 记录研究全过程的步骤及观察的现象；

4. 列表处理数据，对结果进行分析研究；

5. 介绍 PN 结和由集成运算放大器组成的电流电压变换器在实际中的应用；

6. 谈谈对本实验研究的体会及收获；

7. 在本实验研究中你是否有创新的见解和方案？

【提供设备及器材】

1. 直流电源、数字电压表组合装置：包括±15V 直流电源、1.5V 直流电源、0～2V三位半数字电压表和 0～20V 四位半数字电压表.

2. 实验板：由电路图、LF356 集成运算放大器（它的各引线脚如 2 脚、3 脚、4 脚、6 脚、7 脚由学生用棒针引线连接）、印刷电路引线、多圈电位器和接线柱等组成.

3. TIP31 型三极管：带三根引线，属待测样品. 三极管的 e、b、c 三个电极分别插入实验板右侧面接线柱的相应插口内.

4. 不锈钢保温杯：含保温杯，内盛少量变压器油的玻璃试管、搅拌器和 0～50℃（0.1℃温度计等）.

【参考资料】

[1]杨述武. 普通物理实验(1)（力学、热学部分）[M]. 5 版. 北京：高等教育出版社，2016.

[2]张兆奎. 大学物理实验[M]. 2 版. 北京：高等教育出版社，2001.

[3]陈克勋，安宝卿. 大学物理实验[M]. 西安交通大学出版社，1989.

[4]网络资源.

实验 5－12　接触式温度传感器基本特性的研究

【实验意义】

温度传感器是检测温度的器件，被广泛用于工农业生产、科学研究和生活等领域，其种类多，发展快. 温度传感器一般分为接触式和非接触式两大类.

接触式温度传感器有热电偶、热敏电阻以及铂电阻等，利用其产生的热电动势或电阻随温度变化的特性来测量物体的温度，被广泛用于家用电器、汽车、船舶、控制设备、工业测量、通信设备等. 另外，还有一些新开发研制的传感器，例如：有利用半导体 PN 结电流/电压特性随温度变化的半导体集成传感器；有利用光纤传播特性随温度变化或半导体透光随温度变化的光纤传感器；有利用弹性表面波及振子的振荡频率随温度变化的传感器；有利用核四重共振的振荡频率随温度变化的 NQR 传感器；有利用在居里温度附近磁性急剧变化的磁性温度传感器以及利用液晶或涂料颜色随温度变化的传感器等.

本实验通过测量几种常用的接触式温度传感器的特征物理量随温度的变化设计性实验，来了解这些温度传感器的工作原理等.

【实验内容及要求】

根据所给仪器及器件，设计实验方案和实验电路等，研究测量上述四种温度传感器基本特性的实验.

1. 测量室温～120℃温度范围内薄膜型 Pt100 铂电阻的电阻随温度的变化曲线，并确定其温度系数；

2. 测量室温～120℃温度范围内半导体热敏电阻的电阻随温度的变化曲线，并确定其材料常数 B 值；

3. 测量室温～120℃温度范围内晶体管基极－发射极电压 U_{BE} 随温度的变化曲线（注：集电极电流 I_C 取 100μA），并确定其温度系数；

4. 测量室温～120℃温度范围内 AD590 集成温度传感器的输出电流随温度的变化曲线，并确定其温度系数.

【开题报告及问题】

学生作此实验时，要先查阅文献资料，对以下问题有初步了解，写出简要开题报告交教师审阅合格后，才能作此实验.

1. 阐述热电阻温度传感器、半导体热敏电阻、晶体管 PN 结温度传感器、AD590 集成温度传感器的特点.

2. 什么叫二端钮接法？三端钮接法？四端钮接法？

3. 温度传感器一般分为接触式和非接触式两大类，各被广泛用于哪些领域？

4. 简述研究此课题各项子课题的设计方案.

【结题报告及论文】

1. 写明本课题的研究意义及目的；

2. 阐述本课题每项子课题的研究原理；

3. 记录每项子实验研究全过程的要点及观察的现象；

4. 列表处理数据，对各结果进行分析研究；

5. 介绍各温度传感器在科研中的用途；

6. 谈谈对本实验研究的体会及收获；

7. 在本实验研究中你是否有创新的见解和方案.

【提供设备及器材】

温度传感器：铂电阻（薄膜型 Pt100）；AD590 集成温度传感器；半导体热敏电阻；晶体管 PN 结温度传感器；

温度控制系统：不锈钢保温杯、加热电阻和硅油，交流低压加热电源，数字铂电阻温度计；

电源及测量仪表：直流稳压电源（5V），直流恒流电源（1mA，100μA），数字万用表；

材料：接线板 1 块，导线若干.

【参考资料】

[1]曾建成，杜全忠. 大学物理实验教程[M]. 西安：西安交通大学出版社，2016.

[2]杨有贞，曾建成．大学物理实验教程[M]．上海：复旦大学出版社，2016．
[3]张兆奎．大学物理实验[M]．2版．北京：高等教育出版社，2001．
[4]常健生．检测与转换技术[M]．2版．北京：机械工业出版社，1992．
[5]朱鹤年．新概念基础物理学实验讲义[M]．北京：清华大学出版社，2013．

实验5－13 非线性元件伏安特性的测量与研究

【实验意义】

非线性元件伏安特性总是与一定的物理过程相联系，如发热、发光、能级跃迁等．本实验拟测量各种二极管，如稳压、发光、检波及整流二极管的伏安特性曲线，详细比较它们的正反向伏安特性，分析正向开启电压和反向截止电压的异同及产生的原因．对于更好地理解半导体二极管在稳定、发光、检波及整流中的作用有重要意义．

【实验内容与要求】

1．利用实验室提供的各种二极管，用伏安法测量非线性元件伏安特性，通过作图确定各种二极管的正向开启电压、反向截止电压等相关参量；

2．分析比较几种二极管的各参量之间的异同，对于发光二极管，通过测量确定它们发光波长的值，并计算相对误差，相互之间再进行比较．

【开题报告及问题】

学生要先查阅相关文献资料，对以下问题有初步了解，写出简要开题报告交教师审阅合格后，才能作此实验．

1．线性元件与非线性元件的区别？

2．测量非线性元件的伏安特性有何意义？

3．电表接入误差会对测量产生什么影响？本实验是如何处理此误差的？

4．如何从所绘的二极管的正向伏－安特性曲线中，求出二极管在某一正向电压处的电阻值？

【结题报告及论文】

1．写明本实验的研究意义及目的；

2．阐述本实验的研究原理；

3．详细记录研究全过程；

4．列表处理数据，对各结果进行分析研究；

5．介绍各种非线性元件在实验生活中的用途；

6．在本实验研究中你是否有创新的见解和方案？

【提供设备及器材】

直流稳压电源（0～20V）、直流恒流电源（0 ～ 2mA，0 ～ 20mA），数字万用表、面包板、开关、整流二极管、检波二极管、稳压二极管、各种颜色的发光二极管和导线若干．

【参考资料】

[1]杨述武，孙迎春，沈国土．普通物理实验(2)(电磁学部分)[M]．5版．北京：高等教育

出版社，2016.

[2]张兆奎. 大学物理实验[M]. 2版. 北京:高等教育出版社,2001.

[3]陈克勋，安宝卿. 大学物理实验[M]. 西安:西安交通大学出版社，1989.

[4]曾建成,杜全忠. 大学物理实验教程[M]. 西安:西安交通大学出版社，2016.

[5]杨有贞,曾建成. 大学物理实验教程[M]. 上海:复旦大学出版社,2016.

[6]网络资源.

实验5-14　数字电表设计

【实验意义】

数字电表是通过A/D转换器将连续变化的模拟量转换成数字量,经过处理,再通过数码显示器以十进制方式显示测量结果.数字式电表具有磁电式电表不可比拟的特点和优势,在各个领域得到了广泛应用.

【实验内容及要求】

1.设计制作多量程直流数字电压表并校准;

2.设计制作多量程直流数字电流表并校准;

3.提交规范的设计实验报告.

【开题报告及问题】

1.直流数字电压表头如何制作?

2.制作多量程数字电压表(电流表)需用到哪些电路单元?

3.数字电表有何优点?

4.写出此实验的设计方案.

【结题报告及论文】

1.写明本实验的研究意义及目的;

2.阐述各种设计方案的原理;

3.详细记录研究全过程;

4.介绍各种设计方案的优缺点;

5.在本实验研究中有哪些创新的见解和方案.

【提供设备及器材】

DH6505数字电表原理及万用表设计实验仪,通用数字万用表.

【参考资料】

[1]杨述武,孙迎春,沈国土. 普通物理实验(2)(电磁学部分)[M]. 5版. 北京:高等教育出版社，2016.

[2]张兆奎. 大学物理实验[M]. 2版. 北京:高等教育出版社,2001.

[3]厂家提供的仪器说明书.

实验 5-15 设计测量真空磁导率

【实验意义】

真空磁导率是麦克斯韦方程组中一个非常重要的普适常数，该物理量的测量同时联系着力学和电磁学．真空磁导率出现在由运动的带电粒子或电流产生的磁场公式中，也出现在其他真空中产生磁场的公式中．设计并测量得到真空磁导率的数值，对于更好地理解真空磁导率、磁场的本质、通电导线间的作用力等问题均有重要意义．

【实验内容及要求】

根据所给的实验仪器和器材，自行设计实验方案，利用磁聚焦法间接测量真空磁导率，采集数据并对实验数据进行处理，总结给出实验结论并对实验误差加以分析．

【开题报告及问题】

1.作此实验前，需通过查阅文献资料，了解磁聚焦法的原理．

2.如何消除地磁场对实验的影响？

【结题报告及论文】

1.写明本实验的研究意义及目的；

2.阐述测量原理；

3.记录研究全过程；

4.分析得出合理准确的结论．

【提供设备及器材】

EM—Ⅲ型电子荷质比测定仪．

【参考资料】

[1]杨述武，孙迎春，沈国土．普通物理实验(2)(电磁学部分)[M]．5版．北京：高等教育出版社，2016．

[2]网络资源．

实验 5-16 电测法测量透镜的焦距

【实验意义】

焦距是薄透镜的光心(经过光心的光线通过透镜时不发生偏折)至其焦点之间的距离，是薄透镜的一个重要参数．薄透镜焦距的测量通常是在测量长度基础上来实现的．电测法为应力测试方法中的一种，金属电阻丝承受拉伸或压缩变形时，电阻也将发生变化．尝试用电测法测量透镜的焦距，对于拓展透镜焦距测量方法、提高焦距测量精度有一定的现实意义．

【实验内容与要求】

1.根据所给出的元件，设计一种实验方法，在没有长度测量的前提下测量透镜的焦距；

2.提交综合性实验报告．

【开题报告及问题】

该题目属于设计类，要求学生通过自查资料及实验掌握或了解这部分知识，写出简要的开题报告并经过教师审阅合格后，才能开始该项目的研究工作.

1. 在设计的测量方法中，包含了哪些物理知识？

2. 在实验测量的过程中，哪些环节可能出现误差？

【结题报告及论文】

1. 写明本实验的研究意义及目的；

2. 阐述本实验的设计思想；

3. 详细描述研究全过程的步骤；

4. 分析得出较佳的实验结论；

5. 成果以小论文或翔实实验报告的方式提交.

【提供设备及器材】

直流电源一台、四位半万用表三块、电阻率为 0.1098 的电阻丝一根、滑动电键三个、导轨一个、滑块四个、光源一个、物屏一个、硅光探测器一个、透镜一个、螺旋千分尺一个、导线若干、电位器一个.

【参考资料】

[1]曾建成，杜全忠. 大学物理实验教程[M]. 西安：西安交通大学出版社，2016.

[2]杨有贞，曾建成. 大学物理实验教程[M]. 上海：复旦大学出版社，2016.

[3]网选资料(自选).

实验 5－17　菲涅耳锐角的测量

【实验意义】

菲涅耳双棱镜是用来产生两束相干光的重要光学元件，其锐角非常小，大约介于 0.5～1°之间，采用什么方法实现精确测量是一个比较有意义的实验.

【实验内容与要求】

1. 设计一种实验方法来测量菲涅耳双棱镜的锐角.

2. 提交综合性实验报告.

【开题报告及问题】

该题目属于设计类，要求学生通过自查资料及实验掌握或了解这部分知识，写出简要的开题报告并经过教师审阅合格后，才能开始该项目的研究工作.

1. 菲涅尔双棱镜锐角测量与三棱镜顶角测量有何不同？

2. 如何调节分光计的光路？

3. 菲涅耳双棱镜有什么特点和功能？

【结题报告及论文】

1. 写明本实验的研究意义及目的；

2. 阐述本实验的设计思想；

3. 详细描述研究全过程的步骤；

4. 分析得出较佳的实验结论；

5. 成果以小论文或翔实实验报告的方式提交.

【提供设备及器材】

分光计一台、汞灯光源一套、菲涅耳双棱镜一个.

【参考资料】

[1]姚启钧. 光学教程[M]. 北京:高等教育出版社,2002.

[2]杨述武,孙迎春,沈国土. 普通物理实验(3)(光学部分)[M]. 5 版. 北京:高等教育出版社, 2016.

[3]金清理. 微小角度的简捷测量方法[J]. 温州师范学院院报(自然科学版),2003, 24(2):63 - 175.

[4]网选资料(自选).

实验 5 - 18　透镜厚度与成像关系

【实验意义】

通常情况下,测量透镜焦距时并不考虑透镜厚度. 事实上,在物距一定的情况下,透镜成像所对应的像空间大小与透镜的厚度有关. 研究透镜厚度与成像关系对于理解透镜成像规律、测量透镜厚度等更深入的问题有重要意义.

【设计内容和要求】

1. 通过透镜成像实验,确定不同厚度透镜成像的像空间、像位置与焦距的关系.

2. 提交综合性实验报告.

【开题报告及问题】

该题目属于设计类,要求学生通过自查资料及实验掌握或了解这部分知识,写出简要的开题报告并经过教师审阅合格后,才能开始该项目的研究工作.

1. 像空间的大小为什么与透镜的厚度有关?

2. 选用不同波长的单色光,焦距会有何变化?

【结题报告及论文】

1. 写明本实验的研究意义及目的;

2. 阐述本实验的设计思想;

3. 详细描述研究全过程的步骤;

4. 分析得出较佳的实验结论;

5. 成果以小论文或翔实实验报告的方式提交.

【提供设备及器材】

光学平台、光源一个、物屏一个、像屏一个、底座四个、不同厚度的透镜若干.

【参考资料】

[1]姚启钧．光学教程[M]．北京：高等教育出版社，2002．

[2]杨述武，孙迎春，沈国土．普通物理实验(3)(光学部分)[M]．5 版．北京：高等教育出版社，2016．

[3]彭金松．试论透镜厚度与球面半径的关系[J]．河池师专学报，1996，16(2)：29－30．

[3]网选资料(自选)．

实验 5－19　偏振现象的观测与分析

【实验意义】

光的干涉和衍射揭示了光的波动性质，并没有追究光波是横波还是纵波．从 17 世纪末到 19 世纪初漫长的 100 多年里，科学家对该问题一直存在争议．1817 年，杨在给阿喇戈的信中根据光在晶体中传播产生的双折射现象推断光是横波，菲涅耳也独立认识到了这一思想，并运用横波理论解释了偏振光的干涉现象．因此，光的偏振使得人们对光的波动理论和传播规律有了新的认识．偏振光理论在光学计量、晶体性质研究和实验应力分析等工程中有着极其广泛的应用．同时，在汽车车灯、观看立体电影、摄像机镜头、LCD 液晶屏、医疗中亦有广泛应用．

学生已初步掌握光的干涉、衍射及偏振等理论，那么在实验中如何获得一束偏振光并进行检验，对同学们来说是一种挑战．它不但要求学生有一定理论知识，还要求学生对各种光学元件的性能有所了解，该实验的学习是对学生理论与实验相结合的综合知识的考量．

【实验内容及要求】

掌握偏振现象产生的机制及类型，掌握偏振器件的工作原理及应用，在此基础上设计方案产生并检验线偏振光、椭圆偏振光、圆偏振光；设计方案验证马吕斯定律；设计方案确定偏振片的主截面及考察波片对偏振光的影响．

【开题报告及问题】

该题目属于研究类，实验是在学生已有的知识基础上，或是在实验过程中发现的问题等入手，用实验的方法进行研究问题并得出结论，以培养学生的发现问题、解决问题的能力．要求学生通过自查资料及实验掌握或了解这部分知识，写出简要的开题报告并经过教师审阅合格后，才能开始该项目的研究工作．

1. 偏振光是如何产生的？

2. 什么是自然光、圆偏振光、椭圆偏振光、线偏振光？圆偏振光、椭圆偏振光、线偏振光的产生及检验方法？

3. 偏振光通过检偏器后的光强变化特征及如何验证马吕斯定律？

4. 如何考察波片对偏振光的影响？

5. 偏振片主截面如何确定？

【结题报告及论文】

1. 写明本实验的研究意义及目的；

2. 阐述本实验的研究原理；

3. 记录研究全过程的步骤及观察到的现象；

4. 写出较佳的实验结果；

5. 了解偏振光的应用及发展；

6. 最终成果以小论文或翔实实验报告的方式提交.

【提供设备及器材】

激光器、偏振片、半波片、1/4 波片、CCD、减光板、光具座及光学导轨等.

【参考资料】

[1]杨述武，孙迎春，沈国土. 普通物理实验(3)(光学部分)[M]. 5 版. 北京：高等教育出版社，2016.

[2]成正维. 大学物理实验[M]. 北京：高等教育出版社，2002.

[3]廖延彪. 光学原理与应用[M]. 北京：电子工业出版社，2006.

实验 5-20 光纤光学及光通信原理

【实验意义】

光通信是采用光波作为载体来进行信息传送的通信方式，与电通信相比，它们的主要区别在于信号传输和传输线路两方面，光源和光纤在光通信技术中起主导作用. 并且还有很多优点，比如：传输频带宽，通信容量大；传输损耗低，中继距离长，降低了通信成本及出现故障的可能；抗干扰能力强，保密性好；直径小，重量轻；材料资源丰富，节约有色金属；抗化学腐蚀，传输性能不受气候变化的影响等. 当然，也有诸如传输中弯曲半径不能太小、其切断和连接技术要求高、中断站的供电必须有远供系统解决等缺点.

基于光纤通信迅猛的发展势头及其在通信中所占据的越来越重要的地位，让学生了解光纤通信系统的组成及光纤通信原理、优缺点并运用其进行简单测量及信号传输，不仅可以拓宽学生们的眼界，将理论知识与实践相连接，而且还可培养他们自主学习能力及探索科学的精神.

【实验内容及要求】

掌握光纤传输基本原理及光纤端面处理及光纤耦合技术，了解单模及双模光纤，了解光纤传输组合仪各部分的作用，在掌握基本原理的基础上，将激光信号耦合至光纤中，测量光纤的耦合效率及传输时间和速度，最后将音频信号加载至光波，实现其在光纤中的传输，并得到较佳的输出信号.

【开题报告及问题】

该题目属于探索类实验，其中的知识对大部分学生来说是未知的，要求学生通过自查资料及实验掌握或了解这部分知识，写出简要的开题报告并经过教师审阅合格后，才能开始该项目的研究工作.

1. 为什么要发展光通信？光通信与电通信有什么不同？光纤通信系统主要由几部分组成，各部分作用是什么？简述光通信的优缺点及应用.

2. 光纤的端面如何处理？光纤的耦合和耦合效率是什么？如何测量？简述光在光纤中的传播时间和速度测量方法.

3. 如何利用光纤通信系统实现信号的传输并得到较佳的输出信号？

【结题报告及论文】

1. 写明本实验的研究意义及目的；

2. 阐述本实验的研究原理；

3. 记录研究全过程的步骤及观察到的现象；

4. 写出较佳的实验结果；

5. 总结光纤传输的原理及特点；

6. 了解光纤传输的应用及发展；

7. 最终成果以小论文或翔实实验报告的方式提交.

【提供设备及器材】

组合光纤光学及光通信原理实验仪. 该组合仪主要包括以下几个主要部分：二极管激光器、光纤、光具座及光学导轨、光电探测器、示波器等.

【参考资料】

[1]杨述武，孙迎春，沈国土. 普通物理实验(3)(光学部分)[M]. 5 版. 北京：高等教育出版社，2016.

[2]杨英杰，赵小兰. 光纤通信原理及应用[M]. 北京：电子工业出版社，2011.

[3]光纤光学及光通信原理实验仪配套资料.

实验 5－21　光电传感器技术研究及应用

【实验意义】

随着科学技术的发展，光学测量方法因其非接触、高灵敏度和高精度等优点，在近代科学研究、工业生产、空间技术、国防技术等领域中得到了广泛的应用，已成为一种无法取代的测量技术. 在该技术发展的过程中，出现了各种类型的激光器和各种新型的光电探测器件，数据处理及图像处理方法. 光电传感器通过从被测对象获得有用信息，并将其转换为适用于测量的信号，不同的被测物理量需要运用不同的传感器，因此，光电传感器在测量系统中起着非常重要的作用.

【实验内容及要求】

学生在现阶段已掌握了 PN 结及其特性、各类二极管工作原理、光电传感器的工作原理等一些理论上的知识，但因为未应用于实践，因此对某些知识点的理解欠缺. 通过设计实验环节、测量物理量等过程获得对光电传感器件全面的认识，对同学们来说是一种挑战，它不但要求学生有一定理论知识，还要求学生对光路调节、各种光学元件的性能了解，该实验的学习是对学生理论与实验相结合的综合知识的考量.

【开题报告及问题】

该题目属于研究类，实验是在学生已有知识基础上，根据实验室提供的设备、资料并自查资料进行方案的设计，利用光电传感器测量技术解决一个实际问题，通过此过程培养学生的发现问题、解决问题的能力.要求学生写出简要的开题报告后提交教师审阅,设计方案合格后,才能开始该项目的研究工作.

1.什么是本征半导体、杂质半导体?PN结形成原理是什么?

2.简述半导体二极管类型及工作原理、半导体三极管类型及工作原理;

3.简述光电传感器特性的测量原理及方法.

【结题报告及论文】

1.写明本实验的研究意义及目的;

2.阐述本实验的研究原理;

3.记录研究全过程的步骤及观察到的现象;

4.写出较佳的实验结果;

5.了解光测量技术的应用及发展;

6.最终成果以小论文或翔实实验报告的方式提交.

【提供设备及器材】

激光器、三色电源、白光卤钨灯、LED、硅光探测器、光敏电阻、光调制器、单色仪、滤光片、光电倍增管、示波器、带通放大器、光具座及光学导轨、电路板、导线等.

【参考资料】

[1]杨述武,等.普通物理实验(光学部分、电学部分)[M].北京:高等教育出版社,1993.

[2]冯其波.光学测量技术与应用[M].北京:清华大学出版社,2008.

[3]光电综合实验仪自带资料.

[4]光电探测器特性测量实验自带资料.

实验5-22 光栅特性研究

【实验意义】

光栅是现代许多大型精密光谱分析仪器中分光系统的主要元件.在不同的应用中对光栅的结构、类型等都有不同的要求.深入了解光栅光学元件的各种性能,是物理学专业学生必须掌握的知识.但就目前的教学要求,不论是理论课还是大学物理实验课,对这部分内容都没有作更高的要求.因此,希望同学们通过这个实验的研究学习,对光栅有进一步的认识和了解.

【实验内容及要求】

在掌握LED、SiD、Cds工作原理的基础上,设计方案测量不同半导体元件的光学特性;设计方案利用光电传感器原理解决一个实际问题.

1.光的衍射理论;

2.光栅衍射的机制,光栅的主要技术参数;

3.分光计的工作原理、调节及正确使用;

4.汞光源的工作原理及光谱结构.

要求学生自设实验方案,通过对不同结构、不同类型、不同参数的光栅,设计一个测量研究实验方案,以达到掌握光栅特性的目的;实验过程中,要有实验原始数据记录、实验现象记录、所查资料的记录；要求对实验结果进行科学的分析评价，并撰写题为《光栅特性研究》的设计性与研究性实验报告或实验论文，同时提交一份实验总结.

【开题报告及问题】

该题目属于研究类，实验是在学生已有知识基础上，根据实验室提供的设备、资料并自查资料进行方案的设计，通过此过程培养学生的发现问题、解决问题的能力. 要求学生写出简要的开题报告后提交教师审阅，设计方案合格后，才能开始该项目的研究工作.

【结题报告及论文】

1. 写明本实验的研究意义及目的；

2. 阐述本实验的研究原理；

3. 记录研究全过程的步骤及观察到的现象；

4. 写出较佳的实验结果；

5. 了解光测量技术的应用及发展；

6. 最终成果以小论文或翔实实验报告的方式提交.

【提供设备及器材】

光学侧角仪、光栅、低压汞灯.

【参考资料】

[1]姚启钧. 光学教程[M]. 北京：高等教育出版社，2002.

[2]杨述武，孙迎春，沈国土. 普通物理实验(3)(光学部分)[M]. 5 版. 北京：高等教育出版社，2016.

[3]网选资料(自选).

实验 5 - 23　连接视频的高倍望远镜的设计

【实验意义】

高倍望远镜的作用是观察远方的目标物，其设计已经非常成熟，技术产品精制完美，且已广泛应用于各个领域. 但是，传统的望远镜只能通过人眼观看而不能记录远方物体的状况和动态表现，而连接视频的高倍望远镜，既能观察又能再现和保存. 通过该实验的研究，对于学生掌握望远镜的设计原理、光电转换及图像识别等问题有更深入的认识和了解，具有重要的现实意义.

【实验内容及要求】

1. 望远镜的组装及放大率的测量，要求学生自行设计组装高倍望远镜并测量其放大率；

2. 光电转换器设计与使用，要求学生利用有线或无线转换技术把光信号转换成电信号通过图像处理来再现远方场景，实现稳定的远方场景视频信号；

3. 撰写设计性与研究性实验报告.

【开题报告及问题】

该题目属于研究类，实验是在学生已有知识基础上，根据实验室提供的设备、资料并自查资料进行方案的设计，通过此过程培养学生的发现问题、解决问题的能力. 要求学生写出简要的开题报告后提交教师审阅，设计方案合格后，才能开始该项目的研究工作.

【结题报告及论文】

1. 写明本实验的研究意义及目的；

2. 阐述本实验的研究原理；

3. 记录研究全过程的步骤及观察到的现象；

4. 写出较佳的实验结果；

5. 了解光测量技术的应用及发展；

6. 最终成果以小论文或翔实实验报告的方式提交.

【提供设备及器材】

透镜若干、光电转换器、计算机一台.

【参考资料】

[1]姚启钧. 光学教程[M]. 北京：高等教育出版社，2002.

[2]杨述武，孙迎春，沈国土. 普通物理实验(3)(光学部分)[M]. 5 版. 北京：高等教育出版社，2016.

[3]网选资料(自选).

实验 5-24 彩色编码摄影及光学/数字彩色图像解码研究

【实验意义】

光学彩色编码摄影和彩色图像的解码实验，是根据南开大学现代光学研究所母国光等人的发明专利"用黑白感光片做彩色摄影的白光光学信息处理技术"编排的，是基于傅里叶变换和频谱滤波的原理，通过用三色光栅编码器对物函数的颜色编码记录彩色信息，再将编码的物函数通过 $4f$ 光学处理系统的傅里叶变换和频谱面上的彩色滤波得到原物的彩色图像. 该实验的研究不但包含了现代光学中光信息的传递、变换、编码、解码、滤波、记录、恢复、显示、运算，而且涉及几何光学、物理光学、色度学及计算机图像处理等理论和技术. 对于学生以理论与实验相结合地掌握上述相关知识，非常有益.

【实验内容及要求】

在普通胶片照相机的片门处加装三色光栅编码器，称为彩色编码照相机. 用该相机一次拍摄就将彩色景物实时地编码记录在黑白胶片上，再用黑白胶片的反转冲洗法，便可得到久不褪色的含有彩色信息的黑白编码片.

本实验主要进行解码部分. 光学解码是将黑白编码片置于彩色图像光学解码系统的输入面内，用白平行光照射，经傅氏变换透镜后，在其频谱面对应的红、绿、蓝一级频谱进行滤波，在系统的输出面可以得到与原景物一样的彩色图像. 计算机数字解码是将黑白编码片记录的编码图像用扫描仪输入到计算机内，采用编制的快速傅里叶变换程序，进行解码运算后，在彩色监视器上输出原景物的彩色图像.

要求学生在掌握原理的基础上，对光路进行细致调节，实现黑白编码片的光学解码，并在彩色监视器上得到解码后的清晰彩色图像.

【开题报告及问题】

该题目属于探索性学习类，实验中的知识对大部分学生来说是未知的，要求学生通过自查资料及实验掌握或了解这部分知识，写出简要的开题报告并经过教师审阅合格后，才能开始该项目的研究工作. 需要学生提前进行以下知识点的学习：

1. 光学图像信息处理的基本理论和技术；
2. 光的衍射、光学傅里叶变换、频谱分析及频谱滤波的原理和技术；
3. 图像的空间彩色编码、彩色图像解码的概念和技术；
4. 色度学的基本理论和概念：三原色、色度图、色平衡、色饱和度等；
5. 几何成像光学、光学系统设计；
6. 光学实验系统的光路调节；
7. 计算机使用和数字图像处理技术.

【结题报告及论文】

1. 写明本实验的研究意义及目的；
2. 阐述本实验的研究原理；
3. 记录研究全过程的步骤及观察到的现象；
4. 写出较佳的实验结果；
5. 回答开题报告中的预习问题；
6. 最终成果以小论文或翔实实验报告的方式提交.

【提供设备及器材】

白光光源、聚光镜、小孔滤波器、准直镜、黑白编码片框架、傅氏变换透镜、频谱滤波器、场镜、CCD 彩色摄像机、液晶电视、白屏等.

【参考资料】

[1]母国光，方志良，等. 用三色光栅在黑白感光胶片拍摄彩色景物[J]. 仪器仪表学报，1983(4)：124.

[2]母国光，方志良，等. 用黑白感光胶片做彩色摄影术：CN1003811BE28[P]. 1989.

[3]母国光，等. 光学[M]. 北京：人民教育出版社，1978.

[4]罗罡，等. 基于白光信息处理的光学/数字彩色摄影技术[J]. 中国科学，2000，30(3)：223－1329.

[5]XGB－2 型彩色编码摄影及光学/数字彩色图像解码实验使用讲义.

实验 5－25　数字全息与信息安全综合实验

【实验意义】

数字全息技术实现了将计算全息与数字全息相结合，替代了传统全息中的干板做记录介质，利用光敏电子成像器件记录全息图；并利用计算机模拟再现取代光学衍射来实现所记录波前的数字再现. 从而实现了全息记录、存储和再现全过程的数字化，给全息技术的发展和应用增加了新的内容和方法.

密码技术是信息安全的核心. 根据数字全息的记录和再现原理，将明文作为物光信息，利用计算全息技术，在计算机中通过菲涅尔变换计算生成含有明文信息的物光衍射全息图，将衍射全息图写入到空间调制器中，用特定的波长按照特定的光路，在唯一的衍射距离得到明文信息，从而实现密文的解密工作. 与传统的基于数学的计算机密码学和信息安全技术相比，光学信息安全技术具有多维、大容量、高设计自由度、高鲁棒性、天然的并行性、难以破解等诸多优点.

通过本实验可学到数字全息的知识、熟悉空间光调制器的工作原理和调制特性、更能理解光信息安全的概念和特点. 同时，该实验的成功依赖于细致、熟练的光路调节方法. 通过该实验，学生不仅可以学习到前沿知识，更锻炼了思维能力和动手能力.

【实验的内容及要求】

1. 目标物的数字记录及数字再现；
2. 目标物的光学记录及数字再现；
3. 目标物的数字记录及光学再现；
4. 目标物的光学记录及光学再现；
5. 数字全息在信息安全方面的应用.

要求学生在掌握原理的基础上，对实验光路进行细致、耐心的调节，实现全息图的获得及再现，并能顺利进行信息安全方面的应用研究.

【开题报告及问题】

该题目属于探索性学习类，实验中的知识对大部分学生来说是未知的，要求学生通过自查资料及实验掌握或了解这部分知识，写出简要的开题报告并经过教师审阅合格后，才能开始该项目的研究工作. 需要学生提前进行以下知识点的学习.

1. 传统全息照相的基本原理；
2. 数字全息记录和再现的基本理论；
3. 数字全息再现像质量提高的方法；
4. 空间光调制的基本原理；
5. 数字全息在信息安全中的应用原理.

【结题报告及论文】

1. 写明本实验的研究意义及目的；
2. 阐述本实验的研究原理；
3. 记录研究全过程的步骤及观察到的现象；
4. 写出较佳的实验结果；
5. 回答开题报告中的预习问题；
6. 最终成果以小论文或翔实实验报告的方式提交.

【提供设备及器材】

He-Ne 激光器、可调光阑、CMOS 数字相机、空间光调制器、小偏振分光棱镜、空间滤波器、可调衰减片、反射镜、计算机等.

【参考资料】

[1]苏显渝，李继陶. 信息光学[M]. 北京：科学出版社，1999.

[2]数字全息与信息安全综合实验 RLE-CH01 实验讲义.

参考文献

[1]吴泳华,霍剑青,蒲其荣. 大学物理实验[M]. 北京:高等教育出版社,2001.

[2]成正维. 大学物理实验[M]. 北京:高等教育出版社,2002.

[3]张兆奎,缪连元,张立. 大学物理实验[M]. 2版. 北京:高等教育出版社,2002.

[4]曾建成,杜全忠. 大学物理实验教程[M]. 西安:西安交通大学出版社,2016.

[5]杨有贞,曾建成. 大学物理实验教程[M]. 上海:复旦大学出版社,2016.

[6]国家技术监督局计量司. 计量检定规程工作文件选编[M]. 北京:中国计量出版社,1992.

[7]国家质量技术监督局计量司. 测量不确定度评定与表示指南[M]. 北京:中国计量出版社,2001.

[8]国际标准化组织. 测量不确定度表达指南[M]. 北京:中国计量出版社,1994.

[9]朱鹤年. 物理实验研究[M]. 北京:清华大学出版社,1994.

[10]丁慎训. 物理实验教程[M]. 北京:清华大学出版社,1992.

[11]龚镇雄. 普通物理实验中的数据处理[M]. 西安:西北电讯工程学院出版社,1985.

[12]肖明耀. 误差理论与应用[M]. 北京:中国计量出版社,1985.

[13]Barford N C. Experimental measurements: Precision, error and truth[M]. John Wiley & Sons, 1985.

[14]Meiners H F, Nickol J P. Laboratory physics[M]. Wiley, 1987.

[15]贾玉润. 大学物理实验[M]. 上海:复旦大学出版社,1987.

[16]曾贻伟,龚德纯,王书颖,等. 普通物理实验教程[M]. 北京:北京师范大学出版社,1989.

[17]吴思诚. 近代物理实验[M]. 北京:北京大学出版社,1991.

[19]姬婉华. 大学物理实验[M]. 西安:西北工业大学出版社,1992.

[20]张俊哲. 无损检测技术及其应用[M]. 北京:科学技术出版社,1993.

[21]张志东,魏怀鹏,展水. 大学物理实验[M]. 北京:科学出版社,2011.

[22]徐志杰,宁日波,宋建宇. 大学物理实验[M]. 北京:高等教育出版社, 2011.

[23]李化平. 物理测量的误差评定[M]. 北京:高等教育出版社,1993.

[24]李相银. 大学物理实验[M]. 2版. 北京:高等教育出版社,2009.

[25]马靖,黄建敏,张丽华. 大学物理实验[M]. 北京:高等教育出版社,2012.

[26]沈元华,陆申龙. 基础物理实验[M]. 北京:高等教育出版社,2003.

附录一　法定计量单位

1. 国际单位制七个基本物理量及单位

物理量	符号表示	单位名称	单位符号
时间	T	秒	s
长度	L	米	m
质量	M	千克	kg
热力学温度	T	开尔文(简称开)	K
电流	I	安培(简称安)	A
物质的量	N	摩尔(简称摩)	mol
发光强度	I_V	坎德拉(简称坎)	cd

2. 常用物理量及国际单位

物理量	单位名称	单位符号	单位关系
力	牛顿(简称牛)	N	$1N=1kg \cdot m \cdot s^{-2}$
压强、应力	帕斯卡(简称帕)	Pa	$1Pa=1N \cdot s^{-2}$
能量、功、热量	焦耳(简称焦)	J	$1J=1N \cdot m$
功率、辐射能通量	瓦特(简称瓦)	W	$1W=1N \cdot s^{-1}$
平面角	弧度	Rad	$1rad=1m \cdot m^{-1}=1$
立体角	球面度	Sr	$1sr=1m \cdot m^{-1}=1$
摄氏温度	摄氏度	℃	1℃＝1K
电荷、电荷量	库仑(简称库)	C	$1C=1A \cdot s$
电压、电动势、电势、电势差、电位	伏特(简称伏)	V	$1V=1W \cdot A^{-1}$
电阻	欧姆(简称欧)	Ω	$1\Omega=1V \cdot A^{-1}$
电容	法拉(简称法)	F	$1F=1C \cdot V^{-1}$
电导	西门子(简称西)	S	$1S=1\Omega^{-1}$
磁通量	韦伯(简称韦)	Wb	$1Wb=1V \cdot s$
磁通量密度、磁感应强度	特斯拉(简称特)	T	$1T=1Wb \cdot m^{-2}$
电感	亨利(简称亨)	H	$1H=1Wb \cdot A^{-1}$
光通量	流明(简称流)	Lm	$1lm=1cd \cdot sr$
光照度	勒克斯(简称勒)	Lx	$1lx=1lm \cdot m^{-2}$

附录二　常用物理常数

1. 基本物理常量

名称	符号、数值和单位
真空中的光速	$c=2.99792458\times10^{8}\,\mathrm{m\cdot s^{-1}}$
电子的电荷	$e=1.6021892\times10^{-19}\,\mathrm{C}$
普朗克常量	$h=6.626176\times10^{-34}\,\mathrm{J\cdot s}$
阿伏伽德罗常量	$N_0=6.022045\times10^{23}\,\mathrm{mol^{-1}}$
原子质量单位	$u=1.6605655\times10^{-27}\,\mathrm{kg}$
电子的静止质量	$m_e=9.109534\times10^{-31}\,\mathrm{kg}$
电子的荷质比	$e/m_e=1.7588047\times10^{11}\,\mathrm{C\cdot kg^{-1}}$
法拉第常量	$F=9.648456\times10^{4}\,\mathrm{C\cdot mol^{-1}}$
氢原子的里德伯常量	$R_H=1.096776\times10^{7}\,\mathrm{m^{-1}}$
摩尔气体常量	$R=8.31441\,\mathrm{J\cdot mol^{-1}\cdot K^{-1}}$
玻尔兹曼常量	$k=1.380622\times10^{-23}\,\mathrm{J\cdot K^{-1}}$
洛施密特常量	$n=2.68719\times10^{25}\,\mathrm{m^{-3}}$
万有引力常量	$G=6.6720\times10^{-11}\,\mathrm{N\cdot m^{2}\cdot kg^{-2}}$
标准大气压	$P_0=101325\,\mathrm{Pa}$
冰点的绝对温度	$T_0=273.15\,\mathrm{K}$
声音在空气中的速度(标准状态下)	$v=331.46\,\mathrm{m\cdot s^{-1}}$
干燥空气的密度(标准状态下)	$\rho_{空气}=1.293\,\mathrm{kg\cdot m^{-3}}$
水银的密度(标准状态下)	$\rho_{水银}=13595.04\,\mathrm{kg\cdot m^{-3}}$
理想气体的摩尔体积(标准状态下)	$V_m=22.41383\times10^{-3}\,\mathrm{m^{3}\cdot mol^{-1}}$
真空中介电常量(电容率)	$\varepsilon_0=8.854188\times10^{-12}\,\mathrm{F\cdot m^{-1}}$
真空中磁导率	$\mu_0=12.566371\times10^{-7}\,\mathrm{H\cdot m^{-1}}$
钠光谱中黄线的波长	$D=589.3\times10^{-9}\,\mathrm{m}$
镉光谱中红线的波长(15℃,101325Pa)	$\lambda_{cd}=643.84696\times10^{-9}\,\mathrm{m}$

2. 水在不同温度时的比热容

温度/℃	0	10	20	30	40	50	60	70	80	90	99
比热容/$\mathrm{J\cdot kg^{-1}\cdot K^{-1}}$	4217	4192	4182	4178	4178	4180	4184	4189	4196	4205	4215

3. 一些固体和液体在20℃时的密度

物质	密度 ρ(kg·m^{-3})	物质	密度 ρ(kg·m^{-3})
铝	2698.9	钢	7600～7900
铜	8960	石英	2500～2800
铁	7874	水晶玻璃	2900～3000
银	10500	冰(0℃)	880～920
金	19320	乙醇	789.4
钨	19300	乙醚	714
铂	21450	汽车用汽油	710～720
铅	11350	弗利昂－12	1329
锡	7298	变压器油	840～890
水银	13546.2	甘油	1260

4. 一些固体的线膨胀系数

物质	温度或温度范围(℃)	α(×10^{-6}℃$^{-1}$)
钨	0～100	4.5
铂	0～100	9.1
钢(0.05%碳)	0～100	12.0
铁	0～100	12.2
金	0～100	14.3
康铜	0～100	15.2
铜	0～100	17.1
银	0～100	19.6
铝	0～100	23.8
铅	0～100	29.2
锌	0～100	32
石英玻璃	20～200	0.56
窗玻璃	20～200	9.5
花岗石	20	6～9
瓷器	20～700	3.4～4.1

5. 一些金属在 20℃ 时的杨氏弹性模量

金属	杨氏模量 Y	
	(GPa)	(kgf/mm^2)
铝	69～70	7000～7100
银	69～80	7000～8200
金	77	7900
锌	78	8000
铜	103～127	10500～13000
康铜	160	16300
铁	186～206	19000～21000
碳钢	196～206	20000～21000
镍	203	20500
合金钢	206～216	21000～22000
铬	235～245	24000～25000
钨	407	41500

注:杨氏弹性模量的值与材料的结构、化学成分及其加工制造方法有关.因此,在某些情况下,Y 的值可能与表中所列的平均值不同.

6. 一些固体的导热系数

物质	温度(K)	λ(×10^2 W /m・K)	物质	温度(K)	λ(×10^2 W /m・K)
银	273	4.18	康铜	273	0.22
铝	273	2.38	不锈钢	273	0.14
金	273	3.11	镍铬合金	273	0.11
铜	273	4.0	软木	273	3.0×10^{-4}
铁	273	0.82	橡胶	298	1.6×10^{-3}
黄铜	273	1.2	玻璃纤维	323	4.0×10^{-4}

7. 一些与空气接触的液体表面张力系数

液体	温度(℃)	$\sigma(\times10^{-3}N/m)$	液体	温度(℃)	$\sigma(\times10^{-3}N/m)$	液体	温度(℃)	$\sigma(\times10^{-3}N/m)$
水	0	75.62	水	19	72.89	水	90	60.74
	5	74.90		20	72.75		100	58.84
	6	74.76		21	72.60	石油	20	30
	8	74.48		22	72.44	煤油	20	24
	10	74.20		23	72.28	松节油	20	28.8
	11	74.07		24	72.12	肥皂溶液	20	40
	12	73.92		25	71.96	弗利昂－12	20	9.0
	13	73.78		30	71.15	甘油	20	63
	14	73.64		40	69.55	水银	20	513
	15	73.48		50	67.90	蓖麻	20	36.4
	16	73.34		60	66.17	乙醇	0	24.1
	17	73.20		70	64.41		20	22.0
	18	73.05		80	62.60		60	18.4

8. 一些液体的动力学黏度

液体	温度(℃)	$\mu(\mu Pa\cdot s)$	液体	温度(℃)	$\mu(\mu Pa\cdot s)$	液体	温度(℃)	$\mu(Pa\cdot s)$	密度ρ (kgm^{-3})
汽油	0	1.788×10^3	水	0	1.7878×10^3	甘油	-20	134	
	18	5.30×10^2		10	1.3053×10^3		0	12.1	
甲醇	0	8.17×10^2		20	1.0042×10^3		6	6.26	
	20	5.84×10^2		30	8.012×10^2		7	5.5	1267
乙醇	-20	2.78×10^3		40	6.531×10^2		15	2.33	
	0	1.78×10^3		50	5.492×10^2		20	1.499	1264
	20	1.19×10^3		60	4.697×10^2		20	1.49	1258
乙醚	0	2.96×10^2		70	4.060×10^2		20	1.49	1260
	20	2.43×10^2		80	3.55×10^2		25	0.954	
变压器油	20	1.98×10^4		90	3.148×10^2		27	0.95	1259
蓖麻油	10	2.42×10^6		100	2.825×10^2		27	0.782	1257
葵花子油	20	5.0×10^4	鱼肝油	20	4.56×10^4		30	0.629	1242
水银	-20	1.855×10^3		80	4.6×10^3		47	0.18	1246
	0	1.685×10^3	蜂蜜	20	6.50×10^6		87	0.036	1219
	20	1.554×10^3		80	1.00×10^5		100	0.013	
	100	1.224×10^3							

9. 常见金属材料熔点

金属名称	铝	铜	锰	铅	铍	钴	铁	钼	锑	铋	铬	镁	镍	锡
元素符号	Al	Cu	Mn	Pb	Be	Co	Fe	Mo	Sb	B	Cr	Mg	Ni	Sn
熔点(℃)	660.2	1083	1245	327.4	1285	1495	1539	2622	630.5	271.3	1855	650	1455	231.9

10. 几种标准温差电偶

名称	分度号	100℃时的电动势(mV)	使用温度范围(℃)
铂铑(Pt70Rh30)－铂铑(Pt94Rh6)	LL－2	0.034	1800
铂铑(Pt90Rh10)－铂	LB－3	0.643	1600
镍铬(Cr9～10Si0.4Ni90)－镍硅(Si2.5～3Co<0.6Ni97)	EV－2	4.10	1200
铜－康铜(Cu55Ni45)	CK	4.26	-200～300
镍铬(Cr9～10Si0.4Ni90)－康铜(Cu56～57Ni43～44)	EA－2	6.95	-200～800

11. 一些物质在常温条件下相对于空气的光的折射率

物质	H_α 线(656.3nm)	D线(589.3nm)	H_β 线(486.1nm)
水(18℃)	1.3314	1.3332	1.3373
乙醇(18℃)	1.3609	1.3625	1.3665
方解石(非常光)	1.4846	1.4864	1.4908
冕玻璃(轻)	1.5127	1.5153	1.5214
水晶(寻常光)	1.5418	1.5442	1.5496
水晶(非常光)	1.5509	1.5533	1.5589
燧石玻璃(轻)	1.6038	1.6085	1.6200
冕玻璃(重)	1.6126	1.6152	1.6213
二硫化碳(18℃)	1.6199	1.6291	1.6541
方解石(寻常光)	1.6545	1.6585	1.6679
燧石玻璃(重)	1.7434	1.7515	1.7723

12. 常用光源的谱线波长表

光源	H(氢)	He(氦)	Ne(氖)	Hg(汞)	Na(纳)	He-Ne 激光
谱线波长及颜色	656.28 红	706.52 红	650.65 红	623.44 橙	589.592(D_1)黄	632.8 橙
	486.13 绿蓝	667.82 红	640.23 橙	579.07 黄	588.995(D_2)黄	
	434.05 蓝	587.56(D_3)黄	638.30 橙	576.96 黄		
	410.17 蓝紫	501.57 绿	626.25 橙	546.07 绿		
	397.01 蓝紫	492.19 绿蓝	621.73 橙	491.60 绿蓝		
		471.31 蓝	614.31 橙	435.83 蓝		
		447.15 蓝	588.19 黄	407.78 蓝紫		
		402.62 蓝紫	585.25 黄	404.66 蓝紫		
		388.87 蓝紫				

注:单位(nm)

13. 各单色光波长和颜色对应表

颜色	中心频率(Hz)	中心波长(nm)	波长范围(nm)
红	4.5×10^{14}	660	622～780
橙	4.9×10^{14}	610	597～622
黄	5.3×10^{14}	570	577～597
绿	5.6×10^{14}	540	492～577
青	6.3×10^{14}	480	470～492
蓝	6.4×10^{14}	468	455～470
紫	7.3×10^{14}	410	390～455